Fokus
Mathematik

Gymnasium Klasse 6
Bayern

herausgegeben durch:
Brigitte Distel, Spardorf
Klaus Schuster, Würzburg

beraten durch:
Irmgard Wagner, Mühldorf

unter Mitarbeit von:
Johannes Almer, Prien am Chiemsee
Dr. Gerd Birner, Straubing
Sabine Böck, Augsburg
Carina Freytag, Ingolstadt
Katharina Hammer-Schneider, München
Dr. Luzia Hofer, München
Fritz Kammermeyer, Nürnberg
Kerstin Kreß, Nürnberg
Kristina Kurz, Würzburg
Erika Landwehr, Würzburg
Jürgen Zechel, Bayreuth

Cornelsen

Fokus
Mathematik

Autoren Johannes Almer, Dr. Gerd Birner, Achim Brunnermeier, Jan Block, Sabine Böck, Brigitte Distel, Jochen Dörr, Dr. Norbert Esper †, Rainer Feuerlein, Carina Freytag, Silke Göttge-Piller, Katharina Hammer-Schneider, Andreas Herz, Petra Hobrecht, Dr. Luzia Hofer, Katrin Höffken, Christof Höger, Fritz Kammermeyer, Heinrich Kilian, Kerstin Kreß, Markus Krysmalski, Kristina Kurz, Erika Landwehr, Renatus Lütticken, Günther Nitschke, Reinhard Oselies, Hellen Ossmann, Dr. Karen Reitz-Koncebovski, Hans-Ulrich Rübesamen, Jürgen Sauer, Dr. Reiner Schmähling, Dietmar Scholz, Klaus Schuster, Siegfried Schwehr, Ingeborg Tuffner-Denker, Claudia Uhl, Jürgen Zechel

Berater Irmgard Wagner
Herausgeber Brigitte Distel, Klaus Schuster
Redaktion Anicó Kulow, Romy Möller
Illustration Peter Menne, Potsdam
Grafik Martin Frech (medienfrech.de),
Christian Görke (31/1, 52/2, 66, 67, 69/1, 72/1, 85/1, 94, 109/2, 117/1, 135/1, 135/4, 140, 148/2, 160/1, 163, 164/2, 187)
Umschlaggestaltung finedesign – Büro für Gestaltung, Berlin
Layoutkonzept Wladimir Perlin, Berlin
Layout und technische Umsetzung Arge Bildungsmedien (medienfrech.de)

Begleitmaterialien zum Lehrwerk

für Schülerinnen und Schüler

Lösungen Klasse 6	978-3-06-041055-2
Intensivierungsheft mit Lösungen Klasse 6	978-3-06-041510-6
Intensivierungsheft mit interaktiven Übungen Klasse 6	978-3-06-041551-9
Schulaufgabentrainer Klasse 6	978-3-06-041496-3

für Lehrerinnen und Lehrer

Handreichungen für den Unterricht Klasse 6	978-3-06-041069-9
Begleitmaterial auf USB-Stick Klasse 6	978-3-06-001034-9

www.cornelsen.de

1. Auflage, 1. Druck 2018

Alle Drucke dieser Auflage sind inhaltlich unverändert und können im Unterricht nebeneinander verwendet werden.

Druck: Mohn Media Mohndruck, Gütersloh

ISBN 978-3-06-041491-8 (Schülerbuch)

ISBN 978-3-06-041532-8 (E-Book)

PEFC
PEFC/04-31-1033

PEFC zertifiziert
Dieses Produkt stammt aus nachhaltig bewirtschafteten Wäldern und kontrollierten Quellen.
www.pefc.de

Inhalt

Liebe Schülerin, lieber Schüler,

dieses Buch will dich einladen, Mathematik anhand von interessanten Situationen zu lernen, denen du jeden Tag begegnen kannst.

Wiederholung

Zu Beginn jedes Kapitels findest du eine kurze Wiederholung mit passenden Aufgaben. Damit kannst du deine Kenntnisse aus der Vergangenheit auffrischen und dich selbst mit den Aufgaben überprüfen.
Lösungen zu den Aufgaben findest du im Anhang.

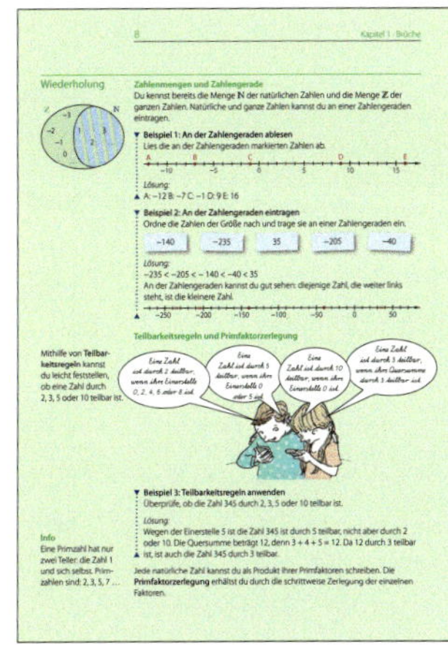

Einstieg und Wissen

Am Beginn eines jeden Abschnittes findest du einen Einstieg in ein neues Thema. Hier sollst du etwas herausfinden, indem du geschickt probierst und deine Kenntnisse anwendest.
Im anschließenden Wissen wird der neue Stoff erklärt und mit Beispielen veranschaulicht. Manchmal werden in den Beispielen besondere Tricks, Spezialfälle oder Ausnahmen vorgerechnet. In den Merkkästen findest du die wichtigsten Formeln und Gesetze.

Aufgaben

Der Aufgabenteil ist dreigeteilt:
Beim „Trainieren" übst du die Rechentechniken.
Beim „Vertiefen" nutzt du diese Rechentechniken in anderen Zusammenhängen.
In der „Herausforderung" findest du Knobelaufgaben und anspruchsvolle Anwendungen. Nur für Profis!
Im „Noch fit?" findest du Aufgaben zur Wiederholung.
In den Kapiteln findest du sehr viele Aufgaben, damit du genug üben kannst. Im Unterricht wirst du bestimmt nur einen Teil der Aufgaben lösen.

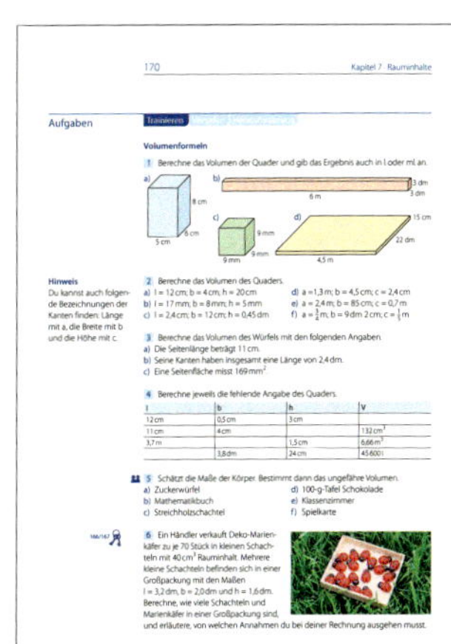

Themen und Methoden

Themen- oder Methoden-Seiten erklären zum Beispiel die Anwendung der Mathematik im Alltag, den geschichtlichen Hintergrund oder besondere Strategien beim Lösen von Aufgaben.
Hier findest du sowohl Anregungen für die Arbeit im Unterricht als auch für eine selbstständige Präsentation bei einem Referat.

Die Zeichen  und  bei Aufgaben zeigen dir, dass du auf der Methodenseite nachlesen kannst, um die Aufgabe lösen zu können.

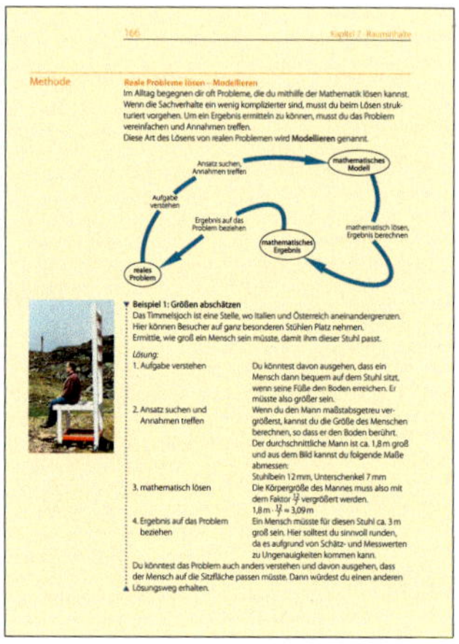

Check up

Am Ende des Kapitels kannst du beim „Check up" selbst überprüfen, ob du das Wichtigste aus dem Kapitel gelernt hast und es jetzt anwenden kannst. Die Lösungen zu den Check ups findest du im Anhang am Ende des Buches.

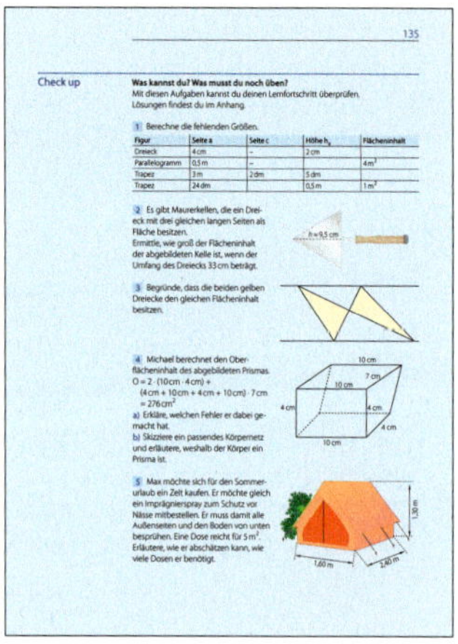

Auf einen Blick

Am Ende eines jeden Kapitels findest du die Seite „Auf einen Blick". Hier werden die wichtigsten Inhalte des Kapitels übersichtlich zusammengefasst und mit Beispielen verdeutlicht.

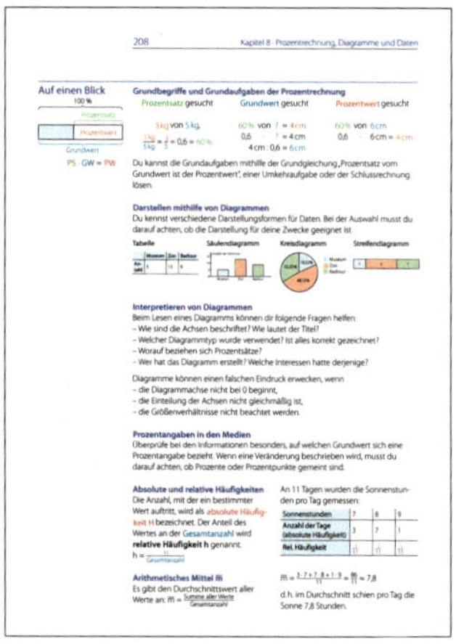

Kapitel 1

Brüche

Du hast sicher schon Ausdrücke wie „eine halbe Stunde“, „eine Drei-Viertel-Literflasche“ oder „Zwei-Drittel-Mehrheit“ gehört. In einem Backbuch steht zum Beispiel: „Zutaten für das Schokoladengebäck: $\frac{1}{2}$ Pfund Butter, 6 Eier, $\frac{2}{5}$ Pfund Zucker, $\frac{1}{5}$ Pfund Mandeln, $\frac{1}{8}$ l Wasser, $\frac{1}{5}$ Pfund Mehl, $\frac{2}{5}$ Pfund Schokolade.“

In diesem Kapitel lernst du mehr über diese Zahlen.

Wiederholung

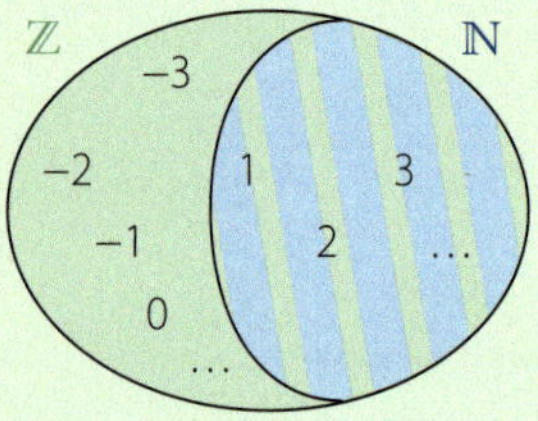

Zahlenmengen und Zahlengerade

Du kennst bereits die Menge ℕ der natürlichen Zahlen und die Menge ℤ der ganzen Zahlen. Natürliche und ganze Zahlen kannst du an einer Zahlengeraden eintragen.

▼ Beispiel 1: An der Zahlengeraden ablesen

Lies die an der Zahlengeraden markierten Zahlen ab.

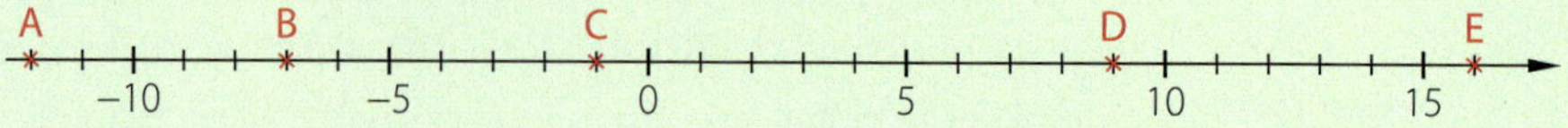

Lösung:

▲ A: −12 B: −7 C: −1 D: 9 E: 16

▼ Beispiel 2: An der Zahlengeraden eintragen

Ordne die Zahlen der Größe nach und trage sie an einer Zahlengeraden ein.

−140 −235 35 −205 −40

Lösung:

−235 < −205 < − 140 < −40 < 35

An der Zahlengeraden kannst du gut sehen: diejenige Zahl, die weiter links steht, ist die kleinere Zahl.

▲

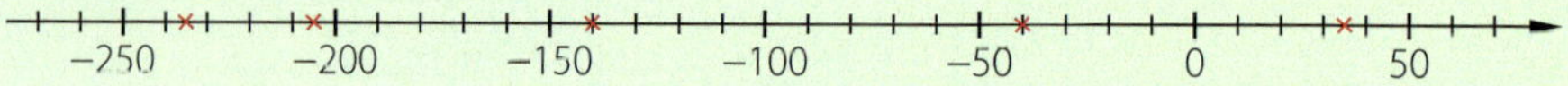

Teilbarkeitsregeln und Primfaktorzerlegung

Mithilfe von **Teilbarkeitsregeln** kannst du leicht feststellen, ob eine Zahl durch 2, 3, 5 oder 10 teilbar ist.

▼ Beispiel 3: Teilbarkeitsregeln anwenden

Überprüfe, ob die Zahl 345 durch 2, 3, 5 oder 10 teilbar ist.

Lösung:

Wegen der Einerstelle 5 ist die Zahl 345 ist durch 5 teilbar, nicht aber durch 2 oder 10. Die Quersumme beträgt 12, denn 3 + 4 + 5 = 12. Da 12 durch 3 teilbar

▲ ist, ist auch die Zahl 345 durch 3 teilbar.

Info

Eine Primzahl hat nur zwei Teiler: die Zahl 1 und sich selbst. Primzahlen sind: 2, 3, 5, 7 …

Jede natürliche Zahl kannst du als Produkt ihrer Primfaktoren schreiben. Die **Primfaktorzerlegung** erhältst du durch die schrittweise Zerlegung der einzelnen Faktoren.

Beispiel 4: Primfaktorzerlegung

Gib alle Teiler der Zahl 70 und ihre Primfaktorzerlegung an:

Lösung:

$70 = 10 \cdot 7 = 2 \cdot 5 \cdot 7$

Teiler sind die Zahlen 1; $\underbrace{2;\ 5;\ 7;}_{\text{Primfaktoren}}$ $\underbrace{10;\ 14;\ 35}_{\text{Kombination aus zwei Primfaktoren}}$ und 70

Aufgaben

Zur Erinnerung
Das Zeichen ∈ bedeutet „ist Element von“, das Zeichen ∉ bedeutet „ist nicht Element von“.

Zahlenmengen und Zahlengerade

1 Setze das richtige Symbol (∈, ℤ, ℕ, ∉) ein.

a) 3 □ ℤ
b) −3 □ ℕ
c) 0 ∈ □
d) −512 ∉ □
e) −435 □ ℕ
f) −33 + 12 □ ℕ
g) 75 : (−15) ∈ □
h) 45 · (−12) □ ℤ
i) 3 − (−12) ∈ □

2 Lies die an der Zahlengeraden eingetragenen Zahlen ab.

a) 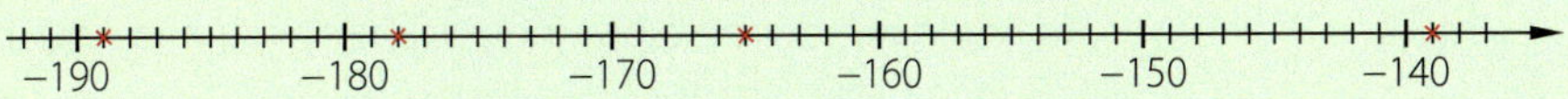

b) 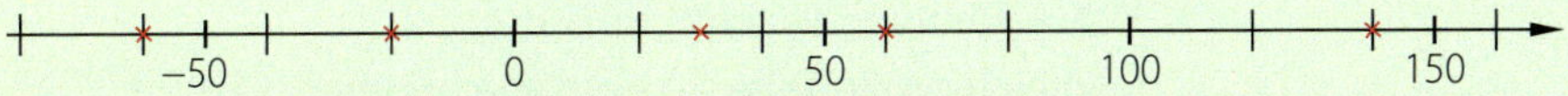

3 Trage die Zahlen an einer Zahlengeraden mit geeigneter Längeneinheit ein.

a) −7; −12; 14; −1; 8; −8; −10; 0
b) −75; 25; 125; −50; −250

Teilbarkeitsregeln und Primfaktorzerlegung

4 Begründe mithilfe von Teilbarkeitsregeln, ob die Zahlen durch 2, 3, 5 oder 10 teilbar sind.

a) 88
b) 190
c) 15 480
d) 46 995

5 Übertrage die folgende Tabelle in dein Heft und kreuze an. Stelle eine Vermutung auf, unter welcher Bedingung eine Zahl durch 12 teilbar ist.

teilbar …	84	756	423	3456	84 248	96 516
durch 3						
durch 4						
durch 12						

Zur Erinnerung
Wenn du eine Aussage widerlegen möchtest, reicht ein Gegenbeispiel.

6 Maja sagt, sie habe eine neue Teilbarkeitsregel gefunden:
„Wenn eine Zahl durch 2 und 10 teilbar ist, dann ist sie auch durch 20 teilbar.“
Begründe, warum Majas Teilbarkeitsregel nicht gelten kann.

7 Gib alle Teiler der Zahl 48 (252; 770) und ihre Primfaktorzerlegung an.

Tipp
Hier ist das kleine Einmaleins hilfreich!

8 Zerlege schrittweise in Primfaktoren.

a) 98
b) 56
c) 225
d) 714

1.1 Brüche und Anteile

Einstieg

Schokoladenproblem

Vier Freunde möchten sich eine 100-g-Tafel Schokolade teilen. Entscheide und begründe, welche Schokoladentafel du dafür wählen würdest, und beschreibe, wie du sie gerecht verteilst. Berechne, wie viel Gramm Schokolade jedes Kind erhält.

Wissen

Anteile und ihre Veranschaulichung

Im Alltag begegnen dir manchmal keine ganzen Angaben, sondern Angaben wie z. B. eine halbe Stunde oder ein Viertel Liter.

Hierfür teilst du das Ganze in 2, 3, 4, … **gleich große Teile**. So entstehen Halbe, Drittel, Viertel, … des **Ganzen**.

Halbe | Drittel | Viertel

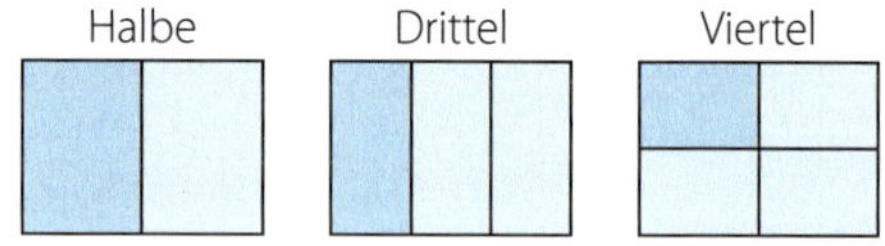

Wenn mehrere dieser gleich großen Teile des Ganzen ausgewählt sind, zählst du deren Anzahl.

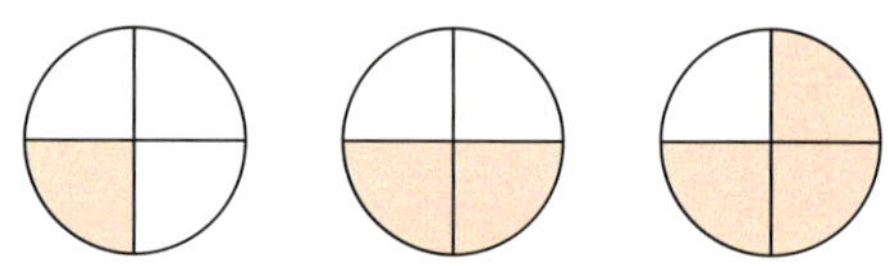

ein Viertel: $\frac{1}{4}$ | zwei Viertel: $\frac{2}{4}$ | drei Viertel: $\frac{3}{4}$

Mithilfe von Brüchen kannst du Anteile eines Ganzen darstellen. Der Nenner gibt an, in wie viele gleich große Teile das Ganze unterteilt wird.
Der Zähler gibt an, wie viele dieser gleich großen Teile gezählt werden.

$\frac{\text{Zähler}}{\text{Nenner}}$ ← Bruchstrich

Beispiel 1: Darstellung von Anteilen

Gib jeweils einen Bruch an, der den markierten Anteil der Figur beschreibt.

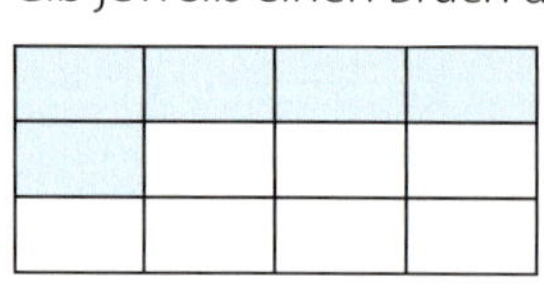
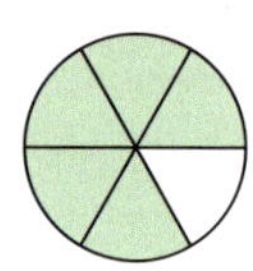
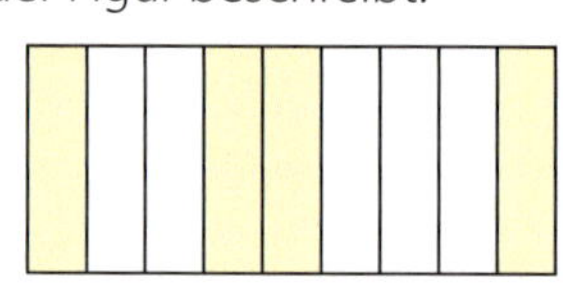

Lösung:

Das Rechteck wurde in 12 gleich große Teile unterteilt, von denen 5 markiert sind: Anteil $\frac{5}{12}$

Der Kreis wurde in 6 gleich große Teile unterteilt, von denen 5 markiert sind: Anteil $\frac{5}{6}$

Der Streifen wurde in 9 gleich große Teile unterteilt, von denen 4 markiert sind: Anteil $\frac{4}{9}$

Berechnung von Bruchteilen

Im Alltag möchtest du manchmal die Größe des Anteils bestimmen, z. B. bei einem Rezept $\frac{3}{8}$ von 1 kg Mehl.
Du weißt, dass du bei $\frac{3}{8}$ das Ganze, also 1 kg = 1000 g, in 8 gleich große Teile zerlegst und davon 3 Teile nimmst.

1. Zerlege das Ganze in 8 Teile und berechne erst $\frac{1}{8}$ vom Ganzen.
   1 kg : 8 = 1000 g : 8 = 125 g
   Ein Teil ist also 125 g groß.

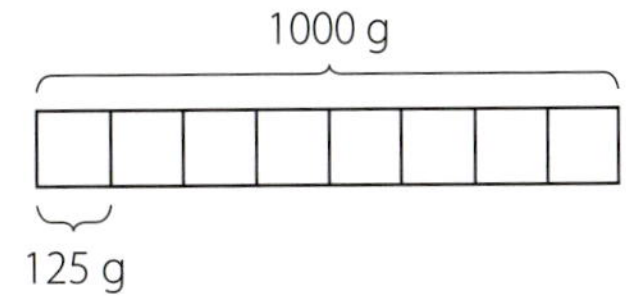

2. Nimm nun drei Teile.
   125 g · 3 = 375 g

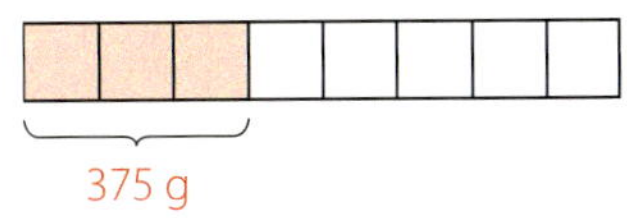

Die Größe, die du dabei erhältst, wird **Bruchteil** genannt.

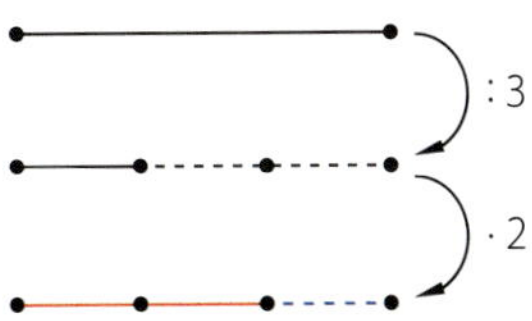

Bruchteile kannst du berechnen, indem du das Ganze durch den Nenner des Anteils dividierst und mit dem Zähler des Anteils multiplizierst.
z. B.

Anteil — das Ganze — Bruchteil

$\frac{2}{3}$ von 6 cm $= \underbrace{(6\,\text{cm} : 3)} \cdot 2 = 2\,\text{cm} \cdot 2 = 4\,\text{cm}$

Berechne zunächst $\frac{1}{3}$ der Strecke.

Beispiel 2: Bruchteile im Kreisdiagramm
Stelle mithilfe eines Kreisdiagramms dar, dass $\frac{2}{9}$ aller Lose bei einer Tombola Hauptgewinne sind und der Rest Trostpreise.

Zur Erinnerung
Ein Teilstück von einem Kreis wird auch **Sektor** genannt.

Lösung:
1. Ein Vollkreis umfasst 360°, das entspricht dem Ganzen (also allen Losen). Der gesuchte Bruchteil ist hier der Mittelpunktswinkel für den Sektor „Hauptgewinne". Um diesen zu erhalten, berechnest du $\frac{2}{9}$ von 360°.
   $\frac{2}{9}$ von 360° = (360° : 9) · 2 = 80°
2. Zeichne einen Kreis mit dem Mittelpunkt M.
3. Trage einen Winkel von 80° am Mittelpunkt ab.
   Färbe den entsprechenden Anteil.
   Benenne am Rand, welche Farbe für welchen Preis steht.

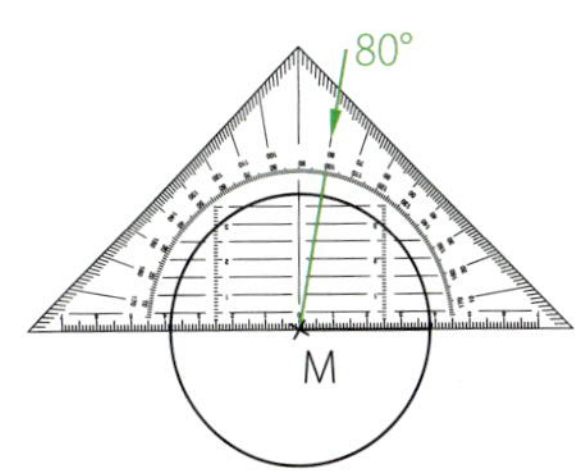

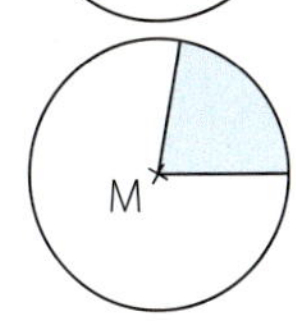

☐ Hauptpreis
☐ Trostpreis

Beispiel 3: Knifflige Rechnung
Berechne, wie viel $\frac{3}{15}$ von 25 € sind.

Lösung:
Weil die Rechnung 25 : 15 nicht aufgeht, ist es hier geschickter, erst zu multiplizieren und dann zu dividieren: $\frac{3}{15}$ von 25 € = (25 € · 3) : 15 = 75 € : 15 = 5 €

Berechnung des Ganzen

Manchmal kennst du nur den Bruchteil und den Anteil, aber nicht das Ganze. Zum Beispiel: „Wir haben schon $\frac{3}{4}$ des Geldes für den neuen Spielplatz durch Spenden eingenommen. Das sind 660 €."

Du weißt, dass das Ganze in 4 gleich große Teile zerlegt wurde und drei davon 660 € entsprechen.

1. Berechne, wie groß ein Teil ist.
   660 € : 3 = 220 €
   Ein Teil entspricht also 220 €.

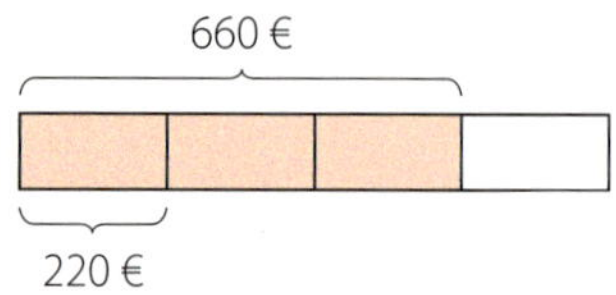

2. Berechne, wie groß 4 Teile sind.
   220 € · 4 = 880 €

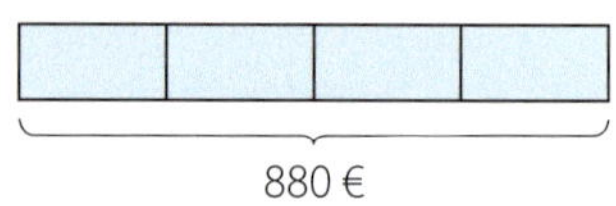

Manchmal ist eine Skizze, in der du den Bruchteil veranschaulichst, hilfreich, um den Sachverhalt zu verstehen.

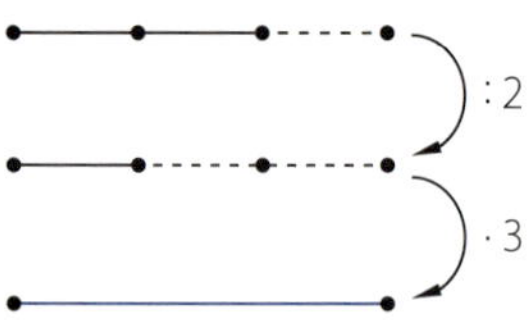

Das Ganze kannst du berechnen, indem du den Bruchteil durch den Zähler des Anteils dividierst und mit dem Nenner des Anteils multiplizierst.

z. B. $\frac{2}{3}$ entsprechen 4 cm, also ist das Ganze (4 cm : 2) · 3 = 6 cm

Beispiel 4: Berechnung des Ganzen

Lukas hat $\frac{3}{7}$ der Rasenfläche schon gemäht, das sind 360 m². Bestimme die Größe der gesamten Rasenfläche, die er mähen muss.

Lösung:

$\frac{3}{7}$ sind $360\,m^2$. Damit rechnest du: $(360\,m^2 : 3) \cdot 7 = 120\,m^2 \cdot 7 = 840\,m^2$.
Die gesamte Rasenfläche hat $840\,m^2$.

Bestimmung des Anteils

Du weißt bereits, dass du den Anteil als Bruch schreiben kannst.

Ist der Anteil gesucht, so bildest du einen Bruch, indem du als Zähler die Maßzahl des Bruchteils schreibst und als Nenner die Maßzahl des Ganzen.

3 kg von 5 kg sind $\frac{3}{5}$, denn:
Das Ganze ist 5 kg, der Bruchteil ist 3 kg, der Anteil ist $\frac{3}{5}$.

Beispiel 5: Anteile bestimmen

Hatice und ihr kleiner Bruder Toni kaufen zusammen Süßigkeiten. Hatice zahlt 8 €, ihr Bruder zahlt 3 €. Erläutere, warum Hatice $\frac{8}{11}$ des Gesamtbetrags zahlt.

Lösung:

Der Anteil bezieht sich auf das Ganze.
Das Ganze sind 3 € + 8 € = 11 €.
Hatice zahlt den Bruchteil 8 € von 11 €, ihr Anteil beträgt also $\frac{8}{11}$.

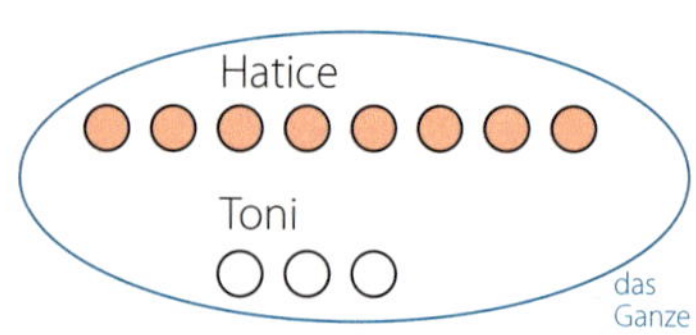

Aufgaben

Trainieren | Vertiefen | Herausforderung

Anteile und ihre Veranschaulichung

1 Gib an, welcher Anteil der Figur jeweils in derselben Farbe eingefärbt ist.

a) 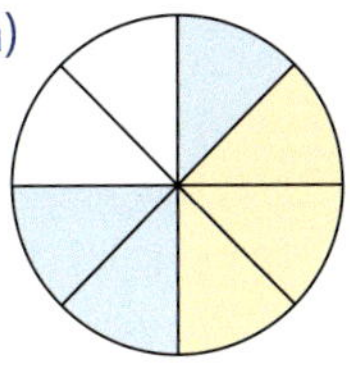
b) 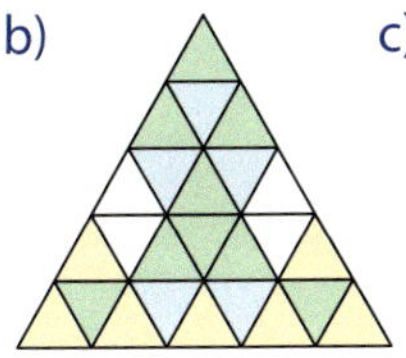
c) 
d) 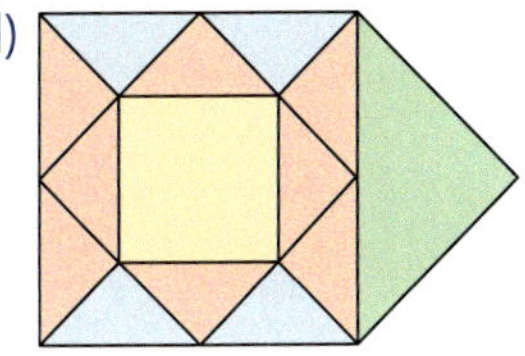

Tipp
Überlege, wie du das Rechteck und die Strecke zeichnest, damit du danach die Anteile gut eintragen kannst.

2 Stelle die Brüche als Anteile in einem Rechteck und an einer Strecke dar.

a) $\frac{3}{4}$ b) $\frac{5}{8}$ c) $\frac{2}{5}$ d) $\frac{7}{12}$

3 Melinda sollte als Hausaufgabe den angegebenen Anteil der Fläche markieren. Überprüfe, ob sie alles richtig gemacht hat und begründe deine Antworten.

a) 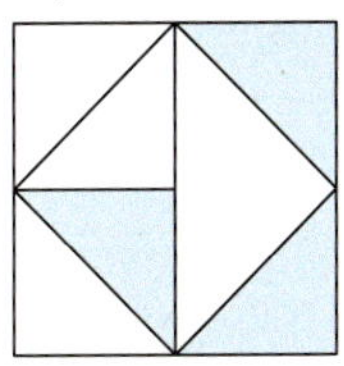
$\frac{3}{8}$

b) 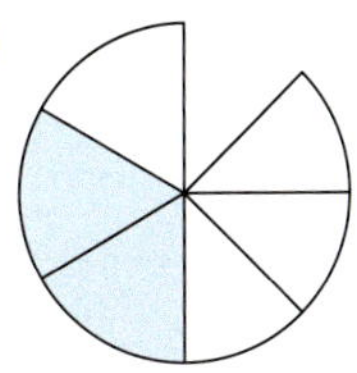
$\frac{2}{6}$

c) 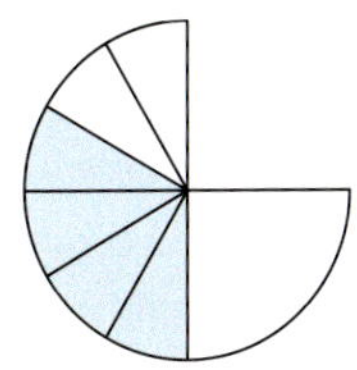
$\frac{4}{9}$

d) 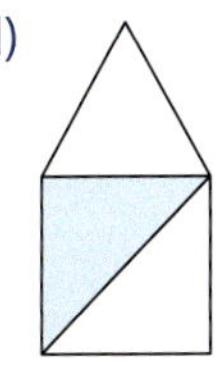
$\frac{1}{3}$

4 Zeichne die Figur ab. Färbe den angegebenen Anteil der Figur (Maße in cm).

a) 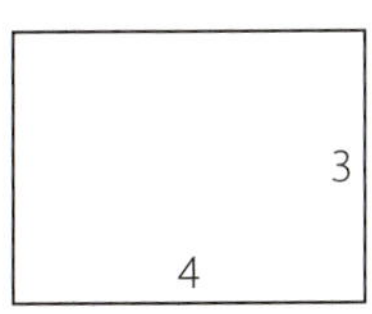

Anteil: $\frac{2}{3}$

b) 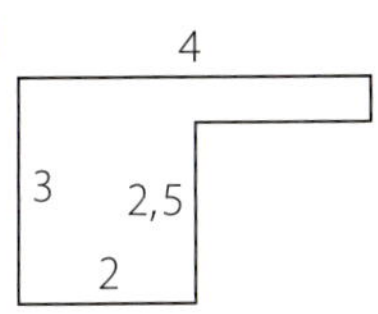

Anteil: $\frac{4}{7}$

c) 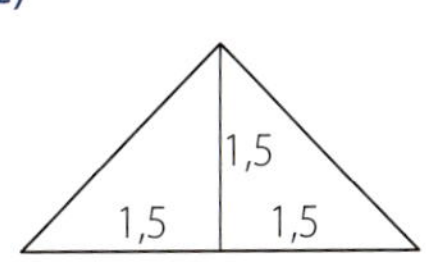

Anteil: $\frac{5}{9}$

d) 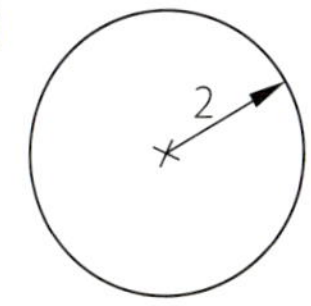

Anteil: $\frac{3}{8}$

Berechnung von Bruchteilen

Tipp
Beispiel 3 hilft dir bei 5 d).

5 Berechne den Bruchteil der gegebenen Strecke. Kontrolliere dein Ergebnis anhand einer Skizze.

a) $\frac{5}{6}$ von 12 cm b) $\frac{3}{4}$ von 60 cm c) $\frac{2}{3}$ von 1,5 dm d) $\frac{3}{9}$ von 6 cm

6 Finde passende Paare. Erläutere dein Vorgehen.

$\frac{2}{6}$ $\frac{4}{9}$ $\frac{5}{6}$ $\frac{5}{9}$ $\frac{3}{8}$ $\frac{2}{5}$ $\frac{5}{8}$

160° 300° 225° 135° 120° 144° 200°

7 Gegeben ist ein Rechteck mit Länge l und Breite b. Der angegebene Anteil ist eingefärbt. Berechne den Flächeninhalt des gefärbten Flächenstücks und überprüfe dein Ergebnis durch eine Zeichnung.

a) $l = 9\,\text{cm}, b = 2\,\text{cm}; \frac{5}{9}$ b) $l = 5\,\text{cm}, b = 4\,\text{cm}; \frac{2}{5}$ c) $l = 8\,\text{cm}, b = 3\,\text{cm}; \frac{3}{8}$

8 Berechne im Kopf. Wandle, falls nötig, in eine kleinere Einheit um.

a) $\frac{2}{5}$ von 1 km
b) $\frac{7}{15}$ von 30 m
c) $\frac{1}{20}$ von 1 €
d) $\frac{9}{20}$ von 1 €
e) $\frac{75}{100}$ von 10 kg
f) $\frac{7}{8}$ von 1 t
g) $\frac{1}{15}$ von 3 h
h) $\frac{1}{8}$ von $1\,\text{m}^2$
i) $\frac{3}{7}$ von 3,5 ha
j) $\frac{2}{5}$ von 35 cm
k) $\frac{3}{8}$ von 2 Tagen
l) $\frac{7}{20}$ von $15\,\text{dm}^2$

9 Im gegebenen Kreisdiagramm ist das Wahlergebnis für die 3. Fremdsprache unter 108 Schülerinnen und Schülern dargestellt.

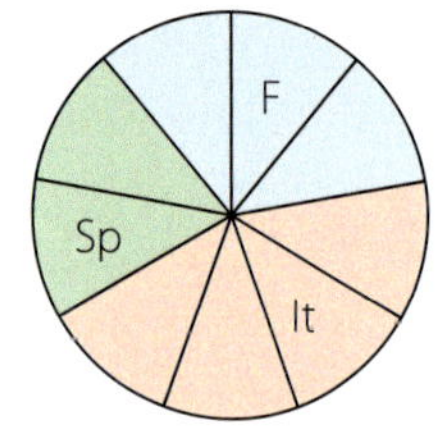

a) Gib die Anteile der Schüler an, die Spanisch, Französisch bzw. Italienisch gewählt haben, und bestimme dann den jeweiligen Bruchteil der Schüler.
b) Erkläre, wie du die Mittelpunktswinkel der drei Kreissektoren berechnen kannst.
c) Stelle das Wahlergebnis in einem Säulendiagramm dar.

Berechnung des Ganzen

10 Berechne das Ganze.

a) $5\,\text{cm} = \frac{1}{6}$ von □ cm
b) $14\,\text{g} = \frac{2}{7}$ von □ g
c) $26\,\text{s} = \frac{2}{5}$ von □ s
d) $39\,\text{s} = \frac{13}{17}$ von □ s
e) $28\,\text{min} = \frac{2}{14}$ von □ min
f) $49\,\text{t} = \frac{7}{7}$ von □ t

11 Ermittle die Gesamtzahl.
a) 12 Kinder einer Klasse singen im Unterstufenchor. Das sind $\frac{2}{5}$ der ganzen Klasse.
b) Bei einer Vorführung sind noch 6 Plätze frei. Das sind $\frac{3}{70}$ aller verfügbaren Plätze.
c) Bei einer Verkehrskontrolle war in 35 der kontrollierten Pkw – das waren $\frac{1}{12}$ aller angehaltenen Fahrzeuge – der Fahrer nicht angeschnallt.
d) Erstelle selbst eine Aufgabe und lasse sie von deinem Nachbarn lösen.

12 Marie weiß, dass 3 dm $\frac{2}{3}$ entsprechen. Sie hat damit das Ganze berechnet.

3 dm : 3 · 2 = 2 dm.

Als Marc die Lösung sieht, sagt er sofort, dass das falsch sein muss.
a) Erläutere, wie Marc dies so schnell sehen konnte, und beschreibe, welchen Fehler Marie gemacht hat.
b) Beschreibe, wie du das Ganze berechnen kannst, und korrigiere Maries Rechnung.

13 Schreibe zu der Rechnung 12 : 3 · 4 eine passende Aufgabe.

14 Die im Folgenden dargestellten Figuren stellen jeweils den angegebenen Anteil eines Ganzen dar. Zeichne die Figuren ab und ergänze sie in deiner Zeichnung jeweils sinnvoll zu einem Ganzen.

a) $\frac{1}{4}$ 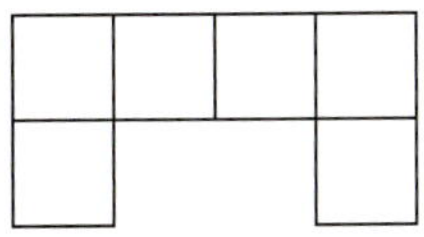

b) $\frac{1}{6}$ 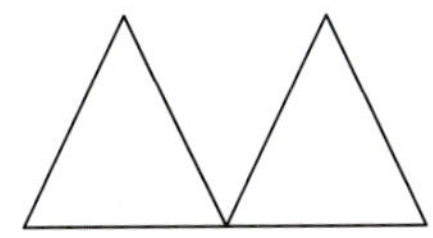

c) $\frac{2}{5}$ 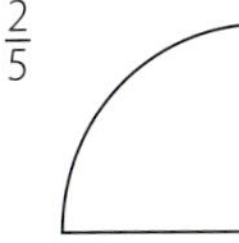

Bestimmung des Anteils

15 Gib einen Bruch für den fehlenden Anteil an.

a) 5 cm = □ von 25 cm
b) 14 g = □ von 56 g
c) 13 s = □ von 65 s
d) 39 s = □ von 65 s
e) 28 min = □ von 35 min
f) 49 t = □ von 70 t
g) 125 cm^2 = □ von 200 cm^2
h) 101 mm = □ von 150 mm

16 Die Tabelle gibt an, wie die Schüler der Klasse 6a heute zur Schule gekommen sind.
Ergänze die 3. Spalte.

Verkehrsmittel	Anzahl Schüler	Anteil
Rad	9	
Bus	11	
Auto	3	
zu Fuß	7	

4 8 2 6 60 10 3 20 40 5 9 75 15 100 30 7

17 Betrachte die Zahlen am Rand und gib den jeweiligen Anteil an.
Welcher Anteil aller

a) Zahlen ist eine gerade Zahl?
b) Zahlen ist durch 3 teilbar?
c) geraden Zahlen ist größer als 19?
d) geraden Zahlen ist durch 10 teilbar?

Vermischte Aufgaben

18 **Experte für Brüche und Anteile**
Erkläre deinem Nachbarn die Fachwörter Zähler, Nenner, Bruchteil, Anteil und Ganzes anhand eines Beispiels.

19 Felix behauptet, dass die Brüche $\frac{1}{4}$ und $\frac{3}{12}$ den gleichen Anteil beschreiben. Entscheide mithilfe einer Zeichnung, ob Felix Recht hat.

20 Mohammed soll $\frac{5}{9}$ eines Rechtecks einfärben. Erläutert, welche Maße für die Länge und Breite des Rechtecks dafür sinnvoll sind und gebt drei Beispiele an.

21 Bestimme, wie viele Würfel mindestens für einen Quader ergänzt werden müssen. Gib auch an, welchem Anteil am Gesamtquader dies entspricht.

a) 

b) 

c) 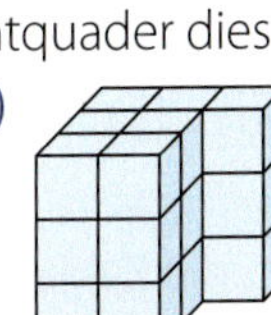

d) 

e) Zeichne einen Quader, aus dem der Anteil $\frac{1}{6}$ entfernt wurde.

f) Zeichne einen Quader, aus dem der Anteil $\frac{5}{12}$ entfernt wurde.

22 Vervollständige die Tabelle in deinem Heft. Wandle die Größenangaben dazu gegebenenfalls in eine passende kleinere Einheit um.

Bruch		Ganzes		Anteil
$\frac{3}{5}$	von	8 kg	sind	□
$\frac{▲}{●}$	von	2 h	sind	15 min
$\frac{2}{9}$	von	□	sind	700 g
$\frac{4}{7}$	von	105 km	sind	□
$\frac{7}{11}$	von	1,54 €	sind	□ ct
$\frac{◩}{▼}$	von	1 h 20 min	sind	20 min

148/149

23 Florian erzählt seinem Biologielehrer, dass er am Tag vorher 2 Stunden Hausaufgaben gemacht hat. $\frac{1}{4}$ der Zeit habe er für Deutsch aufwenden müssen, Englisch habe er in 15 Minuten erledigen können, aber für Biologie seien leider nur 20 Minuten übrig geblieben, weil er noch $\frac{3}{5}$ der Gesamtzeit für Mathematik gebraucht habe.
Stelle die Situation in einer Skizze dar. Wähle dazu für die gesamte Hausaufgabenzeit von 2 h ein Rechteck der Breite 12 cm. Nimm Stellung zu Florians Aussage.

24 Zu Beginn des neuen Schuljahrs wird in einer 6. Klasse erfasst, wie viele Schüler mit dem Bus, mit dem Fahrrad, zu Fuß oder mit der Bahn zu Schule kommen. Das Säulendiagramm zeigt die Auswertung der Daten.
Erstelle ein passendes Kreisdiagramm.

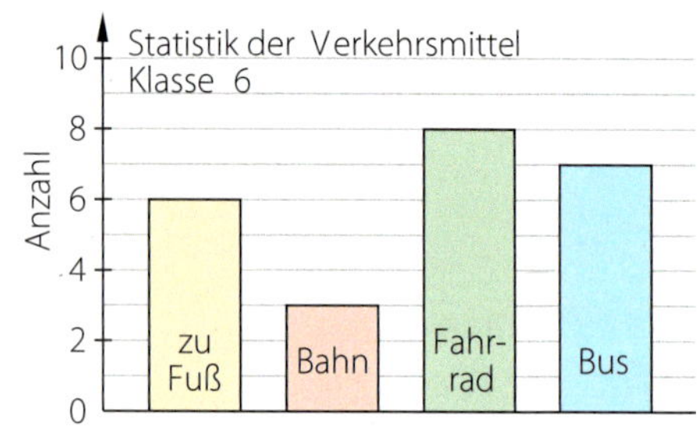

25 Gib das Ergebnis in einer Einheit an, in der die Maßzahl als natürliche Zahl geschrieben werden kann.

a) $\frac{1}{4}$m b) $\frac{3}{4}$dm c) $\frac{3}{2}$cm^2 d) $\frac{1}{8}$kg

Noch fit?

I Lies auf der Zahlengeraden die markierten Zahlen ab.

a) 

b) 

c) 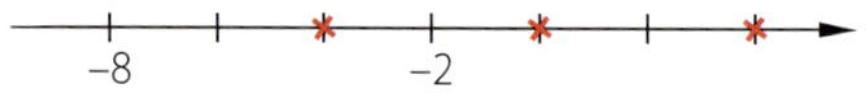

II Zeichne für jede Teilaufgabe eine Zahlengerade. Trage die angegebenen Zahlen ein. Überlege zuerst, welche Einheit du wählst und wie viel Platz du benötigst.

a) die Zahlen, die den Abstand 6 von −3 haben
b) alle Zahlen, die von 0 höchstens den Abstand 5 haben
c) alle Zahlen, die von 2 mindestens den Abstand 7 haben und von −1 höchstens den Abstand 9 haben

Trainieren **Vertiefen** Herausforderung

26 Allerlei!

a) Lena hat $\frac{3}{7}$ ihres Taschengeldes schon ausgegeben. Es bleiben ihr für diesen Monat noch 28 €. Berechne, wie viel Taschengeld sie bekommen hat.

b) Michi hat für $\frac{5}{8}$ seiner Trainingsstrecke heute eine Dreiviertelstunde gebraucht. Bestimme, wie lange er für die gesamte Strecke braucht. Gib an, welche Annahme du für deine Berechnung machen musst.

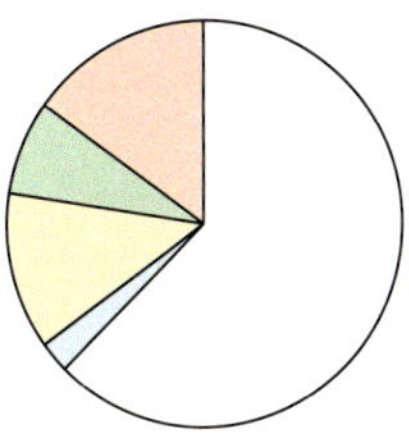

27 Sanja hat die Ergebnisse einer Umfrage in ihrer Jahrgangsstufe in folgendem Bild festgehalten.

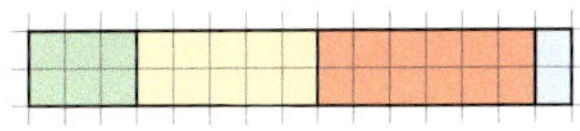

a) Der rote Bruchteil entspricht 54 Schülern. Ermittle die Gesamtanzahl der befragten Schüler.

b) Mats hat die Umfrageergebnisse in einem Kreisdiagramm veranschaulicht. Erläutere, welchen Fehler er gemacht hat. Zeichne ein richtiges Kreisdiagramm.

28 Das abgebildete Grundstück soll eingezäunt werden. Die Strecken, an denen das Haus steht, erhalten keinen Zaun. Außerdem soll noch eine 4 m breite Einfahrt neben dem Haus offen bleiben.
Bestimme, welcher Anteil des Grundstücksumfanges eingezäunt wird.

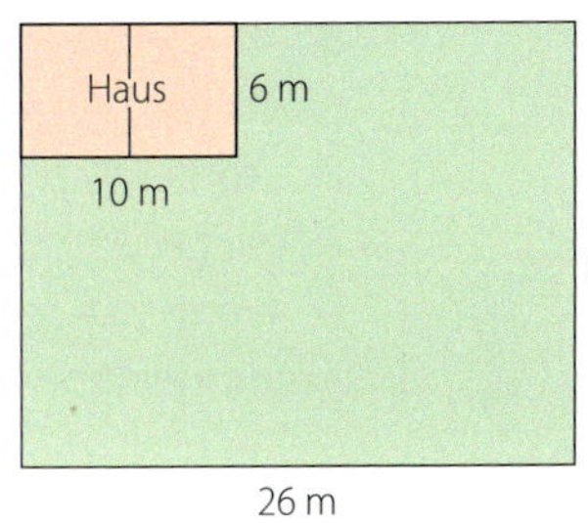

29 Das Unternehmen *Müsli4U* hat mithilfe einer Umfrage testen lassen, welche ihrer neuen Müslisorten am beliebtesten ist. 255 Befragte stimmten für die Sorte Schokomix.
Ermittelt, wie viele Personen jeweils die anderen Sorten gewählt haben.

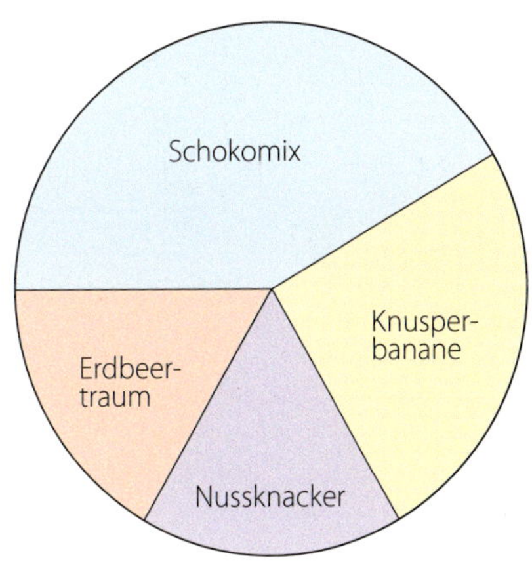

30 Bestimme den blau gefärbten Anteil des Quadrats.

a) 

b) 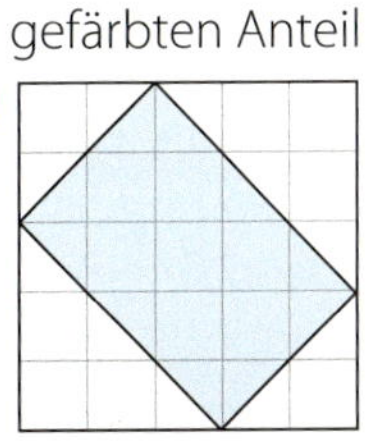

c) 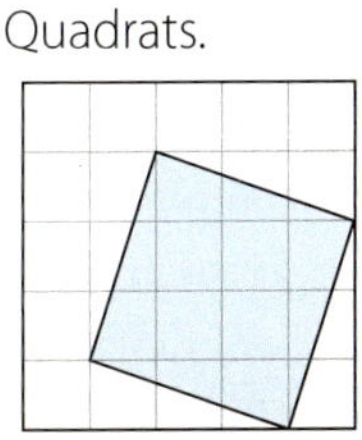

d) 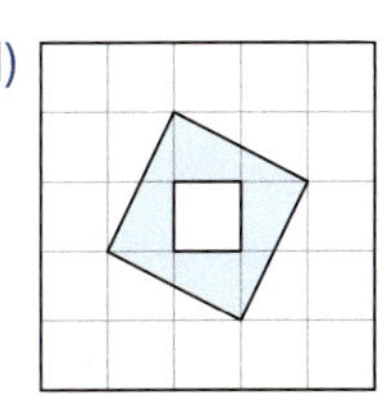

31 Seit einigen Jahren ist es Vorschrift, dass neben Preis und Menge eines Produkts auch der Preis angegeben werden muss, den 1 kg oder 1 l des Produkts kosten würden.

a) Erkläre, weshalb diese zusätzliche Angabe für den Kunden hilfreich ist.

b) Erkläre, wie der Preis für die 800-g-Dose aus dem Grundpreis für 1 kg berechnet werden kann. Bestimme dazu zunächst den Anteil, den 800 g an 1 kg darstellen.

c) Preisvergleich lohnt sich! Gib an, welches der beiden Produkte im Vergleich günstiger ist, indem du jeweils den Preis für 1 kg bzw. 1 l berechnest.

Produkt A:	$\frac{1}{4}$ kg: 2,49 €	$\frac{1}{2}$ l: 1,05 €	3 kg: 5,97 €
Produkt B:	$\frac{3}{8}$ kg: 3,24 €	$\frac{2}{3}$ l: 1,00 €	$\frac{4}{5}$ kg: 1,60 €

32 Richtig oder falsch? Begründe durch eine Erklärung oder widerlege durch ein passendes Gegenbeispiel:

a) Wenn ich bei einem Bruch den Nenner vergrößere, dann wird der zugehörige Anteil größer.

b) Wenn ich bei einem Bruch den Zähler verkleinere, dann wird der zugehörige Anteil kleiner.

33 In den Abbildungen seht ihr, wie ihr ein Blatt durch Falten in Viertel unterteilen könnt. Probiert, welche Brüche ihr noch durch Falten herstellen könnt.

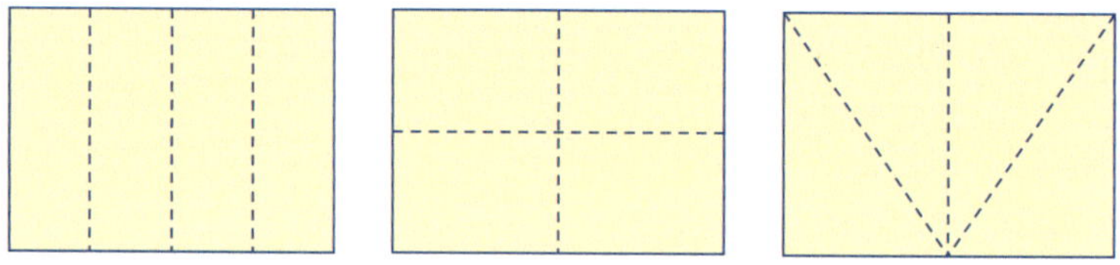

34 Die Anleitung zu einer Mischung lautet: Man nehme die Hälfte einer 750-ml-Dose mit gelber Farbe und ein Viertel aus einer 500-ml-Dose mit roter Farbe und mische diese Mengen. Nachdem Gero die neue Farbe gemischt hat, stellt er fest: „Rot hat 125 ml von 500 ml bei der neuen Farbe, also auch einen Anteil von einem Viertel. Dann ist der Anteil von gelb auch wieder die Hälfte.“ Nimm Stellung dazu.

Trainieren | Vertiefen | **Herausforderung**

148/149

35 Auf dem Tisch steht ein Topf voller Klöße. Leif kommt nach Hause und isst ein Drittel der Klöße. Nun kommt Sina nach Hause und isst ein Viertel der Klöße, die noch im Topf sind. Dann kommt Katharina und isst ein Drittel der übrigen Klöße. Vier Klöße bleiben im Topf. Bestimme, wie viele Klöße jedes Kind gegessen hat, und wie viele es zu Anfang waren.

1.2 Vergleichen, Kürzen und Erweitern von Brüchen

Einstieg

In der Pizzeria

Lena und Felix essen beide drei Stücke von ihrer Pizza.

Begründe, warum sie nicht gleich viel gegessen haben, und erkläre, wer den größeren Anteil gegessen hat.

Lena isst noch zwei weitere Stücke.
Begründe, warum der Vergleich der beiden Anteile jetzt schwieriger ist. Diskutiere mit deinem Partner, wie ihr die Anteile trotzdem vergleichen könntet.

Wissen

Einfacher Größenvergleich

Du kannst bereits Anteile mithilfe von Brüchen beschreiben. Manchmal möchtest du auch Anteile miteinander vergleichen.
Wenn die Brüche **gleiche Nenner** haben, sind die Teile bei beiden Brüchen gleich groß. Vergleiche dann einfach die Anzahl der Teile.

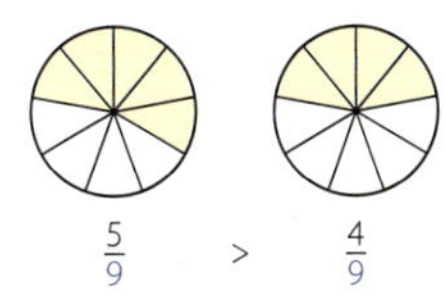

Wenn die Nenner nicht gleich sind, ist der Vergleich schwieriger, außer wenn die **Zähler gleich** sind.
Je größer jedes einzelne Teil ist, umso größer ist der Anteil, z. B. ist ein Fünftel größer als ein Neuntel.
Also sind auch vier Fünftel größer als vier Neuntel.

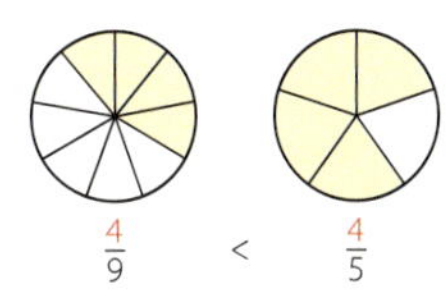

**Brüche, die den gleichen Nenner haben, heißen gleichnamig.
Bei gleichnamigen Brüchen stellt der Bruch mit dem größeren Zähler den größeren Anteil dar.** $\frac{6}{8} > \frac{5}{8}$

Bei Brüchen, die den gleichen Zähler haben, stellt der Bruch mit dem kleineren Nenner den größeren Anteil dar. $\frac{2}{5} > \frac{2}{6}$

Erweitern und Kürzen

Wenn weder die Nenner noch die Zähler gleich sind, ist der Größenvergleich schwieriger. Du kannst den Bruch aber verändern: Stell dir vor, du zerschneidest eine Pizza mit 4 Teilen so, dass du 12 Teile erhältst. Wenn du vorher 3 Stücke genommen hast, musst du jetzt 9 nehmen. Der Anteil bleibt aber gleich groß.

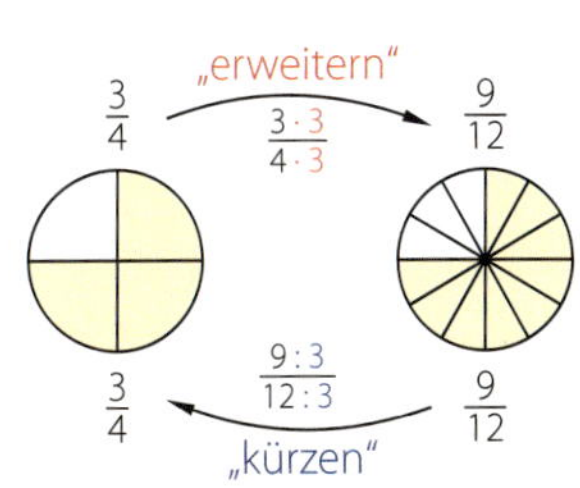

Ein Bruch wird erweitert, indem Zähler und Nenner mit derselben natürlichen Zahl multipliziert werden. $\frac{3}{4} = \frac{3 \cdot 3}{4 \cdot 3} = \frac{9}{12}$ kurz: $\frac{3}{4} \overset{3}{=} \frac{9}{12}$

Die Umkehrung des Erweiterns heißt Kürzen. Dabei werden Zähler und Nenner des Bruchs durch dieselbe natürliche Zahl dividiert. $\frac{9}{12} = \frac{9:3}{12:3} = \frac{3}{4}$ kurz: $\frac{9}{12} \underset{3}{=} \frac{3}{4}$

Beim Erweitern und Kürzen verändert sich der Anteil nicht.

Beispiel 1: Erweitern

Erweitere den Bruch $\frac{3}{8}$ so, dass er den Nenner 32 hat. Erläutere anschließend, warum die Brüche den gleichen Anteil darstellen.

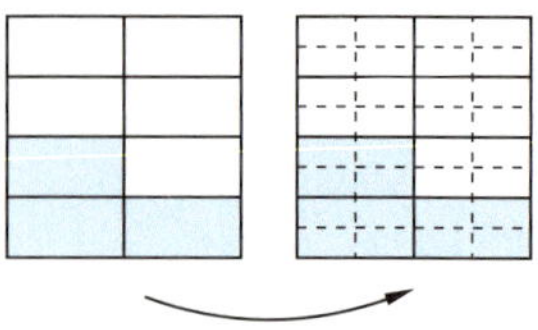

Erweitert mit 4

Lösung:

Da $8 \cdot 4 = 32$ gilt, muss mit der Zahl 4 erweitert werden: $\frac{3}{8} = \frac{3 \cdot 4}{8 \cdot 4} = \frac{12}{32}$

Das Ganze wird nicht mehr in 8, sondern in 32 Stücke geteilt. Ein großes Stück entspricht nun vier kleinen Stücken. Deshalb brauchst du für den gleichen Anteil viermal so viele Stücke wie vorher.

Beispiel 2: Gleiche Brüche

Zeige, dass die Brüche jeweils denselben Anteil darstellen.

a) $\frac{4}{12}$ und $\frac{1}{3}$

b) $\frac{7}{28}$ und $\frac{30}{120}$

Lösung:

a) Du kannst entweder $\frac{4}{12}$ kürzen oder $\frac{1}{3}$ erweitern.
z. B. $\frac{1}{3} = \frac{1 \cdot 4}{3 \cdot 4} = \frac{4}{12}$

b) Hier ist es leichter, wenn du beide Brüche kürzt und dann vergleichst.
$\frac{7}{28} = \frac{7:7}{28:7} = \frac{1}{4}$ und $\frac{30}{120} = \frac{30:30}{120:30} = \frac{1}{4}$

Ein Bruch heißt **vollständig gekürzt**, wenn Zähler und Nenner keinen gemeinsamen Teiler außer 1 mehr haben.

Tipp
Kürze schrittweise mit dem ersten gemeinsamen Teiler von Nenner und Zähler, den du erkennst.

Beispiel 3: Mehrfaches Kürzen

Kürze den Bruch $\frac{252}{378}$ vollständig in mehreren Schritten. Gib auch eine andere Möglichkeit des Kürzens an.

Lösung:

Beim **mehrfachen Kürzen** spielt die Reihenfolge keine Rolle:

$\frac{252}{378} \underset{2}{=} \frac{126}{189} \underset{3}{=} \frac{42}{63} \underset{7}{=} \frac{6}{9} \underset{3}{=} \frac{2}{3}$ oder $\frac{252}{378} \underset{7}{=} \frac{36}{54} \underset{3}{=} \frac{12}{18} \underset{3}{=} \frac{4}{6} \underset{2}{=} \frac{2}{3}$

Siehst du andere gemeinsame Teiler von Zähler und Nenner, kannst du auch damit kürzen, z. B. $\frac{36}{54} \underset{9}{=} \frac{4}{6} \underset{2}{=} \frac{2}{3}$

Du könntest auch gleich in **einem Schritt** mit $7 \cdot 3 \cdot 3 \cdot 2 = 126$ kürzen: $\frac{252}{378} \underset{126}{=} \frac{2}{3}$.

Größenvergleich zweier beliebiger Brüche

Du kannst nun Brüche ohne Einschränkung miteinander vergleichen.

Zwei beliebige Brüche kannst du vergleichen, indem du sie so kürzt/erweiterst, dass sie den gleichen Nenner oder den gleichen Zähler haben.

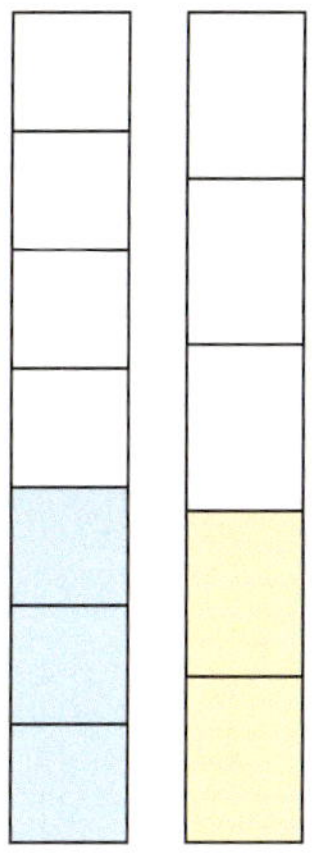

Beispiel 4: Brüche vergleichen durch geschicktes Erweitern

In der Zeichnung siehst du, dass der Bruch $\frac{3}{7}$ einen größeren Anteil darstellt als der Bruch $\frac{2}{5}$. Begründe dies durch eine Rechnung.

Lösung A: gleiche Zähler

Ein geeigneter Zähler ist 6, da die Zahlen 3 und 2 Teiler von 6 sind:

$\frac{3}{7} \overset{2}{=} \frac{6}{14}$ *und* $\frac{2}{5} \overset{3}{=} \frac{6}{15}$

Die Brüche sind nun **zählergleich** und es gilt:

$\frac{6}{14} > \frac{6}{15}$ und damit auch $\frac{3}{7} > \frac{2}{5}$.

Lösung B: gleiche Nenner

Ein geeigneter Nenner ist 35, da die Nenner 7 und 5 Teiler der Zahl 35 sind:

$\frac{3}{7} \overset{5}{=} \frac{15}{35}$ und $\frac{2}{5} \overset{7}{=} \frac{14}{35}$

Die Brüche sind nun **gleichnamig** und es gilt:

$\frac{15}{35} > \frac{14}{35}$ und damit auch $\frac{3}{7} > \frac{2}{5}$.

Tipp
Da das Rechnen mühsamer wird, je größer der gemeinsame Nenner ist, ist es günstig, den jeweils kleinsten Nenner zu finden.

Hauptnenner finden

Wenn du $\frac{4}{9}$ und $\frac{5}{12}$ miteinander vergleichen möchtest, kannst du einen möglichen gemeinsamen Nenner durch die Multiplikation der Nenner finden: $9 \cdot 12 = 108$.
Beide Brüche lassen sich aber auch zum Beispiel auf den Nenner 36 erweitern.
Du musst dann nicht mit so großen Zahlen rechnen.

$9 \cdot 4 = 36$

$12 \cdot 3 = 36$

> Der **Hauptnenner** zweier oder mehrerer Brüche ist der kleinstmögliche gemeinsame Nenner, den du durch Erweitern erhältst.
> Um den Hauptnenner zu finden, gibt es zwei Möglichkeiten:
> (1) systematisches Probieren: die **Betrachtung der Vielfachen** des größten Nenners
> (2) **Primfaktorzerlegung** der Nenner

Beispiel 5: Hauptnenner finden

Finde den Hauptnenner der Brüche $\frac{4}{30}$ und $\frac{5}{12}$.

Lösung: systematisches Probieren

Der Hauptnenner muss ein Vielfaches beider Nenner sein. Betrachte zunächst die Vielfachen des größeren Nenners: 30, 60, 90, …
Da 60 die kleinste Zahl ist, die auch ein Vielfaches von 12 ist, ist 60 der gesuchte Hauptnenner.

$\frac{4}{30} \overset{2}{=} \frac{8}{60}$ $\frac{5}{12} \overset{5}{=} \frac{25}{60}$

Lösung: Primfaktorzerlegung

Zerlege beide Nenner in Primfaktoren. Im Hauptnenner müssen die Primfaktoren beider Nenner vorkommen.

$30 = 2 \cdot \square \cdot 3 \cdot 5$ → mit 2 erweitern
$12 = 2 \cdot 2 \cdot 3 \cdot \square$ → mit 5 erweitern
HN: $2 \cdot 2 \cdot 3 \cdot 5 = 60$

Du kannst sehen, mit welchen Zahlen du die Brüche erweitern musst.

Entscheide selbst, welcher Weg für dich einfacher ist.

Aufgaben

Trainieren | Vertiefen | Herausforderung

Einfacher Größenvergleich

1 Vergleiche die Brüche und setze <, = oder > ein. Erläutere deine Lösung.

a) $\frac{4}{5} \square \frac{3}{5}$ b) $\frac{9}{12} \square \frac{11}{12}$ c) $\frac{4}{5} \square \frac{4}{6}$ d) $\frac{9}{12} \square \frac{9}{11}$

2 Erklärt euch gegenseitig, warum der Vergleich zweier Brüche mit folgender Eigenschaft schnell gelingt.

a) gleicher Nenner   b) gleicher Zähler

3 Ordne die Brüche der Größe nach. Suche dazu immer zwei Brüche, die du schnell vergleichen kannst.

a) $\frac{3}{8}; \frac{4}{7}; \frac{3}{7}$ b) $\frac{4}{9}; \frac{4}{8}; \frac{5}{7}; \frac{5}{8}$ c) $\frac{8}{10}; \frac{7}{11}; \frac{8}{11}; \frac{7}{12}$ d) $\frac{2}{6}; \frac{1}{6}; \frac{3}{5}; \frac{3}{4}; \frac{2}{5}; \frac{4}{4}$

4 Begründe an einem Beispiel oder mithilfe einer geeigneten Zeichnung, wie sich der Anteil ändert, wenn beim zugehörigen Bruch

a) der Zähler kleiner wird und der Nenner gleich bleibt.
b) der Nenner größer wird und der Zähler gleich bleibt.
c) der Nenner kleiner wird und gleichzeitig der Zähler größer wird.

Erweitern und Kürzen

5 Erweitere.

a) $\frac{2}{3}$ mit 4   b) $\frac{2}{5}$ mit 7   c) $\frac{7}{12}$ mit 9   d) $\frac{12}{17}$ mit 4

6 Gib die fehlende Zahl an. Beschreibe dein Vorgehen.

a) $\frac{5}{6} = \frac{\square}{60}$ c) $\frac{2}{3} = \frac{\square}{15}$ e) $\frac{5}{12} = \frac{15}{\square}$ g) $\frac{7}{15} = \frac{35}{\square}$

b) $\frac{5}{7} = \frac{\square}{21}$ d) $\frac{5}{12} = \frac{\square}{24}$ f) $\frac{12}{25} = \frac{48}{\square}$ h) $\frac{1}{20} = \frac{20}{\square}$

7 Gib an, welcher Anteil gefärbt ist. Erweitere den Bruch und übertrage die neue Zeichnung in dein Heft. Erläutere, warum sich der Anteil nicht ändert.

a) Erweitere mit 4.

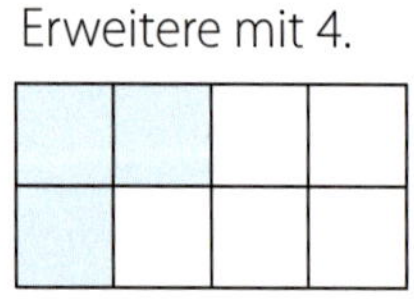

b) Erweitere mit 2.

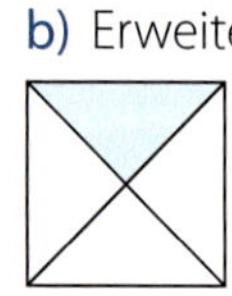

8 Kürze.

a) mit 3: $\frac{12}{15}; \frac{21}{27}; \frac{33}{39}; \frac{87}{144}$ c) mit 7: $\frac{14}{49}; \frac{56}{154}; \frac{28}{91}; \frac{63}{427}$

b) mit 5: $\frac{35}{80}; \frac{5}{10}; \frac{20}{120}; \frac{105}{275}$ d) mit 9: $\frac{9}{99}; \frac{27}{63}; \frac{81}{54}; \frac{45}{117}$

9 Übertrage ins Heft und ergänze die Zahl, mit der gekürzt wurde.

a) $\frac{12}{16} = \frac{12:\square}{16:\square} = \frac{3}{4}$ b) $\frac{36}{54} = \frac{36:\square}{54:\square} = \frac{4}{6}$ c) $\frac{52}{91} = \frac{52:\square}{91:\square} = \frac{4}{7}$ d) $\frac{410}{760} = \frac{410:\square}{760:\square} = \frac{41}{76}$

10 Gib an, welcher Anteil eingefärbt ist. Kürze den Bruch und übertrage die neue Zeichnung in dein Heft. Erkläre, warum sich der Anteil nicht ändert.

a) 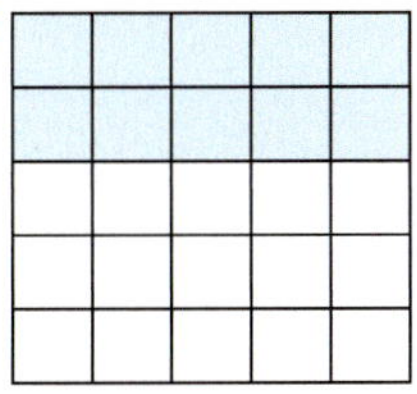

b) 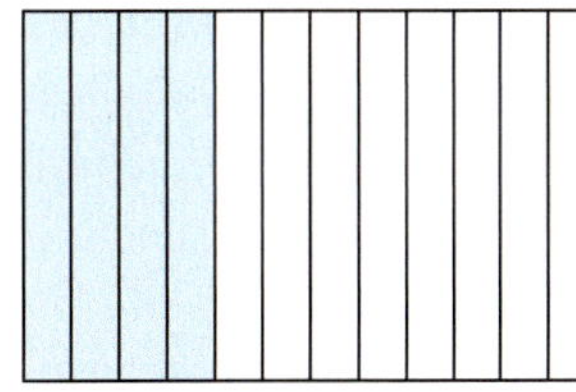

11 Finde alle Brüche, die sich mit 2 (3, 5, 7, 9) kürzen lassen. Beschreibe, welche Eigenschaften die Brüche besitzen müssen.

$\frac{12}{18}$ $\frac{8}{56}$ $\frac{11}{36}$ $\frac{333}{666}$ $\frac{125}{250}$ $\frac{455}{504}$ $\frac{60}{144}$ $\frac{176}{224}$

12 Kürze so weit wie möglich. Gib auch die Zahl an, mit der du in einem Schritt kürzen kannst.

a) $\frac{48}{72}$ c) $\frac{54}{126}$ e) $\frac{135}{180}$ g) $\frac{65}{91}$

b) $\frac{143}{187}$ d) $\frac{144}{336}$ f) $\frac{75}{120}$ h) $\frac{38}{95}$

13 Gib jeweils einen Bruch an, der
a) den Nenner 24 hat und sich nicht mehr kürzen lässt.
b) den Zähler 36 hat und sich nicht mehr kürzen lässt.
c) den Nenner 18 hat und nach dem Kürzen mit 3 vollständig gekürzt ist.

14 Dimitra hat gerechnet: $\frac{3}{9} = \frac{2}{6}$. Jevgenia, die ihr über die Schulter schaut, sagt: „Das kann gar nicht sein, es gibt ja keine passende Kürzungszahl."
Nehmt Stellung zu Jevgenias Aussage.

Größenvergleich zweier beliebiger Brüche

15 Vergleiche die Brüche und setze <, = oder > ein. Beschreibe deinen Lösungsweg.

a) $\frac{2}{3} \square \frac{4}{6}$ b) $\frac{9}{12} \square \frac{3}{4}$ c) $\frac{9}{12} \square \frac{3}{8}$ d) $\frac{3}{5} \square \frac{4}{6}$

16 Überprüfe, welcher Bruch den größeren Anteil beschreibt. Vergleiche danach dein Vorgehen mit deinem Nachbarn. Diskutiert, wann ihr die Methode „gleicher Nenner" oder „gleicher Zähler" einfacher findet.

a) $\frac{3}{7}; \frac{1}{4}$ c) $\frac{2}{3}; \frac{4}{5}$ e) $\frac{9}{13}; \frac{2}{9}$ g) $\frac{6}{7}; \frac{14}{35}$

b) $\frac{7}{8}; \frac{1}{5}$ d) $\frac{7}{10}; \frac{3}{5}$ f) $\frac{5}{6}; \frac{3}{4}$ h) $\frac{7}{11}; \frac{3}{13}$

17 Noah meint zu Dilara: „Der Bruch $\frac{5}{13}$ ist kleiner als $\frac{15}{39}$, denn 5 ist kleiner als 15."
Notiere eine Antwort, die Dilara Noah geben könnte.

18 Beim Feldhockey in der Regionalliga Süd 2015/16 erreichten sowohl der Nürnberger HTC 2 als auch der TSV-Mannheim 2 am Ende der Saison 14 Punkte. Bei Punktegleichheit entscheidet dann das bessere Torverhältnis. Entscheide und begründe, welcher Verein besser war.

	Tore	Gegentore
Nürnberg	25	40
Mannheim	28	48

19 Schätzt zunächst, ob der blaue oder der orangefarbene Anteil größer ist. Gebt an, welche Anteile eingefärbt sind, und berechnet, welcher Anteil größer ist.

a) b) c)

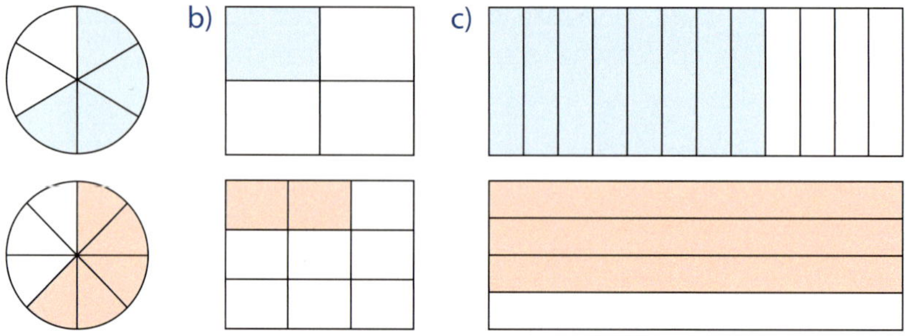

20 Vergleichsbruch

Beschreibe, wie Eva die beiden Brüche $\frac{7}{25}$ und $\frac{9}{17}$ miteinander verglichen hat, und löse danach die Aufgaben genauso.

$\frac{11}{25} < \frac{1}{2}$ *und* $\frac{9}{17} > \frac{9}{18} = \frac{1}{2}$

also $\frac{11}{25} < \frac{1}{2} < \frac{9}{17}$

a) $\frac{5}{8}$ und $\frac{3}{7}$ c) $\frac{2}{5}$ und $\frac{4}{25}$

b) $\frac{2}{5}$ und $\frac{4}{7}$ d) $\frac{1}{4}$ und $\frac{4}{9}$

Hauptnenner finden

21 Verfahren vergleichen

a) Bestimme den Hauptnenner mithilfe der Vielfachen der größeren Zahl.

b) Bestimme den Hauptnenner mithilfe der Primfaktorzerlegung.

c) Vergleiche mit deinem Nachbarn beide Verfahren und diskutiert, welches ihr einfacher findet.

36 und 60 | 18 und 45 | 24 und 56 | 20; 28 und 35

22 Bestimme den Hauptnenner und mache die Brüche gleichnamig.
Tipp: Manchmal kann man noch vor dem Erweitern kürzen.

a) $\frac{2}{15}; \frac{4}{27}$ b) $\frac{3}{20}; \frac{13}{55}$ c) $\frac{9}{28}; \frac{7}{24}; \frac{16}{48}$ d) $\frac{84}{132}; \frac{7}{11}; \frac{15}{55}$

23 Zahlenpaare finden

a) Gib zwei Nenner an, die den folgenden Hauptnenner besitzen.

① 20 ② 39 ③ 65 ④ 77

b) Vergleiche mit deinem Nachbarn. Erläutert, warum es bei manchen Hauptnennern mehrere Möglichkeiten gibt.

Vermischte Aufgaben

24 Finde das Lösungswort, indem du die Brüche der Größe nach ordnest.

A $\frac{12}{18}$ | A $\frac{6}{19}$ | E $\frac{1}{2}$ | E $\frac{17}{18}$ | F $\frac{3}{5}$ | L $\frac{3}{4}$ | L $\frac{16}{17}$ | M $\frac{6}{20}$ | S $\frac{4}{9}$ | U $\frac{8}{19}$

25 Begründe ohne Bestimmung des Hauptnenners, dass gilt: $\frac{3}{16} < \frac{1}{5}$

26 Gib alle natürlichen Zahlen an, die du für x einsetzen kannst.

a) $\frac{x}{7} < \frac{6}{7}$
b) $\frac{x}{5} < \frac{7}{10}$
c) $\frac{9}{x} < \frac{9}{13}$
d) $\frac{7}{13} < \frac{x}{13} < \frac{11}{13}$
e) $\frac{4}{9} < \frac{4}{x} < \frac{8}{10}$
f) $\frac{1}{6} < \frac{x}{12} < \frac{7}{12}$
g) $\frac{3}{5} < \frac{6}{x} < \frac{6}{7}$
h) $\frac{2}{14} < \frac{x}{35} < \frac{8}{28}$

Noch fit?

I Berechne, ohne untereinander zu schreiben.

a) 1234 + 45 678
b) 54 321 − 76 543
c) 234 567 + 123 456 + 45 678
d) 43 873 − 22 324 + 1127 − 26 766

II Übertrage das Kreuzzahlrätsel ins Heft und löse es.

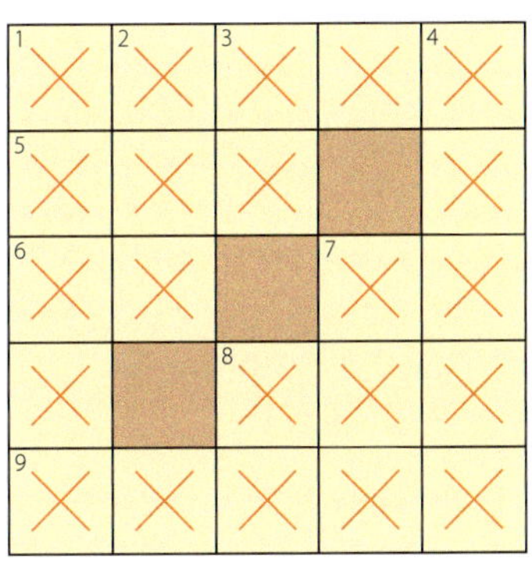

Waagrecht:
1 $123 \cdot 403$
5 $35\,742 : 111$
6 der Rest, der bei der Division von 27 349 durch 13 bleibt
7 $(1683 - 98 \cdot 17) \cdot 85 : 17$
8 $19\,408 - 361\,019 : 19$
9 $211 \cdot 66 + 2 \cdot 126^2$

Senkrecht:
1 $2054 \cdot 21$
2 $21\,160 : 23$
3 $89 \cdot 52 - 52 \cdot 88$
4 $327 \cdot 178 + 12 \cdot 3031$
7 $42\,771 : 53$
8 der Rest, der bei der Division von 3242 durch 47 bleibt

Trainieren | **Vertiefen** | Herausforderung

27 Anteile von Rechtecken

a) In drei gleich großen Rechtecken sind verschiedene Teilflächen gefärbt. Begründe, dass man ohne Angabe der Rechteckgröße bestimmen kann, in welchem Rechteck die größte Teilfläche gefärbt ist.

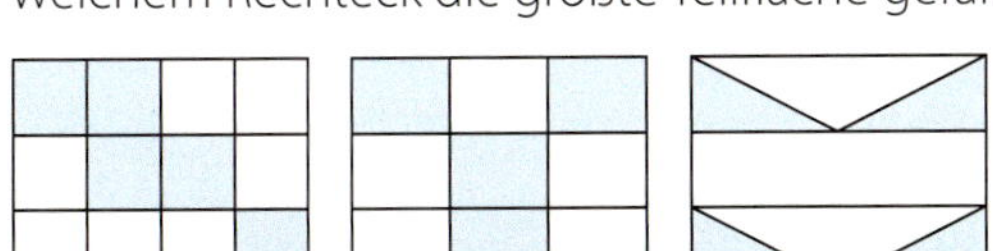

b) Berechne die Größe der gefärbten Teilflächen, wenn das Rechteck eine Länge von 6 cm und eine Breite von 4,5 cm hat.

28 Ordne die Brüche der Größe nach. Dazu kannst du alle Brüche auf einen Nenner bringen oder jeweils zwei Brüche miteinander vergleichen.

a) $\frac{2}{4}$; $\frac{3}{6}$; $\frac{6}{7}$; $\frac{1}{2}$
c) $\frac{2}{3}$; $\frac{8}{21}$; $\frac{2}{7}$; $\frac{4}{7}$; $\frac{1}{3}$

b) $\frac{2}{10}$; $\frac{1}{2}$; $\frac{6}{9}$
d) $\frac{3}{4}$; $\frac{2}{5}$; $\frac{35}{70}$; $\frac{7}{10}$; $\frac{2}{6}$; $\frac{35}{49}$

Hausaufgabe
Vereinfache den Bruch $\frac{60 \cdot 24}{72 \cdot 70}$.

29 Xaver erklärt Marcus, der krank war, wie er beim Kürzen vorgehen muss: „Das ist ganz einfach, wenn man geschickt kürzt! 60 und 70 sind beide durch 10 teilbar, 24 und 72 sind durch 8 teilbar …"

$\frac{60 \cdot 24}{72 \cdot 70} = \frac{6 \cdot 24}{72 \cdot 7} = \frac{6 \cdot 3}{9 \cdot 7} = \dots$

a) Rechne weiter, bis das Ergebnis ein vollständig gekürzter Bruch ist.

b) Vereinfache auf die gleiche Art und Weise die Brüche
$\frac{38 \cdot 25}{75 \cdot 19}$; $\frac{63 \cdot 45}{42 \cdot 60}$; $\frac{28 \cdot 51 \cdot 55}{42 \cdot 77 \cdot 85 \cdot 2}$.

c) Du kannst dieses Verfahren benutzen, um Brüche mit großem Zähler und Nenner schrittweise zu kürzen. Schreibe dazu Zähler und Nenner als Produkt.
Beispiel: $\frac{168}{280} = \frac{8 \cdot 21}{7 \cdot 40} = \frac{2 \cdot 21}{7 \cdot 10} = \frac{2 \cdot 3}{1 \cdot 10} = \frac{6}{10} = \frac{3}{5}$
Kürze auf die gleiche Art und Weise die Brüche $\frac{480}{720}$; $\frac{156}{168}$; $\frac{36}{540}$; $\frac{54}{126}$.

30 Mona und Lisa sollen den Bruch bestimmen, der genau in der Mitte zwischen den gegebenen Brüchen liegt. Mona löst die erste Aufgabe: „Genau in der Mitte zwischen $\frac{1}{4}$ und $\frac{3}{4}$ liegt $\frac{2}{4}$, denn 2 liegt in der Mitte zwischen 1 und 3."
Lisa schlägt für die zweite Aufgabe vor: „Genau in der Mitte zwischen $\frac{2}{5}$ und $\frac{2}{7}$ liegt $\frac{2}{6}$, weil 6 genau in der Mitte zwischen 5 und 6 liegt." Überprüft, ob Mona und Lisa Recht haben.

31 Bestimme den Bruch, der genau in der Mitte zwischen den gegebenen Brüchen liegt.

a) $\frac{5}{12}$ und $\frac{11}{12}$
b) $\frac{5}{12}$ und $\frac{17}{36}$
c) $\frac{3}{7}$ und $\frac{4}{7}$
d) $\frac{3}{5}$ und $\frac{6}{9}$

32 Beschreibe, wie du 100 Zahlen finden kannst, die zwischen $\frac{7}{9}$ und $\frac{8}{9}$ liegen.

33 Anton muss überprüfen, ob die Aussage $\frac{7}{17} < \frac{13}{30}$ stimmt.
Seine ältere Schwester Michelle meint: „Das ist doch ganz einfach. Du musst nur schauen, ob $7 \cdot 30 < 17 \cdot 13$ richtig ist." Erkläre, warum Anton mit diesem Verfahren zwei Brüche vergleichen kann.

Trainieren | Vertiefen | **Herausforderung**

34 Zeichne ein Koordinatensystem mit der Einheit 0,5 cm auf beiden Achsen. Du benötigst nur den ersten Quadranten. Trage für den Bruch $\frac{3}{5}$ den Punkt (5|3) ein. Erweitere diesen Bruch mit verschiedenen Zahlen und trage die Ergebnisse ebenso in dein Koordinatensystem ein. Verfahre genauso – in einer anderen Farbe – mit den Brüchen $\frac{1}{4}$ und $\frac{5}{6}$. Beschreibe deine Beobachtungen.

1.3 Brüche und Prozente

Einstieg

Schokoladentafel

Auf der Schokoladenpackung ist nebenstehende Tabelle aufgedruckt. Berechne jeweils den Anteil der aufgeführten Inhaltsstoffe. Gib die Bruchteile der einzelnen Inhaltsstoffe für 100 g Schokolade an. Vergleiche mit den Prozentangaben und beschreibe, was dir auffällt. Ermittle, welcher Anteil 10 % entspricht. Finde heraus, welcher Anteil 1 % entspricht.

Durchschnittliche Nährwerte je 250 g:		
Fett	100 g	40 %
davon gesättigte Fettsäuren	40 g	16 %
Kohlenhydrate	100 g	40 %
davon Zucker	90 g	36 %
Eiweiß	25 g	10 %

Wissen

Info

Prozent kommt vom lateinischen „pro centum" und bedeutet „je Hundert" oder auch „Hundertstel".

Prozentschreibweise

Anteile kannst du mit Brüchen darstellen.

Aus dem Alltag kennst du aber auch Angaben in Prozent, z. B. 35 % Fruchtanteil. Brüche mit dem Nenner 100 kannst du leicht in Prozentschreibweise umwandeln.

Prozent heißt „Hundertstel". Brüche mit Nenner 100 werden häufig in Prozentschreibweise angegeben: $1\,\% = \frac{1}{100}$.

Besonders häufig auftretende Brüche und Prozentangaben solltest du auswendig wissen:

$\frac{1}{100}$	$\frac{1}{10}$	1	$\frac{1}{4}$	$\frac{1}{2}$	$\frac{3}{4}$	$\frac{1}{5}$	$\frac{2}{5}$	$\frac{3}{5}$	$\frac{4}{5}$
1 %	10 %	100 %	25 %	50 %	75 %	20 %	40 %	60 %	80 %

Um Brüche mit dem Nenner 100 zu erhalten, kannst du geschickt kürzen und erweitern. Danach ist das Umwandeln in die andere Schreibweise einfach.

Beispiel 1: Prozentschreibweise – Bruchschreibweise

Wandle jeweils in die andere Schreibweise um:

a) $\frac{13}{25}$; $\frac{35}{125}$

Lösung: in Prozent umwandeln

1. Erweitere oder kürze so, dass du den Nenner 100 erhältst.
2. Schreibe in Prozent.

$\frac{13}{25} \overset{4}{=} \frac{52}{100} = 52\,\%$

$\frac{35}{125} \underset{5}{=} \frac{7}{25} \overset{4}{=} \frac{28}{100} = 28\,\%$

b) 70 %; 35 %

Lösung: in einen Bruch umwandeln

1. Schreibe als Bruch mit Nenner 100.
2. Kürze den Bruch vollständig.

$70\,\% = \frac{70}{100} \underset{10}{=} \frac{7}{10}$

$35\,\% = \frac{35}{100} \underset{5}{=} \frac{7}{20}$

Zur Erinnerung
In Kapitel 1.1 hast du gelernt, wie du
- den Bruchteil
- das Ganze
- den Anteil

berechnest.

Tipp
Zur Veranschaulichung kannst du die Angaben in der Aufgabenstellung auch grafisch an einem **Prozentstreifen** darstellen.

Einfache Anwendungen

Im Alltag begegnen dir oft Angaben in Prozent, z.B. bei einer Rabattaktion.

Mit deinem Wissen über die Rechnung mit Brüchen und die Umwandlung von Prozentangaben kannst du nun auch Aufgaben mit Prozentangaben lösen.

Beispiel 2: Berechnung des Bruchteils

Bei der Klassensprecherwahl hat Michi 75 % der Stimmen erhalten. Insgesamt wurden 36 Stimmen abgegeben. Berechne, wie viele Schüler für ihn gestimmt haben.

Lösung:
$75\,\%$ von $36 = \frac{3}{4}$ von 36
$= (36 : 4) \cdot 3 = 9 \cdot 3 = 27$
27 Schüler haben für Michi gestimmt.

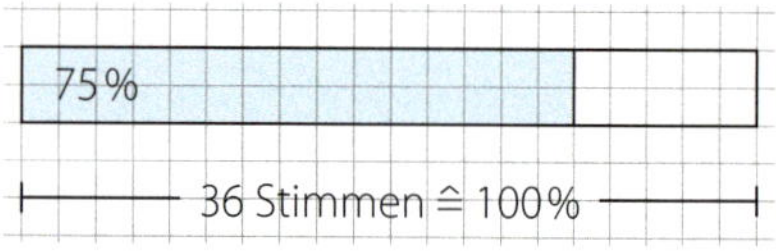

Beispiel 3: Berechnung und Darstellung von Anteilen in Prozent

In einer Pizzeria wurden am Montag 42 Nudelgerichte, 24 Salate und 54 Pizzen bestellt. Gib die jeweiligen Anteile an allen Gerichten in Prozent an und erstelle ein Kreisdiagramm.

Lösung:
Berechnung des Ganzen: $42 + 24 + 54 = 120$
Berechnung der Anteile:

Nudelgerichte: $\frac{42}{120} = \frac{7}{20} = \frac{35}{100} = 35\,\%$

Salate: $\frac{24}{120} = \frac{1}{5} = 20\,\%$

Pizzen: $\frac{54}{120} = \frac{9}{20} = \frac{45}{100} = 45\,\%$

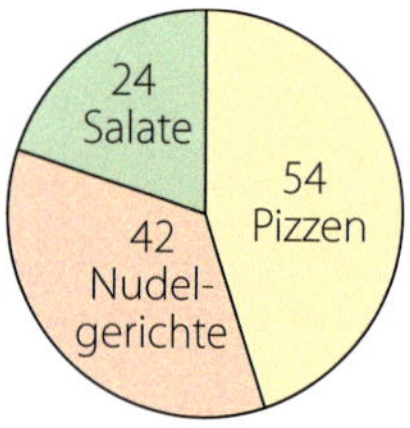

Bestimmung der Mittelpunktswinkel für die Kreissektoren:

Nudelgerichte: $\frac{7}{20}$ von $360° = (360° : 20) \cdot 7 = 18° \cdot 7 = 126°$

Salate: $\frac{1}{5}$ von $360° = (360° : 5) \cdot 1 = 72°$

Pizzen: $\frac{9}{20}$ von $360° = (360° : 20) \cdot 9 = 18° \cdot 9 = 162°$

Zur Erinnerung
Berechne erst, wie groß ein Teil ist, und berechne dann, wie groß das Ganze ist.

Beispiel 4: Berechnung des Ganzen

Eine Bluse kostet noch 75 €. Das sind 60 % des ursprünglichen Preises. Berechne, wie teuer die Bluse anfangs war.

Lösung:
75 € sind 60 % von ?
Umwandeln der Prozentangabe: $60\,\% = \frac{3}{5}$
Berechnung des Ganzen:
$(75\,€ : 3) \cdot 5 = 25\,€ \cdot 5 = 125\,€$
Die Bluse kostete vorher 125 €.

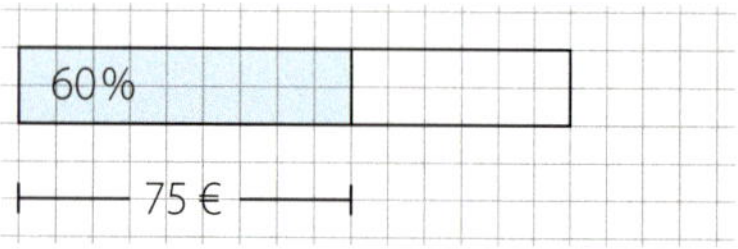

Aufgaben

Trainieren | Vertiefen | Herausforderung

Prozentschreibweise

1 Wandle jeweils in die andere Schreibweise um.

a) 15 % e) 60 % i) $\frac{7}{100}$ m) $\frac{150}{1000}$

b) 12 % f) 57 % j) $\frac{3}{4}$ n) $\frac{289}{1700}$

c) 33 % g) 96 % k) $\frac{3}{25}$ o) $\frac{84}{120}$

d) 25 % h) 4 % l) $\frac{27}{50}$ p) $\frac{18}{40}$

2 Lennard meint: „Den Bruch $\frac{27}{45}$ kann man nicht umwandeln, da man ihn nicht so erweitern kann, dass er den Nenner 100 hat." Nimm zu der Aussage Stellung.

3 Ordnet den Diagrammen jeweils den richtigen Anteil in Bruchschreibweise und Prozentschreibweise zu. Begründet eure Entscheidung.

a) 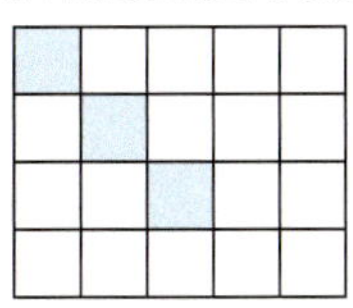
b) 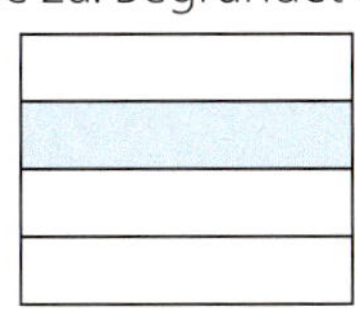
c) 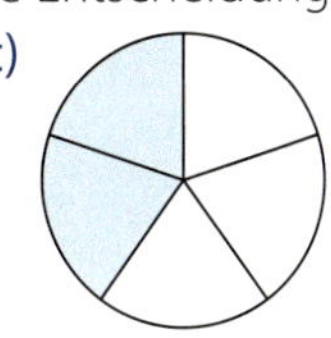
d) 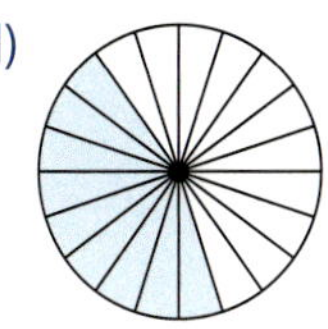

15 % 25 % 50 % 40 % 45 % 60 % 10 %

$\frac{30}{200}$ $\frac{1}{25}$ $\frac{5}{20}$ $\frac{2}{5}$ $\frac{18}{40}$ $\frac{7}{20}$ $\frac{3}{10}$

4 Stelle den Bruchteil grafisch dar. Überlege zunächst, wie groß das Ganze sein muss, damit sich der Bruchteil gut farbig markieren lässt.

a) 40 % eines Rechtecks b) 20 % eines Kreises

Einfache Anwendungen

5 Berechne und stelle die Aufgaben an einem Prozentstreifen dar.

a) 10 % von 20 € b) 60 % von 20 kg c) 75 % von 4 m^2 d) 15 % von 25 €

6 Auf der Verpackung einer 150-g-Tafel Schokolade steht, dass sie 34 % Kakao enthält. Bestimme, wie viel Gramm Kakao in der Tafel sind.

7 Berechne, um wie viel Prozent der Preis reduziert wurde.

8 Herr Schmitz war beim Zahnarzt. Von dem Rechnungsbetrag zahlt seine Krankenkasse 70 %. Den Rest muss Herr Schmitz selbst bezahlen, das sind 195 €. Berechne, wie hoch der gesamte Rechnungsbetrag war.

Vermischte Aufgaben

9 Denke dir eine Aufgabe aus, zu der folgender Prozentstreifen passt:

a) 

b) 

c) Stelle die Situation mithilfe eines Prozentstreifens dar: Die Mathematikarbeit haben 25 Schüler der Klasse 6c mitgeschrieben. 40 % haben eine 2 geschrieben.

10 Gib die Anteile in Prozent an. Beispiel: 3 € sind $\frac{1}{4}$ von 12 €., $\frac{1}{4} = 25\,\%$

a) 4 km sind □ von 20 km.
b) 28 € sind □ von 70 €.
c) 15 min sind □ von 1 h.
d) 500 g sind □ von 2,5 kg

11 Schätze zunächst, welcher Bruchteil größer ist. Rechne dann nach.

a) 25 % von 220 g oder 20 % von 275 g
b) 65 % von 1 km oder 14 % von 5 km
c) 10 % eines Monats (30 Tage) oder 25 % einer Woche

12 **Größenvergleich**

a) Ordne die Brüche der Größe nach und schreibe die Brüche danach in Prozentschreibweise.
b) Ordne die Prozentangaben der Größe nach.
c) Beschreibe, was dir auffällt.

$\frac{3}{20}$ $\frac{4}{25}$ $\frac{3}{10}$ $\frac{3}{15}$ $\frac{1}{5}$ $\frac{8}{16}$

$\frac{1}{4}$ $\frac{16}{80}$ 25 % 15 %

50 % 30 % 16 % 20 %

13 Bei der Klassensprecherwahl wählten von 30 Schülern 40 % Lisa, 10 % Sven und 30 % Kathrin. Erstelle ein Kreisdiagramm und gib den Anteil der Enthaltungen bzw. ungültigen Stimmen an. Bestimme, wie viele Stimmen das waren.

14 Bei einem Projekttag können die Schüler der 6. Jahrgangsstufe aus drei verschiedenen Projekten auswählen.

a) Bestimme, bei welchem Projekt der Anteil der Jungen am größten ist.
b) Begründe, warum es beim Vergleichen von Anteilen vorteilhaft ist, die Anteile in der Prozentschreibweise anzugeben.

① 9 von 20 Schülern sind Jungen

② $\frac{12}{25}$ der Schüler sind Jungen

③ 41 der 101 Schüler sind Jungen

Noch fit?

I Schreibe in der in Klammern angegebenen Einheit.

a) 4 m 3 cm (dm)
b) 7 kg 39 g (kg)
c) 7 ha 450 m^2 (ha)
d) 8 t 50 kg (t)
e) 125 g (kg)
f) 100 € 7 ct (€)

Trainieren **Vertiefen** Herausforderung

Hinweis
5 % Steigung bedeutet, dass auf einer horizontalen Länge von 100 m ein Höhenunterschied von 5 m überwunden wird.
5 % von 100 m = 5 m.

15 Die Steigung von Straßen wird in Prozent angegeben.
a) Bestimme den Höhenunterschied, den eine Pass-Straße mit 15 % Steigung auf einer horizontalen Entfernung von 100 m und 1 km überwindet.
b) Eine Bergstraße steigt auf einer horizontalen Entfernung von 500 m um 40 m an. Gib ihre Steigung in Prozent an.

16 Anja hat ein eigenes Spezialrezept für ihr Frühstücksmüsli:
25 % Haferflocken, $\frac{1}{5}$ Rosinen, $\frac{2}{5}$ Cornflakes, 5 % Haselnüsse, der Rest ist Trockenobst.
a) Gib den Anteil, den das Trockenobst einnimmt, in Prozent an.
b) Sie hat noch 1 kg Cornflakes und 75 g Haselnüsse.
Entscheide, ob diese Zutaten nach ihrem Rezept für 2 kg Müsli reichen.

17 Datendarstellung im Kreisdiagramm
a) Bestimme die Mittelpunktswinkel der Kreissektoren und berechne die prozentualen Anteile der einzelnen Kreisteile.
b) Beschreibe, wie du einen zur Aufgabe passenden Prozentstreifen erstellen kannst.

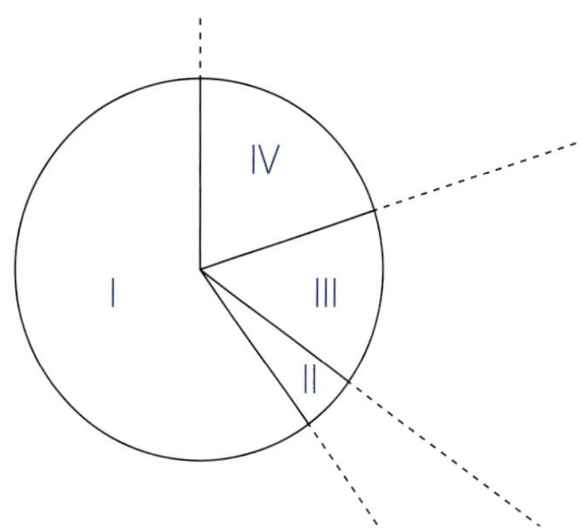

18 Zeichne in ein Koordinatensystem die Punkte A (–4 | 3), B (0 | –3) und C (4 | 3) ein.
a) Bestimme den Anteil des Flächeninhalts des Dreiecks ABC (in Prozent), der unterhalb der x-Achse liegt.
b) Trage die Punkte E (2 | 0) und F (–2 | 0) in das Koordinatensystem ein. Finde nun einen Punkt D so, dass der Anteil des Flächeninhalts der Figur BDEF an dem Flächeninhalt der Figur AFEC $\frac{2}{3}$ beträgt.

Trainieren Vertiefen **Herausforderung**

19 Hier siehst du ein großes blaues Quadrat mit einem gelben Quadrat im Inneren.
a) Schätze den Anteil des blauen Randes am Flächeninhalt des großen Quadrats.
b) Berechne den Anteil und gib ihn in Prozentschreibweise an.
c) Bestimme, wie groß die Seitenlängen des inneren Quadrates sein müssen, damit der Rand 36 % des gesamten Flächeninhalts einnimmt.

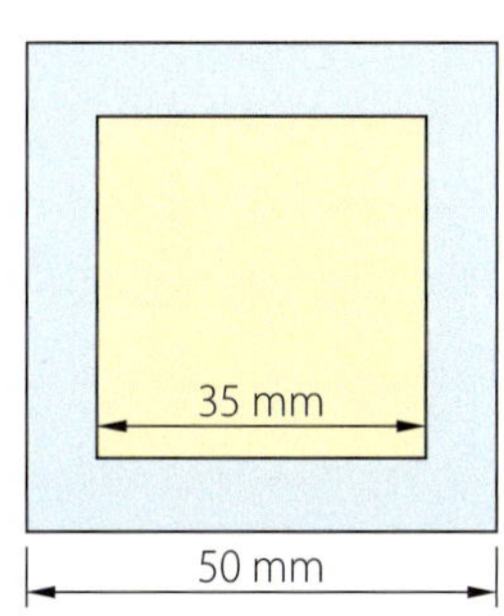

1.4 Darstellung von Brüchen auf der Zahlengeraden, Bruchzahlen

Einstieg

Gerechtes Teilen

Jacob, Alexander und Antonia helfen regelmäßig bei Frau Niemayer im Garten. Dafür erhalten sie eine kleine Aufbesserung ihres Taschengeldes. Diesmal hat Frau Niemayer zusätzlich für jeden der Drei eine Tafel Schokolade mitgebracht, aber gerade heute haben noch zwei Freunde mitgeholfen. Finde eine gerechte Aufteilung der drei Tafeln auf die fünf Freunde.

Wissen

Brüche als Quotienten

Bei Verteilungsaufgaben ist die Division nützlich. Wenn du 8 kleine Pizzen auf 4 Kinder aufteilst, erhält jedes Kind 8 : 4 = 2 Pizzen.
Wenn du 3 Pizzen auf 4 Kinder aufteilst, musst du also 3 : 4 rechnen.

Anschaulich musst du dazu jede Pizza zunächst vierteln:

Jedes Kind bekommt von jeder Pizza ein Viertel, also insgesamt $\frac{3}{4}$ von einer ganzen Pizza. Deshalb ist $3 : 4 = \frac{3}{4}$.

Ein Bruch ist ein Quotient, wobei der Bruchstrich für das Divisionszeichen steht. Die Division durch 0 ist nicht erlaubt, daher darf der Nenner eines Bruches nicht 0 sein.

Info
Wenn der Zähler 0 ist, so erhältst du die Zahl 0 als Wert des Quotienten. Wenn der Nenner 1 ist, erhältst du eine ganze Zahl als Quotienten.

Beispiel 1: Divisionsaufgaben

Gib das Ergebnis als Bruch an:

4 : 6 | 0 : 3 | 42 : 6 | 15 : 1

Lösung:

$4 : 6 = \frac{4}{6} = \frac{2}{3}$ $\quad$ $0 : 3 = \frac{0}{3} = 0$

$42 : 6 = 7$ oder $42 : 6 = \frac{42}{6} = \frac{7}{1} = 7$ $\quad$ $15 : 1 = \frac{15}{1} = 15$

Beispiel 2: Gerechte Aufteilung

2 l Kinderpunsch werden auf 8 Kinder aufgeteilt. Berechne, wie viel Kinderpunsch jedes Kind bekommt.

Lösung:

$2\,l : 8 = \frac{2}{8}\,l = \frac{1}{4}\,l$ $\quad$ Jedes Kind bekommt $\frac{1}{4}\,l$ Kinderpunsch.

Darstellung an der Zahlengeraden

Da Brüche Werte von Quotienten sind, sind sie auch Zahlen. Somit kannst du sie neben den ganzen Zahlen auch auf der Zahlengeraden darstellen. Wenn du z. B. die Zahl $\frac{1}{4}$ eintragen möchtest, musst du den Bruchteil von $\frac{1}{4}$ an der Strecke zwischen **0** und **1** bestimmen. Teile hierfür den Abschnitt in vier gleich große Stücke. Wenn du rechts von $\frac{1}{4}$ in Viertelschritten weiterzählst, erhältst du die Positionen von $\frac{2}{4}, \frac{3}{4}, \frac{4}{4}, \frac{5}{4}$, usw. Wenn du links von der **0** in Viertelschritten zählst, kannst du Brüche im Minusbereich eintragen.

Das Minuszeichen bei negativen Brüchen steht üblicherweise vor dem Bruch auf der Höhe des Bruchstrichs. Es kann aber ebenso im Zähler oder im Nenner stehen. Das entspricht einem negativen Dividenden bzw. Divisor.

Da $(-1) : 4 = 1 : (-4) = -(1 : 4)$ ist auch $\frac{-1}{4} = \frac{1}{-4} = -\frac{1}{4}$.

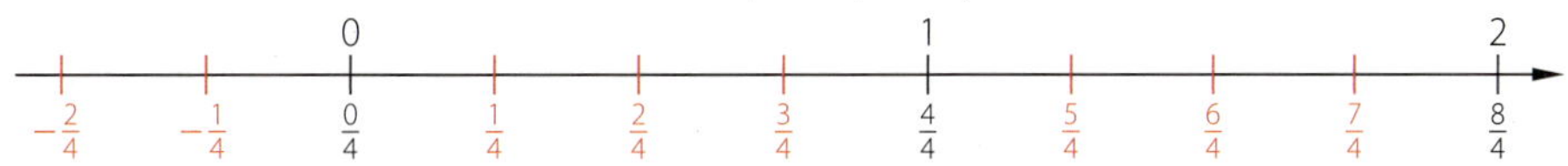

Ein Bruch stellt eine Zahl dar, diese wird als Bruchzahl bezeichnet. Jedem Bruch kann somit ein Punkt auf der Zahlengeraden zugeordnet werden. Wie für die ganzen Zahlen gilt: Je weiter rechts eine Bruchzahl auf der Zahlengeraden eingetragen ist, desto größer ist sie.

Hinweis
Einheit 1 cm bedeutet, dass zwei aufeinanderfolgende Zahlen auf dem Zahlenstrahl den Abstand 1 cm haben.

Beispiel 3: Eintragen an der Zahlengeraden

Zeichne eine Zahlengerade mit der Einheit 3 cm.

Trage die Brüche $\frac{1}{3}; \frac{2}{3}; \frac{5}{3}; \frac{1}{6}; \frac{7}{6}; -\frac{2}{6}$ und $-\frac{7}{6}$ ein.

Lösung:

Wenn du die Strecke zwischen 0 und 1 in drei gleich große Teile unterteilst, kannst du die Brüche $\frac{1}{3}, \frac{2}{3}$ und $\frac{5}{3}$ eintragen. Um die Sechstel zu markieren, musst du die Strecke zwischen 0 und 1 in sechs gleich große Teile unterteilen. Unterteile die restliche Zahlengerade genauso.

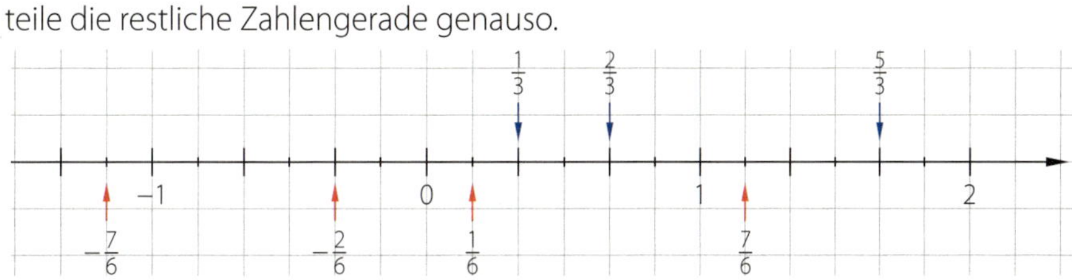

Hinweis
Wenn die Brüche denselben Anteil darstellen, haben sie also auch denselben Wert.

Wenn du $\frac{1}{2}$ und $\frac{2}{4}$ auf einer Zahlengerade einträgst, siehst du, dass sie demselben Punkt zugeordnet sind. Beide Brüche stellen also dieselbe Bruchzahl dar.

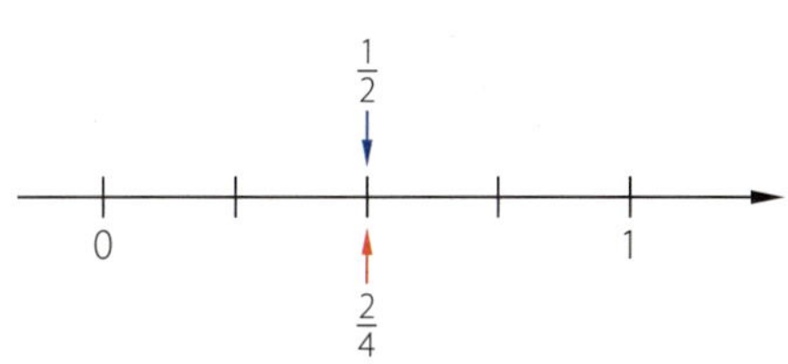

Dieselbe Bruchzahl kann durch unterschiedliche Brüche dargestellt werden. Du erhältst diese Brüche, indem du einen Bruch erweiterst oder kürzt.

Gemischte Zahlen

Der Bruch $\frac{5}{4}$ ist vielleicht etwas ungewöhnlich für dich, da der Zähler größer ist als der Nenner. Wenn du den Bruch auf der Zahlengeraden einträgst, musst du zu dem Ganzen, das aus 4 Vierteln besteht, noch 1 weiteres Viertel dazu nehmen.
Also gilt: $\frac{5}{4} = 1 + \frac{1}{4}$, du kannst auch nur $1\frac{1}{4}$ schreiben.

Info
Alle Brüche zwischen 0 und 1 heißen **echte Brüche**.
Brüche, die ganze Zahlen darstellen, heißen **Scheinbrüche**.
Bei Scheinbrüchen ist der Zähler ein Vielfaches des Nenners, z. B: $\frac{8}{4}$.

> Brüche, bei denen der Zähler größer ist als der Nenner, werden **unechte Brüche** genannt, z. B. $\frac{3}{2}$. Sie sind größer als ein Ganzes. Einen unechten Bruch kannst du auch als **gemischte Zahl** schreiben: $\frac{3}{2} = 1\frac{1}{2}$

Bei einer gemischten Zahl kannst du sofort erkennen, zwischen welchen ganzen Zahlen der Bruch liegt, z. B. liegt $5\frac{4}{7}$ zwischen 5 und 6.

Beispiel 4: Umwandeln in eine gemischte Zahl
Wandle den unechten Bruch $\frac{24}{9}$ in eine gemischte Zahl um und gib an, zwischen welchen benachbarten ganzen Zahlen $\frac{24}{9}$ liegt.

Lösung:
In $\frac{24}{9}$ sind $\frac{18}{9}$ enthalten, also 2 Ganze. $\frac{24}{9} = 2 + \frac{6}{9} = 2 + \frac{2}{3} = 2\frac{2}{3}$
Nun kannst du erkennen, dass gilt: $2 < 2\frac{2}{3} < 3$.

Tipp
In diesem Fall hättest du auch zu Beginn kürzen können:
$\frac{24}{9} = \frac{8}{3} = 2 + \frac{2}{3} = 2\frac{2}{3}$

Beispiel 5: Bruchzahlen ordnen
Ordne die gegebenen Zahlen der Größe nach.

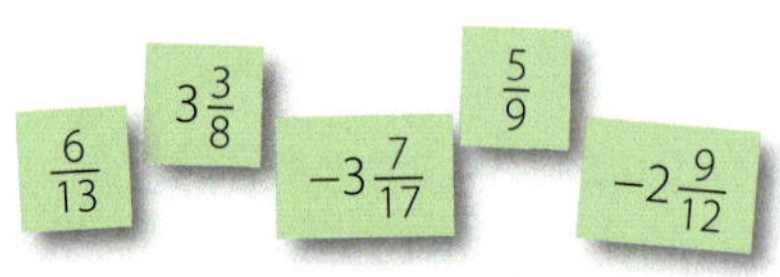

Lösung:
Negative Zahlen sind kleiner als positive.
$-3\frac{7}{17}$ und $-2\frac{9}{12}$ | $\frac{6}{13}$, $3\frac{3}{8}$ und $\frac{5}{9}$
Suche dir passende Vergleichszahlen und vergleiche die Brüche paarweise.
$-3\frac{7}{17} < -3$ und $-3 < -2\frac{9}{12}$; | $\frac{6}{13} < \frac{1}{2}$ und $\frac{5}{9} > \frac{1}{2}$; also $\frac{6}{13} < \frac{5}{9}$
$\frac{5}{9} < 1$ und $3\frac{3}{8} > 1$
Notiere das Gesamtergebnis. $-3\frac{7}{17} < -2\frac{9}{12} < \frac{6}{13} < \frac{5}{9} < 3\frac{3}{8}$

Die Menge der rationalen Zahlen

Erweitert man die Menge der ganzen Zahlen um die Bruchzahlen, erhält man eine neue Zahlenmenge.

Hinweis
Jede ganze Zahl kannst du als Bruchzahl schreiben, z. B. $4 = \frac{4}{1}$.

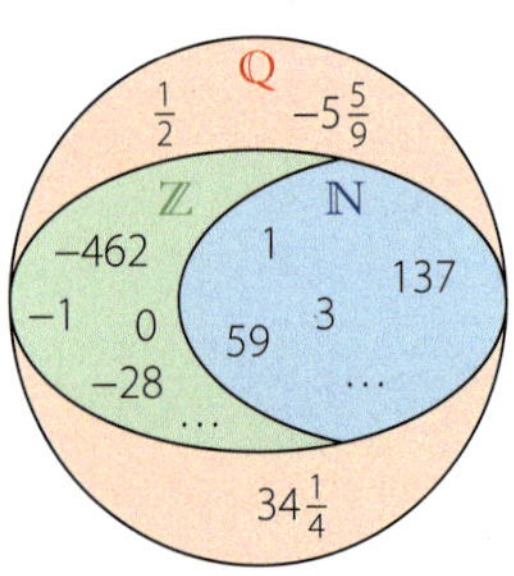

> Die Menge aller positiven und negativen Bruchzahlen und die Null bilden die Menge der rationalen Zahlen $\mathbb{Q}$. Alle natürlichen und ganzen Zahlen liegen in $\mathbb{Q}$.
>
> **Zahlenmengen**
> $\mathbb{N}$ Menge der natürlichen Zahlen; $\mathbb{N} = \{1; 2; 3; \ldots\}$
> $\mathbb{Z}$ Menge der ganzen Zahlen; $\mathbb{Z} = \{\ldots; -3; -2; -1; 0; 1; 2; 3; \ldots\}$
> $\mathbb{Q}$ Menge der rationalen Zahlen

$\frac{1}{3}$ -2 $7:3$ $\frac{63}{7}$

Beispiel 6: Zahlenmengen

Entscheide, ob die Werte der Kärtchen jeweils Element von $\mathbb{N}$, $\mathbb{Z}$ oder $\mathbb{Q}$ sind.

Lösung:

$\frac{1}{3} \notin \mathbb{N}$; $\frac{1}{3} \notin \mathbb{Z}$; $\frac{1}{3} \in \mathbb{Q}$; $-2 \notin \mathbb{N}$; $-2 \in \mathbb{Z}$: $-2 = -\frac{2}{1} \in \mathbb{Q}$

$\frac{63}{7} = \frac{9}{1} = 9 \in \mathbb{N}$; $\frac{63}{7} \in \mathbb{Z}$; $\frac{63}{7} \in \mathbb{Q}$; $7:3 \notin \mathbb{N}$; $7:3 \notin \mathbb{Z}$; $7:3 \in \mathbb{Q}$

Aufgaben

Trainieren Vertiefen Herausforderung

Brüche als Quotienten

1 Ermittle mithilfe einer geeigneten Zeichnung, wie viel jeder bekommt, wenn gleichmäßig aufgeteilt wird. Notiere auch eine Rechnung dazu.

a) Acht Kinder teilen sich sechs Pizzen. b) 24 Kinder teilen sich 3 kg Eiscreme.

2 Schreibe als vollständig gekürzten Bruch.

a) 14 : 70 b) 34 : 85 c) 12 : 128 d) 84 : 336

3 Übertrage in dein Heft und ergänze.

a) $\frac{\square}{24} = 5:24$ c) $\frac{5}{27} = 10:\square$ e) $\frac{15}{\square} = 5:12$ g) $\frac{6}{\square} = 8:12$

b) $\frac{\square}{24} = \frac{5}{12}$ d) $\frac{18}{27} = \frac{\square}{9}$ f) $\frac{\square}{18} = 2:4$ h) $\frac{35}{42} = \frac{\square}{12}$

4 Nathan sagt zu Miriam: „$\frac{0}{5}$ ergibt den Wert 0, denn wenn keine Pizza da ist und fünf Kinder sich das teilen wollen, erhält jedes Kind null Pizzen." Darauf antwortet Miriam: „$\frac{5}{0}$ ergibt dann 5, denn wenn es fünf Pizzen gibt, aber keine Kinder da sind, sind es immer noch fünf Pizzen." Diskutiere mit deinem Nachbarn die Aussagen.

Darstellung an der Zahlengeraden

5 Lies die auf der Zahlengeraden markierten Bruchzahlen ab. Gib diese auch in vollständig gekürzter Form an.

a) 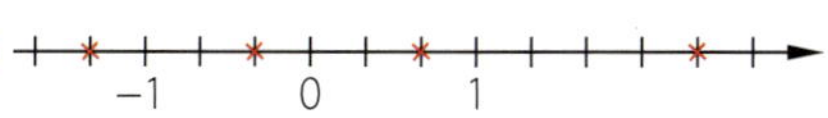

c) 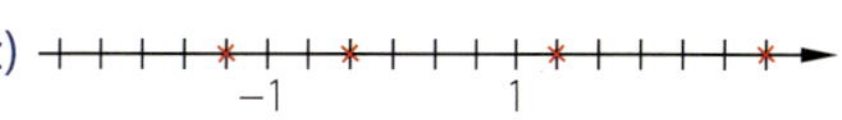

b) 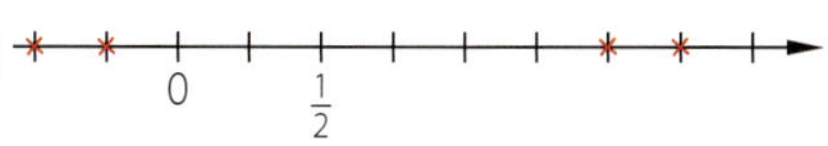

d) 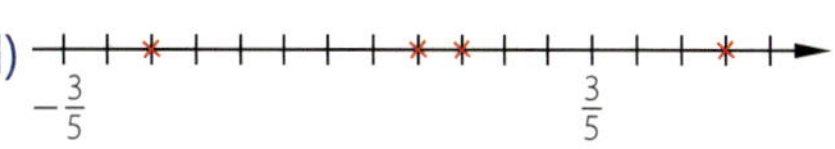

6 Zeichne eine Zahlengerade mit der genannten Einheit. Trage die Zahlen ein.

a) Einheit 3 cm $\frac{2}{3}$; $\frac{4}{3}$; $-\frac{4}{3}$; $\frac{9}{3}$; $\frac{12}{6}$; $\frac{12}{9}$ b) Einheit 6 cm $\frac{7}{6}$; $-\frac{5}{12}$; $-\frac{7}{6}$; $\frac{2}{4}$; $-\frac{4}{6}$; $-\frac{24}{24}$

7 Zeichne eine Zahlengerade und trage die Zahlen ein. Begründe, welche Einheit du wählst, und beschreibe dein Vorgehen.

a) $\frac{1}{2}$; $\frac{1}{3}$; $\frac{1}{6}$; $\frac{3}{4}$ b) $\frac{7}{8}$; $-\frac{1}{4}$; $\frac{4}{16}$; $\frac{15}{16}$; $-\frac{36}{48}$

Gemischte Zahlen

8 Gib den dargestellten Anteil als unechten Bruch und als gemischte Zahl an.

a) 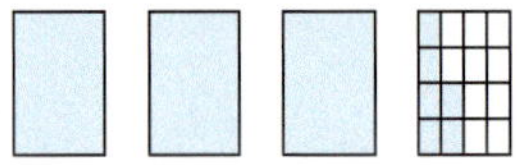 b)  c) 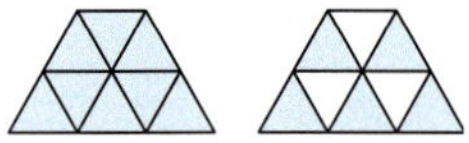

9 Schreibe als gemischte Zahl und veranschauliche durch ein geeignetes Bild.

a) $\frac{21}{14}$ b) $\frac{26}{9}$ c) $\frac{45}{8}$ d) $\frac{11}{4}$

10 Schreibe als unechten Bruch.

a) $4\frac{1}{4}$ b) $1\frac{5}{6}$ c) $7\frac{1}{12}$ d) $-5\frac{6}{9}$

11 Gib an, zwischen welchen benachbarten ganzen Zahlen der Bruch liegt.

a) $3\frac{3}{11}$ b) $\frac{16}{7}$ c) $-\frac{7}{3}$ d) $-5\frac{2}{9}$

Hausaufgabe
Welcher Bruch ist größer, $\frac{5}{3}$ oder $\frac{9}{7}$?

12 Sarah und Tim machen Hausaufgaben.
Sarah: $\frac{5}{3} = 1\frac{2}{3}$ und $\frac{9}{7} = \ldots$ Tim: $\frac{5}{3} = \frac{35}{21}$ und $\frac{9}{7} = \ldots$

a) Erkläre, wie die beiden vorgehen. Begründe, welchen Weg du einfacher findest.

b) Finde mit der Methode deiner Wahl den jeweils größeren Bruch. Vergleiche anschließend mit deinem Nachbarn.

(1) $4; \frac{69}{17}$ (2) $-4; -\frac{69}{17}$ (3) $\frac{3}{4}; \frac{11}{3}$ (4) $-\frac{156}{65}; -\frac{73}{15}$

13 Setze im Heft das passende Zeichen (<, >, =) ein. Begründe.

a) $2\frac{5}{13}$ □ $2\frac{5}{14}$ b) $1\frac{14}{19}$ □ $\frac{67}{38}$ c) $-\frac{4}{5}$ □ $-\frac{5}{4}$ d) $\frac{23}{6}$ □ $\frac{27}{7}$

14 Ordne die Zahlen der Größe nach.

a) $2\frac{3}{7}; -\frac{1}{2}; -\frac{3}{7}; \frac{10}{7}; \frac{5}{9}; -\frac{5}{8}; \frac{24}{8}$

b) $\frac{52}{73}; -2\frac{1}{40}; 1\frac{2}{74}; -2\frac{3}{80}; -\frac{17}{80}; \frac{17}{81}; \frac{77}{74}$

c) Beschreibe, wie du deine Lösung zeichnerisch überprüfen könntest.

Die Menge der rationalen Zahlen

15 Entscheide, ob die gegebenen Zahlen jeweils Element der Zahlenmengen $\mathbb{N}$, $\mathbb{Z}$, und $\mathbb{Q}$ sind. Begründe.

a) $\frac{2}{3}$ c) $\frac{49}{7}$ e) $2\frac{3}{9}$ g) 30 %

b) 0 d) 48 : (–8) f) (–24) : (–6) h) $-\frac{136}{17}$

16 Setze in die Lücken immer eine der Mengen ($\mathbb{N}$, $\mathbb{Z}$, $\mathbb{Q}$) ein, so dass eine wahre Aussage entsteht.

a) In □ hat jedes Element einen Vorgänger.

b) In □ ist die Darstellung jedes Elements eindeutig.

c) In □ kann man zwischen zwei beliebigen Elementen immer ein weiteres Element finden.

17 Welche Aussagen sind wahr? Erläutert eure Entscheidung und gebt bei falschen Aussagen ein Gegenbeispiel an.

a) Jede natürliche Zahl lässt sich als Bruch schreiben.

b) Eine rationale Zahl, deren Zähler ein Teiler des Nenners ist, kann keine ganze Zahl darstellen.

c) Ein Bruch stellt eine ganze Zahl dar, wenn der Nenner ein Teiler des Zählers ist.

d) Von zwei Bruchzahlen liegt diejenige mit dem größeren Zähler weiter rechts auf der Zahlengeraden.

e) Alle Scheinbrüche liegen in der Menge der natürlichen Zahlen.

f) Jede ganze Zahl ist auch eine rationale Zahl.

Vermischte Aufgaben

18 Finde falsche Umformungen und korrigiere sie.

a) $3\frac{9}{27} = 3\frac{1}{9}$ b) $\frac{22}{3} = 7\frac{1}{3}$ c) $\frac{30}{14} = 2\frac{1}{7}$ d) $-\frac{66}{32} = 2\frac{1}{8}$

19 Lies die Bruchzahlen, die auf den Abschnitten der Zahlengeraden markiert sind, ab. Gib diese Zahlen jeweils als gemischte Zahlen und als Brüche an.

a) 

c) 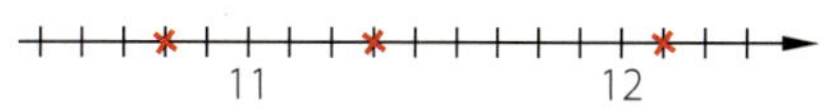

b) 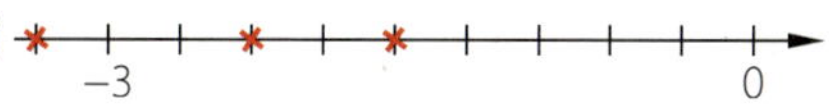

d) 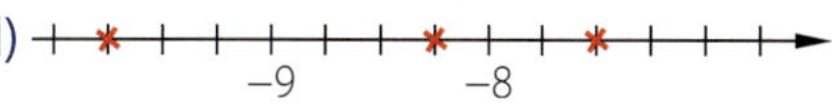

20 Zeichne eine Zahlengerade mit geeigneter Einteilung und markiere folgende Zahlen.

a) $\frac{1}{2}$; $1\frac{1}{2}$; $1\frac{7}{8}$ b) $\frac{1}{3}$; $2\frac{2}{3}$; $1\frac{5}{6}$ c) $\frac{2}{5}$; $\frac{7}{10}$; $1\frac{3}{5}$ d) $\frac{1}{4}$; $1\frac{1}{2}$; $1\frac{1}{8}$

21 Maria und Jason sollten als Hausaufgabe $\frac{3}{4}$m als Skizze veranschaulichen. Erläutere die Lösung von beiden.

Maria:

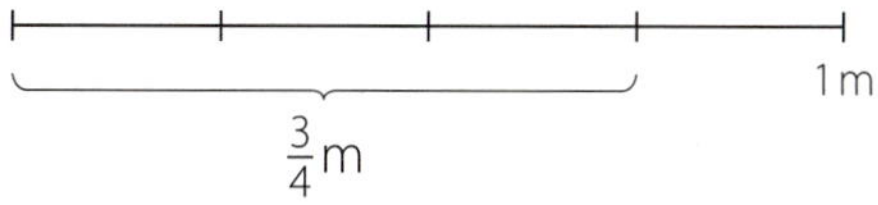

Jason:

Noch fit?

I Berechne im Kopf.

a) $18 - 36 + (-16)$
b) $-22 + 45 + (-15)$
c) $-76 - 24 + (-27)$
d) $-36 + 24 - 14$
e) $156 - (-56) + 24$
f) $78 - 94 - (-24)$
g) $8 \cdot (-6) \cdot (-5)$
h) $-2 \cdot 5 \cdot (-15)$
i) $-6 : 2 \cdot (-7)$
j) $-6^2 \cdot 5 : 4$
k) $16 : (-4) \cdot (-7)$
l) $-5 \cdot (-4)^2 : (-8)$

Trainieren **Vertiefen** Herausforderung

Info
Brüche mit dem Zähler 1 heißen **Stammbrüche**.

22 Gegeben sind folgende Zahlen :
$\frac{1}{3}$; $\frac{6}{2}$; $\frac{45}{6}$; $\frac{2}{8}$; $\frac{147}{9}$; -3; $\frac{888}{88}$; $\frac{12}{144}$; $-\frac{16}{18}$; $-\frac{27}{9}$

a) Sortiere die Zahlen in die richtige Schublade.
b) Schreibe alle unechten Brüche als gemischte Zahl.
c) Begründe, weshalb manche Zahlen in mehreren Schubladen stehen können.

23 Beim Vergleich der Hausaufgaben stellen Leni, Niklas und Mesut fest, dass sie unterschiedliche Ergebnisse haben.

Leni: -1; $-\frac{1}{2}$; 1; $\frac{4}{3}$; $2\frac{1}{3}$ Niklas: $-\frac{3}{4}$; $-\frac{3}{8}$; $\frac{3}{4}$; 1; 2 Mesut: $-\frac{6}{5}$; $-\frac{3}{5}$; $\frac{6}{5}$; $\frac{8}{5}$; $2\frac{4}{5}$

Die Aufgabe war, die markierten Zahlen auf der Zahlengeraden abzulesen.

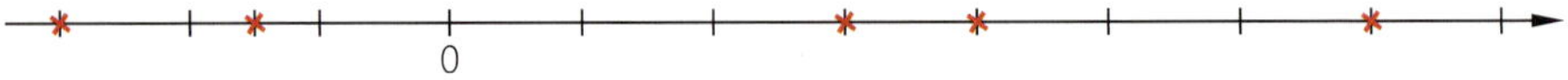

Erklärt, warum die Aufgabe nicht eindeutig zu lösen war. Überprüft, ob die Lösungen der drei Kinder richtig sein können.

24 Rechne in die angegebene Einheit um.
Beispiel: $\frac{5}{4}$kg = $1\frac{1}{4}$kg = 1 kg + $\frac{1}{4}$ von 1 kg = 1000 g + 250 g = 1250 g

a) $\frac{7}{10}$ h (min) b) $4\frac{3}{4}$ m (mm) c) $3\frac{14}{35}$ dm^2 (cm^2) d) $\frac{14}{16}$ g (mg)

25 Nimm Stellung zu den Aussagen der Kinder.

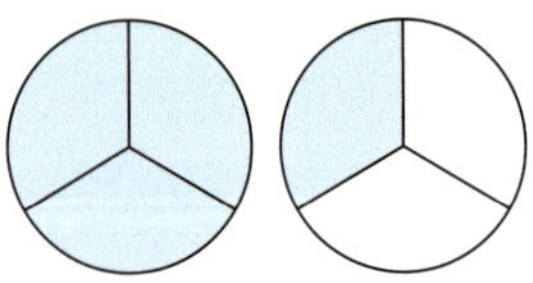

26 Marc sagt: „In der Abbildung sind $\frac{4}{3}$ dargestellt." Daraufhin meint Tyler: „Nein, das sind doch $\frac{4}{6}$." Erläutere, warum beide Jungen Recht haben.

Trainieren Vertiefen **Herausforderung**

27 Bestimme den Bruch, der in der Mitte zwischen den angegebenen Brüchen liegt. Stelle die Situation an einem geeigneten Ausschnitt einer Zahlengeraden dar.

a) $\frac{1}{3}$ und $\frac{2}{3}$ b) $-1\frac{1}{7}$ und $-2\frac{3}{7}$ c) $\frac{1}{3}$ und $\frac{1}{4}$ d) $-2\frac{1}{6}$ und $1\frac{1}{4}$

Check up

Was kannst du? Was musst du noch üben?
Mit diesen Aufgaben kannst du deinen Lernfortschritt überprüfen.
Lösungen findest du im Anhang.

1 Anteile und Figuren

a) Gib an, welcher Anteil der Figur jeweils gefärbt ist.

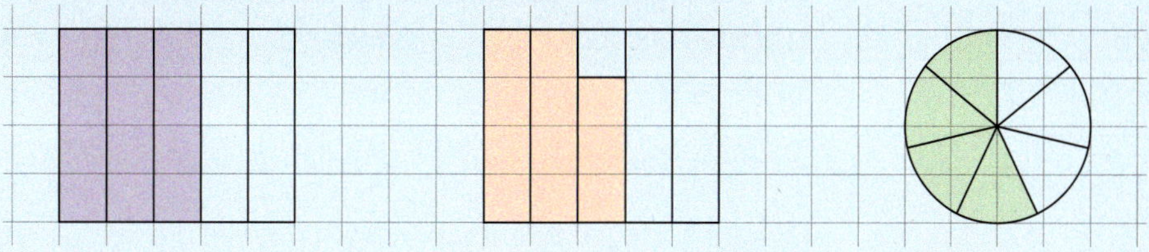

b) Tina und Linus sollten den angegebenen Anteil einer Figur einfärben. Überprüfe ihre Lösungen. Beschreibe die Fehler und korrigiere, wenn möglich.

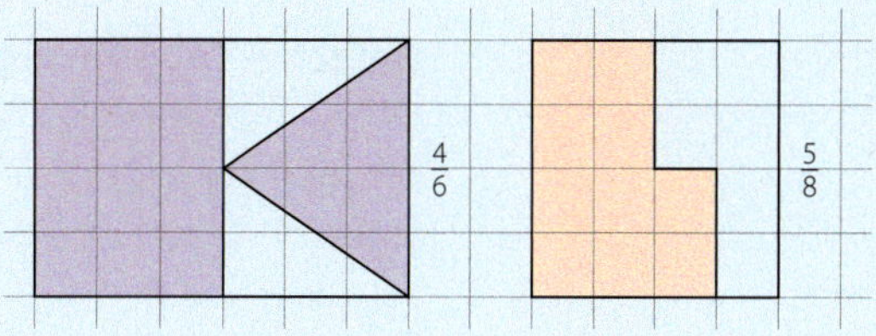

2 Kürze so weit wie möglich. Gib – falls möglich – in Prozentschreibweise oder als gemischte Zahl an.

a) $\frac{84}{35}$ b) $\frac{132}{176}$ c) 21 : 60

3 Schreibe ab und ergänze richtig.

a) $\frac{3}{4}$ von 16 cm = $\square$
b) $\frac{7}{12}$ von 3 h = $\square$
c) $\frac{5}{8}$ von $\square$ = 75 cm²
d) 60 % von $\square$ = 36 €
e) 35 % von 80 € = $\square$
f) $\square$ von 4 kg = 3500 g

4 Übertrage in dein Heft und setze das passende Zeichen (<, >, =) ein. Begründe.

a) $\frac{4}{6} \bigcirc \frac{4}{5}$
b) $\frac{2}{5} \bigcirc -\frac{3}{5}$
c) $2\frac{7}{19} \bigcirc \frac{90}{38}$
d) $3\frac{3}{6} \bigcirc 27 : 7$
e) $-\frac{7}{8} \bigcirc -\frac{8}{9}$
f) $\frac{3}{7}$ von 35 g $\bigcirc$ $\frac{4}{9}$ von 36 g

5 Beim Weitsprungwettbewerb in der Schule legt Marcus einen respektablen Sprung vor. Alexander schafft nur $\frac{2}{3}$ der Weite von Marcus, Sören immerhin $\frac{5}{6}$ und Thorsten $\frac{6}{8}$. Claudio gewinnt den Wettkampf, er ist $\frac{1}{8}$ weiter gesprungen als Marcus. Stelle die Situation an einer geeigneten Zahlengeraden dar.

6 Amrei sagt: „Ich kann jede ganze Zahl als Bruch schreiben!"

a) Finde jeweils drei Brüche, die die Zahlen 3 und −17 darstellen. Formuliere eine Regel, was für den Zähler und den Nenner eines Bruches gelten muss, damit er eine ganze Zahl darstellt.

b) Marie erwidert: „Das geht aber nicht für die Zahl 0." Nimm dazu Stellung.

Auf einen Blick

$\frac{\text{Zähler}}{\text{Nenner}}$ ← Bruchstrich

Anteile und ihre Veranschaulichung

Mithilfe von Brüchen kannst du Anteile eines Ganzen darstellen.
Der **Nenner** gibt an, in wie viele gleich große Teile das Ganze unterteilt wird.
Der **Zähler** gibt an, wie viele dieser gleich großen Teile gezählt werden.

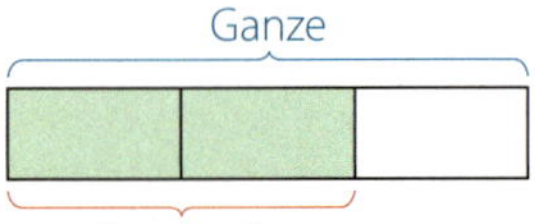

Grundaufgaben der Rechnung mit Anteilen

Bruchteil gesucht	Ganze gesucht	Anteil gesucht
$\frac{2}{3}$ von 6 cm	$\frac{2}{3}$ von ? = 4 cm	3 kg von 5 kg
(6 cm : 3) · 2 = 4 cm	(4 cm : 2) · 3 = 6 cm	der Anteil ist $\frac{3\,\text{kg}}{5\,\text{kg}} = \frac{3}{5}$

Du kannst die Grundaufgaben auch mithilfe der Schlussrechnung lösen.

Einfacher Größenvergleich von Brüchen

Brüche mit **gleichem Nenner** heißen **gleichnamig**. Bei gleichnamigen Brüchen stellt der Bruch mit dem größeren Zähler den größeren Anteil dar.

$\frac{6}{8} > \frac{5}{8}$

Von zwei Brüchen mit **gleichem Zähler**, stellt der Bruch mit dem kleineren Nenner den größeren Anteil dar.

$\frac{2}{5} > \frac{2}{6}$

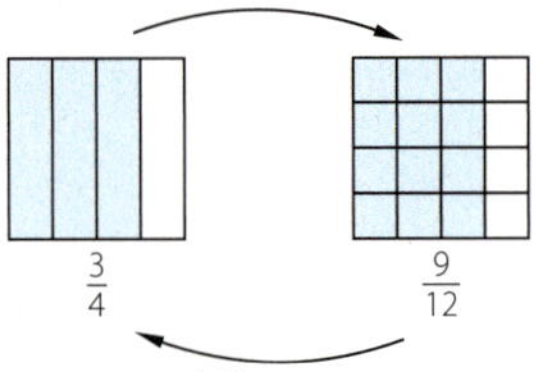

Erweitern und Kürzen von Brüchen

Ein Bruch wird **erweitert**, indem Zähler und Nenner mit derselben natürlichen Zahl multipliziert werden.

$\frac{3}{4} = \frac{3 \cdot 3}{4 \cdot 3} = \frac{9}{12}$ kurz: $\frac{3}{4} \overset{3}{=} \frac{9}{12}$

Die Umkehrung des Erweiterns heißt **Kürzen**. Dabei werden Zähler und Nenner des Bruchs durch dieselbe natürliche Zahl dividiert.

$\frac{9}{12} = \frac{9 : 3}{12 : 3} = \frac{3}{4}$ kurz: $\frac{9}{12} \underset{3}{=} \frac{3}{4}$

Beim Erweitern und Kürzen verändert sich der Anteil nicht.

Prozentschreibweise

Um einen Bruch in Prozentschreibweise anzugeben, musst du den Bruch auf den Nenner 100 erweitern:

$\frac{7}{25} \overset{4}{=} \frac{28}{100} = 28\,\%$

Um von Prozent- in Bruchschreibweise umzuwandeln, schreibst du einen Bruch mit Nenner 100.

$15\,\% = \frac{15}{100} \underset{5}{=} \frac{3}{20}$

Brüche als Quotienten

Ein Bruch ist ein Quotient, wobei der Bruchstrich für das Divisionszeichen steht. Jedem Bruch kann ein Punkt auf der Zahlengeraden zugeordnet werden.

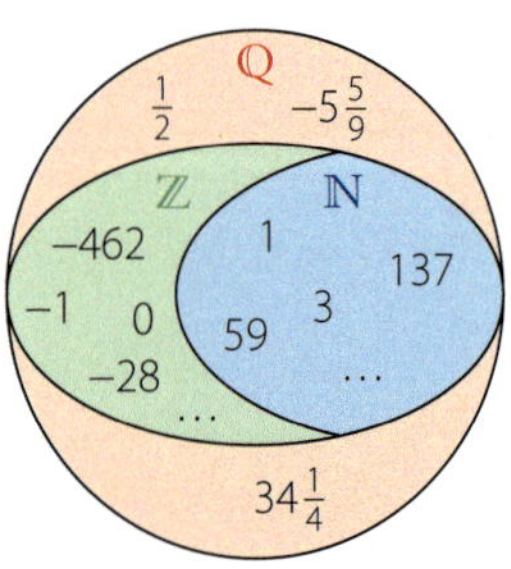

Die Menge der rationalen Zahlen

Die Menge aller positiven und negativen Bruchzahlen und die Null bilden die Menge der rationalen Zahlen ℚ. Alle natürlichen und ganzen Zahlen liegen in ℚ.

Kapitel 2

Dezimalbrüche

Du kennst im Zusammenhang mit Größen noch andere Schreibweisen für Brüche, z. B. 1,27 m als Längenmaß oder 37,8 kg als Körpergewicht.
In diesem Kapitel lernst du, wie du mit den Zahlen in Kommaschreibweise richtig umgehst.

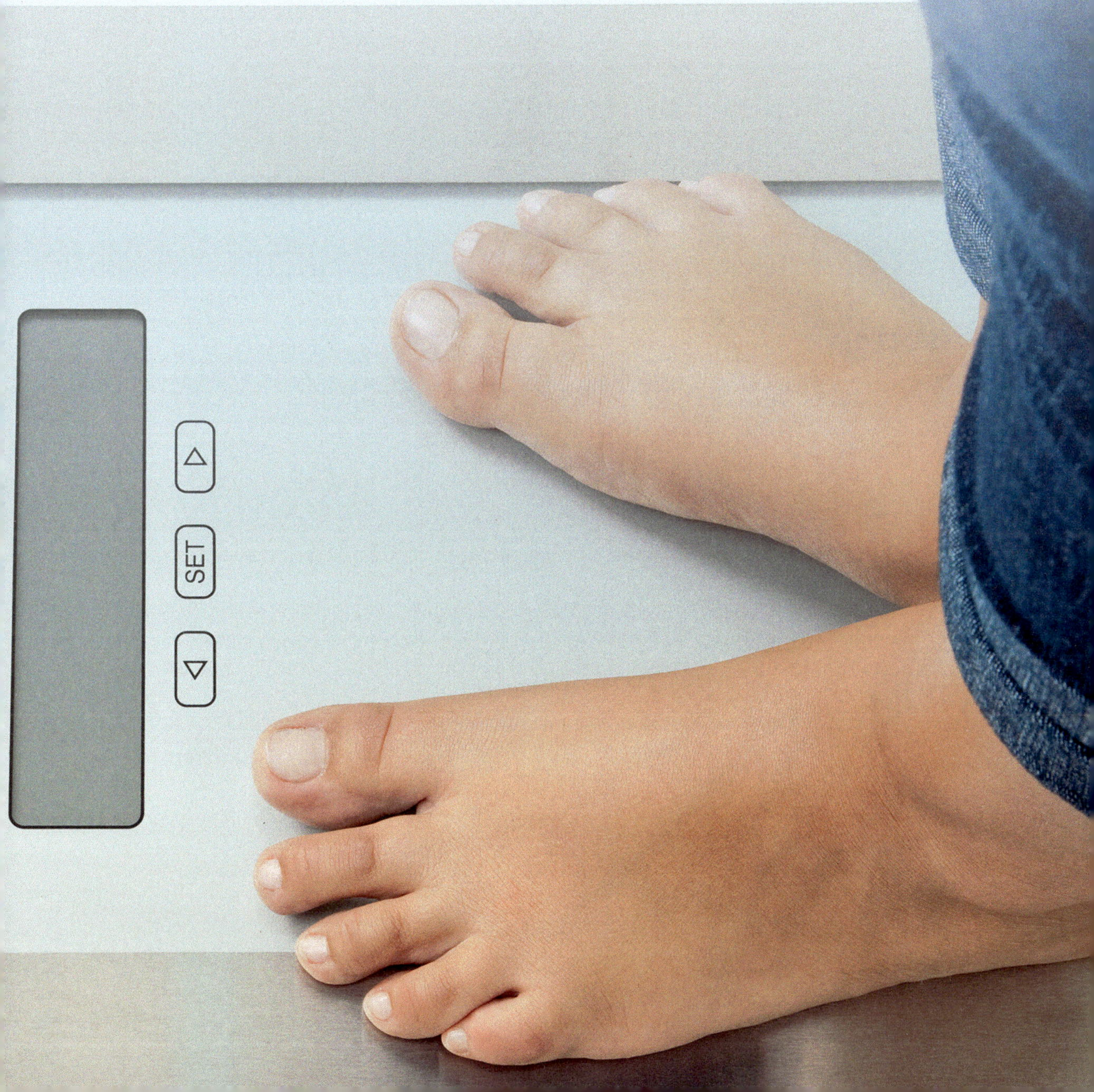

Wiederholung

Kommaschreibweise

Du kennst aus der 5. Klasse bereits die Kommaschreibweise von Größen. Beispiele findest du überall im Alltag.

Einheitentafeln

Du kannst Größen mithilfe von Einheitentafeln in andere gleichartige Einheiten umwandeln. Die Anzahl der Spalten der Einheitentafel richtet sich nach der jeweiligen Umrechnungszahl.

Beispiel 1: Größen in Einheitentafeln

Trage die Größen in passende Einheitentafeln ein und gib jeweils in der nächstgrößeren und in der nächstkleineren Einheit an.

a) 156 m² b) 25,75 kg c) 7805 cm

Lösung:

a)

a		m²		dm²		cm²		mm²		Beispiel
	1	5	6	0	0					$156\,m^2 = 1{,}56\,a = 15\,600\,dm^2$

b)

t	kg			g			mg			Beispiel
		2	5	7	5					25,75 kg = 0,025 75 t = 25 750 g

c)

km	m			dm	cm	mm	Beispiel
		7	8	0	5		7805 cm = 78,05 m = 78 050 mm

Aufgaben

1 Erstelle passende Einheitentafeln und trage ein. Schreibe jeweils in zwei anderen Einheiten.

a) 5000 kg; 8421 mg; 10 553 g
b) 2,36 t; 0,7055 kg; 17,4 g
c) 0,3 m; 0,04 km; 0,7 dm
d) 17,6 cm; 4477,33 m; 10,008 m
e) 17 m²; 1313 cm²; 3 mm²
f) 840,48 dm²; 0,005 a; 900,9 cm²

2 Schreibe in der nächstgrößeren Einheit. Du kannst eine Einheitentafel zu Hilfe nehmen.

a) 35 ct b) 3898 g c) 17,8 cm d) 8756 m²

3 Schreibe in der nächstkleineren Einheit.

a) 3 € 5 ct b) 0,04 km c) 4,06 t d) 53,4 ha

4 Begründe, warum bei der Größe Zeit eine Einheitentafel ungeeignet ist.

2.1 Dezimale Schreibweise

Einstieg

Kommazahlen

Oskar hat Geschenkpapier gekauft. Die Rolle ist 0,7 m breit. Gib diese Breite als Anteil eines Meters an.

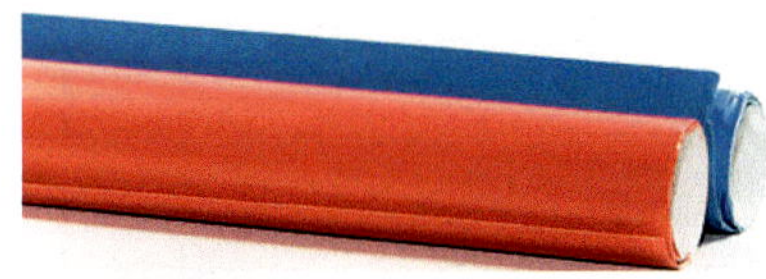

In ihrem Handytarif bezahlt Ayse 0,09 € pro SMS. Gib den Preis als Anteil eines Euro an.

Tom hat im Supermarkt lose Erdnüsse gekauft. Die Waage zeigt 0,137 kg an. Gib die Masse der Nüsse als Anteil eines Kilogramms an.

Wissen

Zur Erinnerung
Letztes Jahr hast du ganze Zahlen in einer Stellenwerttafel mit Einer, Zehnern, Hundertern, … eingetragen.

Erweiterte Stellenwerttafel

Bisher hast du Anteile mithilfe eines Bruches dargestellt. Aus dem Alltag kennst du auch eine andere Darstellung, die Kommaschreibweise. Für diese Schreibweise wird die Stellenwerttafel von der Einerstelle aus nach rechts erweitert. Die Zahlen der jeweiligen Stufe erhältst du, indem du die vorherige Zahl jeweils durch 10 dividierst:

$$100 \xrightarrow{:10} 10 \xrightarrow{:10} 1 \xrightarrow{:10} \frac{1}{10} \xrightarrow{:10} \frac{1}{100} \xrightarrow{:10} \frac{1}{1000} \quad \ldots$$

Das Komma steht hinter der Einerstelle. In der Stellenwerttafel wird dies durch eine dickere Trennlinie markiert. Die Stellen rechts vom Komma heißen Zehntel (z), Hundertstel (h), Tausendstel (t), … und werden mit Kleinbuchstaben abgekürzt.

Um zum Beispiel 12,083 in eine Stellenwerttafel einzutragen, musst du so vorgehen: Trage die 12 vor der dickeren Trennlinie ein, denn die Ziffern stehen vor dem Komma und sind somit Ganze. Die Ziffern 083 hinter dem Komma stehen für Anteile, du schreibst sie also hinter die Trennlinie.

	Z	E	z	h	t		Dezimalbruch	Bruch
…	1	2	0	8	3	…	12,083	$12\frac{83}{1000}$

Tausendstel, also $\frac{83}{1000}$

Da nach dem Komma mehrere Ziffern stehen, entscheidet die am weitesten rechts stehende Ziffer über die Stufenzahl des Nenners, also die 3 mit 1000.

Hinweis
Die Stellen hinter dem Komma werden einzeln gesprochen, z. B. 0,275: „Null Komma zwei sieben fünf“.

Zahlen, die mindestens eine Nachkommastelle haben, heißen Dezimalbrüche. Die Ziffern rechts vom Komma werden Dezimalstellen genannt.

Auch bei den Ziffern nach dem Komma ist die Stelle entscheidend, an der sie stehen: 0,06 sind 6 Hundertstel während die 6 bei 0,006 für 6 Tausendstel steht.

Zur Erinnerung
Du kannst die gemischten Brüche auch als unechte Brüche schreiben, z. B. $3\frac{1}{2} = \frac{7}{2}$.

Beispiel 1: Eintragen in die Stellenwerttafel

Trage die Dezimalbrüche 0,7; 0,007; 3,5; 5,79 und 10,025 in eine Stellenwerttafel ein und gib die Zahl in Bruchschreibweise an.

Lösung:

Z	E	z	h	t	Dezimalbruch	Bruch
	0	7			0,7	$\frac{7}{10}$
	0	0	0	7	0,007	$\frac{7}{1000}$
	3	5			3,5	$3\frac{5}{10} = 3\frac{1}{2}$
	5	7	9		5,79	$5\frac{79}{100}$
1	0	0	2	5	10,025	$10\frac{25}{1000} = 10\frac{1}{40}$

Beispiel 2: Stellen identifizieren

Gib an, wie viele Einer, Zehntel, Tausendstel und Hunderttausendstel folgende Zahlen besitzen: 1,967567; –0,4035.
Schreibe die Zahl auch als Bruch mit einer Stufenzahl im Nenner.

Lösung:

1,967567: 1 Einer, 9 Zehntel, 7 Tausendstel, 6 Hunderttausendstel
Da die letzte Ziffer an der Millionstel-Stelle steht, ist die Stufenzahl im Nenner 1 000 000. Der Bruch ist somit: $\frac{1\,967\,567}{1\,000\,000}$.

–0,4035: 0 Einer, 4 Zehntel, 3 Tausendstel, 0 Hunderttausendstel
Die 5 steht an der Zehntausendstelstelle, als Bruch somit: $-\frac{4035}{10\,000}$.

Zehnerpotenzen

Zur Erinnerung
Bei Zehnerpotenzen gibt die Hochzahl die Anzahl der Endnullen an:
$1000 = 10^3$ „10 hoch 3"
3 Endnullen

Du weißt bereits, dass große Stufenzahlen mit Zehnerpotenzen kürzer geschrieben werden können. Dies kannst du auch auf die Zahlen der Stufen kleiner als 10 übertragen:

$10^2 = 100$ → (: 10) $10^1 = 10$ → (: 10) $10^0 = 1$ → (: 10) $10^{-1} = \frac{1}{10}$ → (: 10) $10^{-2} = \frac{1}{100}$ → (: 10) $10^{-3} = \frac{1}{1000}$ …

Brüche mit Stufenzahlen im Nenner lassen sich als Zehnerpotenzen mit negativen Exponenten schreiben. Die Anzahl der Nullen der Stufenzahl des Nenners entspricht dem negativen Exponenten.

$\frac{1}{1000} = 10^{-3}$ „10 hoch minus 3" $\frac{1}{1\,000\,000\,000} = 10^{-9}$ „10 hoch minus 9"

Die Zahl 1 kann auch als 10^0 geschrieben werden.

Beispiel 3: Zahlen mithilfe von Zehnerpotenzen schreiben

Schreibe die Zahlen 0,04; 0,0000027 und 1,07 mithilfe von Zehnerpotenzen.

Lösung:

$0{,}04 = \frac{4}{100} = 4 \cdot 10^{-2}$ $0{,}000\,002\,7 = \frac{27}{10\,000\,000} = 27 \cdot 10^{-7}$ $1{,}07 = \frac{107}{100} = 107 \cdot 10^{-2}$

Anordnung auf der Zahlengeraden

Dezimalbrüche lassen sich wie Brüche an der Zahlengeraden darstellen. Dafür musst du die Einteilung verfeinern.

Wenn du zum Beispiel 2,34 einträgst, unterteilst du die Strecke zwischen 2 und 3 in Zehntel, da 2,34 zwischen den ganzen Zahlen 2 und 3 liegt.

Markiere dann 2,3 und 2,4. Für die Hunderstel musst du nun diese Teilstrecke noch einmal in 10 gleich lange Stücke unterteilen.

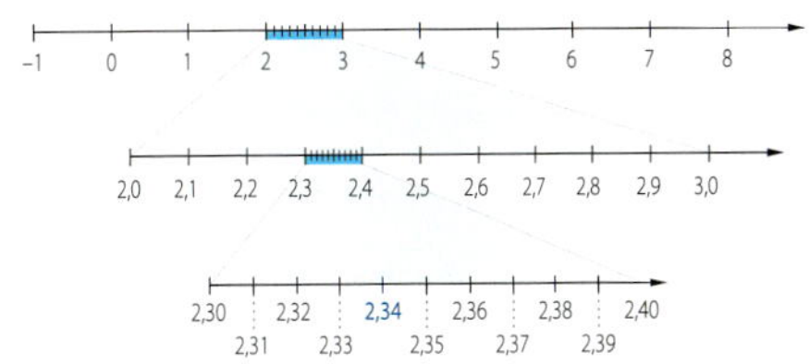

Beispiel 4: Ablesen von Dezimalbrüchen auf der Zahlengeraden

Gib die Dezimalbrüche an, die den Punkten A, B und C entsprechen.

Lösung:

Zwischen der 0 und der 1 liegen 10 Teilstrecken. Eine Teilstrecke entspricht deshalb einem Zehntel.

Der Punkt A liegt 5 Teilstrecken rechts von der 0 und steht deshalb für den Dezimalbruch 0,5. Der Punkt B liegt 8 Teilstrecken rechts von der 1,0 und stellt den Dezimalbruch 1,8 dar. Da die Teilstrecken im negativen Zahlenbereich genauso groß sind wie im positiven und der Punkt C 6 Teilstrecken links von der −1 liegt, markiert er die −1,6.

Zur Erinnerung

Von zwei Zahlen ist diejenige die größere, die weiter rechts auf der Zahlengeraden liegt.

Beispiel 5: Dezimalzahlen an der Zahlengerade

Felix soll in der Hausaufgabe die Zahlen 0,135 und −0,06 an einer Zahlengerade abtragen. Er hat dafür Millimeterpapier genutzt, d. h. ein Kästchen ist nur 1 mm breit. Erläutere, wie er weiter vorgehen muss.

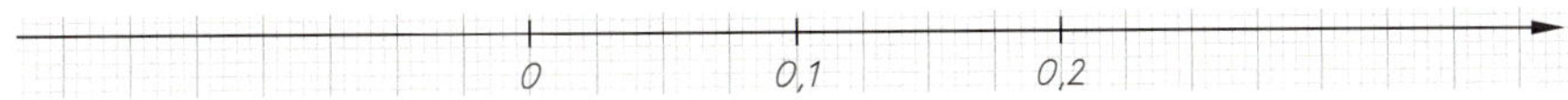

Lösung:

Er hat schon die Zehntel eingetragen. Um die Hunderstel zu markieren, muss er die Strecke zwischen 0,1 und 0,2 in 10 gleich große Stücke teilen. Da es insgesamt 20 kleine Kästchen sind, entsprechen 2 Kästchen immer 0,01.

Er muss also von der 0,1 sechs Kästchen nach rechts gehen, um die 0,13 zu markieren. Da die 0,135 genau in der Mitte zwischen 0,13 und 0,14 liegt, liegt die Zahl ein Kästchen rechts von der 0,13.

Da die Einteilung im Negativen gleich ist, muss er von der 0 aus 12 Kästchen nach links gehen, um die −0,06 zu finden.

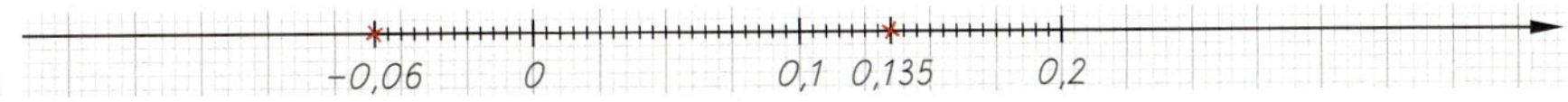

▼ Beispiel 6: Dezimalbrüche ordnen

Erläutere, wie du die Zahlen 3,815; −1,22; 3,82; 3,1 und −1,15 der Größe nach ordnen kannst.

Lösung:

Positive Dezimalbrüche sind größer als negative. Bilde zwei Gruppen.

(−1,22 −1,15) (3,815 3,82 3,81)

Die erste Stelle, an der sich zwei Dezimalbrüche unterscheiden, zeigt, welche Zahl größer ist.

$3{,}815 < 3{,}82$

Manchmal musst du eine Endnull anfügen.

$3{,}815 > 3{,}810$

Von zwei negativen Zahlen ist diejenige kleiner, die den größeren Betrag hat. Vergleiche dafür die Stellen.

$|-1{,}22| > |-1{,}15|$

Also gilt: $-1{,}22 < -1{,}15$

▲ Insgesamt gilt also:

$-1{,}22 < -1{,}15 < 3{,}81 < 3{,}815 < 3{,}82$

Zur Erinnerung
Bei 0, 1, 2, 3 und 4 wird abgerundet, bei 5, 6, 7, 8, 9 aufgerundet.

▼ Beispiel 7: Runden von Dezimalbrüchen

Runde die Zahl 3,749868 auf …

a) Zehntel.

Lösung:

Markiere die Zehntelstelle und betrachte die nachfolgende Stelle.

z

$3{,}7\textcircled{4}9868 \approx 3{,}7$

Wegen der 4 musst du abrunden. Beachte: Auf die Ziffern rechts von der 4 kommt es beim Runden nicht an!

b) Tausendstel.

Lösung:

Markiere die Tausendstelstelle und betrachte die nachfolgende Stelle.

t

$3{,}749\textcircled{8}68 \approx 3{,}750$

Wegen der 8 musst du aufrunden. 49 ergibt aufgerundet 50.
Die Endnull musst du notieren, da sie an der Stelle steht, auf die gerundet wurde. Sie gibt die Genauigkeit an. ▲

Aufgaben

Trainieren | Vertiefen | Herausforderung

Erweiterte Stellenwerttafel

1 Übertrage die Stellenwerttafel in dein Heft und ergänze sie.

Z	E	z	h	t	zt	Dezimalbruch	Bruch
						4,421	
1	0	5	2	2	7		
							$\frac{421}{1000}$
						3,03	
							$\frac{79}{10000}$

2 Trage die gegebenen Dezimalbrüche in eine geeignete Stellenwerttafel ein. Wandle sie in Brüche bzw. gemischte Zahlen um und kürze wenn möglich.

a) 123,65 c) 205,008 e) 0,0010 g) 1,087
b) 1,25 d) 0,125 f) 0,09 h) 0,0625

3 Trage die Brüche in eine Stellenwerttafel ein und gib den dazugehörigen Dezimalbruch an.

a) $\frac{8}{10}$; $\frac{80}{100}$; $\frac{8}{1000}$; $\frac{35}{100}$; $\frac{46}{1000}$
b) $2\frac{39}{100}$; $6\frac{67}{1000}$; $\frac{67}{10}$; $8\frac{609}{100\,000}$; $56\frac{56}{1000}$

4 Schreibe als Bruch mit einer Stufenzahl im Nenner und kürze wenn möglich. Gib jeweils an, wie viele Zehntel, Hundertstel und Zehntausendstel die Zahl hat.

a) 0,4; 0,05; 0,45 c) 0,642; 0,0642; 5,7
b) 0,7; 0,70; 0,700 d) 3,00; 5,082; 6,9704

5 Moritz behauptet: „1,50 ist größer als 1,5, da 50 größer ist als 5." Nimm zur Aussage von Moritz Stellung.

6 Übertrage die Zahlen in dein Heft. Markiere dabei notwendige Nullen mit grün und überflüssige Nullen mit rot. Wandle schließlich die Dezimalbrüche in vollständig gekürzte Brüche um.

a) 005; 5,02; 25,0200
b) 7 000 086,0680; 7000,0007; 0007,000 700 0

Zehnerpotenzen

7 Schreibe die Zahlen mithilfe von Zehnerpotenzen.

100; $\frac{1}{100}$; 10; $\frac{1}{100\,000}$; $\frac{1}{10}$; 1 000 000 000 000; $\frac{1}{1\,000\,000\,000}$; 1

8 Mesut erklärt Mathilda die Hausaufgaben: „Wir sollen die Kommazahlen mithilfe von Zehnerpotenzen schreiben. Dazu schaust du, bei welcher Stelle die Zahl endet und …" Setze Mesuts Satz fort. Erkläre das Vorgehen anhand eines geeigneten Beispiels.

9 Raphael hat gemischte Zahlen in unechte Brüche umgewandelt. Beschreibe, was dir bei den Lösungen auffällt.

$1{,}8 = \frac{18}{10}$ $1{,}08 = \frac{108}{100}$

$1{,}808 = \frac{1808}{1000}$ $11{,}008 = \frac{11008}{1000}$

10 Schreibe die Dezimalbrüche mithilfe von Zehnerpotenzen.

0,5; 0,007; 0,643; 0,105; 0,000 000 08; 0,876 543 21; 1,75; 10,999

11 Beschreibe deinem Nachbarn mithilfe eines eigenen Beispiels, wie du Zahlen mit Zehnerpotenzen, z. B. $2 \cdot 10^{-5}$, in Brüche umwandeln kannst.

12 Diskutiere mit deinem Nachbarn, wann und warum die Schreibweise mit Zehnerpotenzen manchmal hilfreich ist.

13 Suche gleichwertige Kärtchen. Beschreibe dein Vorgehen.

$\frac{1}{10}$ | $1 \cdot 10^{-1}$ | $1 \cdot 10^{-5}$ | $\frac{2}{100}$ | $\frac{1}{5}$ | 0,002 | $1 \cdot 10^{-7}$ | $\frac{1}{50}$ | 0,2

$2 \cdot 10^{-1}$ | $2 \cdot 10^{-2}$ | 0,000 01 | $2 \cdot 10^{-3}$ | 0,000 000 1 | 0,1 | $\frac{2}{10}$

14 Wandle in die größtmögliche Einheit so um, dass die Größe kommafrei ist.
Beispiel: $2 \cdot 10^{-2}$ m = 0,02 m = 2 cm

a) $1 \cdot 10^{-3}$ kg
b) $1 \cdot 10^{5}$ mm
c) $15 \cdot 10^{-2}$ €
d) $2 \cdot 10^{3}$ kg
e) $2 \cdot 10^{-3}$ t
f) $5 \cdot 10^{3}$ ct
g) $7 \cdot 10^{-3}$ m
h) $15 \cdot 10^{-6}$ kg
i) $3 \cdot 10^{4}$ dm
j) $8 \cdot 10^{-2}$ g
k) $4 \cdot 10^{1}$ cm
l) $6 \cdot 10^{-4}$ km

Info
1 Mikrometer
$= 1 \cdot 10^{-6}$ m = 1 µm

15 Die Hafthärchen eines Käfers haben einen Durchmesser von ca. zehn Mikrometern. Dies entspricht in etwa einem Zehntel des menschlichen Haares.
Schreibe die Größenangaben für den Durchmesser der Haare bei einem Käfer und einem Menschen mithilfe von Dezimalbrüchen in Metern.

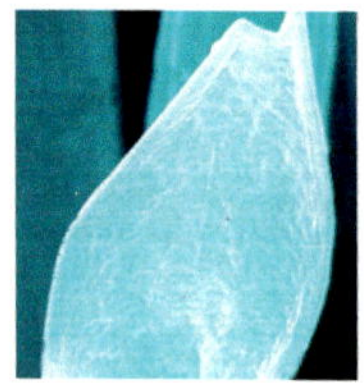

Anordnung auf der Zahlengeraden

16 Gib die Dezimalbrüche an, die an der Zahlengeraden markiert sind.

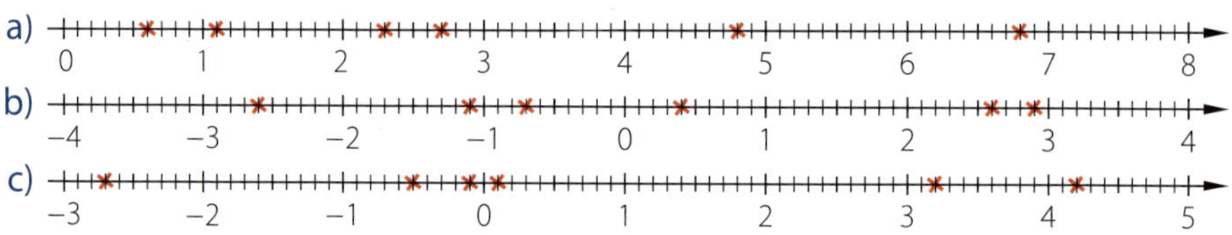

17 Erik und seine Freunde vergleichen ihre Ergebnisse bei den Bundesjugendspielen. Stelle Ranglisten auf.

	Erik	Jana	Philipp	Miriam	Conny
50-m-Lauf	7,9 s	8,0 s	8,1 s	7,7 s	8,5 s
Weitsprung	3,15 m	2,99 m	3,03 m	3,10 m	2,88 m

18 Finde je fünf Dezimalbrüche, die zwischen den gegebenen Zahlen liegen und ordne sie. Vergleiche anschließend mit deinem Nachbarn.

a) 1,7 und 1,8
b) −9,39 und −9,404
c) −125,4 und −125,42
d) 1,58 und 1,59
e) −1,79 und −1,81
f) −0,78 und 0,009

19 Übertrage in dein Heft und füge für das Zeichen ● ein <, > oder = ein.

a) 0,3 ● $\frac{3}{10}$
b) 0,2 ● 0,12
c) 8,403 ● 8,43
d) 7,5 ● 7,500
e) $\frac{5}{100}$ ● 0,005
f) 0,045 ● $\frac{45}{1000}$
g) 7,832 ● 7,83
h) 0,308 ● $\frac{38}{1000}$
i) $\frac{3}{4}$ ● −0,75
j) 0,01 ● $\frac{10}{1000}$
k) 3,5 ● −4,75
l) 0,53 ● −0,43

20 Gib jeweils die kleinste und die größte Zahl an.

a) 3,088; 8,083; 3,80; 8,3

b) −6,7; −7,56; −6,57; −7,6; −6,75

c) 1,0101; −1,1; −1,101; 1,1; 1,101; −1,11

d) −2,304; 3,042; 3,24; −2,40; −2,0432

21 Trage auf einer Zahlengeraden die Dezimalbrüche so genau wie möglich ein. Überlege erst, welchen Ausschnitt du brauchst und wie du die Einteilung wählst.

a) 0,4; 3,7; 4,9; −0,4; −3,7; −4,9

b) 2,5; 0,25; 3,75; −0,75; −1,25

c) −0,5; 1,5; 1,75; −1,95; 2,25; 3,85

d) 0,5; 0,05; −0,55; −1,35; −1,05; 3,35

22 Bestimme eine geeignete Einheit auf dem Abschnitt der Zahlengeraden und übertrage sie in dein Heft. Trage die Zahlen 1,25; −0,4; 0,2; −0,75 und 0,6 ein.

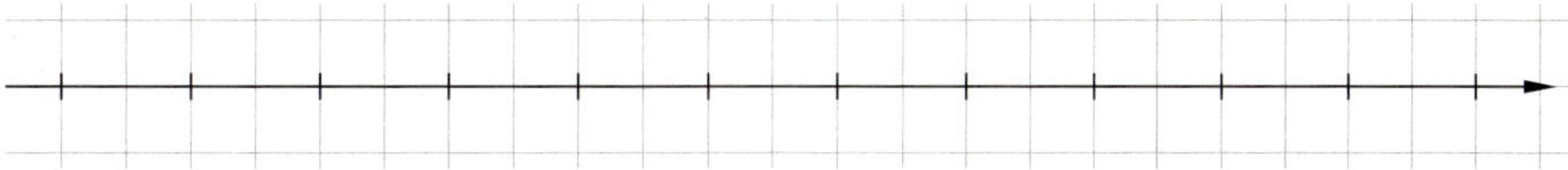

23 Auf einer Zahlengeraden sind die angegebenen Zahlen und die Mitte zwischen diesen Zahlen markiert. Erkläre, mit welchem Wert die mittlere Markierung beschriftet werden muss.

a) 3,1 und 3,7

b) −4,4 und −3

c) 1 und 4

d) −12,5 und 1,24

e) Gib drei verschiedene Zahlenpaare an, in deren Mitte der Wert 3,3 liegt. Vergleiche anschließend mit deinem Nachbarn.

24 Lies die angezeigten Werte ab.

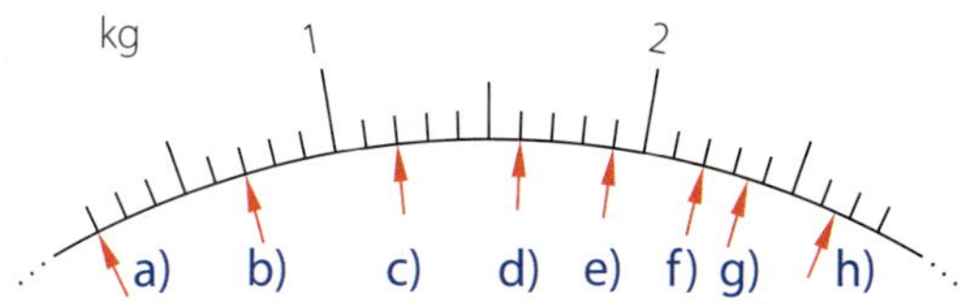

Info
Oft wird angegeben, auf wie viele Dezimalstellen gerundet werden soll. Zum Runden auf Tausendstel kann man auch sagen „auf drei Dezimalstellen runden", weil die Tausendstelstelle die dritte Stelle nach dem Komma ist.

25 Runde auf Zehntel (auf Hundertstel, auf Einer).

a) 4,457

b) 0,898

c) −0,791

d) 100,8024

e) −0,279

f) −0,999

g) 6,6666

h) 0,009

26 Runde auf die angegebene Anzahl von Dezimalstellen und gib an, auf welche Stelle du gerundet hast.

a) 1,83245 (3)

b) 909,0909 (2)

c) −0,4473 (1)

d) −0,096 (2)

27 Sami behauptet: „Die größte Zahl, die gerundet 0,7 ergibt, ist 0,74."

a) Erkläre Sami, warum seine Lösung falsch ist.

b) Finde eine größere Zahl als Sami sowie die kleinste Zahl, die gerundet 0,7 ergibt.

28 Runde auf die in Klammern angegebene Einheit.

Beispiel: 3,4567 cm [mm]: 3,4567 cm = 34,567 mm ≈ 35 mm = 3,5 cm

a) 97,39 m [dm]

b) 7,5555 ha [a]

c) 1,2345 km [m]

d) 13,999 dm [mm]

e) 0,00567 t [kg]

f) 0,0987 m^2 [dm^2]

g) 15,7 mm [cm]

h) 0,025 kg [g]

i) 1,453 dm^2 [cm^2]

Noch fit?

I Zeichne in ein Koordinatensystem die Punkte K(−2,5 | −2); R(−0,5 | −1); A(1,5 | −2); Z(3,5 | −1); T(−2,5 | 2); B(1,5 | 2); U(3,5 | 3) und F(−0,5 | 3).

a) Benenne, welche räumliche Figur entsteht, wenn du die Punkte entsprechend miteinander verbindest.

b) Bestimme mit deinem Geodreieck folgenden Größen $|\overline{TZ}|$; ∢ BTF; ∢ KRZ; $|\overline{FA}|$; ∢ ZBF; ∢ FRA; $|\overline{KR}|$.

II Julian und Tina diskutieren über die Eigenschaften von Vierecken. Tina meint: „Die längsten Strecken in einem Rechteck sind immer die Diagonalen." Julian ergänzt: „Außerdem stehen die Diagonalen in einem Rechteck senkrecht aufeinander und halbieren sich gegenseitig." Nimm Stellung zu dieser Aussage.

Trainieren | Vertiefen | Herausforderung

29 Gib alle Dezimalbrüche mit zwei Stellen nach dem Komma an, die zwischen den angegebenen Zahlen liegen.

a) 1,68 und 1,73
b) 9,9 und 9,99
c) 3,4879 und 3,4978
d) −2,42 und −2,38
e) −0,123 und −0,089
f) −0,003 und 0,02

30 Eine Aufgabe in einer Schulaufgabe lautet: „Setze die Reihe 2,5; 2,6; 2,7; … sinnvoll durch drei weitere Dezimalbrüche fort." Sven schreibt: 2,8; 2,9; 2,10. Begründe, warum Svens Lösung falsch ist.

31 Suche Lebensmittelpackungen, auf denen Dezimalbrüche stehen. Erläutere, ob Brüche gleich gut geeignet wären.

32 Amrei und Karl sollen 0,5 kg Gulasch kaufen. In der Fleischtheke finden sie Packungen zu 0,437 kg, 0,496 kg, 0,614 kg, 0,582 kg und 0,446 kg. Amrei würde die Packung mit 0,496 kg Inhalt, Karl die Packung mit 0,582 kg Inhalt kaufen. Überlege, warum die beiden ihre jeweilige Wahl getroffen haben. Erkläre, wie du dich entschieden hättest.

33 Erläutert, welche der folgenden Aussagen falsch sind.

a) Bei einem Dezimalbruch hat jede Stelle einen bestimmten Wert.
b) Bei einer Zahl hat die Tausenderstelle einen größeren Wert als die Hunderterstelle.
c) Für eine bestimmte Zahl gibt es genau eine Darstellung als Dezimalbruch.
d) Bei einem negativen Dezimalbruch hat die Hundertstelstelle einen kleineren Wert als die Zehntelstelle.
e) |−1,125| ist größer als 1,2.

34 Sina soll −1,455 auf Hundertstel runden. Sie überlegt: „Ich muss aufrunden." Dann meint sie: „Dann würde ich aber eigentlich abrunden." Erläutere Sinas Zweifel.

35 Findet alle Zahlen mit drei Dezimalstellen, die gerundet 2,3 ergeben.
Findet nun alle Zahlen mit drei Dezimalstellen, die gerundet 2,30 ergeben.
Erläutert den Unterschied zwischen den Zahlen 2,3 und 2,30.

36 Bilde mit den Kärtchen Zahlen, die folgende Eigenschaften haben. Jedes Kärtchen soll jeweils einmal verwendet werden.

1	2	3	4	–	0	7	8	9	0	,	9

a) Die gesuchte Zahl soll möglichst groß sein und drei Dezimalstellen haben.
b) Die Zahl soll so klein wie möglich sein.
c) Die Zahl sollte auf der Zahlengerade möglichst nah an der Zahl −1000 liegen.

Info
Auch in Finnland und in Belgien wurden die 1- und 2-Cent-Münzen abgeschafft.

37 In den Niederlanden wurden die 1- und 2-Cent-Münzen abgeschafft. Es existieren trotzdem noch Preise, die auf 9 ct enden, z. B. 1,99 €. Beim Zahlen an der Supermarktkasse rundet die Kassiererin auf fünf Cent.
a) Frau Riss kauft in einem Supermarkt in Amsterdam für 7,77 € ein. Sie freut sich und meint: „Glück gehabt!". Nimm zu ihrer Aussage begründet Stellung.
b) Frau Riss zahlt mit einem Zehn-Euro-Schein. Bestimme die maximale und die minimale Anzahl von Münzen für das Restgeld, das sie zurückbekommt.
c) Frau Bayer zahlt in München den gleichen Betrag auch mit einem Zehn-Euro-Schein. Bestimme die maximale Anzahl von Münzen für das Restgeld.
d) Ein Händler ist gesetzlich verpflichtet, bis zu 50 Münzen anzunehmen. Erläutere die Auswirkung dieser Vorschrift auf die Antworten b) und c).

38 Anna, Pia und Max vergleichen die Ergebnisse ihrer Hausaufgabe. Sie sollten die Dezimalbrüche zu den Punkten A, B und C finden.
Jeder der drei hat andere Ergebnisse:

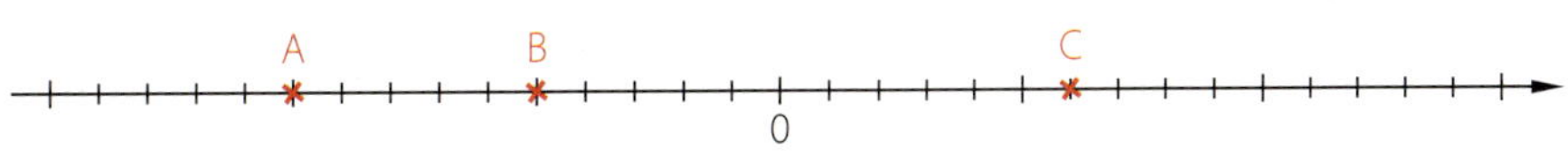

Anna: A = −1,0; B = −0,5; C = 0,6
Pia: A = −3,0; B = −1,8; C = 1,5
Max: A = −20; B = −10; C = 12
Überprüfe ihre Ergebnisse und erläutere ihre Fehler.

Trainieren | Vertiefen | **Herausforderung**

39 Luca will die „riesengroße Dezimalzahl" 0,123456789101112…9991000 bilden, indem er hinter dem Komma einfach die natürlichen Zahlen von 1 bis 1000 aneinander reiht.
a) Berechne die Anzahl der Dezimalstellen dieser Zahl.
b) Bestimme, welche Ziffer an der 100. Stelle und welche an der 1000. Stelle nach dem Komma steht.
c) Nimm Stellung zu der Bezeichnung „riesengroß".

2.2 Brüche in Dezimalbrüche umwandeln

Einstieg

An der Kühltheke

Herr und Frau Meier erwarten heute Abend Gäste. Zum Glück bemerkt Frau Meier, dass noch Dinge für das geplante Abendessen fehlen. Herr Meier macht sich auf den Weg, den Einkaufszettel seiner Frau in der Tasche. Wandle die Dezimalbrüche in Brüche um und begründe, welche Packung Hackfleisch die richtige ist.

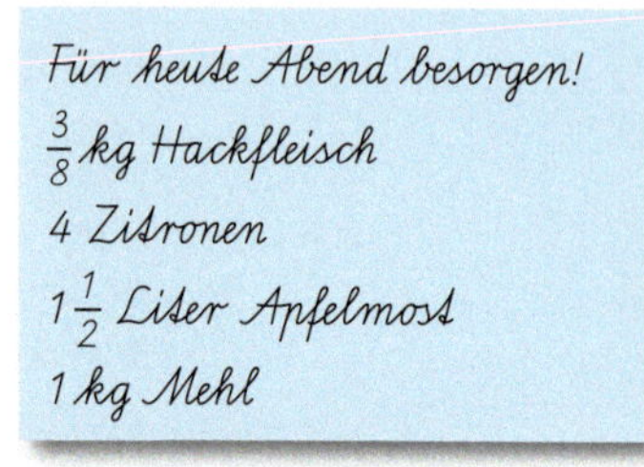

Wissen

Umwandeln von Brüchen mit einer Stufenzahl im Nenner

Du kannst bereits Brüche umwandeln, deren Nenner eine Stufenzahl ist, z. B. $\frac{3}{10} = 0{,}3$; $\frac{17}{100} = 0{,}17$; $\frac{64}{1000} = 0{,}064$; $\frac{7}{1000} = 0{,}007$.

Info

$\underbrace{\frac{7}{1000}}_{3} = \underbrace{0{,}007}_{3}$

Bei der Umwandlung von Brüchen mit einer Stufenzahl im Nenner gibt die **Anzahl der Endnullen** des Nenners die **Anzahl der Dezimalstellen** an.
Die **Ziffern des Dezimalbruchs** entsprechen dem **Zähler des Bruchs**.

In manchen Fällen musst du den Bruch erst so erweitern, dass eine Stufenzahl im Nenner entsteht, wenn du ihn umwandeln möchtest.

Beispiel 1: Schnelle Umwandlung von Brüchen in Dezimalbrüche

Wandle die Brüche in Dezimalbrüche um.

a) $\frac{3}{4}$ b) $\frac{9}{250}$ c) $\frac{49}{140}$

Lösung:

a) Erweitere den Bruch so, dass im Nenner eine Stufenzahl steht, so kannst du schnell umwandeln. $\frac{3}{4} \overset{25}{=} \frac{75}{100} = 0{,}75$

b) Achte darauf, dass der Dezimalbruch die richtige Anzahl von Dezimalstellen hat. $\frac{9}{250} \overset{4}{=} \frac{36}{1000} = 0{,}036$

c) Manchmal kannst du vor dem Erweitern kürzen. $\frac{49}{140} \underset{7}{=} \frac{7}{20} \overset{5}{=} \frac{35}{100} = 0{,}35$

Hinweis

$10 = 2 \cdot 5$
$100 = 2 \cdot 5 \cdot 2 \cdot 5$
$1000 = 2 \cdot 5 \cdot 2 \cdot 5 \cdot 2 \cdot 5$
...

Jede Stufenzahl enthält nur die Primfaktoren 2 und 5. Hat ein vollständig gekürzter Bruch im Nenner ebenfalls nur die Primfaktoren 2 und 5, dann kannst du ihn so erweitern, dass der Nenner eine Stufenzahl ist.

Enthält ein Nenner weitere Primfaktoren, die nicht gekürzt werden, wie z. B. bei $\frac{1}{3}$ oder $\frac{3}{14}$, so kann er nicht auf eine Stufenzahl erweitert werden.

Zur Erinnerung
Aus Kapitel 1.4 weißt du bereits, dass Brüche Quotienten sind.

Umwandlung durch Division des Zählers durch den Nenner

Für Brüche, die du nicht so erweitern kannst, dass eine Stufenzahl im Nenner entsteht, brauchst du ein anderes Verfahren. Die Grundregel dafür kannst du dir an einem einfachen Beispiel klar machen. Du weißt bereits, dass $\frac{3}{4} = 0{,}75$ ist.
Da $\frac{3}{4} = 3 : 4$ ist, muss auch $3 : 4 = 0{,}75$ gelten.

Dieses Ergebnis erhältst du auch durch **schriftliche Division**:

3,00 : 4 = 0,75
0
30
28
 20
 20
  0

Schreibe die 3 als 3,00… So kannst du nach dem bekannten Verfahren vorgehen. Solange bei der Division noch ein Rest bleibt, kannst du an den Dividenden Nullen anfügen. Wenn du im Dividenden das Komma überschreitest, musst du auch im Ergebnis ein Komma setzen.

Jeder Bruch ist ein Quotient und lässt sich durch Division des Zählers durch den Nenner in einen Dezimalbruch umwandeln. Beim Überschreiten des Kommas beim Dividenden wird auch im Ergebnis das Komma gesetzt.

▼ Beispiel 2: Umwandlung durch Division

Wandle die Brüche in Dezimalbrüche um, indem du den Zähler durch den Nenner dividierst.

a) $\frac{3}{8}$ b) $\frac{2}{3}$ c) $\frac{6}{11}$ d) $\frac{7}{22}$

Lösung:

a) 3,000 : 8 = 0,375
0
30
24
 60
 56
  40
  40
   0

c) 6,000 : 11 = 0,545…
0
60
55
 50
 44
  60
  55
   5…

Es wechseln sich bei Fortsetzung immer die Reste 6 und 5 ab, so dass sich im Ergebnis die Ziffern 5 und 4 jeweils abwechselnd wiederholen.

b) 2,00 : 3 = 0,66…
0
20
18
 20
 18
  2…

Es ergibt sich bei Fortsetzung der Rechnung immer der Wert 2, also im Ergebnis immer der Wert 6.

d) 7,000 : 22 = 0,31818…
0
70
66
 40
 22
 180
 176
  40
  22
  180…

Den Rest 4 gab es bereits, ab hier werden sich die Stellen 1 und 8 im Ergebnis wiederholen.

▲

Manchmal siehst du bei der Division etwas „Seltsames". Einige Dezimalbrüche enden nicht, sondern die Ziffern wiederholen sich nach dem Komma unendlich. Diese Dezimalbrüche nennt man **periodisch**.

Hinweis
Weitere Informationen zu periodischen Dezimalbrüchen findest du auf den Seiten 58/59.

Mithilfe der Primfaktorzerlegung des Nenners eines gekürzten Bruches kannst du überprüfen, ob ein Dezimalbruch endlich oder unendlich ist.

Fall 1: endlich
Der Nenner enthält nur die Primfaktoren 2 und/oder 5.

z. B. $\frac{5}{16} = \frac{5}{2 \cdot 2 \cdot 2 \cdot 2} = 0{,}3125$

Fall 2: unendlich periodisch
Der Nenner enthält Primfaktoren, die weder 2 noch 5 sind.

z. B. $\frac{5}{6} = \frac{6}{2 \cdot 3} = 0{,}833\ldots$

Bei einem **periodischen Dezimalbruch** kennzeichnest du wiederholende Ziffern durch einen Querstrich, z. B. $0{,}66\ldots = 0{,}\overline{6}$ $0{,}31818\ldots = 0{,}3\overline{18}$

Hinweis
$0{,}\overline{6}$ liest du als „Null Komma Periode 6".

Beispiel 3: endlich oder periodisch
Anna meint: „Der zum Bruch $\frac{21}{140}$ gehörende Dezimalbruch ist periodisch, denn der Nenner enthält den Primfaktor 7." Nimm dazu Stellung.

Lösung:
Anna hat nicht Recht, denn sie kann den Bruch noch kürzen:

$\frac{21}{140} = \frac{3 \cdot 7}{2 \cdot 2 \cdot 5 \cdot 7} = \frac{3}{2 \cdot 2 \cdot 5}$.

Der Nenner des gekürzten Bruches enthält nur die Primfaktoren 2 und 5.

Hinweis
In Aufgabe 8 kannst du die Umwandlung der unendlich periodischen Brüche genauer untersuchen.

Zu manchen Brüchen solltest du die Dezimalbrüche auswendig wissen:

$\frac{1}{3} = 0{,}\overline{3}$	$\frac{2}{3} = 0{,}\overline{6}$				
$\frac{1}{4} = 0{,}25$	$\frac{1}{2} = 0{,}5$	$\frac{3}{4} = 0{,}75$			
$\frac{1}{5} = 0{,}2$	$\frac{2}{5} = 0{,}4$	$\frac{3}{5} = 0{,}6$	$\frac{4}{5} = 0{,}8$		
$\frac{1}{8} = 0{,}125$	$\frac{3}{8} = 0{,}375$	$\frac{5}{8} = 0{,}625$	$\frac{7}{8} = 0{,}875$		
$\frac{1}{9} = 0{,}\overline{1}$	$\frac{2}{9} = 0{,}\overline{2}$	$\frac{4}{9} = 0{,}\overline{4}$	$\frac{5}{9} = 0{,}\overline{5}$	$\frac{7}{9} = 0{,}\overline{7}$	$\frac{8}{9} = 0{,}\overline{8}$

Größenvergleich von rationalen Zahlen

Rationale Zahlen kannst du als Brüche oder als Dezimalbrüche schreiben. Du kannst also zwischen den verschiedenen Zahlendarstellungen wählen.

Hinweis
Hier kannst du noch einmal nachlesen: S. 19, S. 46

Nutze folgende Hinweise beim Größenvergleich von rationalen Zahlen:
- **Die erste Stelle, an der sich zwei Dezimalbrüche unterscheiden, zeigt, welche Zahl größer ist.**
- **Negative rationale Zahlen sind immer kleiner als positive.**
- **Meist kannst du Dezimalbrüche schneller miteinander vergleichen als Brüche.**
- **Ein möglicher direkter Bruchvergleich spart Zeit, die du für die Umwandlung in Dezimalzahlen benötigen würdest.**

Hinweis
Auf S. 59 erfährst du, wie man periodische Dezimalbrüche in Brüche umwandelt.

Beispiel 4: Rationale Zahlen ordnen
Erläutere, wie du die Zahlen $\frac{7}{8}$; 0,885; $-\frac{7}{9}$; $\frac{13}{16}$; −0,7 der Größe nach ordnen kannst.

Lösung:
Positive Bruchzahlen sind größer als negative. Bilde zwei Gruppen.

$-\frac{7}{9}$ −0,7

Wandle den Bruch in einen Dezimalbruch um:
$-\frac{7}{9} = -0,\overline{7}$

Von zwei negativen Zahlen ist die mit dem größeren Betrag kleiner.
$|-0,\overline{7}| = |-0,77\ldots| > |-0,70|$

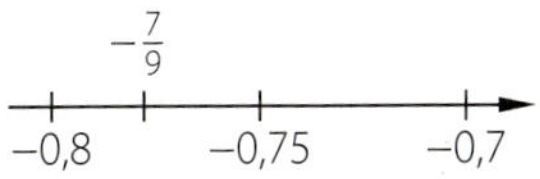

$\frac{7}{8}$ 0,885 $\frac{13}{16}$

Die Brüche $\frac{7}{8}$ und $\frac{13}{16}$ kannst du schnell auf einen Nenner bringen und vergleichen. $\frac{7}{8} = \frac{14}{16} > \frac{13}{16}$

$\frac{7}{8}$ kannst du auswendig umwandeln, so gelingt dir der Vergleich schnell:

$\frac{7}{8} = 0,875 < 0,885$

Also: $-0,\overline{7} < -0,7$
Insgesamt gilt also: $-\frac{7}{9} < -0,7 < \frac{13}{16} < \frac{7}{8} < 0,885$

Aufgaben

Trainieren | Vertiefen | Herausforderung

Umwandeln von Brüchen mit einer Stufenzahl im Nenner

Lösungswort:
−0,034 (i); 0,512 (r); −4,4 (l); 0,15 (p); 0,425 (d); 0,17 (n); 0,045 (t); −0,34 (o); 1,36 (e); 0,017 (m); 1,05 (m); −4,125 (f)

1 Gib die zugehörigen Dezimalbrüche an.

a) $\frac{17}{100}$ c) $-4\frac{2}{5}$ e) $-4\frac{1}{8}$ g) $\frac{64}{125}$
b) $-34 \cdot 10^{-3}$ d) $\frac{3}{20}$ f) $1\frac{9}{25}$ h) $-\frac{51}{120}$

2 Bestimme alle natürlichen Zahlen kleiner als 30, die im Nenner des Bruches $\frac{1}{■}$ stehen dürfen, damit dieser auf einen Bruch mit einer Stufenzahl im Nenner erweitert werden kann. Erläutere dein Vorgehen.

3 Entscheide und begründe, welche Brüche du so erweitern kannst, dass im Nenner eine Stufenzahl steht: $\frac{1}{20}$; $\frac{5}{15}$; $\frac{6}{24}$; $\frac{7}{13}$

4 Ordne jedem Bruch den vollständig gekürzten Bruch und den Dezimalbruch zu. Begründe, warum hier zwei Kärtchen mit Dezimalbruch fehlen.

$\frac{9}{24}$ $\frac{21}{140}$ $\frac{222}{888}$ $\frac{9}{99}$ $\frac{51}{75}$ $\frac{13}{26}$ $\frac{74}{200}$ $\frac{50}{60}$ $\frac{333}{600}$

$\frac{1}{4}$ $\frac{111}{200}$ $\frac{5}{6}$ $\frac{3}{20}$ $\frac{1}{11}$ $\frac{37}{100}$ $\frac{3}{8}$ $\frac{17}{25}$ $\frac{1}{2}$

0,37 0,25 0,15 0,5 0,555 0,68 0,375

5 Louis erklärt seinem Nachbarn: „Ist der Nenner eines Bruches durch 5 teilbar, kann er so erweitert werden, dass im Nenner eine Stufenzahl steht. Dann kannst du ihn als Dezimalbruch schreiben." Nimm Stellung zu Louis' Erklärung.

Umwandlung durch Division des Zählers durch den Nenner

6 Wandle durch Division in einen Dezimalbruch um.

a) $-\frac{9}{5}$ d) $\frac{11}{20}$ g) $\frac{1011}{200}$ j) $-\frac{3}{128}$

b) $\frac{18}{45}$ e) $\frac{6}{18}$ h) $-\frac{5}{12}$ k) $\frac{13}{15}$

c) $-\frac{5}{9}$ f) $\frac{7}{16}$ i) $\frac{5}{99}$ l) $\frac{8}{11}$

Lösungswort: $-1{,}8$ (d); $-0{,}\overline{5}$ (z); $-0{,}41\overline{6}$ (b); $-0{,}0234375$ (u); $0{,}\overline{05}$ (r); $0{,}\overline{3}$ (m); $0{,}4$ (e); $0{,}4375$ (a); $0{,}55$ (i); $0{,}\overline{72}$ (h); $0{,}8\overline{6}$ (c); $5{,}055$ (l)

7 Bestimme den zugehörigen Dezimalbruch. Nutze verschiedene Verfahren und erkläre dein Vorgehen.

a) $\frac{16}{20}$ c) $-\frac{48}{80}$ e) $\frac{19}{32}$ g) $\frac{31}{64}$

b) $\frac{24}{200}$ d) $\frac{45}{150}$ f) $\frac{192}{6400}$ h) $\frac{256}{160}$

8 Neunerbrüche

a) Wandle die Brüche jeweils in Dezimalbrüche um. Beschreibe, was dir auffällt.

$\frac{1}{9}$; $\frac{4}{9}$; $\frac{7}{9}$ $\frac{1}{99}$; $\frac{7}{99}$; $\frac{31}{99}$ $\frac{1}{999}$; $\frac{44}{999}$; $\frac{127}{999}$

b) Formuliere eine Regel, wie du Brüche mit 9, 99, 999, … im Nenner schnell in Dezimalbrüche umwandeln kannst.

c) Erläutere, wie du den Dezimalbruch $0{,}\overline{74}$ in einen Bruch umwandeln kannst.

9 Finde die Fehler in Emilys Hausaufgabe, beschreibe und korrigiere sie.

a) $\frac{1}{3} = 0{,}3$ b) $-\frac{10}{15} = -1{,}5$ c) $1\frac{21}{200} = 1{,}021$ d) $-5\frac{3}{4} = 5{,}75$

Größenvergleich von rationalen Zahlen

10 Begründe, ob die gegebenen Zahlen größer, kleiner oder gleich 0,75 sind.

$\frac{11}{16}$ $\frac{7}{9}$ $\frac{7}{8}$ $\frac{8}{7}$ $\frac{3}{4}$

11 Sharis Hausaufgabe lautet:
Sortiere die Zahlen $-\frac{11}{12}$; $-\frac{12}{11}$; 1,2; $\frac{11}{12}$; −1,2; $-1{,}\overline{2}$; $\frac{12}{11}$; $1{,}\overline{2}$.

Sie hat sich schon paar Überlegungen notiert.

Erkläre, wie Sharis Überlegungen helfen, die Aufgabe zu bearbeiten. Löse dann die Hausaufgabe.

- *Jede Zahl taucht einmal mit positivem, einmal mit negativem Vorzeichen auf.*
- *1,2 ist ein endlicher Dezimalbruch, $1{,}\overline{2}$ ist unendlich.*
- *Zu $\frac{12}{11}$ gehört der periodische Dezimalbruch $1{,}\overline{09}$.*
- *$\frac{11}{12}$ ist kleiner als 1.*

12 Ordne soweit wie möglich im Kopf. Beginne mit der kleinsten Zahl.

a) $\frac{4}{5}$; 0,85; $\frac{2}{3}$; 0,25; $\frac{66}{100}$

b) $-\frac{7}{10}$; $\frac{7}{20}$; 0,2; $\frac{1}{8}$; $-\frac{7}{9}$, 0,38

c) −0,8; $3{,}\overline{7}$; $-\frac{7}{2}$; $3\frac{4}{5}$; 1,25; 3,777

d) $-12\frac{1}{4}$; $12{,}\overline{1}$; $-\frac{122}{12}$; $-12\frac{1}{10}$; $3\frac{5}{8}$; $-12\frac{1}{9}$

Vermischte Aufgaben

13 Übertrage die Tabelle in dein Heft und ergänze sie.

Bruch		$\frac{3}{8}$			$\frac{2}{3}$				
Dezimalbruch				$0,\overline{3}$		0,4		$0,\overline{2}$	
Prozent	75 %		62,5 %				60 %		$55,\overline{5}$ %

14 Gib zu jedem Anteil die beiden anderen Darstellungsformen an.
Kürze die Brüche vollständig.

a) $-\frac{1}{5}$ c) 8 % e) −1,08 g) 23,6 %

b) −0,07 d) $\frac{3}{120}$ f) $\frac{36}{2000}$ h) 0,255

15 Gib an, welche Zahlen gleich groß sind.

a) 1,5; $\frac{3}{2}$; 1,05; $1\frac{1}{2}$; 1,2; 1,50; $\frac{1}{5}$

b) $\frac{3}{4}$; 0,75; $\frac{5}{7}$; 0,75 %; $\frac{9}{12}$; 75 %

c) $1\frac{5}{9}$; 1,55; $1,\overline{5}$; 55,5 %; $\frac{14}{9}$

16 Ergänze den Zähler von $\frac{\square}{176}$ so, dass die folgende Bedingung erfüllt ist.
Erläutere dein Vorgehen. Tausche dich mit deinem Nachbarn aus.

a) Der dazugehörige Dezimalbruch ist endlich.

b) Der dazugehörige Dezimalbruch ist unendlich periodisch.

17 Hilf *JonaMa*, indem du *vowis* Antwort verbesserst.

JonaMa Heute, 15:28 Dabei seit: 03.10.2015 Beiträge: 4	**Dezimalbrüche unterscheiden** (antworten) (Zitat) (bearbeiten) Hi zusammen, ich brauche dringend Hilfe: Ich checke immer noch nicht, wie man bei Brüchen endliche und unendliche Dezimalbrüche unterscheiden kann.
vowi Heute, 17:16 Dabei seit: 03.10.2015 Beiträge: 66	**Re: Dezimalbrüche unterscheiden** (antworten) (Zitat) (bearbeiten) Wenn im Nenner nach dem Kürzen eine Primzahl (außer 2 und 5) steht und der Zähler kein ganzes Vielfaches dieser Primzahl ist, hast du einen unendlichen Bruch. $\frac{63}{9}$ ist endlich, da 63 Vielfaches von 9 ist. $\frac{62}{9}$ ist unendlich, weil $\frac{8}{9}$ übrigbleiben und 9 eine Primzahl ist.

Noch fit?

I Gib die Primfaktorzerlegung der Zahlen an. Nutze die Potenzschreibweise.

a) 308 b) 360 c) 2205 d) 646

II Erläutere, wie man an der Primfaktorzerlegung einer Zahl erkennt, ob es sich um eine Quadratzahl handelt. Überprüfe mit den Zahlen 1764 und 2178.

Thema

Unendliche Dezimalbrüche

Wie du weißt, kann jeder Bruch durch Division in einen Dezimalbruch umgewandelt werden. Wenn du den Nenner nicht auf eine Stufenzahl erweitern oder kürzen kannst, erhältst du bei der Division eine unendliche Dezimalzahl.

Info
Wenn du durch die Zahl 27 teilst, könnten 26 verschiedene Reste entstehen: 1, 2, …, 26. Hier tauchen nur 3 mögliche Reste auf. Die Periodenlänge beträgt daher 3.

Wenn der Nenner des Bruches nach dem Kürzen weder die 2 noch die 5 als Primfaktor enthält, ergibt sich ein **rein periodischer Dezimalbruch**.
Das heißt, dass die Periode direkt nach dem Komma beginnt.

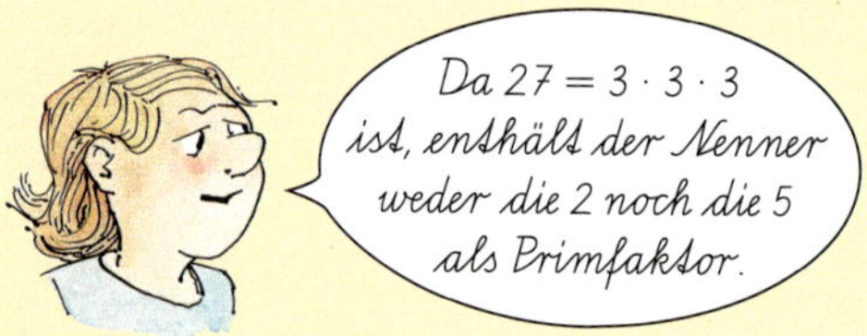

$\frac{5}{27} = 5{,}00 : 27 = \mathbf{0{,}185185\ldots} = \mathbf{0{,}\overline{185}}$

0
50
27
230
216
140
135
50
27
230
216
140
…

sich wiederholende Ziffernfolge: **Periode**

lies: „null Komma Periode eins acht fünf“

Enthält der Nenner des Bruches nach dem Kürzen neben anderen Primfaktoren auch die Primfaktoren 2 oder 5, entsteht ein **gemischt periodischer Dezimalbruch**. Hier beginnt die Periode nicht direkt nach dem Komma.

$1\frac{11}{12} = \frac{23}{12} = 23{,}00 : 12 = 1{,}9166\ldots = 1{,}91\overline{6}$

12
110
108
20
12
80
72
80
…

lies: „eins Komma neun eins Periode sechs“

Die **Länge der Periode** wird von der Anzahl der sich wiederholenden Reste bestimmt. Die größtmögliche Periodenlänge ist um 1 kleiner als der Divisor bzw. Nenner, da es nicht mehr auftretende Reste geben kann.
Zum Beispiel kann es bei der Division durch 7 maximal 6 verschiedene Reste geben, nämlich 1, 2, 3, 4, 5 oder 6.

$\frac{2}{9} = 0{,}\overline{2}$ Länge 1

$\frac{5}{14} = 0{,}3\overline{571428}$ Länge 6

$\frac{1}{7} = 0{,}\overline{142857}$ Länge 6 (größtmögliche Länge)

Unendliche, nichtperiodische Dezimalbrüche können bei der Division natürlicher Zahlen nicht entstehen. Beispiele für solche Dezimalbrüche sind:
0,101 001 000 100 001… oder 1,234 567 891 011 121 314…

Umwandlung rein periodischer Dezimalbrüche in Brüche

Beim Vergleich der folgenden Zahlen kannst du eine Regelmäßigkeit entdecken:

$0{,}\overline{5} = \frac{5}{9}$; $0{,}\overline{23} = \frac{23}{99}$; $0{,}\overline{005} = \frac{5}{999}$; $0{,}\overline{147} = \frac{147}{999}$; $0{,}\overline{023} = \frac{23}{999}$

So kannst du leicht umwandeln:

1. Schreibe die sich wiederholenden Ziffern in den Zähler.
2. Ermittle die Periodenlänge. Die Zahl im Nenner besteht aus so vielen Neunen.

Umwandlung gemischt periodischer Dezimalbrüche in Brüche

Bei einem gemischt periodischen Bruch brauchst du einen kleinen „Trick". Danach kannst du deine Kenntnisse von rein periodischer Dezimalbrüche anwenden.

Hinweis
Wenn du eine Dezimalzahl mit 10 multiplizierst, verschiebt sich das Komma um eine Stelle nach rechts.
In Kapitel 4 lernst du, wie du beliebige Brüche multiplizierst.

1. Das Komma muss für einen rein periodischen Dezimalbruch eine Stelle nach rechts verschoben werden. Nutze daher den Multiplikationstrick.

$$1{,}2\overline{7} = 1{,}2\overline{7} \cdot 1$$
$$= 1{,}2\overline{7} \cdot \left(10 \cdot \tfrac{1}{10}\right) \quad \text{„Multiplikationstrick"}$$
$$= (1{,}2\overline{7} \cdot 10) \cdot \tfrac{1}{10} \quad \text{Assoziativgesetz}$$

2. Wandle den rein periodischen Dezimalbruch um.

$$= 12{,}\overline{7} \cdot \tfrac{1}{10}$$
$$= 12\tfrac{7}{9} \cdot \tfrac{1}{10}$$

3. Schreibe als unechten Bruch und multipliziere miteinander.

$$= \tfrac{115}{9} \cdot \tfrac{1}{10}$$
$$= \tfrac{23}{18} = 1\tfrac{5}{18}$$

Aufgaben

1 Wandle in periodische Dezimalbrüche um: $\frac{3}{11}$; $\frac{1}{27}$; $\frac{28}{33}$; $\frac{5}{37}$; $\frac{5}{6}$; $\frac{5}{24}$; $\frac{11}{30}$; $\frac{17}{45}$

2 Ordne richtig zu. Es gehören immer zwei **Eigenschaftskarten** und zwei **Beispielkarten** zusammen.

1 endlicher Dezimalbruch	**A** $\frac{11}{18}$	**2** gemischt periodischer Dezimalbruch	**B** $\frac{25}{63}$
C $\frac{5}{32}$	**3** Nenner enthält Primfaktoren 2 und/oder 5 und andere Primfaktoren	**D** $\frac{16}{125}$	**4** Nenner enthält weder den Primfaktor 2 noch 5
5 rein periodischer Dezimalbruch	**E** $\frac{28}{29}$	**6** Nenner enthält nur die Primfaktoren 2 und/oder 5	**F** $\frac{16}{35}$

3 Max hat den gemischt periodischen Bruch umgerechnet. Begründe, warum er mit $100 \cdot \frac{1}{100}$ multipliziert hat und erläutere seinen Rechenweg.

$$0{,}08\overline{72} = 0{,}08\overline{72} \cdot 100 \cdot \frac{1}{100} = 8{,}\overline{72} \cdot \frac{1}{100} = 8\frac{72}{99} \cdot \frac{1}{100} = 8\frac{8}{11} \cdot \frac{1}{100} = \frac{96}{11} \cdot \frac{1}{100} = \frac{24}{275}$$

4 Wandle in vollständig gekürzte Brüche um.

a) $0{,}\overline{72}$; $0{,}\overline{84}$; $1{,}\overline{042}$; $1{,}\overline{9}$

b) $0{,}5\overline{3}$; $0{,}3\overline{5}$; $0{,}3\overline{18}$; $0{,}05\overline{75}$

Trainieren **Vertiefen** Herausforderung

18 Tom will die Brüche $\frac{3}{32}$, $\frac{30}{32}$ und $\frac{60}{32}$ in Dezimalbrüche umwandeln. Erläutere, warum er nur einmal schriftlich dividieren muss.

Note	1	2	3	4	5	6
6c	3	6	12	9	0	0
6d	3	3	12	6	0	0

19 Die Tabelle zeigt die Ergebnisse der zweiten Schulaufgabe zweier Klassen: Um die Ergebnisse zu vergleichen, kannst du z. B. fragen, welcher Anteil in beiden Klassen eine bessere Note als 4 erreicht hat. Stelle solche Fragen, beantworte sie und gib die Anteile auch in Dezimalbrüchen und Prozenten an.

Info
Ein Milliliter Wasser wiegt 1 Gramm.

20 Ein 70 kg schwerer Mann besteht zu ca. 42 kg aus Wasser. Ein Mensch verliert neben den 1,5 Litern beim Wasserlassen noch ca. 400 ml Wasser durch Atmen und 600 ml über die Haut.

a) Berechne, zu wie viel Prozent der Mann aus Wasser besteht.

b) Berechne, wie viel Prozent des Wassers täglich ausgeschieden werden.

21 Sprintstar James schaffte die 100-Meter-Strecke in 9,87 Sekunden. Sein Freund Ryan brauchte 9,92 Sekunden. Begründe, welche Aussagen falsch sind.

a) Ryan war 5 Sekunden langsamer als James.

b) James war $\frac{1}{20}$ Sekunde schneller als Ryan.

c) James war 0,05 Sekunden langsamer als Ryan.

d) Ryan war $\frac{1}{1200}$ Minute langsamer als James

22 Berechne die folgenden Aufgaben schriftlich und vergleiche die Ergebnisse. Beschreibe und begründe, was dir dabei auffällt.

① 999999 : 7 ② 1 : 7 ③ 2 : 7 ④ 3 : 7

23 Marie hat $\frac{2}{3}$ mit einer Tabellenkalkulation umgewandelt und folgendes Ergebnis erhalten: 0,6667. Nimm dazu Stellung.

24 Die Skizze zeigt ein 1 ha großes Grundstück, das in gleich große Teile zerlegt ist. Gib die Anteile der farbigen Teilflächen an der Gesamtfläche in Prozent an. Ermittle auch die ungefähre Größe der farbigen Teilflächen in Ar.

25 Leon behauptet, dass $0,\overline{9} = 1$ ist. Leonie meint, $0,\overline{9}$ sei weniger als 1. Begründe wer Recht hat.

Trainieren Vertiefen **Herausforderung**

Hinweis
Wenn du nicht weiterkommst, kann dir die Themenseite zu unendlichen Dezimalbrüchen (S. 58/59) helfen.

26 Periodische Dezimalbrüche

a) Wandle die Brüche $\frac{13}{99}$ und $\frac{704}{999}$ in Dezimalbrüche um. Stelle eine Vermutung auf, wie die Dezimalbruchentwicklung des Bruches $\frac{4567}{9999}$ lautet. Überprüfe deine Vermutung durch Rechnung.

b) Wandle die Dezimalbrüche $0,\overline{28}$; $0,\overline{05}$; $0,\overline{5057}$ und $0,\overline{428571}$ in Brüche um.

c) Wandle $0,58\overline{3}$ in einen Bruch um.

Check up

Was kannst du? Was musst du noch üben?
Mit diesen Aufgaben kannst du deinen Lernfortschritt überprüfen.
Lösungen findest du im Anhang.

1 Übertrage in dein Heft und ergänze die Leerstellen.

a) $0{,}032 = \frac{\square}{1000} = \frac{4}{\triangle}$

b) $18{,}505 = \frac{18\,505}{\square} = 18\,505 \cdot 10^{\square}$

c) $0{,}000\,987 = \frac{987}{\triangle} = \square \cdot 10^{-6}$

d) $27 \cdot 10^{-5}\,\text{km} = \triangle\,\text{km} = 27\,\square$

2 Ronja möchte ihre Familie mit einem Smoothie überraschen. Dazu benötigt sie 4 Orangen, $\frac{7}{20}$ kg Himbeeren und $\frac{3}{4}$ kg Joghurt.
Ronjas Waage hat nur eine Grammanzeige. Hilf Ronja beim Umrechnen.

3 Runde so, wie es die Klammer angibt.

a) 56,8549 (h)

b) 17,42 (Z)

c) 1,09909 (2 Dezimalstellen)

d) 17,49656 (zt)

4 Wandle in die jeweils andere Schreibweise um und erkläre dein Vorgehen.

a) $\frac{3}{8}$

b) $\frac{20}{25}$

c) 0,005

d) $\frac{4}{12}$

e) 0,625

f) $\frac{5}{6}$

g) $0{,}\overline{7}$

h) $\frac{7}{250}$

5 Begründe ohne Umwandlung, welcher Bruch als endlicher Dezimalbruch geschrieben werden kann.

a) $\frac{17}{20}$

b) $\frac{17}{32}$

c) $\frac{17}{51}$

d) $\frac{36}{120}$

6 Gib die Koordinaten der Eckpunkte des Sterns möglichst genau an.

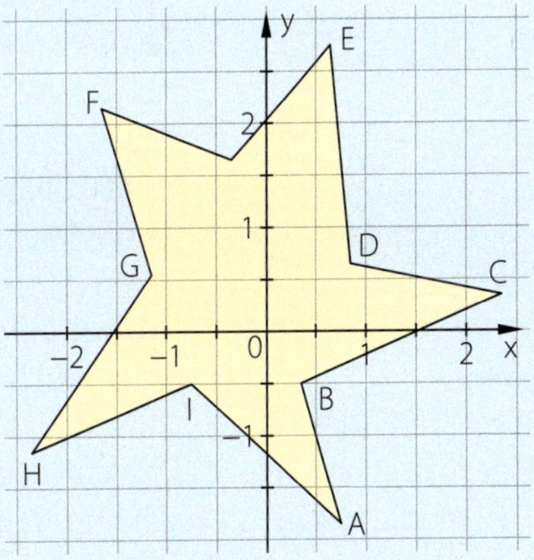

7 Ordne aufsteigend der Größe nach. Erläutere dein Vorgehen.

$\frac{6}{5}$; $-1{,}2$; $0{,}75$; $-0{,}7$; $-\frac{6}{5}$;
$2\frac{1}{3}$; $-\frac{5}{6}$; $-1{,}02$; $2{,}13$

8 Suche möglichst viele Kartenpaare, die den gleichen Wert enthalten.

$1\frac{5}{1000}$ | $\frac{3}{11}$ | 0,54 | 1,05 | 1,50

54 % | $1\frac{1}{20}$ | $4{,}\overline{4}$ | $\frac{40}{9}$ | $0{,}2\overline{7}$ | $\frac{3}{2}$

Auf einen Blick

Erweiterte Stellenwerttafel

Die Stellenwerttafel ist sowohl nach rechts als auch nach links unbegrenzt. Die Stellen rechts von der Einerstelle heißen Zehntel (z), Hundertstel (h), Tausendstel (t), …

	Z	E	z	h	t		Dezimalbruch	Bruch
…	2	7	0	5	3	…	27,053	$27\frac{53}{1000}$

Zahlen, die mindestens eine Nachkommastelle haben, heißen **Dezimalbrüche**. Das Komma trennt Anteile von ganzen Zahlen.

Zehnerpotenzen

Brüche mit Stufenzahlen im Nenner lassen sich als Zehnerpotenzen mit negativen Exponenten schreiben. Der Betrag des Exponenten gibt die Anzahl der Nullen der Stufenzahl des Nenners an.

$\frac{1}{1000} = 10^{-3}$

„10 hoch minus 3"

Anordnung auf der Zahlengeraden

Um Dezimalbrüche an der Zahlengeraden eintragen zu können, wird die Einteilung verfeinert. Um Zehntel zu erhalten, teilst du die Strecke für ein Ganzes in 10 gleich lange Teilstrecken. Für Hundertstel musst du jede dieser Teilstrecken noch einmal in 10 gleich lange Teilstrecken unterteilen.

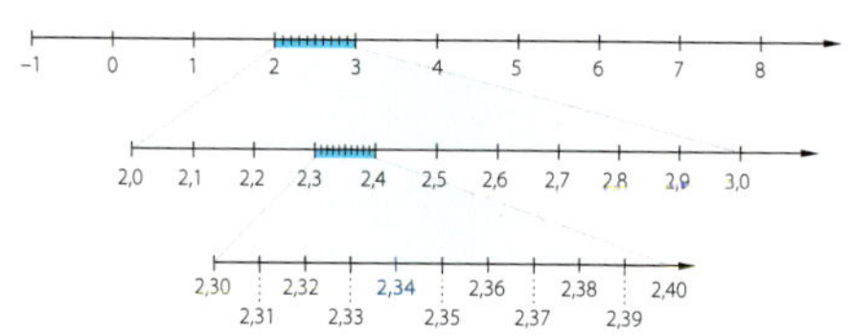

Umwandeln von Brüchen

Bei der Umwandlung von Brüchen mit einer Stufenzahl im Nenner gibt die Anzahl der Endnullen des Nenners die Anzahl der Dezimalstellen an. Die Ziffern des Dezimalbruchs entsprechen dem Zähler.

$\frac{4}{10} = 0{,}4$

$\frac{47}{1000} = 0{,}047$

$\frac{12}{25} \overset{4}{=} \frac{48}{100} = 0{,}48$

Umwandeln durch Division des Zählers durch den Nenner

Hinweis
Auf Seite 54 findest du Dezimalbrüche, die du auswendig wissen solltest.

Jeder Bruch ist ein Quotient und lässt sich durch Division des Zählers durch den Nenner in einen Dezimalbruch umwandeln. Beim Überschreiten des Kommas beim Dividenden wird auch beim Quotientenwert das Komma gesetzt. Bei manchen Dezimalbrüchen wiederholen sich die Ziffern nach dem Komma unendlich. Diese nennt man **periodisch**, z. B. $0{,}66\ldots = 0{,}\overline{6}$.

$5{,}00 : 6 = 0{,}833\ldots = 0{,}8\overline{3}$
0
50
48
 20
 18
  2

Enthält der Nenner eines vollständig gekürzten Bruches nur die Primfaktoren 2 und/oder 5, kannst du ihn so erweitern, dass der Nenner eine Stufenzahl ist. Der zugehörige Dezimalbruch ist endlich. Kommen andere Primfaktoren im Nenner vor, ist der zugehörige Dezimalbruch unendlich periodisch.

Kapitel 3

Addition und Subtraktion rationaler Zahlen

Im Alltag begegnen dir oft Bruchzahlen. Manchmal musst du Größen addieren oder subtrahieren, z. B. Geld oder Längen. Wenn zum Beispiel eine Weide eingezäunt werden soll, müssen die Seitenlängen addiert werden.
In diesem Kapitel lernst du, was du bei der Addition und Subtraktion von Bruchzahlen beachten musst und wie du bei diesen Rechnungen geschickt vorgehen kannst.

Wiederholung

Vorrangregeln

Für das Rechnen mit Termen kennst du bereits die Vorrangregeln:
- Klammern werden zuerst berechnet.
- Potenzen vor Punktrechnungen (· und :) vor Strichrechnungen (+ und –).
- Von links nach rechts rechnen.

Beispiel 1: Vorrangregeln anwenden

Löse die Aufgabe $6^2 - 4 + 2 \cdot (-3)$ und erläutere, was du dabei beachten musst.

Lösung:

Als erstes muss die Potenz berechnet werden. Danach muss das Produkt berechnet werden. Zum Schluss wird das Endergebnis von links nach rechts berechnet. $6^2 - 4 + 2 \cdot (-3) = 36 - 4 + 2 \cdot (-3) = 36 - 4 - 6 = 26$

Addition und Subtraktion ganzer Zahlen

Addition ganzer Zahlen …
- mit **gleichem Vorzeichen**: Addiere die Beträge und gib dem Ergebnis das gemeinsame Vorzeichen.
  $(+7) + (+8) = +(8 + 7) = 15$ $(-7) + (-8) = -(7 + 8) = -15$
- mit **unterschiedlichem Vorzeichen**: Subtrahiere den kleineren Betrag vom größeren und gib dem Ergebnis das Vorzeichen des Summanden mit dem größeren Betrag.
  $(+7) + (-8) = -(8 - 7) = -1$ $(-7) + (+8) = +(8 - 7) = 1$
  Statt eine Zahl zu **subtrahieren**, kannst du ihre **Gegenzahl addieren**.

Vereinfachte Schreibweise

Merkhilfe
$+(+\square) = +\square$
$-(-\square) = +\square$
$+(-\square) = -\square$
$-(+\square) = -\square$

Das Vorzeichen + darfst du weglassen. Klammern um die erste Zahl eines Terms darfst du weglassen. Rechts siehst du, wie du vorgehen kannst, wenn zwei Zeichen aufeinander treffen.

Beispiele:
$6 + (+13) = 6 + 13 = 19$
$6 - (-13) = 6 + 13 = 19$
$(-24) + (-9) = -24 - 9 = -33$
$(-24) - (+9) = -24 - 9 = -33$

Kommutativgesetz der Addition (K-Gesetz)

$a + b = b + a$ $38 + 14 = 14 + 38$ *auch:* $(-52) + 29 = 29 + (-52)$

Assoziativgesetz der Addition (A-Gesetz)

$(a + b) + c = a + (b + c) = a + b + c$ $(4 + 7) + 3 = 4 + (7 + 3) = 4 + 7 + 3$

Manchmal kannst du Rechengesetze anwenden, um Termwerte leichter berechnen zu können. Achte dabei besonders auf negative Vorzeichen.

Beispiel 2: Wert eines Terms berechnen

Berechne den Wert des Terms 354 + 137 – 254 geschickt.

Lösung:

$354 + 137 - 254 = 354 + 137 + (-254) \overset{\text{K-Gesetz}}{=} 354 + (-254) + 137 = (354 - 254) + 137$
$= 100 + 137 = 237$

Aufgaben

1 Beschreibe die Fehler, die gemacht wurden, und korrigiere die Rechnungen.
a) $(-67) - (-45) = -67 - 45 = -112$
b) $(241 - 13) + 7 = 241 - (13 + 7) = 241 - 20 = 221$

Hinweis
Hier kann dir die Umkehraufgabe helfen

2 Bestimme die Zahl, die du für □ einsetzen musst, damit die Rechnung stimmt.
a) $49 + \square = 87$ b) $85 - \square = -26$ c) $127 - \square = 80$ d) $168 + \square = 242$

3 Nutze die Rechengesetze und berechne im Kopf.
a) $167 - (-28) - 67$
b) $-85 - 48 - (-285) + 368$

4 Berechne den Wert des Terms. Erstelle bei b) auch einen Gliederungsbaum.
a)
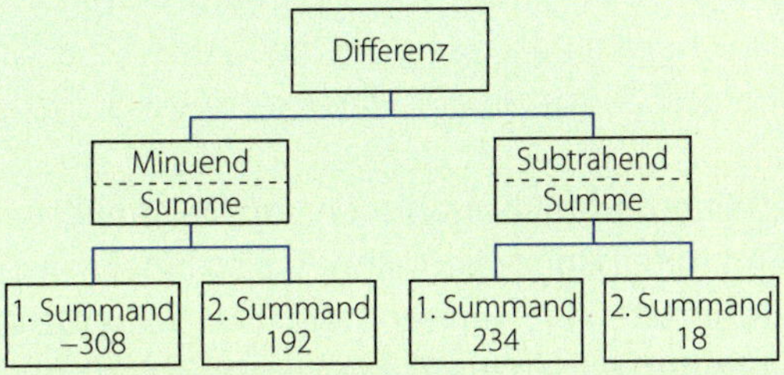

b) $[(314 + 159) - 265] + 4$

5 Begründe ohne zu rechnen, welche Terme den gleichen Wert haben.

A $768 - (432 + 76)$ B $768 - 432 + 76$ C $(768 - 432) + 76$ D $768 - 432 - 76$

6 Schreibe als Term und berechne.
a) Addiere zur Summe aus −12 und 19 die Zahl 21.
b) Addiere die Differenz von 74 und −33 zur Summe aus −25 und 18.
c) Subtrahiere die Summe aus 34 und −28 von der Summe aus −36 und −12.

7 Übertrage die Rechenbäume in dein Heft und fülle die leeren Felder aus. Stelle auch den passenden Term auf.
a)
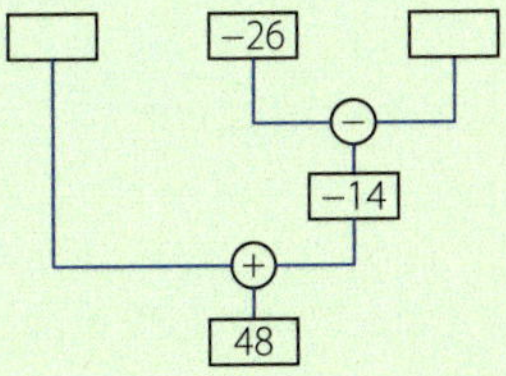

b)
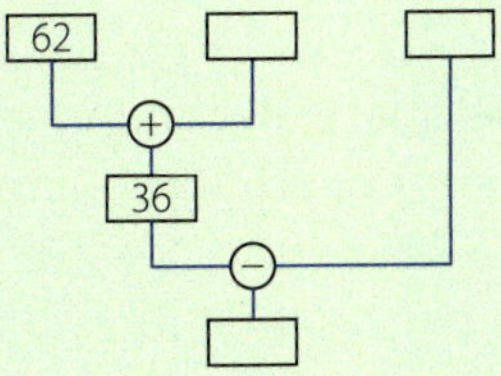

c)
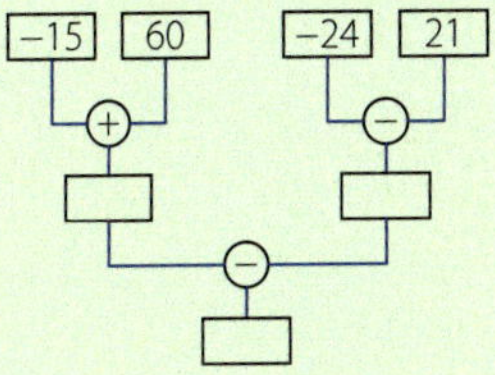

8 Verteile die neun Kärtchen auf die neun freien Felder, um Terme zu bilden. Bestimme den größtmöglichen und den kleinstmöglichen Termwert.

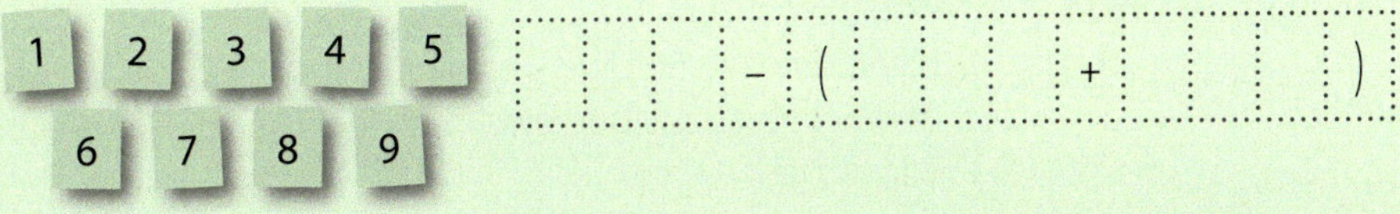

3.1 Rechenregeln bei Dezimalbrüchen

Einstieg

Kassenbon

Anton war einkaufen und hat den Kassenzettel mitgenommen.
Beschreibe unter Verwendung von Fachbegriffen, welche Rechnungen durchgeführt wurden.
Rechne nach.

	EUR
Dattelcherrytomaten	0,99
Grapefruit Stk.	0,69
Ziegenkäse Scheiben	1,99
Lachsforelle	2,29
Kokosraspeln	0,79
	------
zu zahlen	6,75
	======
Bar	10,00
Rückgeld	-3,25

Wissen

Addition und Subtraktion von Dezimalbrüchen

Im letzten Schuljahr hast du bereits bei Größen, z. B. Geld, Kommazahlen addiert und subtrahiert. Bei Dezimalbrüchen rechnest du genauso.

Beim Addieren und Subtrahieren von Dezimalbrüchen werden entsprechende Stellen miteinander verrechnet, also Einer mit Einern, Zehntel mit Zehnteln, Hundertstel mit Hundertsteln usw. Schreibe dafür die Kommazeichen untereinander. Haben die Zahlen unterschiedlich viele Nachkommastellen, musst du Nullen ergänzen.

Beispiel 1: Addition von Dezimalbrüchen
Addiere die beiden Zahlen 34,12 und 23,087.

Lösung:

	Z	E		z	h	t	
	3	4	,	1	2	0	ergänze die Null an der Tausendstelstelle
+	2	3	,	0_1	8	7	
	5	7	,	2	0	7	

Auch bei Dezimalbrüchen gelten die Gesetze und Regeln, die du bei der Addition und Subtraktion ganzer Zahlen gelernt hast.

Beispiel 2: Rechnungen mit Dezimalbrüchen
Berechne die Termwerte.

a) 8,256 − (0,135 + 2,08)
b) −3,281 + (−4,2)
c) (−3,231) + 4,25
d) 1,89 − (−7,23)

Tipp
Einfache Rechnungen kannst du im Kopf durchführen. Wenn du dir unsicher bist, rechne schriftlich.

Lösung:

a) Klammern werden zuerst berechnet. Bei der 2,08 musst du eine 0 ergänzen.

8,256 − (0,135 + 2,080)
= 8,256 − 2,215 = 6,041

b) Addiere die Beträge und gib dem Ergebnis das gemeinsame Vorzeichen.

−3,281 + (−4,2)
= −(3,281 + 4,200) = −7,481

c) Subtrahiere den kleineren Betrag vom größeren und gib dem Ergebnis das Vorzeichen des Summanden mit dem größeren Betrag.	$(-3{,}231) + 4{,}25$ $= +(4{,}250 - 3{,}231) = 1{,}019$
d) Statt eine Zahl zu subtrahieren, kannst du ihre Gegenzahl addieren.	$1{,}89 - (-7{,}23)$ $= 1{,}89 + 7{,}23 = 9{,}12$

Hinweis
Auf Seite 65 findest du dazu Wiederholungsaufgaben.

Auch die Rechnungen mit Dezimalbrüchen kannst du mithilfe von Rechen- oder Gliederungsbäumen darstellen.

Aufgaben

Trainieren | Vertiefen | Herausforderung

Addition und Subtraktion von Dezimalbrüchen

1 Rechne im Kopf.

a) $0{,}4 + 0{,}1$	d) $11{,}1 + (-3{,}3)$	g) $-7{,}04 + 1{,}6$	j) $-1 - 0{,}7$
b) $1 + 0{,}7$	e) $0{,}22 - 0{,}02$	h) $11{,}1 - 13{,}3$	k) $0{,}8 - 2{,}01$
c) $0{,}75 - 0{,}15$	f) $0{,}22 - 0{,}2$	i) $0{,}8 - 0{,}59$	l) $10{,}9 + 0{,}18$

2 Übertrage in dein Heft und berechne.

a) $\begin{array}{r} 12{,}29 \\ +\ 3{,}7 \\ \hline \end{array}$ c) $\begin{array}{r} 0{,}375 \\ +\ 7{,}1767 \\ +\ 89{,}069 \\ \hline \end{array}$ e) $\begin{array}{r} 8{,}8 \\ +\ 0{,}009 \\ +\ 13{,}0255 \\ +\ 8{,}10 \\ \hline \end{array}$ g) $\begin{array}{r} 99{,}9 \\ +\ 9{,}99 \\ +\ 0{,}999 \\ +\ 0{,}0999 \\ \hline \end{array}$

b) $\begin{array}{r} 4{,}85 \\ +\ 25{,}3 \\ \hline \end{array}$ d) $\begin{array}{r} 33{,}2 \\ -\ 4{,}35 \\ \hline \end{array}$ f) $\begin{array}{r} 27 \\ -\ 9{,}875 \\ \hline \end{array}$ h) $\begin{array}{r} 150{,}50 \\ -\ 145{,}97805 \\ \hline \end{array}$

Tipp
Achte auf eine saubere Schreibweise, um Fehler zu vermeiden.

3 Addiere die Zahlen. Notiere zunächst den Term und berechne dann.

a) 4,874; 1,13
b) 0,056; 8,34
c) −105; −19,34
d) 3,141 592; −2,7182

4 Berechne folgende Termwerte und runde das Ergebnis auf Hundertstel.

a) $67{,}4 - 6{,}437$
b) $8{,}643 + (-6{,}7423)$
c) $-7{,}423 - 0{,}8436$
d) $0{,}785 - (-0{,}0479)$
e) $9{,}0750 - 8{,}90 - 0{,}03$
f) $-0{,}4005 - 0{,}502 - 3{,}032$

5 Paul geht für seinen Vater einkaufen. Er hat 20 € dabei.
Finde durch eine Überschlagsrechnung heraus, ob er sich noch eine Packung Kaugummi für 0,85 € kaufen kann.
Rechne anschließend genau nach.

6 Erkläre, warum die Ergebnisse falsch sind, ohne den Termwert zu berechnen.

a) $75{,}247 + 177{,}33 = 152{,}57$

b) $-0{,}46 + 0{,}65 = -0{,}19$

c) $-96{,}75 + (-75{,}96) = -20{,}79$

d) $2{,}31 + 3{,}42 + 4{,}53 + 5{,}64 = 15{,}91$

e) $1{,}98 - 2{,}74 - 0{,}06 + 55{,}3 = 14{,}84$

f) $1{,}383 - 1{,}2 - 0{,}333 = 0{,}15$

7 Gib jeweils drei Summen an, die den Wert 4,56 haben. Dabei sollen folgende Bedingungen erfüllt sein. Tausche dich danach mit deinem Nachbarn über euer Vorgehen aus und überprüft eure Ergebnisse gegenseitig.

a) Die Summe hat zwei Summanden mit je zwei Dezimalstellen.

b) Die Summe hat mindestens drei Summanden.

c) Mindestens ein Summand hat an der Tausendstelstelle keine 0.

d) Zwei Summanden haben unterschiedliche Vorzeichen.

Buch 0,262 kg
Kartenspiel 0,101 kg
Sonnenbrille 0,028 kg
Cappy 0,07 kg
Halstuch 0,062 kg
Zeitschrift 0,192 kg

8 Pia möchte mit ihren Eltern in den Urlaub fliegen. Ihr Handgepäck darf maximal 8 kg wiegen. Die Waage, die sie zu Hause findet, gibt erst Massen ab 10 kg an.

a) Beschreibe, wie Pia die Masse bestimmen kann.

b) Sie hat für das Gepäck eine Masse von 8,4 kg ermittelt. Notiere entsprechend deiner beschriebenen Methode für dieses Ergebnis eine passende Rechnung.

c) Pia hat von ein paar Dingen, die sie zu Hause lassen könnte, die Masse mit der Küchenwaage bestimmt. Schlage ihr eine Möglichkeit vor, was sie zu Hause lassen könnte, um die 8 kg möglichst genau zu erreichen. Tausche dich danach mit deinem Nachbarn aus.

d) Pia hat die Sonnenbrille, das Halstuch, die Zeitschrift und das Kartenspiel aus dem Koffer genommen. Entscheide, ohne das genaue Gewicht zu berechnen, ob sie mit dem Koffer jetzt fliegen darf.

9 Finde und beschreibe in den folgenden Rechnungen die Fehler. Korrigiere sie anschließend.

a) $34{,}4\,m^2 - (90\,dm^2 + 3450\,cm^2) = 34{,}4\,m^2 - 124{,}5\,dm^2 = 90{,}2\,m^2$

b) $-52{,}3 + (0{,}91 - 87{,}21) = -52{,}3 + 86{,}3 = 34{,}0$

c) $0{,}5 - 1{,}7 - 0{,}7 = 0{,}5 - 1 = -0{,}5$

d) $2{,}34 - 0{,}026 = 2{,}08$

10 Stelle den Term zum Gliederungsbaum auf und berechne seinen Wert.

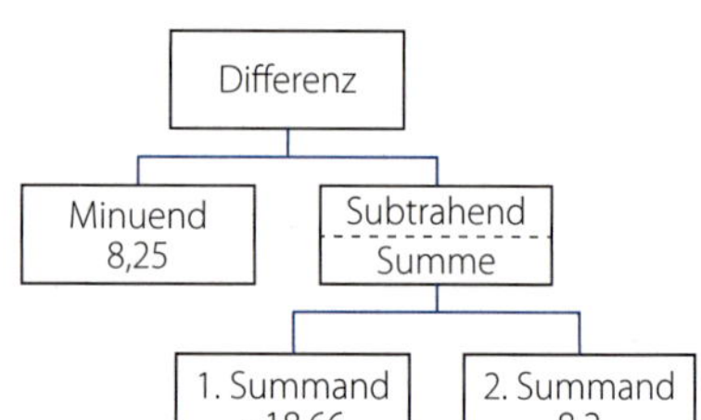

11 Stelle den Term auf und berechne seinen Wert. Erstelle zu einer Teilaufgabe auch einen Rechenbaum.

a) Subtrahiere von der Summe aus 13,84 und 78,495 die Differenz aus 91,32 und 69,8.

b) Addiere zu 3,784 die Differenz aus der Summe der Zahlen 2,68 und 3,505 und der Zahl 1,76.

c) Subtrahiere die Summe aus 0,759 und 0,060 von der Differenz aus 1,576 und der Summe der Zahlen 0,037 und 0,43.

d) Subtrahiere von der Differenz aus 45,64 und 10,28 den Quotienten aus 15 und 10.

12 Du gehst mit deiner Familie in die Pizzeria Fibonacci zum Essen.

a) Stelle ein Menü aus Antipasti, Hauptgericht und Dolce zusammen und berechne den Gesamtpreis.

b) Mia hat 15 € und möchte sich dafür die Rigatoni al Forno, eine Apfelschorle und ein Tiramisu bestellen. Ihr Bruder meint: „Dein Geld reicht doch nicht." Daraufhin antwortet Mia: „Wieso, ich habe es doch gerundet." Nimm Stellung dazu.

c) Die Pizzeria hat auch ein Mittagsmenü im Angebot. Berechne die Ersparnis, wenn du mit deinem zusammengestellten Menü vergleichst.

d) Diskutiere mit deinem Nachbarn, warum die Pizzeria dieses Angebot macht.

Pizzeria Stilvoll genießen **Fibonacci**

Pizza		**Antipasti**		**Getränke**	
Margherita	7,50 €	Tomate Mozzarella	4,60 €	Apfelschorle	2,75 €
Quattro Staggione	9,99 €	Insalata Mista	4,50 €	Arranciata	3,10 €
Regina	8,20 €	Bruschette	3,80 €	Wasser	2,60 €
Pasta		**Dolce**			
Spaghetti Bolognese	8,90 €	Tiramisu	3,20 €		
Rigatoni al Forno	9,40 €	Gelāto	4,75 €		

Mittagsangebot!
*Jede Pizza mit Antipasti oder Dolce für **11,30 €***

13 Til hat als Hausaufgabe folgende Aufgabe gelöst: 17,12 g + 90,1 g = 261,3 g. Korrigiere seine Rechnung und erkläre ihm, wie er richtig rechnen muss.

14 Bestimme jeweils die fehlende Zahl.

a) $3{,}17 + \square = 3{,}204$

b) $(94{,}73 + 64{,}312) - \square = 88{,}888$

c) $100 - 68{,}79 = \square - (64{,}2 - 6{,}54)$

d) $0{,}678 - 0{,}025 = -0{,}15 + \square$

15 Das Labyrinth muss von oben nach unten durchlaufen werden. Bestimme den kleinsten und den größten möglichen Wert, wenn die Zahlen längs des Weges addiert werden. Löse die Aufgabe noch einmal für den Fall, dass die Zahlen längs des Weges subtrahiert werden.

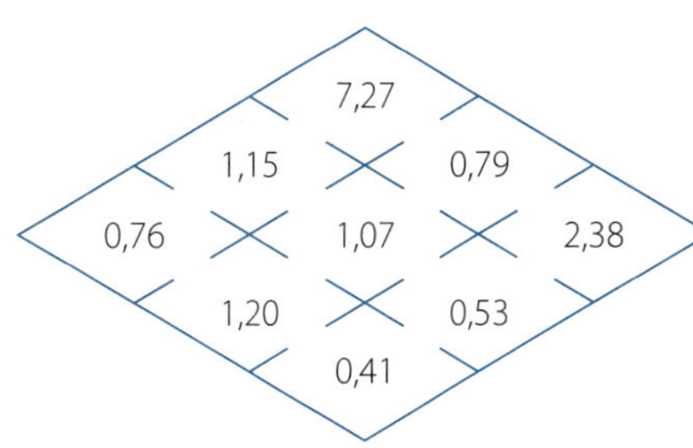

Noch fit?

I Bestimme, wie viele dreistellige Zahlen man aus den Ziffer 0; 1; 2; 3; 4 bilden kann, wenn …

a) jede Ziffer höchstens einmal vorkommen darf?

b) die Einschränkung aus a) nicht gilt?

II Ein Fahrradschloss hat vier Zahlenrädchen mit je zehn Einstellungsmöglichkeiten, 0, 1, 2, …, 9. Erläutere, wie lange es deiner Meinung nach dauern würde, das Schloss zu knacken.

Trainieren | **Vertiefen** | Herausforderung

16 Berechne.

a) 3,2 cm + 1,73 cm + 2,58 cm

b) $1\,m^2 - 13\,cm^2 + 2{,}5\,dm^2$

c) $3{,}2\,ha - (12{,}24\,a + 898{,}3\,m^2 + 0{,}07\,a)$

d) 75,5 kg + 550 g + 3850 mg

17 Ordne die Terme absteigend nach ihrem Wert, ohne diesen genau zu berechnen. Begründe deine Reihenfolge.

$-0{,}04 - 1{,}27$ | $-0{,}008 + 0{,}4$ | $0{,}04 + 0{,}008$ | $0{,}04 - 2{,}71$

18 Du hast 27,30 € und sollst verschiedene Produkte an einem Obststand kaufen.

a) Berechne, ob du von jeder Obstsorte etwas kaufen kannst, wenn du 4 Grapefruits und 4 Kiwis kaufst.

b) Du sollst zwei Beutel Äpfel und vier Körbe Pflaumen kaufen. Ermittle, wie viele Himbeeren du noch kaufen kannst.

Bananen (500 g) 0,78 €

Honigmelone Stück 2,29 €

Birnen (Schale) 1,49 €

Äpfel (Beutel) 4,25 €

Pflaumen (Korb) 2,99 €

Grapefruit (Stück) 0,59 €

Kiwi (Stück) 0,49 €

Weintrauben (500 g) 3,49 €

Himbeeren Schale 2,99 €

19 Für eine Erdbeercreme brauchst du laut Rezept folgende Zutaten:
0,3 kg Erdbeeren; 50 g Puderzucker; 150 g Joghurt; 0,25 kg Mascarpone.
Für eine Familienfeier benötigst du für 12 Personen insgesamt 3 kg Erdbeercreme. Erstelle einen Einkaufszettel mit den benötigten Zutaten.

Info

Griechische Buchstaben:

α – Alpha
β – Beta
γ – Gamma
δ – Delta
ε – Epsilon
ω – Omega

20 Der Winkel α hat eine Größe von 32,4°.
Emre sagt: „Ich weiß, dass β doppelt so groß ist wie α, deswegen kann ich auch γ berechnen:
$\gamma = 180° - 32{,}4° - (32{,}4° + 32{,}4°) = 82{,}8°$."
Dani erwidert: „Da hast du aber noch eine zusätzliche Angabe verwendet, die gar nicht gegeben ist."
Erläutere Emres Rechnung und was Dani meint.

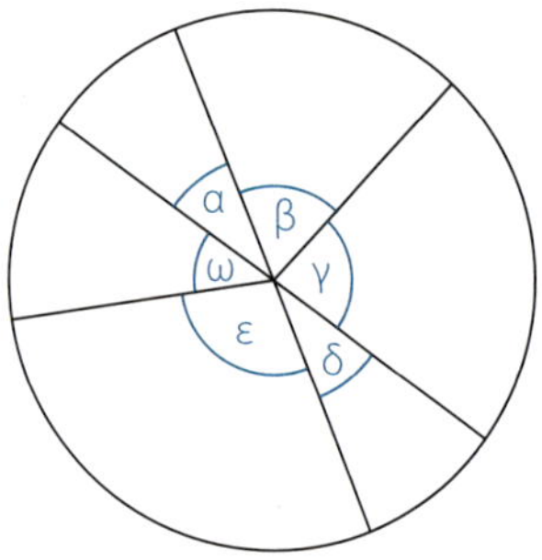

21 Notiere eine Summe aus zwei Dezimalbrüchen mit jeweils 2 Nachkommastellen. Dabei sollst du jede der Ziffern 0, 1, 3, 4, 6, 7, 8, 9 einmal verwenden.

a) Der Wert der Summe soll möglichst groß sein.

b) Die Zehntelstelle des Ergebnisses soll 7 sein.

22 Ordne den Termen jeweils das richtige Ergebnis zu, ohne es exakt zu berechnen. Begründe deine Entscheidung.

12,304 – 8,509 | –4,089 + 7,992 | –2,785 – 2,809 | 12,504 – 8,377

8,509 – 12,304 | –8,509 + 4,601 | –4,089 – 7,992

3,795 | 3,903 | –3,795 | –12,081 | –5,594 | 4,127 | –3,908

23 Berechne. Beschreibe außerdem die Terme aus a) und d) in Worten.

a) (4,83 + 2,19) – (2,2 + 0,93)
b) (22,035 – 7,42) – (67,9 – 58,432)
c) 1 – [1 – (1 – 0,234)]
d) 8,69 – [(8,4327 – 0,645) – 7,66]

24 Wähle Karten so aus, dass die Summe der Zahlen jeweils 10 ergibt. Finde möglichst viele Lösungen. Vergleiche anschließend mit deinem Nachbarn.

3,0 | 6,51 | 5,50 | 12,65 | 0,007 | 3,004 | 13,319 | –51,26 | 1,807 | –5,126

1,87 | –2,137 | 32,56 | 4,5 | –7,35 | 5,126 | 18,7 | 3,49 | 9,13 | 4,7

längste + kürzeste Seite höchstens 32 cm
XS-Paket 3,99 €
längste + kürzeste Seite höchstens 50 cm
S-Paket 4,89 €

25 Tuğçe möchte ein Paket an ihre Cousins zum Geburtstag schicken. Folgende Dinge muss sie verpacken: eine Pralinenschachtel mit 21,0 × 21,0 × 4,0; vier Kartenspiele mit je 7,4 × 10,5 × 1,6 und ein Buch mit 14,8 × 21,0 × 3,2 (Maße in cm). Begründe, ob sie ein XS-Paket versenden kann.

26 Du sollst mit deinem Ergebnis möglichst nahe an die Zahl 1 herankommen. Starte mit einer Zahl aus dem 1. Feld, addiere dazu eine aus dem 2. Feld und subtrahiere eine aus dem 3. Feld. Finde eine Lösung und vergleiche danach mit deinem Nachbarn.

1. Feld: 10,0 | –2,5 | 0,08 | 3,74 | 1,04

2. Feld: –3,59 | 0,94 | 0,03 | 3,49 | –7,5

3. Feld: –0,79 | 0,01 | 2,4 | 0,03 | 6,25 | –0,001

Trainieren | Vertiefen | **Herausforderung**

27 Sabine muss den gesamten Einkauf besorgen. Bei den vielen Stationen verzweifelt sie: „Das dauert doch ewig!" Hilf ihr und finde den schnellsten Weg.

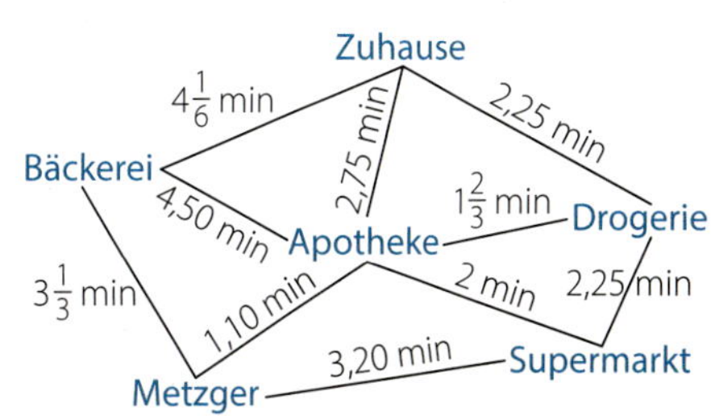

3.2 Rechenregeln bei Brüchen

Einstieg

Kuchenbleche

Bei einer Familienfeier wurde nicht der gesamte Kuchen aufgegessen. Nachdem der Opa den restlichen Zwetschgendatschi auf ein Blech gelegt hat, möchte die Oma wissen, wie viel von dem Blech nun belegt ist und ob der Apfelkuchen noch auf das Blech passt.
Beantworte die Fragen und beschreibe, wie du die Antwort ermittelt hast.

Wissen

Addition und Subtraktion von gleichnamigen Brüchen

Auch Brüche kannst du addieren und subtrahieren. Sind die Brüche gleichnamig, kannst du dir die Rechnung mithilfe einer Skizze erklären. So sind zum Beispiel ein Viertel und zwei Viertel zusammen drei Viertel des Ganzen.

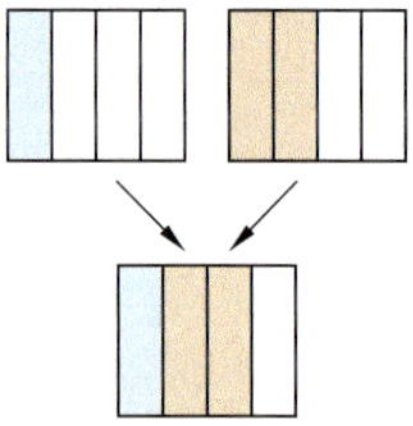

$\frac{1}{4} + \frac{2}{4}$

$= \frac{1+2}{4} = \frac{3}{4}$

Gleichnamige Brüche werden addiert (subtrahiert), indem die Zähler addiert (subtrahiert) werden und der gemeinsame Nenner beibehalten wird.

Hinweis
Es gilt die Vereinbarung: Das Ergebnis wird – vollständig gekürzt – als gemischte Zahl (wenn möglich) angegeben.

Beispiel 1: Addition und Subtraktion

Bestimme jeweils den Wert der Summe und der Differenz aus $\frac{3}{4}$ und $\frac{7}{4}$ und stelle die Rechnungen an einer Zahlengeraden dar.

Lösung:

Addiere die Zähler und behalte den Nenner bei. Kürze dann das Ergebnis.
$\frac{3}{4} + \frac{7}{4} = \frac{3+7}{4} = \frac{10}{4} = \frac{5}{2} = 2\frac{1}{2}$

Subtrahiere die Zähler und behalte den Nenner bei. Kürze auch hier.
$\frac{3}{4} - \frac{7}{4} = \frac{3-7}{4} = \frac{-4}{4} = -1$

Unterteile die Einheit der Zahlengerade in Viertel. Zeichne dann für die Addition und die Subtraktion entsprechende Pfeile ein.

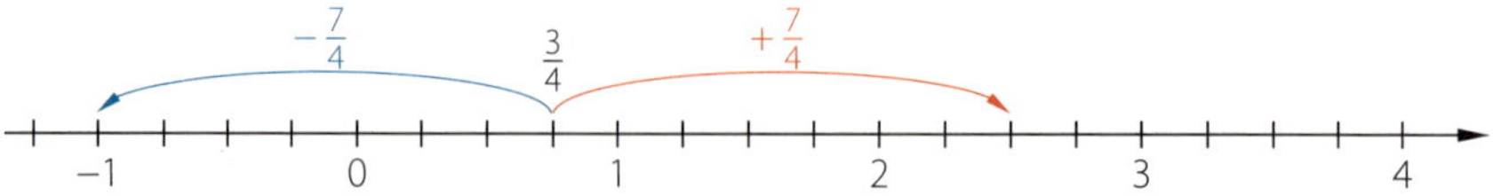

Zur Erinnerung
Bei negativen Brüchen kann das Minuszeichen vor dem Bruchstrich, aber auch vor dem Zähler oder dem Nenner stehen:
$-\frac{1}{4} = \frac{-1}{4} = \frac{1}{-4}$

Beispiel 2: Rechnungen mit verschiedenen Vorzeichen

Berechne den Wert der Terme.

a) $\frac{-2}{5} + \frac{1}{5}$ b) $\frac{-2}{5} - \frac{1}{5}$ c) $-\frac{2}{5} - \frac{1}{5}$ d) $-\frac{2}{5} - \frac{-1}{5}$

Lösung:

a) Addiere die Zähler, beachte dabei die unterschiedlichen Vorzeichen.
$\frac{-2}{5} + \frac{1}{5} = \frac{-2+1}{5} = \frac{-1}{5} = -\frac{1}{5}$

b) Subtrahiere die Zähler.
$\frac{-2}{5} - \frac{1}{5} = \frac{-2-1}{5} = \frac{-3}{5} = -\frac{3}{5}$

c) Subtrahiere, indem du die Gegenzahl addierst.
$-\frac{2}{5} - \frac{1}{5} = \left(-\frac{2}{5}\right) + \left(-\frac{1}{5}\right) = -\left(\frac{2}{5} + \frac{1}{5}\right)$
$= -\frac{2+1}{5} = -\frac{3}{5}$

Oder:
Schreibe das Vorzeichen von $-\frac{2}{5}$ in den Zähler und dann wie bei b).
oder
$-\frac{2}{5} - \frac{1}{5} = \frac{-2}{5} - \frac{1}{5} = \frac{-2-1}{5} = \frac{-3}{5} = -\frac{3}{5}$

d) Subtrahiere, indem du die Gegenzahl addierst.
$-\frac{2}{5} - \frac{-1}{5} = -\frac{2}{5} + \frac{1}{5} = \frac{-2+1}{5}$
$= \frac{-1}{5} = -\frac{1}{5}$

Zur Erinnerung
Zur Bildung des Hauptnenners hast du in Kapitel 1.2 zwei Möglichkeiten kennengelernt. Wenn du dir nicht mehr sicher bist, lies auf Seite 21 nach.

Addition und Subtraktion von ungleichnamigen Brüchen

Ungleichnamige Brüche kannst du nicht sofort addieren oder subtrahieren. Sie müssen zunächst gleichnamig gemacht werden. Dazu wird in der Regel der Hauptnenner, also der kleinstmögliche Nenner, gebildet.

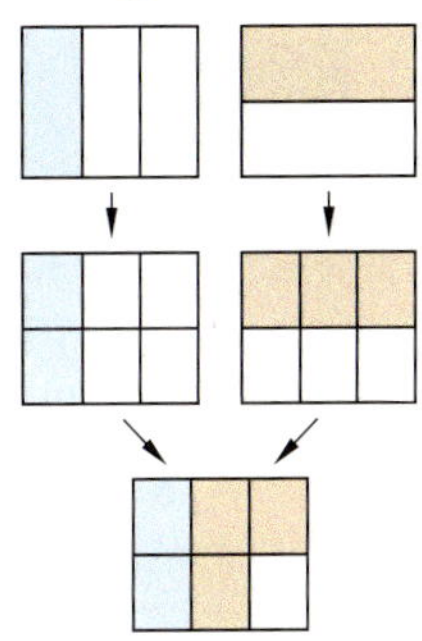

$\frac{1}{3} + \frac{1}{2}$

$= \frac{2}{6} + \frac{3}{6}$

$= \frac{2+3}{6} = \frac{5}{6}$

Brüche mit unterschiedlichen Nennern werden zunächst gleichnamig gemacht und dann addiert oder subtrahiert.

Beispiel 3: Rechnung mit ungleichnamigen Brüchen

Subtrahiere $\frac{15}{25}$ von der Summe aus $\frac{5}{18}$ und $\frac{2}{9}$.

Lösung:

Stele den Term auf.
$\left(\frac{5}{18} + \frac{2}{9}\right) - \frac{15}{25}$

Berechne die Klammer. Bilde hierfür den Hauptnenner.
$= \left(\frac{5}{18} + \frac{4}{18}\right) - \frac{15}{25}$
$= \frac{9}{18} - \frac{15}{25}$

Kürze danach, um leichter weiterrechnen zu können.
$= \frac{1}{2} - \frac{3}{5}$

Bilde den Hauptnenner und rechne fertig.
$= \frac{5}{10} - \frac{6}{10} = \frac{5-6}{10}$
$= \frac{-1}{10} = -\frac{1}{10}$

Hinweis
Wenn vor einer gemischten Zahl ein Minuszeichen steht, musst du sowohl das Ganze als auch den Bruch subtrahieren.

Beispiel 4: Addition gemischter Zahlen

Berechne den Wert der Terme.

a) $1\frac{1}{4}+2\frac{1}{6}$

b) $4\frac{2}{5}-3\frac{1}{2}$

Möglichkeit A:
Wandle zunächst in unechte Brüche um und berechne dann.

a) $1\frac{1}{4}+2\frac{1}{6}=\frac{5}{4}+\frac{13}{6}=\frac{15}{12}+\frac{26}{12}$
$=\frac{15+26}{12}=\frac{41}{12}=3\frac{5}{12}$

b) $4\frac{2}{5}-3\frac{1}{2}=\frac{22}{5}-\frac{7}{2}$
$=\frac{44}{10}-\frac{35}{10}=\frac{44-35}{10}=\frac{9}{10}$

Möglichkeit B:
Mache die Brüche gleichnamig. Verrechne dann Ganze mit Ganzen und Brüche mit Brüchen.

a) $1\frac{1}{4}+2\frac{1}{6}=1\frac{3}{12}+2\frac{2}{12}=3\frac{5}{12}$

b) $4\frac{2}{5}-3\frac{1}{2}=4\frac{4}{10}-3\frac{5}{10}$

„Borge" dir von dem Ganzen des Minuenden eine 1, damit du die Brüche subtrahieren kannst:

$3+\frac{10}{10}+\frac{4}{10}-3\frac{5}{10}=3\frac{14}{10}-3\frac{5}{10}=\frac{9}{10}$

Aufgaben

Trainieren | Vertiefen | Herausforderung

Addition und Subtraktion von gleichnamigen Brüchen

1 Jede Figur steht für einen Bruch. Stelle einen Term auf und berechne seinen Wert. Stelle das Ergebnis auch als Bild dar.

a) 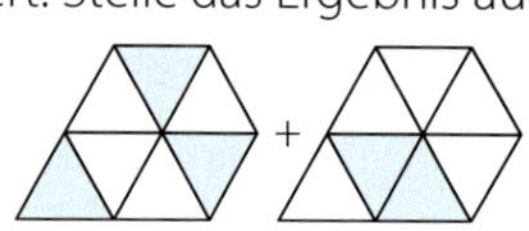

b) 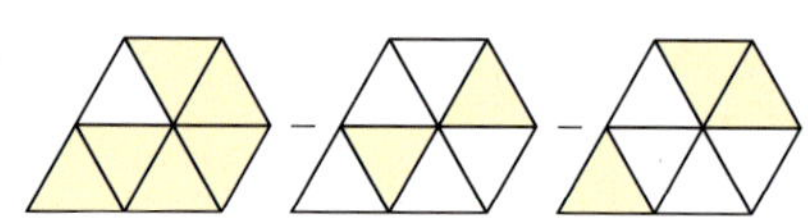

2 Übertrage die Zeichnung in dein Heft, markiere die zu addierenden Brüche in unterschiedlichen Farben und berechne die Summe.

a) $\frac{1}{4}+\frac{2}{4}$

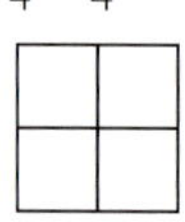

b) $\frac{3}{6}+\frac{1}{6}$

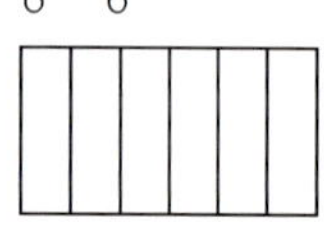

c) $\frac{6}{8}+\frac{1}{8}$

d) $\frac{5}{10}+\frac{4}{10}+\frac{1}{10}$

3 Berechne und stelle an einer Zahlengeraden dar. Überlege, welcher Ausschnitt und welche Einteilung günstig sind.

a) $\frac{1}{5}+\frac{2}{5}$ b) $\frac{5}{7}+\frac{1}{7}$ c) $\frac{7}{8}-\frac{4}{8}$ d) $\frac{5}{10}-\frac{3}{10}$

4 Berechne so weit wie möglich im Kopf.

a) $\frac{7}{12}+\frac{1}{12}$ d) $\frac{5}{6}-\frac{4}{6}$ g) $\frac{3}{14}+\left(-\frac{4}{14}\right)$ j) $-\frac{4}{7}-\frac{3}{7}$

b) $\frac{4}{14}+\frac{-3}{14}$ e) $\frac{-11}{13}-\frac{2}{13}$ h) $-\frac{3}{8}+\frac{5}{8}$ k) $\frac{2}{5}-\frac{-4}{5}$

c) $\frac{-4}{9}+\frac{2}{9}$ f) $\frac{-2}{10}+\frac{-5}{10}$ i) $-\frac{2}{11}+\left(-\frac{6}{11}\right)$ l) $\frac{-1}{17}-\frac{-8}{17}$

5 Löse die Zahlenrätsel der Kinder.

Addition und Subtraktion von ungleichnamigen Brüchen

6 Berechne und schreibe das Ergebnis ggf. als gemischte Zahl.

a) $\frac{3}{8}+\frac{3}{4}$ b) $\frac{1}{3}-\frac{7}{9}$ c) $\frac{7}{12}+\frac{2}{3}$ d) $\frac{2}{5}-2$

7 Berechne die gesuchte Zahl im Kopf.

a) $\frac{1}{4}+\frac{1}{8}=\square$ c) $\frac{1}{2}-\frac{1}{4}=\square$ e) $\square+\frac{5}{4}=\frac{19}{8}$ g) $\square-\frac{1}{5}=\frac{1}{15}$

b) $\frac{5}{8}-\frac{1}{4}=\square$ d) $\frac{11}{12}-\frac{3}{4}=\square$ f) $\frac{3}{2}-\square=\frac{5}{6}$ h) $\frac{3}{5}+\square=\frac{13}{10}$

8 Stelle die Addition der Brüche mithilfe von Rechtecken grafisch dar und bestimme das Ergebnis.

a) $\frac{1}{2}+\frac{1}{6}$ b) $\frac{3}{10}+\frac{3}{5}$ c) $\frac{2}{3}+\frac{1}{5}$ d) $1\frac{2}{3}+\frac{1}{4}$

9 Berechne und prüfe, ob sich das Ergebnis kürzen lässt.

a) $\frac{4}{5}-\frac{5}{20}-\frac{6}{20}$ c) $\frac{-3}{8}+\frac{5}{12}-\frac{5}{20}$ e) $\frac{18}{27}-\frac{3}{18}-\frac{12}{48}$ g) $-\frac{21}{28}+\frac{42}{72}+\frac{65}{117}$

b) $\frac{1}{15}+\frac{1}{3}+\frac{1}{5}$ d) $\frac{40}{100}-\frac{9}{20}+1$ f) $\frac{12}{20}+\frac{15}{18}+\frac{24}{42}$ h) $-\frac{24}{42}-\frac{28}{63}-\frac{6}{54}$

10 Karla und Kurt sollten in der Hausaufgabe $\frac{1}{30}+\frac{2}{105}$ berechnen.

Karla rechnet $\frac{1}{30}+\frac{2}{105}=\frac{1}{2\cdot3\cdot5}+\frac{2}{3\cdot5\cdot7}=\frac{7}{2\cdot3\cdot5\cdot7}+\frac{4}{2\cdot3\cdot5\cdot7}=\ldots$

Kurt schreibt dagegen in sein Heft: $1\cdot105=105;\ 2\cdot105=210=7\cdot30$ und rechnet …

Beschreibe jeweils den Weg von Karla und Kurt. Addiere dann folgende Brüche.

(1) $\frac{1}{35}$ *und* $\frac{1}{18}$ (2) $\frac{10}{16}$ *und* $\frac{5}{12}$ (3) $\frac{7}{66}$ *und* $\frac{4}{21}$ (4) $\frac{11}{60}$ *und* $\frac{17}{78}$

11 Erläutere die Fehler in Kevins Hausaufgabe und korrigiere sie.

a) $\frac{1}{2}+\frac{1}{4}=\frac{2}{6}=\frac{1}{3}$

b) $5-\frac{1}{7}=\frac{4}{7}$

c) $\frac{2}{3}-\frac{5}{6}=\frac{4}{6}+\frac{5}{6}=\frac{9}{6}=\frac{3}{0}=3$

d) $\frac{3}{5}-\frac{6}{9}=\frac{6}{10}-\frac{6}{9}=\frac{6}{10-9}=6$

Zur Erinnerung
In Termen werden zuerst die Klammern berechnet.

12 Berechne.

a) $\frac{11}{6} + \left(\frac{5}{2} + \frac{2}{3}\right)$ b) $\frac{11}{6} + \left(\frac{5}{2} - \frac{2}{3}\right)$ c) $\frac{11}{6} - \left(\frac{5}{2} - \frac{2}{3}\right)$ d) $\frac{11}{6} - \left(\frac{5}{2} + \frac{2}{3}\right)$

13 Starte mit einer Aufgabe deiner Wahl und berechne. Das Ergebnis zeigt dir den Bruch, mit dem die nächste Aufgabe beginnt.

$\frac{5}{12} + \frac{13}{42}$ | $\frac{3}{4} - \frac{1}{3}$ | $2\frac{1}{6} - \frac{45}{22}$ | $\frac{5}{3} - \frac{11}{12}$ | $\frac{38}{57} + \frac{57}{38}$ | $\frac{4}{33} + \frac{24}{132}$ | $\frac{61}{84} - \frac{5}{84}$ | $\frac{10}{33} + \frac{15}{11}$

14 Notiere den Term der Additionsaufgabe und erläutere anhand der Skizze, wie sich gemischte Zahlen addieren lassen.

Hinweis
Du kannst auf Seite 74 im Beispiel 4 beide Rechenwege anschauen.

15 Gemischte Zahlen kannst du auf zwei verschiedene Arten miteinander addieren oder subtrahieren.
a) Bestimmt für die zwei Kästchen die Lösungen mit beiden Rechenwegen. Entscheidet vorher, wer welches Kästchen mit welcher Methode löst.
b) Vergleicht eure Lösungen und diskutiert die Rechenwege. Begründet jeweils, welchen Rechenweg ihr einfacher findet.

$1\frac{5}{6} + 1\frac{2}{3}$
$1\frac{3}{8} + 2\frac{1}{12} + \frac{5}{6}$
$-9\frac{1}{9} + 12\frac{1}{18}$

$1\frac{2}{7} - 3\frac{1}{4}$
$-5\frac{7}{10} - 7\frac{6}{11}$
$-2\frac{1}{2} + 1\frac{4}{7} - 3\frac{1}{8}$

16 Da Raquel bei der Lösung der Aufgabe $-14\frac{1}{5} + 9\frac{2}{5}$ nicht zurecht kommt, schaut sie sich den richtigen Lösungsweg an. Leider versteht sie den Weg nicht vollständig. Erläutere ihr das Vorgehen.

$-14\frac{1}{5} + 9\frac{2}{5} = -14 - \frac{1}{5} + 9 + \frac{2}{5} = -5 + \frac{1}{5} = -4\frac{4}{5}.$

Vermischte Aufgaben

17 Im Internet gibt es viele Lernvideos zur Addition und Subtraktion von Brüchen.
a) Schaue dir mit deinem Partner 2 bis 3 unterschiedliche Videos an und schreibt wichtige Kriterien für ein gutes Video auf.
b) Überlegt euch ein eigenes Drehbuch. Achtet auf eine anschauliche Erklärung. Mithilfe des Drehbuchs könnt ihr ein Video drehen.

18 Ordne nur mithilfe einer Überschlagsrechnung den Aufgaben die richtigen Ergebnisse zu.

a) $\left(\frac{3}{7} + \frac{1}{5}\right) + \frac{6}{10}$ c) $\left(\frac{5}{9} + \frac{5}{7}\right) - \left(\frac{5}{8} + \frac{5}{6}\right)$
b) $-\frac{1}{2} + \left(\frac{1}{4} - \frac{7}{8}\right)$ d) $\frac{3}{8} - \left(\frac{1}{16} - \frac{5}{12}\right)$

$\frac{41}{48}$ | $-1\frac{1}{8}$ | $-\frac{95}{504}$ | $1\frac{8}{35}$ | $-2\frac{5}{7}$ | $\frac{35}{48}$

19 Gib drei Summen an, die den Wert $1\left(\frac{3}{4}; \frac{1}{5}\right)$ ergeben.

20 Formuliere eine passende Frage und beantworte sie. Stelle zur Rechnung einen geeigneten Term auf.

a) Merle möchte einen Dreiviertelliter Schorle mischen. Sie hat schon $\frac{3}{8}$ l Saft in die Kanne gegossen. Nun soll noch Wasser dazukommen.

b) Paula möchte sich für ihr Handy ein Spiel, das $\frac{1}{12}$ von ihrem Speicherplatz benötigt, downloaden. Bisher hat sie $\frac{1}{4}$ vom Speicherplatz für Apps verbraucht, $\frac{1}{3}$ für Fotos, $\frac{1}{6}$ für Musik und $\frac{3}{32}$ für Nachrichten.

Zur Erinnerung
Bei einer Additionsmauer steht in jedem Feld der Wert der Summe der beiden darunter liegenden Felder.

21 Übertrage in dein Heft und fülle die leeren Felder der Additionsmauern aus.

a)

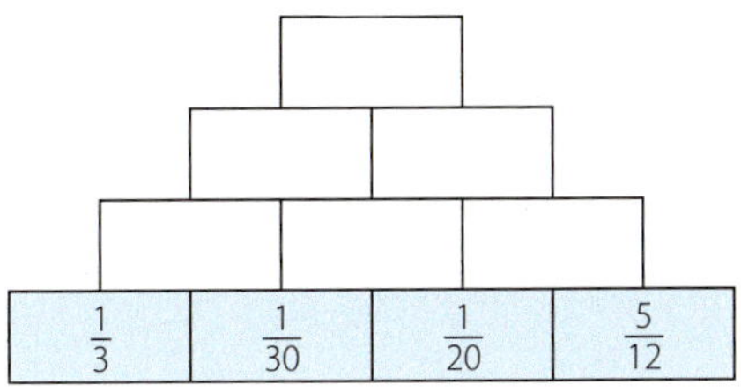

b)

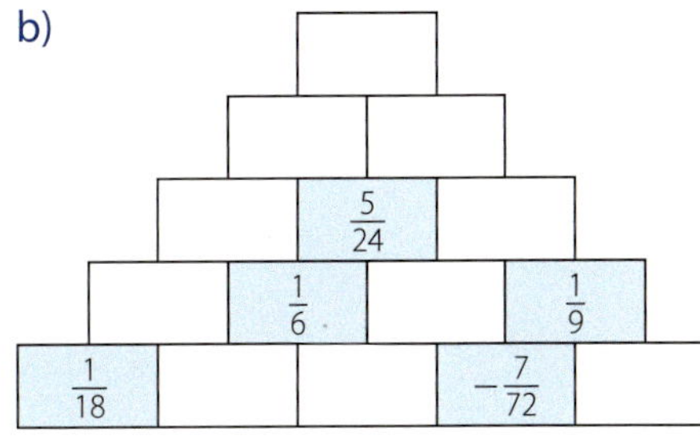

22 Ordne der Größe nach, ohne den Termwert zu berechnen. Begründe deine Entscheidung.

$\frac{3}{4}-\left(2-\frac{5}{3}\right)$	$\frac{3}{4}+\left(2+\frac{5}{3}\right)$	$\frac{3}{4}-\left(2+\frac{5}{3}\right)$	$\frac{3}{4}+\left(2+\frac{7}{3}\right)$
$\frac{3}{4}-\left(2+\frac{7}{3}\right)$	$\frac{3}{4}+\left(2-\frac{5}{3}\right)$	$\frac{3}{4}-\left(2-\frac{7}{3}\right)$	$\frac{3}{4}+\left(2-\frac{7}{3}\right)$

23 Erstelle den zugehörigen Term und berechne seinen Wert.

a) Addiere zur Summe aus $\frac{5}{7}$ und $\frac{3}{8}$ die Differenz der Zahlen $\frac{3}{4}$ und $\frac{5}{21}$.

b) Subtrahiere von der Summe aus 2 und $\frac{13}{9}$ die Differenz dieser beiden Zahlen.

c) Subtrahiere vom Quotienten aus 7 und 4 den Quotienten aus 3 und 2.

d)

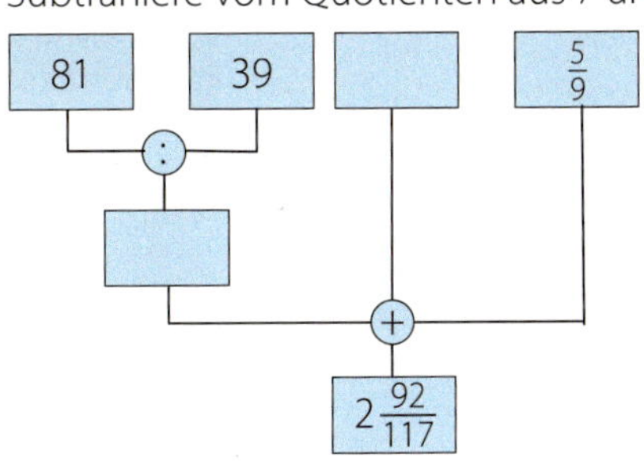

e)

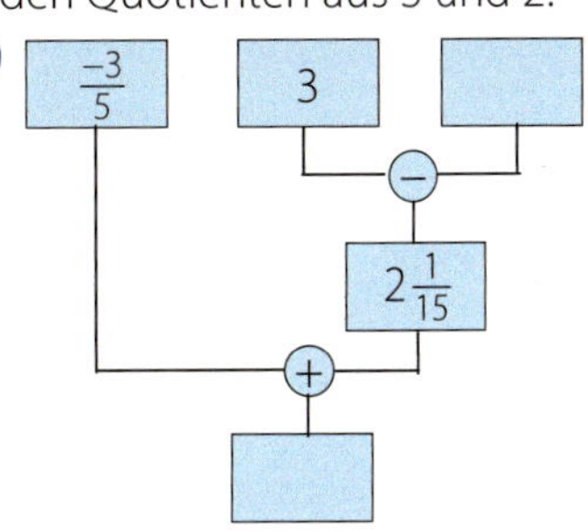

Noch fit?

1 228 229, 1 432 808, 1 432 809, 20 084, 2008, 1 432 808, 1 228 228

I Ordne den Aufgaben die richtigen Ergebnisse zu. Begründe deine Lösung.

a) $3086 \cdot 398$ b) $823\,444 : 41$ c) 1197^2

Trainieren | **Vertiefen** | Herausforderung

24 Zu deinem Geburtstag gibt es einen Früchtecocktail. Dazu benötigst du laut Rezept $\frac{1}{2}$ l Mineralwasser, $\frac{1}{6}$ l Himbeersirup, $\frac{1}{3}$ l Orangensaft und $\frac{1}{5}$ l Maracujanektar. Du möchtest die große Bowleschüssel füllen, die $3\frac{3}{5}$ l fasst. Bestimme die Menge der Zutaten für den Einkaufszettel.

25 Bei einem Einstellungstest muss Leon Prüfungen in drei Fächern ablegen. Er erreicht im ersten Fach $\frac{2}{3}$, im zweiten 25 % und im dritten $\frac{5}{8}$ der möglichen Punkte. Er hat den Test bestanden, wenn er wenigstens die Hälfte der Maximalpunktzahl erreicht hat. Gib an, ob ihm das gelungen ist, wenn in allen drei Fächern gleich viele Punkte vergeben wurden.

26 In den Benzintank eines Autos passen 54 Liter. Die Nadel der Tankuhr steht morgens auf $\frac{2}{3}$ und abends auf 50 %.
Berechne, wie viele Liter Benzin im Laufe des Tages verbraucht wurden.

27 Setze die fehlenden Zahlen ein.

a) $\frac{22}{29} - \frac{\square}{29} = \frac{17}{29}$ c) $\frac{1}{3} - \frac{6}{\square} = \frac{1}{5}$ e) $\frac{7}{5} + \frac{3}{\square} = \frac{43}{20}$ g) $\frac{17}{\square} + \frac{13}{\triangle} = \frac{43}{12}$

b) $\frac{\square}{4} - \frac{3}{8} = \frac{1}{8}$ d) $\frac{7}{9} + \frac{5}{6} = \frac{\square}{18}$ f) $1\frac{4}{9} - \frac{31}{\square} = \frac{7}{12}$ h) $\frac{4}{\square} - \frac{3}{\triangle} = 1\frac{7}{10}$

28 Beschreibe und erkläre die Fehler, die Markus bei seinen Hausaufgaben gemacht hat. Korrigiere seine Rechnungen.

a) $1 - \left(\frac{3}{4} - \frac{2}{5}\right) = 1 - \left(\frac{3}{20} - \frac{2}{20}\right) = 1 - \frac{1}{20} = \frac{19}{20}$

b) $4 - \frac{15}{36} - \left(\frac{4}{9} + \frac{3}{2}\right) = 4 - \frac{15}{36} - \left(\frac{8}{18} + \frac{27}{18}\right) = 4 - \frac{15}{36} - \frac{35}{36} = 4 - \frac{20}{36} = 4 + \frac{20}{36} = 4\frac{5}{9}$

c) $-4\frac{1}{7} - \left(\frac{6}{7} - \frac{11}{14}\right) = -4 + \frac{1}{7} - \left(\frac{12}{14} - \frac{11}{14}\right) = -4 + \frac{1}{7} - \frac{1}{14} = -4 + \frac{2-1}{14} = -4 + \frac{1}{14} = -3\frac{13}{14}$

29 Kurt hat mit seiner Oma einen Zitronenkuchen gebacken. Ein Viertel des gesamten Blechs hat er seinen Geschwistern versprochen. Oma, Opa und Papa haben sich jeweils schon zwei Stücke genommen. Berechne den Anteil, der vom Kuchen für ihn noch übrig bleibt.

30 Antonia hat verschiedene Brüche als Summe zweier Stammbrüche dargestellt.
a) Beschreibt Antonias Trick.
b) Zerlegt die Brüche $\frac{5}{9}; \frac{2}{7}; \frac{9}{16}$ genauso und überprüft damit eure Vermutung.
c) Sucht eine Stammbruchzerlegung für die folgenden Brüche: $\frac{4}{5}; \frac{5}{7}; \frac{6}{7}; \frac{7}{9}; \frac{8}{9}; \frac{11}{16}$.
Beschreibt euer Vorgehen.

$$\frac{2}{3} - \frac{1}{2} = \frac{1}{6} \quad \rightarrow \quad \frac{2}{3} = \frac{1}{2} + \frac{1}{6}$$
$$\frac{2}{5} - \frac{1}{3} = \frac{1}{15} \quad \rightarrow \quad \frac{2}{5} = \frac{1}{3} + \frac{1}{15}$$
$$\frac{4}{19} - \frac{1}{5} = \frac{1}{95} \quad \rightarrow \quad \frac{4}{19} = \frac{1}{5} + \frac{1}{95}$$

31 Ein Wüstenscheich besitzt 11 Kamele. Er sagt: „Mein ältester Sohn bekommt die Hälfte meiner Kamele, mein mittlerer Sohn ein Viertel und mein jüngster Sohn ein Sechstel."
Die drei Söhne fragen sich ratlos, wie sie die 11 Kamele nun aufteilen sollen, als ein weiser Mann des Weges kommt und das Dilemma sieht. Er sagt: „Damit ihr nicht länger ratlos seid, gebe ich euch eines meiner Kamele hinzu." Die Söhne freuen sich und teilen die Kamele wie angewiesen auf.
Doch dann stellen sie fest, dass ein Kamel übrig bleibt. Der weise alte Mann lacht, nimmt sein geliehenes Kamel und macht sich wieder auf den Weg. Nimm Stellung zu der Geschichte.

32 Berechne.

a) $\left(\frac{4}{5}+\frac{5}{4}\right)+\left(\frac{7}{6}-\frac{7}{10}\right)$

b) $\left(\frac{13}{14}+\frac{11}{21}-\frac{2}{6}\right)+\left(\frac{4}{15}+\frac{17}{20}-\frac{7}{60}\right)$

c) $\left(5\frac{3}{4}-2\frac{5}{7}\right)-\left(\frac{3}{14}+\frac{1}{2}-\frac{1}{28}\right)$

d) $9\frac{5}{6}-\left(4\frac{5}{18}-1\frac{8}{12}-\frac{2}{3}\right)$

e) $\left(7\frac{13}{35}-4\frac{5}{14}\right)-\left(9\frac{2}{5}-8\frac{1}{10}-\frac{5}{7}\right)$

f) $1-\left[\left(\frac{2}{9}+\frac{9}{12}-\frac{3}{8}\right)-\left(\frac{25}{27}-\frac{13}{18}\right)\right]$

33 Berechne den Wert der Summe $\frac{1}{2}+\frac{1}{4}+\frac{1}{8}+\frac{1}{16}$.
a) Setze die Summe systematisch um einen Summanden fort und berechne ihren Wert. Fahre so fort, bis du eine Summe aus 8 Summanden erhältst.
b) Begründe das Ergebnis, indem du die Summe in einem Kreisdiagramm darstellst.

34 Auf dem Bild siehst du ein Tulpenfeld in den Niederlanden.

a) Schätze den Anteil der Farben rot, grün und gelb an der Fläche des markierten Feldes.
b) Berechne den Anteil, den die übrigen Farben an der Fläche des Feldes einnehmen.
c) Schätze, wie viel Quadratmeter Fläche die roten Tulpen einnehmen. Begründe deine Antwort.

Tipp
Nimm an, dass das Windrad etwa 100m hoch ist.

Trainieren | Vertiefen | **Herausforderung**

35 Finde heraus, welche natürliche Zahl von 0 bis 9 du für das Quadrat einsetzen kannst, so dass die Rechnung stimmt.

a) $\frac{\square}{4}+\frac{1}{4}=\frac{2+\square}{5}$ b) $\frac{\square}{3}=\frac{\square}{9}+\frac{4}{9}$ c) $\frac{3+\square}{6}=\frac{8+\square}{12}$ d) $\frac{\square-4}{4}=\frac{2+\square}{12}$

36 Berechne die Differenzen $\frac{1}{2}-\frac{1}{3}$; $\frac{1}{3}-\frac{1}{4}$; $\frac{1}{4}-\frac{1}{5}$. Beschreibe, was dir auffällt. Formuliere eine allgemeine Regel und begründe diese.

3.3 Vorteilhaftes Rechnen

Einstieg

Rechenaufgabe

Sami, Franz und Felicia betrachten den Tafelanschrieb.

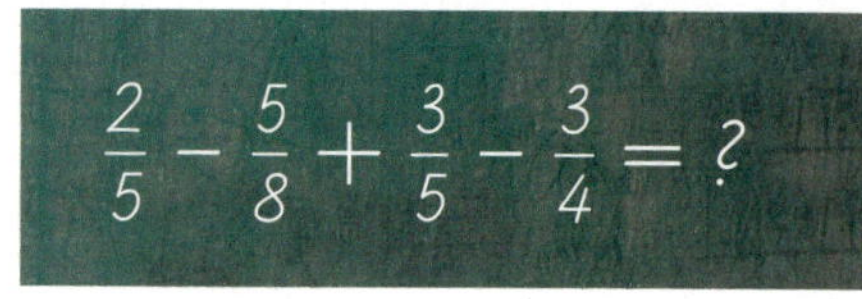

Sami fängt an zu rechnen:

$\frac{16}{40} - \frac{25}{40} + \frac{24}{40} - \frac{30}{40} = \dots$

Franz macht es anders und fängt an zu schreiben:

$\frac{2}{5} + \frac{3}{5} + \left(-\frac{5}{8}\right) + \left(-\frac{3}{4}\right) = \dots$

Felicia betrachtet die Brüche und beschließt: „Die kann ich alle in Dezimalbrüche umwandeln, dann kann ich leichter rechnen!"

Vollziehe die drei unterschiedlichen Rechenwege nach und beschreibe, wie jeder vorgeht. Entscheide, welche Möglichkeit für dich die einfachste ist.

Wissen

Hinweis

Auf der Wiederholungsseite am Anfang dieses Kapitels sind die Rechengesetze noch einmal zusammengefasst.

Rechengesetze anwenden

Aus dem letzten Jahr kennst du bereits folgende Rechengesetze, die dir das Rechnen erleichtern:

- das Assoziativgesetz: $(a + b) + c = a + (b + c) = a + b + c$
- das Kommutativgesetz: $a + b = b + a$.

Diese Gesetze können dir auch helfen, mit Bruchzahlen geschickt zu rechnen.

Rechne mit Bruchzahlen geschickt, indem du
- **Rechengesetze anwendest,**
- **bei längeren Termen erst die Summanden betrachtest, deren Nenner gleich sind oder die sich schnell auf einen Hauptnenner bringen lassen,**
- **bei Dezimalbrüchen geeignete Summanden zusammenfasst.**

Beispiel 1: Rechengesetze anwenden

Berechne den Wert des Terms.

a) $-\frac{11}{20} + \frac{5}{8} - \frac{9}{20}$

b) $-1{,}83 + 12{,}7 - 2{,}17$

Lösung:

Bei beiden Terme handelt es sich um Summen, so dass du das A- und das K-Gesetz anwenden kannst. Beim Vertauschen der Summanden bzw. beim Setzen von Klammern musst du auf die Vor- und Rechenzeichen achten.

a) $-\frac{11}{20} + \frac{5}{8} - \frac{9}{20}$

$= \left(-\frac{11}{20}\right) + \frac{5}{8} + \left(-\frac{9}{20}\right)$

$= \frac{5}{8} + \left[\left(-\frac{11}{20}\right) + \left(-\frac{9}{20}\right)\right]$

$= \frac{5}{8} + \left(-\frac{20}{20}\right)$

$= \frac{5}{8} - 1 = -\left(1 - \frac{5}{8}\right) = -\frac{3}{8}$

b) $-1{,}83 + 12{,}7 - 2{,}17$

$= -1{,}83 + 12{,}7 + (-2{,}17)$

$= (-1{,}83) + (-2{,}17) + 12{,}7$

$= [(-1{,}83) + (-2{,}17)] + 12{,}7$

$= (-4) + 12{,}7$

$= +(12{,}7 - 4)$

$= 8{,}7$

Terme mit Brüchen und Dezimalbrüchen

Bei Aufgaben, in denen sowohl Dezimalbrüche als auch Brüche vorkommen, solltest du dich für die jeweils günstigere Darstellung entscheiden.

Bei Additions- und Subtraktionsaufgaben ist in der Regel die Schreibweise als Dezimalbruch vorteilhaft, da du dann den Hauptnenner nicht bilden musst. Kommen allerdings periodische Dezimalbrüche vor, musst du diese in Brüche umwandeln.

Hinweis
Die Umwandlung gelingt schnell, wenn du häufig vorkommende Brüche und Dezimalbrüche auswendig kennst, siehe Seite 54.

Beispiel 2: Auswahl der Zahlendarstellung

Entscheide, welche Darstellung zum Rechnen geeignet ist und berechne dann.

a) $\frac{1}{8}+0{,}81$ b) $\frac{1}{9}-0{,}3$ c) $2{,}654+\frac{7}{24}-\frac{2}{12}$ d) $\frac{1}{16}-0{,}3-0{,}075$

Lösung:

a) Da du hier $\frac{1}{8}$ leicht umwandeln kannst, ist hier die Addition von Dezimalbrüchen leichter.

$\frac{1}{8}+0{,}81=0{,}125+0{,}81=0{,}935$

b) Da $\frac{1}{9}$ periodisch $\left(\frac{1}{9}=0{,}\overline{1}\right)$ ist, musst du mit Brüchen rechnen.

$\frac{1}{9}-0{,}3=\frac{1}{9}-\frac{3}{10}=\frac{10}{90}-\frac{27}{90}=\frac{10-27}{90}$
$=\frac{-(27-10)}{90}=-\frac{17}{90}$

c) Du kannst erst die Brüche leicht addieren und dann kürzen. Wegen $\frac{1}{8}$ kannst du nun leichter mit Dezimalbrüchen weiterrechnen.

$2{,}654+\frac{7}{24}-\frac{2}{12}=2{,}654+\frac{7}{24}+\left(-\frac{2}{12}\right)$
$=2{,}654+\left[\frac{7}{24}-\frac{4}{24}\right]=2{,}654+\frac{3}{24}$
$=2{,}654+\frac{1}{8}=2{,}654+0{,}125=2{,}779$

d) Du kannst zunächst die Dezimalbrüche zusammenfassen. Da $0{,}375=\frac{3}{8}$ ist, ist die Umwandlung in einen Bruch schneller als die Umwandlung von $\frac{1}{16}$ in einen Dezimalbruch.

$\frac{1}{16}-0{,}3-0{,}075$
$=\frac{1}{16}+[(-0{,}3)+(-0{,}075)]$
$=\frac{1}{16}+[-(0{,}3+0{,}075)]=\frac{1}{16}-0{,}375$
$=\frac{1}{16}-\frac{3}{8}=\frac{1}{16}-\frac{6}{16}=-\left(\frac{6}{16}-\frac{1}{16}\right)=-\frac{5}{16}$

Aufgaben

Trainieren Vertiefen Herausforderung

Rechengesetze anwenden

1 Rechne möglichst geschickt und begründe dein Vorgehen.

a) $\frac{2}{21}+\frac{1}{3}-\frac{9}{21}$ c) $\frac{5}{6}-\frac{3}{5}-\frac{7}{9}-\frac{1}{15}-\frac{1}{18}$ e) $-\frac{4}{5}-\frac{2}{3}+\frac{4}{15}$

b) $\frac{15}{18}+\frac{9}{18}+\frac{7}{9}+\frac{1}{15}+\frac{1}{18}$ d) $\frac{3}{14}+\frac{10}{21}-\frac{5}{14}+\frac{5}{21}-\frac{4}{7}$ f) $\frac{1}{2}+\frac{5}{6}+\frac{6}{8}-\frac{19}{24}+\frac{3}{8}+\frac{2}{3}$

2 Berechne möglichst vorteilhaft und beschreibe dein Vorgehen.

a) $-0{,}371-(-0{,}881)-(2{,}45+2{,}55)$
b) $2{,}537+78{,}13-1{,}537-0{,}671-38{,}13+0{,}371$
c) $(4{,}8-0{,}11)-1{,}8+1{,}91$

3 Finde und beschreibe die Fehler in den folgenden Rechnungen. Korrigiere sie.

a) $54\frac{7}{22} - 17\frac{5}{11} = 54\frac{7}{22} - 17\frac{10}{22} = 54 - 17 + \frac{7}{22} - \frac{10}{22} = 37\frac{3}{22}$

b) $\frac{-8}{65} - 4\frac{10}{39} = \frac{-24}{195} - 20\frac{50}{195} = -20\frac{26}{195} = -20\frac{2}{15}$

4 Berechne.

a) $12\frac{5}{12} + 7\frac{3}{4}$ c) $29\frac{5}{11} - 13\frac{5}{12}$ e) $\frac{12}{15} - \left(2\frac{1}{5} - 4\frac{3}{10}\right)$

b) $29\frac{5}{11} - 13\frac{5}{10}$ d) $-1\frac{2}{3} + 2\frac{1}{3}$ f) $-\frac{8}{5} - \left(7\frac{3}{4} + 8\frac{7}{10}\right)$

5 Benedikt hat eine Methode gefunden, die Aufgabe 4,748 + 0,985 schnell zu lösen. „Statt 0,985 zu addieren, rechne ich einfach 1 dazu und dann …"

a) Vervollständige Benedikts Satz.

b) Berechne dann die folgenden Aufgaben nach Benedikts Methode.

(1) 0,687 + 3,993 (2) 17,873 – 0,95 (3) 6 – 1,901 – 4,909

Terme mit Brüchen und Dezimalbrüchen

6 Berechne. Erläutere, ob du dich für die Bruch- oder Dezimalbruch-Schreibweise beim Rechnen entscheidest.

a) $0{,}2 + 0{,}\overline{3} + 0{,}\overline{8}$ c) $0{,}\overline{7} - \frac{1}{2} + 0{,}\overline{2}$ e) $\frac{14}{35} + 1{,}7 - \frac{15}{24}$

b) $0{,}402 - \frac{3}{8} + \frac{3}{5}$ d) $\frac{6}{80} + \frac{4}{5} + \frac{5}{8}$ f) $0{,}\overline{7} - \frac{3}{5} - \frac{1}{6}$

Lösungswort: $\frac{1}{2}$ (h); 1,475 (o); $\frac{64}{45}$ (s); $\frac{1}{90}$ (l); 1,5 (o); 0,627 (c)

7 Konstanze bespricht mit Karl ihre Hausaufgaben: „$1{,}2 + \frac{3}{5} = 1\frac{2}{10} + \frac{3}{5} = \dots$"
Bevor sie fertig ist, unterbricht sie Karl und meint:
„Das geht doch viel einfacher. Schau mal: $1{,}2 + \frac{3}{5} = 1{,}2 + 0{,}6 = \dots$"

a) Vervollständigt die beiden Rechenwege und beurteilt die Aussage von Karl.

b) Der zweite Teil der Hausaufgabe lautet: Berechne $\frac{2}{3} - 4{,}6$. Erläutert, wie ihr diese Aufgabe lösen würdet.

8 Eine Rechnung auf den gelben Karten passt jeweils zu einer Rechnung auf den roten Karten. Ordne zuerst die Rechnungen zu und verwende dann die einfachere Darstellung, um die Aufgabe zu lösen. Begründe deine Auswahl.

$6\frac{11}{9} - 3\frac{2}{3} - \frac{2}{3}$ | $0{,}625 + 1{,}6 + 0{,}375$ | $\frac{2}{9} - \frac{17}{20} + \frac{1}{4}$ | $7\frac{2}{9} - \frac{2}{3} - 3\frac{2}{3}$

$0{,}\overline{2} - \frac{85}{100} + 0{,}25$ | $\frac{2}{3} - 1\frac{4}{5} + 8$ | $\frac{5}{8} + \frac{3}{8} + 1\frac{3}{5}$ | $0{,}\overline{6} + 8 - 1{,}8$

9 Gib zunächst an, zwischen welchen ganzen Zahlen das Ergebnis liegt, und berechne dann die exakte Lösung.

a) $4{,}99 - 8\frac{9}{11}$ b) $\left(21\frac{9}{10} - \frac{1}{5}\right) + \frac{1}{6}$ c) $\frac{5}{12} + 0{,}33 - 1$

10 Hier ist die Wahl der Zahlendarstellung nicht immer einfach. Begründe, wie du dich entscheidest, und berechne den Wert des Terms.

a) $0{,}72 - \frac{2}{5}$
c) $\frac{9}{12} - 0{,}05 - \frac{1}{5}$
e) $\frac{5}{12} + \frac{1}{3} - 1{,}25$
b) $\frac{1}{7} + 0{,}49$
d) $\frac{17}{32} - 0{,}625 + 0{,}1875$
f) $-0{,}25 + \frac{1}{6} + 0{,}\overline{6} - \frac{1}{12} + \frac{1}{2}$

11 Berechne. Überlege dir zu jeder Rechnung eine passende Aufgabenstellung im Sachzusammenhang. Runde gegebenenfalls sinnvoll.

a) $3{,}278\,\text{m} - 1\frac{5}{8}\,\text{m}$
b) $2\frac{1}{3}\,\text{kg} + 3740\,\text{g}$
c) $\frac{3}{4}\,\text{h} + 20{,}5\,\text{min} - 350\,\text{s}$

12 Stelle einen Gliederungsbaum auf und berechne den Wert des Terms.
a) Addiere zu der Summe aus $\frac{1}{9}$ und $0{,}\overline{8}$ die Differenz aus $\frac{3}{4}$ und $\frac{7}{8}$.
b) Subtrahiere von 7,4218 die Differenz der Summe aus den drei Summanden $\frac{21}{32}$, $\frac{17}{20}$ und $\frac{9}{25}$ und der Zahl $\frac{5}{6}$.
c) Subtrahiere von der Summe der Zahlen $\frac{3}{9}$ und $\frac{7}{24}$ die Differenz aus $-0{,}\overline{7}$ und der Differenz der Zahlen 0,609 und 1,23.

Beispiel:

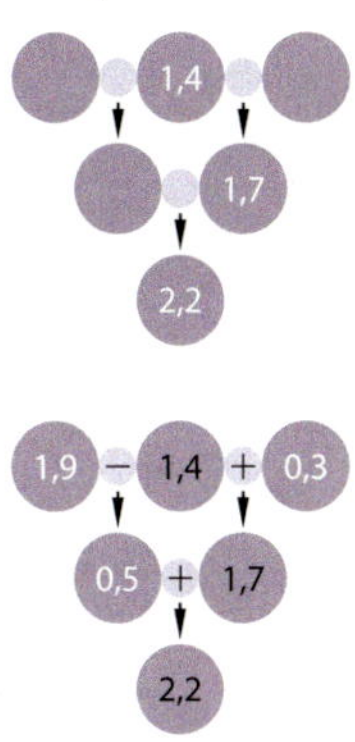

13 Die Rechentrauben entstehen durch Addition oder Subtraktion (Differenzen sind von links nach rechts zu berechnen). Übertrage in dein Heft und ergänze. Tausche dich danach mit deinem Nachbarn aus.

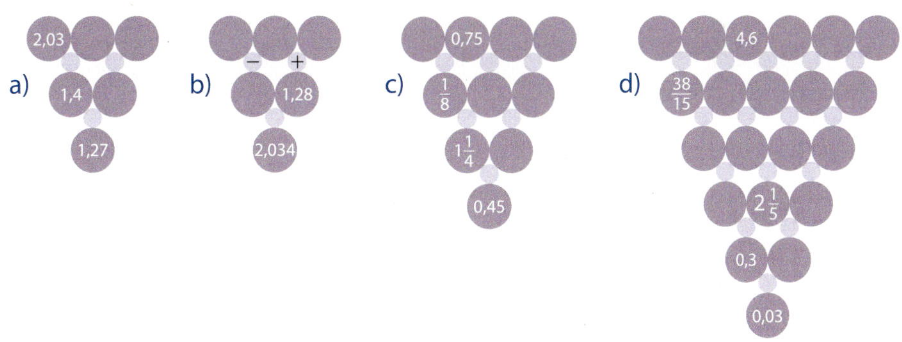

Noch fit?

I Schätze, miss und rechne.
a) Wie groß ist der Inhalt der mit Kreide beschreibbaren Fläche der Wandtafel in eurem Klassenzimmer?
b) Wie viel Quadratzentimeter Papier stehen dir in deinem Mathematikheft zur Verfügung?
c) Wie viel Papier wurde für dieses Buch benötigt?

II **Zahlenflächen**
a) Welchen Flächeninhalt hat die Abbildung der Zahl 14?
b) Zeichne eine zweistellige Zahl mit gleichem Flächeninhalt, aber anderen Ziffern.

Trainieren **Vertiefen** Herausforderung

14 Berechne. Beschreibe außerdem die Terme a) bis c) in Wortform.

a) $(22{,}035 - 7{,}42) - (67{,}9 - 58{,}432)$

b) $\left(90\frac{16}{25} - 75{,}839\right) - \left(6\frac{2}{5} + 3{,}207\right)$

c) $1 - [1 - (1 - 0{,}234)]$

d) $\frac{310}{1000} - \left[\frac{99}{99} - \left(\frac{1}{1} - 0{,}2102\right)\right]$

e) $8{,}69 - [(8{,}4327 - 0{,}635) - 7{,}66] + [98{,}04 - (32{,}075 - 1{,}2705)]$

15 Als sie die Aufgabe $-71\frac{3}{12} + 93\frac{5}{12}$ sieht, sagt Mareike:
„Ich schreibe $-71\frac{3}{12}$ als $-71 - \frac{3}{12}$ und $93\frac{5}{12}$ als $93 + \frac{5}{12}$."
Xaver fragt: „Und was hast du dann davon?" Mareike antwortet ihm: „Dann kann ich das Kommutativgesetz anwenden, ich erhalte $22\frac{2}{12}$ als Lösung."

a) Schreibe Mareikes Rechenweg auf und erläutere ihn.

b) Erläutere, warum die Rechnung mit unechten Brüchen unvorteilhafter wäre.

16 Übertrage das nebenstehende Quadrat in dein Heft und fülle die leeren Felder so aus, dass in jeder Spalte und in jeder Zeile die gleiche Summe entsteht.

$3{,}\overline{3}$	$\frac{9}{5}$		
		3,375	
$2{,}\overline{6}$	$4\frac{1}{5}$	$\frac{1}{3}$	
$\frac{3}{8}$	$\frac{4}{3}$		

17 Beim Topfschlagen soll der Suchende die Orientierung verlieren. Er wird zuerst $3\frac{1}{4}$ Umdrehungen nach rechts gedreht, dann $2\frac{3}{5}$ nach links, $\frac{5}{8}$ wieder nach rechts und anschließend ganz schnell $\frac{4}{15}$ weiter nach rechts, dann $\frac{5}{6}$ nach links und nochmal $1\frac{3}{4}$ nach links.
Schreibe eine zur Situation passende Rechnung auf. Interpretiere dein Ergebnis.

18 Bestimme die die gesuchte Zahl so, dass die Rechnung korrekt ist.

a) $7\frac{5}{8} - \bigcirc = 3{,}75$

b) $10\frac{4}{9} - 7\frac{\bigcirc}{6} = 2\frac{11}{18}$

c) $-2{,}4 - \left(-5\frac{13}{\bigcirc} + 2\frac{1}{4}\right) = 1$

d) $1\frac{2}{3} - 4\frac{\bigcirc}{6} = -3\frac{1}{6}$

Trainieren Vertiefen **Herausforderung**

19 Setze die Rechenzeichen Plus und Minus so in die vier Leerstellen, dass die Rechnung stimmt.

$\frac{1}{20} \bigcirc 1{,}09 \bigcirc \frac{7}{25} \bigcirc 1{,}319 \bigcirc \frac{1001}{1000} = 1$

20 Setze eine Klammer so, dass der Wert maximal bzw. minimal wird. Berechne anschließend jeweils den Termwert.

a) $1\frac{2}{3} - 4\frac{5}{6} - 7\frac{8}{9}$

b) $-3\frac{3}{13} + 5\frac{5}{26} - 2$

c) $1{,}\overline{4} - \frac{5}{27} - 2\frac{2}{3}$

d) $-4\frac{4}{15} - \frac{5}{6} - 2\frac{3}{10}$

Check up

Was kannst du? Was musst du noch üben?
Mit diesen Aufgaben kannst du deinen Lernfortschritt überprüfen.
Lösungen findest du im Anhang.

1 Berechne die fehlenden Beträge.

```
Bio Joghurt Kirsch            0,39
Orangensaft Fairtrade         1,79
Vollmilch Nuss Schokolade     0,39
Cranberries                   1,89
                            ------
zu zahlen                     X,XX
                            ======
Bar                           5,00
Rückgeld                      x,xx
```

2 Berechne im Kopf.
a) $2{,}05 + 9 - 1{,}05$
b) $3{,}54 + 4 + 2{,}36$
c) $2{,}029 - 3{,}020 + 1{,}971$
d) $(9{,}13 + 2{,}175) + (4{,}825 + 3{,}37)$

3 Maria rechnet nach der Geburtstagsfeier aus, wie viel von zwei Torten noch übrig ist: 3 + 7 Stücke von 8 + 16 Stücken, also $\frac{10}{24}$. Sie wundert sich, da es eigentlich noch mehr als die Hälfte von einer Kuchenplatte sein müsste. Erkläre ihr, welchen Fehler sie gemacht hat und wie sie richtig rechnen müsste.

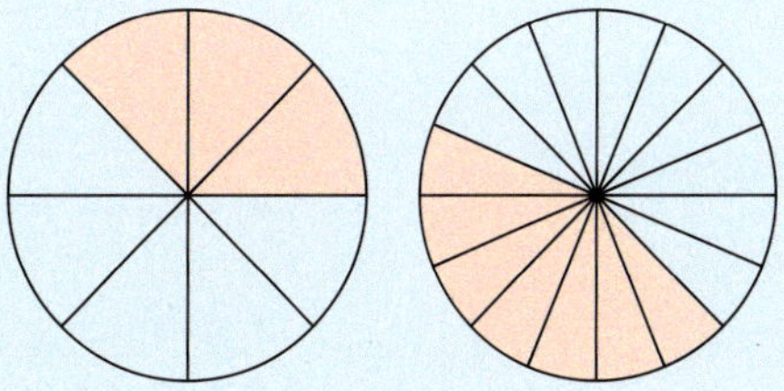

$\frac{3}{4}$ $\frac{1}{2}$ $\frac{5}{6}$ $\frac{2}{3}$ $\frac{7}{8}$

4 Bilde mit je zwei der nebenstehenden Brüche eine Rechenaufgabe …
a) mit dem kleinsten Summenwert. Begründe deine Auswahl.
b) mit dem größten Differenzenwert. Begründe deine Auswahl.
c) mit einem Summenwert zwischen $\frac{4}{3}$ und $\frac{3}{2}$.

5 Berechne.

a) $1\frac{3}{4} - 0{,}25 - \frac{1}{8}$ b) $2\frac{5}{7} - \left(1{,}2 + 1\frac{1}{3}\right)$ c) 7,8 m + 34 cm − 3,4 dm

6 Henri und Malin haben die Hausaufgaben unterschiedlich gelöst. Beide haben genau drei Fehler gemacht. Finde und beschreibe ihre Fehler. Begründe, welchen Rechenweg du einfacher findest, und berechne so die richtige Lösung.

Henri: $\frac{7}{8} - 17{,}375 - \left(\frac{5}{16} - \frac{17}{32}\right) = 0{,}875 - 17{,}375 - (0{,}3125 - 0{,}46875)$
$= -17{,}5 - 0{,}78125 = -18{,}28125$

Malin: $\frac{7}{8} - 17{,}375 - \left(\frac{5}{16} - \frac{17}{32}\right) = \frac{7}{8} - 17\frac{3}{8} - \left(-\frac{12}{32}\right) = \frac{7}{8} - 17\frac{3}{8} + \frac{3}{8}$
$= \frac{7}{8} - 17\frac{6}{8} = -\frac{7}{8} - 17 + \frac{6}{8} = -16\frac{1}{8} + \frac{6}{8} = -15\frac{3}{8}$

7 Stelle den Term auf und berechne seinen Wert.
a) Subtrahiere von der Differenz aus $\frac{5}{6}$ und 0,25 die Summe aus $\frac{-12}{8}$ und $2\frac{3}{4}$.
b) Addiere zum Quotienten aus 39 und 104 die Differenz aus 4,056 und 2,1056.

Auf einen Blick

Addition und Subtraktion von Dezimalbrüchen

Beim Addieren und Subtrahieren von Dezimalbrüchen werden entsprechende Stellen miteinander verrechnet, z. B. Einer mit Einern, Zehntel mit Zehntel usw.

Schreibe dafür die Kommazeichen untereinander.
Fehlende Nachkommastellen musst du mit Nullen ergänzen.

$1{,}47 + 4{,}3956 = 5{,}8656$

$$\begin{array}{rrrrrr} & 1, & 4 & 7 & 0 & 0 \\ + & 4, & 3_1 & 9 & 5 & 6 \\ \hline & 5, & 8 & 5 & 5 & 6 \\ \hline\hline \end{array}$$

Addition und Subtraktion von Brüchen

Erweitere/Kürze, falls notwendig, die Brüche so, dass sie **gleichnamig** sind. Addiere/subtrahiere dann die Zähler und behalte den gemeinsamen Nenner bei.

$\frac{4}{7} + \frac{2}{7} = \frac{4+2}{7} = \frac{6}{7}$

$\frac{7}{8} - \frac{2}{3} = \frac{21}{24} - \frac{16}{24} = \frac{21-16}{24} = \frac{5}{24}$

Um gemischte Zahlen zu addieren/subtrahieren, kannst du:
(1) in unechte Brüche umwandeln
(2) Ganze mit Ganzen, Brüche mit Brüchen verrechnen

$1\frac{1}{4} + 2\frac{1}{6} = \frac{5}{4} + \frac{13}{6} = \frac{15}{12} + \frac{26}{12} = 3\frac{5}{12}$

oder

$1\frac{1}{4} + 2\frac{1}{6} = 1\frac{3}{12} + 2\frac{2}{12} = 3\frac{5}{12}$

Rechengesetze anwenden

Assoziativgesetz: $(a + b) + c = a + (b + c) = a + b + c$
Kommutativgesetz: $a + b = b + a$

Rechne geschickt, indem du die Rechengesetze anwendest und

- bei längeren Rechnungen zuerst die Brüche zusammenfasst, deren Nenner gleich sind oder sich schnell auf einen Hauptnenner bringen lassen

$$-\frac{5}{6} + \frac{2}{5} + \frac{1}{6} = \left(-\frac{5}{6}\right) + \frac{2}{5} + \frac{1}{6}$$
$$= \left[\left(-\frac{5}{6}\right) + \frac{1}{6}\right] + \frac{2}{5} = -\frac{4}{6} + \frac{2}{5}$$
$$= -\frac{2}{3} + \frac{2}{5} = -\frac{10}{15} + \frac{6}{15} = -\frac{4}{15}$$

- bei Dezimalbrüchen geeignete Summanden zusammenfasst

$$1{,}89 - 2{,}73 + 4{,}11$$
$$= 1{,}89 + (-2{,}73) + 4{,}11$$
$$= (1{,}89 + 4{,}11) - 2{,}73 = 6 - 2{,}73 = 3{,}27$$

Terme mit Brüchen und Dezimalbrüchen

Die Auswahl der Zahlendarstellung kann dir beim Rechnen helfen.

Bei Additions- und Subtraktionsaufgaben ist in der Regel die Dezimalbruchschreibweise vorteilhaft.

$\frac{3}{8} + 1{,}47 = 0{,}375 + 1{,}47 = 1{,}845$

Kommen periodische Dezimalbrüche vor, musst du diese in Brüche umwandeln.

$$0{,}\overline{3} - \frac{5}{6} + 1{,}25 = \frac{1}{3} - \frac{5}{6} + 1\frac{1}{4}$$
$$= \frac{4}{12} - \frac{10}{12} + \frac{15}{12} = \frac{4-10+15}{12} = \frac{9}{12} = \frac{3}{4}$$

Kapitel 4

Multiplikation und Division rationaler Zahlen

Im Alltag kommen nicht immer nur ganze Zahlen vor. Oft musst du mit Bruchzahlen rechnen, zum Beispiel beim Einkaufen oder beim Bestimmen von Flächeninhalten. In diesem Kapitel lernst du, was du bei der Multiplikation und Division von rationalen Zahlen beachten musst.

Wiederholung

Fachbegriffe

Für die Multiplikation und Division gibt es folgende Fachbegriffe:

Multiplikation	Division	Potenzieren
$-8 \cdot 4 = -32$	$32 : (-4) = -8$	$2^3 = 2 \cdot 2 \cdot 2 = 8$
1. Faktor · 2. Faktor	Dividend : Divisor	Basis hoch Exponent
= Wert des Produkts	= Wert des Quotienten	= Wert der Potenz

Tipp
Mithilfe einer Umkehraufgabe kannst du deine Ergebnisse kontrollieren.

Vorzeichenregeln für die Multiplikation und Division

Du multipliziert/dividierst zwei Zahlen, indem du
- die Beträge multiplizierst/dividierst
- dem Ergebnis folgendes Vorzeichen gibst:

(1) bei unterschiedlichen Vorzeichen der Zahlen ein negatives
$-4 \cdot (+7) = -28$ $(+4) \cdot (-7) = -28$ $+42 : (-7) = -6$ $-42 : (+7) = -6$

(2) bei gleichen Vorzeichen der Zahlen ein positives
$-4 \cdot (-7) = +28$ $+4 \cdot (+7) = +28$ $+42 : (+7) = +6$ $-42 : (-7) = +6$

Ein Produkt hat den Wert Null, wenn ein Faktor Null ist, z. B. $-4 \cdot 0 = 0$
Ein Quotient hat den Wert Null, wenn der Dividend Null ist, z. B. $0 : (-4) = 0$
Beachte, dass du nicht durch Null dividieren darfst.

Vorrangregeln und Rechengesetze für ganze Zahlen

Bei der Berechnung von Termwerten gelten folgende Regeln:
- Klammern werden zuerst berechnet.
- Potenzen vor Punktrechnungen (· und :) vor Strichrechnungen (+ und –).
- Von links nach rechts rechnen.

Beispiel 1: Vorrangregeln anwenden
Berechne den Wert des Terms $72 : (-3)^2 - 3^2 \cdot 4 + (65 - 15) \cdot 2$.

Lösung:
1. Berechne die Klammer.
2. Berechne die Potenzen.
3. Berechne erst die Punktrechnungen, dann die Strichrechnungen.

$$\begin{aligned} & 72 : (-3)^2 - 3^2 \cdot 4 + (65 - 15) \cdot 2 \\ &= 72 : (-3)^2 - 3^2 \cdot 4 + 40 \cdot 2 \\ &= 72 : 9 - 9 \cdot 4 + 40 \cdot 2 \\ &= 8 - 36 + 80 \\ &= 52 \end{aligned}$$

Durch das Anwenden von Rechengesetzen kannst du oft Rechenvorteile nutzen.

Kommutativgesetz	Assoziativgesetz
In einem Produkt darfst du die **Faktoren vertauschen**.	In einem Produkt darfst du **Klammern setzen** oder **weglassen**.
$a \cdot b = b \cdot a$	$(a \cdot b) \cdot c = a \cdot (b \cdot c) = a \cdot b \cdot c$
$4 \cdot 37 \cdot (-25) = 4 \cdot (-25) \cdot 37 = -100 \cdot 37 = -3700$	$(18 \cdot 4) \cdot 5 = 18 \cdot 4 \cdot 5 = 18 \cdot (4 \cdot 5) = 18 \cdot 20 = 360$

Aufgaben

1 Berechne zum Aufwärmen im Kopf.

a) $5 \cdot 6$ b) $21 : 3$ c) $(-54) : 9$ d) $(-3) \cdot (-4)$ e) $-7 \cdot 8$ f) $42 : 6$ g) $6 \cdot (-13)$ h) $76 : (-4)$

2 Da Antonio krank war, kann er die schriftliche Division nicht. Erkläre ihm, wie er rechnen muss, und verwende dabei die richtigen Fachbegriffe. Die Satzteile können dir dabei helfen.

der Divisor passt

das Ergebnis von … subtrahieren

das Vorzeichen bestimmen

hole die Ziffer herunter

berechne den Rest

multipliziere mit

	3	1	3	8	:	(−6)	=	−5	2	3
−	3	0	↓	↓						
		1	3							
	−	1	2	↓						
			1	8						
		−	1	8						
			0							

3 Entscheide zunächst, welches Vorzeichen das Ergebnis hat. Begründe deine Entscheidung. Berechne dann den Wert des Terms.

a) $-8 : 2$ b) $-4 \cdot 3^2$ c) $(-3)^2 \cdot 2$ d) $-1^{27} : (-1)$

4 Berechne soweit wie möglich im Kopf.

a) $-144 : 12$ b) $17 \cdot 4$ c) $(-7) \cdot 3 \cdot (-6)$ d) $14 \cdot (-3) : 7$ e) $(-3)^3 \cdot (-2)$ f) $(-5)^2 \cdot (-6)$ g) $25 : (-5^2)$ h) $-6^2 : (-9) : (-2)^2$

5 Berechne schriftlich.

a) $7 \cdot 135$ b) $1796 : (-4)$ c) $-12\,345 \cdot 6$ d) $(-5976) : (-8)$

6 Bestimme die Lösung mithilfe der Umkehraufgabe.

a) $\square \cdot (-13) = -39$ b) $44 : \square = -11$ c) $\square : (-8) = (-2)^5$ d) $3 \cdot (-\square) = 111$

7 Überprüfe, ob Milan sich verrechnet hat. Finde verschiedene Möglichkeiten bei der Korrektur der falschen Ergebnisse.

a) $16 : (-12) = -43$ b) $(-323) \cdot 15 = 4845$ c) $-2^5 : 4 = 8$ d) $(-1)^{24} \cdot (-1)^{15} = -1$

8 Steffi hat in der Hausaufgabe verschiedene Potenzen berechnet und stellt dann fest: „Auch wenn die Basis negativ ist, ist das Ergebnis immer positiv." Nimm dazu Stellung.

9 Berechne die Termwerte unter Beachtung der bekannten Rechenregeln.

a) $(-9)^2 + (36 - 18) \cdot (-2)$ b) $-47 - (5^2 - 9 : (-3))$ c) $(-119 - 21) \cdot [100 - (156 - 45)]$ d) $9 - 13^2 \cdot 9$

10 Entscheide zuerst, ob du Rechengesetze anwenden kannst, um vorteilhaft zu rechnen. Berechne dann den Wert des Terms.

a) $(-5) \cdot 27 \cdot 2$ b) $7 \cdot 350 : 35 \cdot 2$ c) $(-4) \cdot [25 \cdot (-76)]$ d) $-28 : 14 \cdot (-28) \cdot 5$

4.1 Rechenregeln bei Brüchen

Einstieg

Anteile falten

Erzeuge durch Falten eines DIN-A4-Blattes die abgebildeten Faltlinien. Färbe ein Rechteck von den acht ein (siehe Beispiel 1).
Bestimme nun den Anteil für die Länge des gefärbten Rechtecks an der Länge des gesamten Recktecks. Gib genauso die Anteile für die Breite und den Flächeninhalt an.
Schau dir die Zahlen genau an und stelle eine Vermutung auf, wie du Brüche multiplizieren kannst.
Überprüfe deine Vermutung mithilfe des zweiten Faltbeispiels und eines eigenen Beispiels.

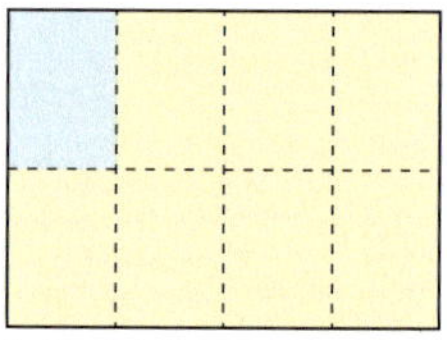
Beispiel 1

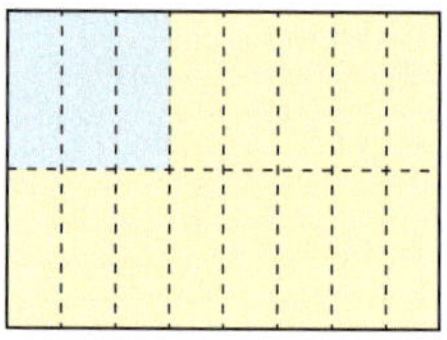
Beispiel 2

Wissen

Multiplikation von Brüchen

Um den Flächeninhalt eines Rechtecks mit $a = \frac{2}{3}$ m und $b = \frac{4}{5}$ m zu berechnen, musst du die Seitenlängen miteinander multiplizieren:
$A = \frac{2}{3}\,\text{m} \cdot \frac{4}{5}\,\text{m}$
Um die Aufgabe zu lösen, hilft dir ein Gedankenexperiment:

Stell dir das Rechteck als eingefärbten Teil eines Quadrates mit der Seitenlänge 1 m vor. Die eine Seite wäre in Fünftel und die andere Seite in Drittel geteilt. Das Quadrat hat also $3 \cdot 5 = 15$ Flächen. Davon sind $2 \cdot 4 = 8$ Flächen gefärbt. Der Flächeninhalt des Rechtecks beträgt also $\frac{8}{15}$ von einem Quadratmeter.
Das bedeutet:
$A = \frac{2}{3}\,\text{m} \cdot \frac{4}{5}\,\text{m} = \frac{8}{15}\,\text{m}^2$
und somit gilt für die Maßzahlen: $\frac{2}{3} \cdot \frac{4}{5} = \frac{8}{15} = \frac{2 \cdot 4}{3 \cdot 5}$.

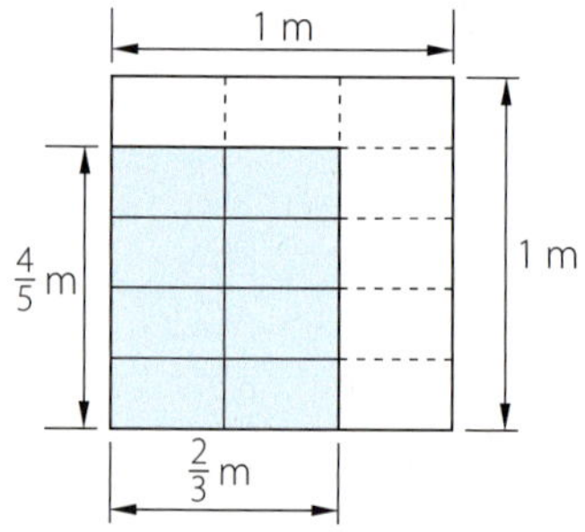

Merkhilfe
$+ \cdot + = +$
$- \cdot - = +$
$+ \cdot - = -$
$- \cdot + = -$

Zwei Brüche werden miteinander multipliziert, indem Zähler und Zähler und Nenner und Nenner miteinander multipliziert werden.

$\frac{a}{b} \cdot \frac{c}{d} = \frac{a \cdot c}{b \cdot d}$

Die bekannten Vorzeichenregeln gelten weiter.
Haben zwei Brüche das **gleiche Vorzeichen**, so ist das Ergebnis **positiv**.
Bei **verschiedenen Vorzeichen** ist das Ergebnis **negativ**.

Kürze, wenn möglich, vor dem Rechnen, damit es für dich leichter wird. Denke außerdem daran, dass du das Endergebnis immer gekürzt angibst.

Beispiel 1: Multiplikation von Brüchen

Berechne den Wert des Produktes.

a) $\frac{1}{3} \cdot \frac{6}{7}$ b) $-\frac{63}{45} \cdot \frac{21}{27}$ c) $\frac{5}{6} \cdot 21$ d) $-2\frac{1}{8} \cdot \left(-\frac{6}{51}\right)$

Lösung:

a) Berechne den Wert des Produkts. Kürze vor dem Rechnen.
$\frac{1}{3} \cdot \frac{6}{7} = \frac{1 \cdot 6}{3 \cdot 7} = \frac{1 \cdot 2}{1 \cdot 7} = \frac{2}{7}$

b) Kürze, wenn möglich, vor dem Rechnen. Beachte das Vorzeichen.
$-\frac{63}{45} \cdot \frac{21}{27} = -\frac{7}{5} \cdot \frac{7}{9} = -\frac{7 \cdot 7}{5 \cdot 9} = -\frac{49}{45} = -1\frac{4}{45}$

c) Ganze Zahlen kannst du als Bruch mit dem Nenner 1 schreiben.
$\frac{5}{6} \cdot 21 = \frac{5}{6} \cdot \frac{21}{1} = \frac{5 \cdot 21}{6 \cdot 1} = \frac{5 \cdot 7}{2 \cdot 1} = \frac{35}{2} = 17\frac{1}{2}$

d) Wandle gemischte Zahlen vor dem Multiplizieren in unechte Brüche um. Bestimme das Vorzeichen und multipliziere – kürzen nicht vergessen.
$-2\frac{1}{8} \cdot \left(-\frac{6}{51}\right) = -\frac{17}{8} \cdot \left(-\frac{6}{51}\right)$
$= +\frac{17 \cdot 6}{8 \cdot 51} = \frac{17 \cdot 2 \cdot 3}{2 \cdot 4 \cdot 3 \cdot 17} = \frac{1}{4}$

Hinweis zu c)
Du kannst auch Brüche mit ganzen Zahlen multiplizieren, indem du den Zähler des Bruches mit der ganzen Zahl multiplizierst und den Nenner beibehältst.

Bruchteile mit der Multiplikationsregel berechnen

In Kapitel 1 hast du bereits Bruchteile berechnet, zum Beispiel $\frac{2}{5}$ von drei Tafeln Schokolade:

$\frac{2}{5}$ von $3 = (3 : 5) \cdot 2 = \frac{3}{5} \cdot 2 = \frac{3 \cdot 2}{5 \cdot 1}$

Das kannst du auch umschreiben:

$\frac{3 \cdot 2}{5 \cdot 1} = \frac{2 \cdot 3}{5 \cdot 1} = \frac{2 \cdot 3}{5} = \frac{2}{5} \cdot 3$

Also kannst du die Aufgabe ab jetzt auch nur mit einer Multiplikation lösen.

Bruchteile können mithilfe der Multiplikationsregel für Brüche berechnet werden. Das Wort „von" kann bei der Rechnung mit „mal" übersetzt werden.

Beispiel 2: Bruchteil einer Größe

Berechne, wie viele Minuten $\frac{4}{5}$ von einer Schulstunde sind.

Lösung:

$\frac{4}{5}$ *von* $45\,\text{min} = \frac{4}{5} \cdot 45\,\text{min} = \frac{4 \cdot 45}{5 \cdot 1}\,\text{min} = \frac{4 \cdot 9}{1 \cdot 1}\,\text{min} = 36\,\text{min}$

Beispiel 3: Anwendung auf Anteile

Bestimme ein Viertel von zwei Dritteln. Fertige eine passende Zeichnung dazu an.

Lösung:

Auch bei dieser Rechnung kannst du das Wort „von" durch „mal" ersetzen.

$\frac{1}{4}$ *von* $\frac{2}{3} = \frac{1}{4} \cdot \frac{2}{3} = \frac{2}{12} = \frac{1}{6}$

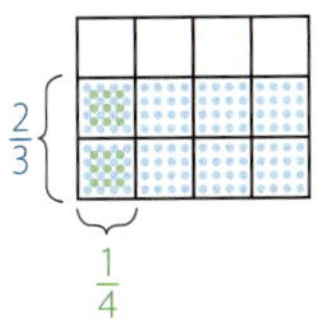

Division von Brüchen

Wie bei den ganzen Zahlen ist auch bei Bruchzahlen die Division die Umkehrung der Multiplikation.

Es ergibt sich also folgende Umkehrung:

$\frac{1}{5} \cdot \frac{3}{4} = \frac{1 \cdot 3}{5 \cdot 4} = \frac{3}{20} \quad \rightarrow \quad \frac{3}{20} : \frac{3}{4} = \frac{1}{5}.$

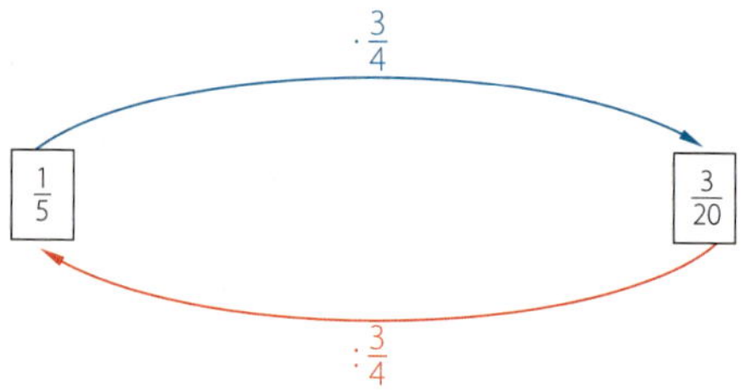

Du kannst die Rechenschritte auch einzeln umkehren:

$\frac{1}{5} \cdot 3 : 4 = \frac{3}{20} \rightarrow \frac{3}{20} \underbrace{\cdot 4 : 3}_{\cdot \frac{4}{3}} = \frac{1}{5}$

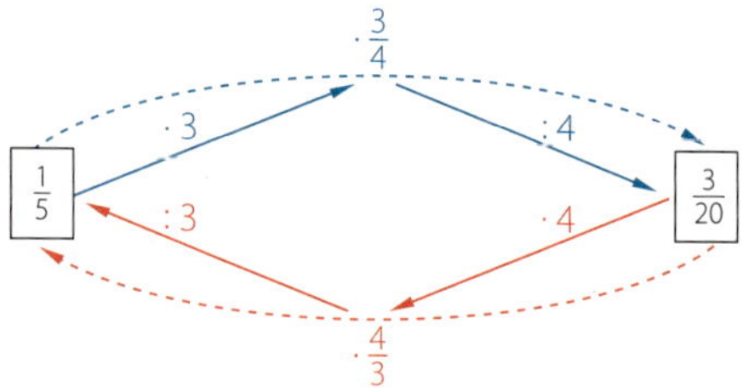

Du kannst also so rechnen:

$\frac{3}{20} : \frac{3}{4} = \frac{3}{20} \cdot \frac{4}{3}$

Info
Vertauschst du bei einem Bruch Zähler und Nenner, so erhältst du den **Kehrbruch** des ursprünglichen Bruches.

Du dividierst durch einen Bruch, indem du mit dem Kehrbruch multiplizierst.

$\frac{a}{b} : \frac{c}{d} = \frac{a}{b} \cdot \frac{d}{c} = \frac{a \cdot d}{b \cdot c}$

Die bekannten Vorzeichenregeln gelten weiterhin.

Beispiel 4: Division von Brüchen

Berechne den Wert des Quotienten.

a) $\frac{7}{8} : \frac{3}{5}$
b) $\frac{2}{9} : \frac{8}{15}$
c) $-\frac{1}{3} : \left(-\frac{7}{9}\right)$
d) $\frac{4}{5} : 3$
e) $-2\frac{1}{8} : 3\frac{1}{2}$
f) $\frac{\frac{2}{3}}{\frac{6}{7}}$

Lösung:

a) Multipliziere mit dem Kehrbruch. $\frac{7}{8} : \frac{3}{5} = \frac{7}{8} \cdot \frac{5}{3} = \frac{7 \cdot 5}{8 \cdot 3} = \frac{35}{24} = 1\frac{11}{24}$

b) Bilde erst den Kehrbruch. Kürze, wenn möglich, vor dem Multiplizieren. $\frac{2}{9} : \frac{8}{15} = \frac{2}{9} \cdot \frac{15}{8} = \frac{2 \cdot 15}{9 \cdot 8} = \frac{1 \cdot 5}{3 \cdot 4} = \frac{5}{12}$

c) Bestimme das Vorzeichen. Rechne dann aus. $-\frac{1}{3} : \left(-\frac{7}{9}\right) = +\left(\frac{1}{3} : \frac{7}{9}\right) = \frac{1}{3} \cdot \frac{9}{7} = \frac{1 \cdot 3}{1 \cdot 7} = \frac{3}{7}$

d) Ganze Zahlen kannst du als Bruch mit dem Nenner 1 schreiben. $\frac{4}{5} : 3 = \frac{4}{5} : \frac{3}{1} = \frac{4}{5} \cdot \frac{1}{3} = \frac{4 \cdot 1}{5 \cdot 3} = \frac{4}{15}$

e) Wandle gemischte Zahlen vor dem Dividieren in unechte Brüche um und bestimme das Vorzeichen. $-2\frac{1}{8} : 3\frac{1}{2} = -\left(\frac{17}{8} : \frac{7}{2}\right) = -\left(\frac{17}{8} \cdot \frac{2}{7}\right) = -\frac{17 \cdot 2}{8 \cdot 7} = -\frac{17 \cdot 1}{4 \cdot 7} = -\frac{17}{28}$

f) Schreibe den Hauptbruchstrich des Doppelbruches als Divisionszeichen und rechne dann wie gewohnt. $\frac{\frac{2}{3}}{\frac{6}{7}} = \frac{2}{3} : \frac{6}{7} = \frac{2}{3} \cdot \frac{7}{6} = \frac{2 \cdot 7}{3 \cdot 6} = \frac{1 \cdot 7}{3 \cdot 3} = \frac{7}{9}$

Hinweis zu d)
Du kannst auch durch eine ganze Zahl dividieren, indem du den Nenner des Bruches mit der Zahl multiplizierst und den Zähler beibehältst.

Info
Ein Bruch mit Brüchen in Zähler und Nenner heißt **Doppelbruch**.

$\frac{2}{3}$ Nebenbruchstrich
— Hauptbruchstrich
$\frac{6}{7}$ Nebenbruchstrich

Aufgaben

Trainieren Vertiefen Herausforderung

Multiplikation von Brüchen

1 Berechne im Kopf. Kürze, wenn möglich, vor der Rechnung.

a) $\frac{5}{7} \cdot \frac{5}{8}$ b) $\frac{3}{5} \cdot \frac{5}{9}$ c) $\frac{7}{8} \cdot \left(-\frac{3}{5}\right)$ d) $-\frac{3}{4} \cdot \frac{4}{7}$

2 Berechne so weit wie möglich im Kopf. Erläutere, bei welchen Aufgaben du das Ergebnis schnell in vollständig gekürzter Form angeben kannst.

a) $2 \cdot \frac{1}{7}$ d) $\frac{2}{3} \cdot \frac{3}{2}$ g) $-\frac{3}{8} \cdot 7$ j) $\frac{7}{8} \cdot \frac{3}{7} \cdot \frac{8}{3}$
b) $-4 \cdot \frac{1}{8}$ e) $\frac{9}{10} \cdot \frac{7}{9}$ h) $\frac{9}{13} \cdot (-4)$ k) $5 \cdot \left(-\frac{6}{7}\right) \cdot \frac{1}{11}$
c) $\frac{1}{4} \cdot 8$ f) $\frac{4}{5} \cdot 5$ i) $12 \cdot 3 \cdot \frac{3}{10}$ l) $-\frac{4}{5} \cdot \frac{5}{8} \cdot (-12)$

3 Erläutert mithilfe der Zeichnungen, wie man Brüche miteinander multipliziert. Achtet dabei auf die richtige Verwendung von Fachbegriffen. Berechnet anschließend den gefärbten Flächeninhalt.

a) 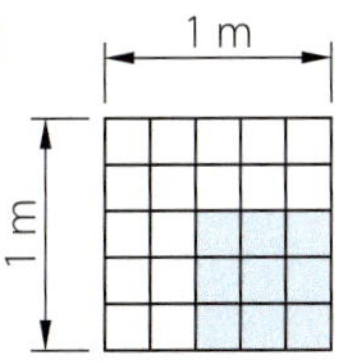

b) 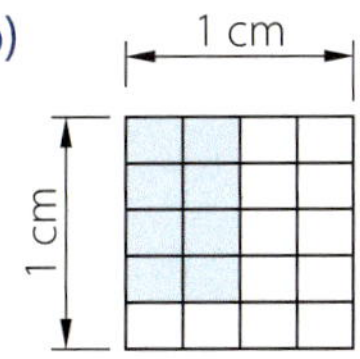

c) 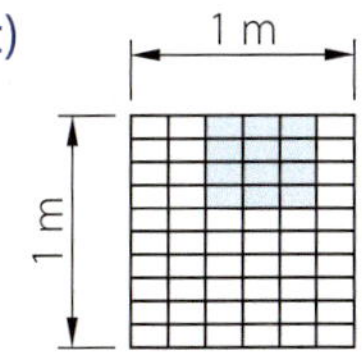

d) 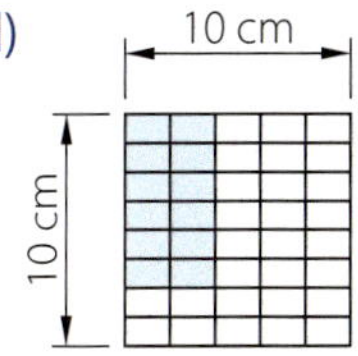

4 Erklärt den Unterschied zwischen Erweitern eines Bruches und der Multiplikation eines Bruchs mit einer Zahl.

5 Kurt rechnet: $26 \cdot \frac{7}{130} = \frac{26 \cdot 7}{130} = \frac{182}{130} = 1\frac{52}{130} = 1\frac{26}{65} = 1\frac{2}{5}$. Obwohl Kurt richtig gerechnet hat, gibt ihm seine Lehrerin noch einen Tipp. Begründe warum.

6 Wandle in unechte Brüche um und berechne dann.

a) $2\frac{1}{7} \cdot 1\frac{2}{5}$ b) $\frac{4}{7} \cdot \left(-3\frac{2}{5}\right)$ c) $1\frac{1}{4} \cdot \frac{8}{9}$ d) $-2 \cdot \left(-1\frac{1}{8}\right)$

7 Berechne den Wert der Terme. Kürze wenn möglich vor der Rechnung. Schreibe die Terme a) bis c) auch in Wortform.

a) $\frac{9}{10} \cdot \frac{5}{4}$ d) Bilde das Produkt aus 255 und $\frac{4}{15}$.
b) $-\frac{9}{10} \cdot \frac{5}{3}$ e) Berechne das 7-Fache von $\frac{39}{42}$.
c) $\frac{15}{28} \cdot \frac{42}{25} \cdot \frac{5}{9}$ f) Multipliziere das Produkt aus $\frac{14}{99}$ und $-\frac{33}{10}$ mit $\frac{45}{21}$.

8 Trage vor der Berechnung in ● das richtige Vorzeichen ein. Bestimme danach für ○ die richtigen Zahlen.

a) $\frac{2}{5} \cdot \left(-\frac{1}{3}\right) = ● \frac{2}{○}$ c) $3\frac{9}{10} \cdot \left(-○\frac{2}{3}\right) = ● \frac{13}{2}$
b) $-\frac{2}{○} \cdot \left(-\frac{2}{○}\right) = ● \frac{4}{21}$ d) $-○\frac{○}{2} \cdot \frac{1}{5} = ● \frac{1}{2}$

9 Mathias behauptet: „Wenn ich für einen Kuchen $\frac{1}{4}$ Liter Milch brauche, dann brauche ich für zwei Kuchen $\frac{2}{8}$ Liter Milch. Begründet, dass Mathias sich irrt.

Hinweis
Bei einer Multiplikationspyramide werden benachbarte Brüche miteinander multipliziert.

10 Übertrage die Multiplikationspyramide in dein Heft und fülle sie aus. Begründe vor dem Ausfüllen, dass das Ergebnis im obersten Stein positiv ist.

a)

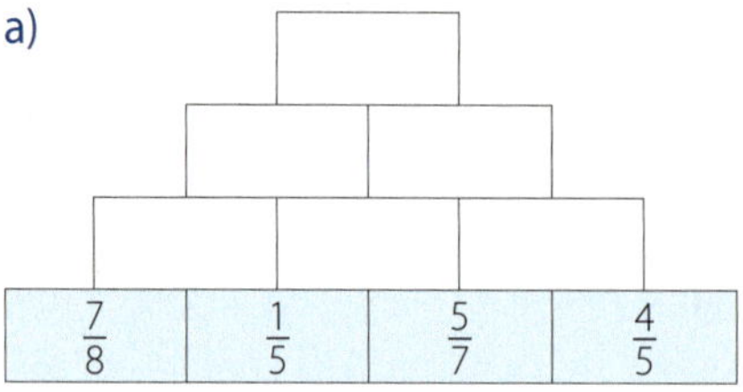

b)

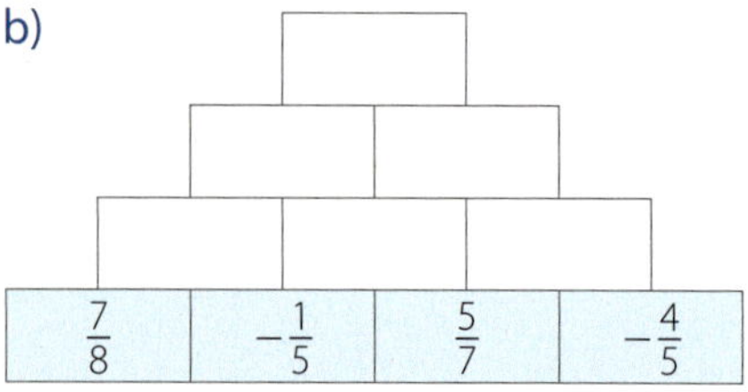

c) Erfinde selbst eine Zahlenmauer mit negativem Ergebnis im obersten Stein.

11 Berechne.

a) $\frac{5}{11} \cdot \frac{22}{15}$
b) $-\frac{77}{20} \cdot \frac{40}{7}$
c) $\frac{121}{64} \cdot \left(-\frac{16}{33}\right)$
d) $-\frac{12}{65} \cdot \left(-\frac{25}{16}\right)$
e) $-12 \cdot \frac{15}{16}$
f) $-\frac{87}{39} \cdot (-13)$
g) $-\frac{6}{5} \cdot \left(-\frac{3}{64}\right) \cdot \left(-\frac{8}{5}\right)$
h) $-\frac{18}{15} \cdot \frac{35}{77} \cdot \left(-\frac{33}{18}\right)$

12 Annelie hat mit ihrem Vater die Hausaufgaben gemacht. Erläutere ihre Schreibweise und überprüfe die Rechnungen. Korrigiere ggf. Fehler.

a) $\frac{2}{5} \cdot \frac{3}{4} = \frac{6}{20}$
b) $\frac{3}{7} \cdot \frac{2}{5} \cdot \frac{7}{3} = \frac{6}{35} \cdot \frac{7}{3} = \frac{\cancel{6}^{2}}{\cancel{35}_{5}} \cdot \frac{\cancel{7}^{1}}{\cancel{3}_{1}} = \frac{2}{5}$
c) $3 \cdot \frac{4}{3} = \frac{12}{3}$
d) $\frac{5}{3} \cdot \frac{10}{9} = \frac{\cancel{5}^{1}}{\cancel{3}_{1}} \cdot \frac{\cancel{10}^{2}}{\cancel{9}_{3}} = \frac{1}{1} \cdot \frac{2}{3} = \frac{2}{3}$

Bruchteile mit der Multiplikationsregel berechnen

13 Berechne.

a) $\frac{2}{3}$ *von* 99 cm
b) $\frac{4}{5}$ *von* 20 t
c) $\frac{3}{10}$ *von* 4000 €
d) $\frac{2}{5}$ *von* $\frac{3}{4}$ ha
e) $\frac{3}{4}$ *von* $\frac{1}{2}$ kg
f) $\frac{4}{5}$ *von* $\frac{3}{4}$ m²
g) $\frac{1}{3}$ *von* $\frac{1}{4}$ h
h) $\frac{7}{8}$ *von* $\frac{4}{5}$ kg

14 Marcus hat bei einem Gewitter 22 Sekunden zwischen Blitz und Donner gezählt. Er weiß, dass ca. $\frac{1}{3}$ davon die Entfernung des Gewitters in km angibt.
a) Bestimme, wie weit das Gewitter noch entfernt ist.
b) Erläutere, warum diese „Faustformel" nützlich ist.

15 Familie Bott hat in ihrem Garten sowohl Rasen als auch Beete. Auf einem Teil der Beete hat sie bereits Möhren angepflanzt. Stelle eine Multiplikationsaufgabe zur Berechnung des Anteils des Möhrenbeets an der Gesamtfläche auf.

148/149 **16** Die Klasse 6 d hat eine Umfrage durchgeführt. $\frac{2}{3}$ der 90 Befragten waren Mädchen. Von den Mädchen gaben $\frac{4}{5}$ Sport als Hobby an. Formuliere eine mögliche Frage und löse sie. Tausche dich danach mit deinem Nachbarn aus.

17 In einem Kartenspiel sind $\frac{3}{8}$ aller Karten Bildkarten, von diesen haben $\frac{1}{4}$ die Farbe Kreuz. Bestimme den Anteil der Kreuz-Bildkarten am gesamten Kartenspiel. Verwende ein Kartenspiel, um selbst Aufgaben zu erstellen.

Division von Brüchen

18 Berechne.

a) $\frac{4}{5} : \frac{7}{10}$ c) $-\frac{3}{4} : \frac{5}{9}$ e) $-\frac{2}{5} : \left(-\frac{7}{8}\right)$ g) $\frac{12}{13} : \frac{7}{6}$

b) $\frac{3}{5} : \frac{9}{14}$ d) $\frac{3}{11} : \left(-\frac{11}{3}\right)$ f) $-\frac{4}{13} : \frac{12}{39}$ h) $\frac{0}{23} : \frac{5}{8}$

19 Bestimme den Wert des Quotienten.

a) $\frac{4}{5} : 4$ b) $-\frac{8}{9} : 3$ c) $3 : \frac{2}{3}$ d) $-5 : \frac{4}{7}$

20 Peter hat Schwierigkeiten mit den Doppelbrüchen. Beschreibe mit eigenen Worten, wie Peter rechnen kann. Berechne danach die Lösungen.

a) $\frac{\frac{1}{2}}{\frac{1}{3}}$; $\frac{-\frac{21}{2}}{\frac{7}{8}}$; $\frac{\frac{-9}{10}}{\frac{10}{-9}}$ b) $-\frac{\frac{7}{12}}{\frac{-21}{3}}$; $\frac{5}{\frac{10}{13}}$; $\frac{\frac{4}{-5}}{3}$

21 Beschreibe den Fehler und berechne dann die richtige Lösung.

$\frac{5}{-6} : \frac{-2}{3} = -\frac{5}{3} : \frac{1}{3} = -\frac{5}{3} \cdot \frac{3}{1} = -5$

22 Divisionsaufgaben mit Größen

a) In eine große Schüssel passen 7 Liter Flüssigkeit. Berechne, wie viele Gläser man damit füllen kann, wenn in ein Glas 0,2 l hineinpassen.

b) Klara rechnet: $8\,\ell : 20 = \frac{8}{20}\,\ell = \frac{2}{5}\,\ell$.
Finde zu der Rechnung eine passende Aufgabenstellung.

Noch fit?

Der Quader ABCDEFGH ist 4,5 cm lang, 1,5 cm hoch und 2 cm breit.

I Zeichne ein Schrägbild und ein Netz des Quaders.

II Berechne den Oberflächeninhalt und die Gesamtlänge aller Kanten.

III Nenne alle Kanten, die parallel zueinander verlaufen und alle Kanten, die im Punkt F senkrecht aufeinander stehen.

Trainieren **Vertiefen** Herausforderung

23 Antonia hat die Aufgabe $6\,l : \frac{3}{4}\,l = 8$ richtig gelöst. Sie wundert sich aber, dass ihr Ergebnis größer ist als der Dividend, obwohl sie doch geteilt hat. Erkläre es ihr, indem du die Aufgabe an einem selbstgewählten Sachkontext erläuterst.

24 Beschreibe, wie du die Aufgabe $\frac{1}{3}$ von $\square = 33$ lösen kannst. Berechne dann.

a) $\frac{1}{4}$ von $\square = \frac{1}{5}$ b) $\frac{3}{10}$ von $\square = \frac{1}{4}$ c) $\frac{3}{5}$ von $\square = \frac{3}{6}$ d) $\frac{4}{7}$ von $\square = \frac{7}{20}$

148/149

25 Von einem Regenwurm sind 8 cm über der Erde sichtbar, das sind vier Siebtel. Berechne die Länge des Regenwurms.

26 Stelle eine Multiplikationsaufgabe zur Berechnung des Anteils der gefärbten Fläche an der Gesamtfläche auf.

a)
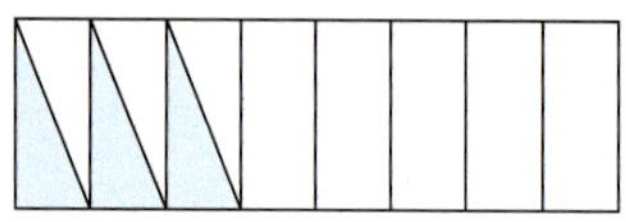

b)
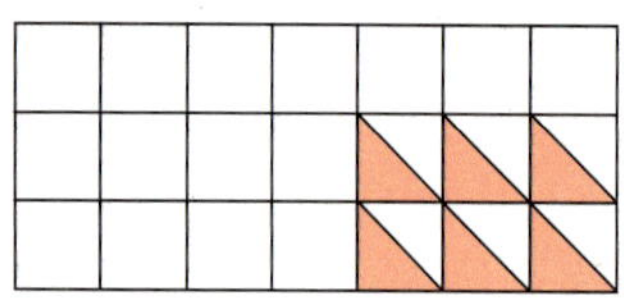

c)
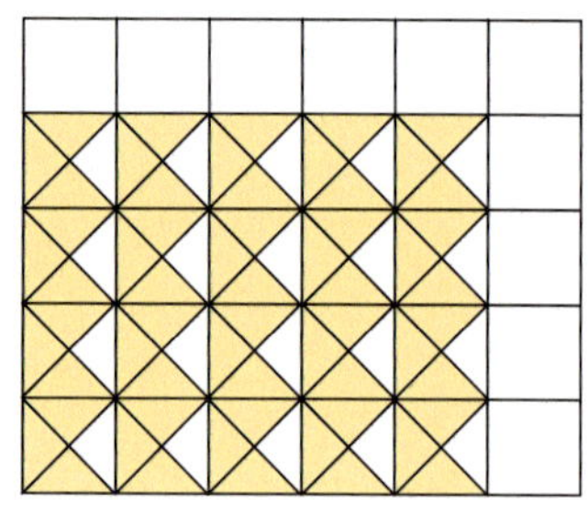

27 Produktschlangen

a) Berechne: $\frac{1}{2} \cdot \frac{2}{3}$; $\frac{1}{2} \cdot \frac{2}{3} \cdot \frac{3}{4}$

b) Setze die Produktschlangen systematisch fort und berechne jeweils den Wert des Produkts. Begründe deine Beobachtung.

28 Finde und erkläre die Fehler, die gemacht wurden. Berechne dann richtig.

a) $\frac{2}{9} \cdot \frac{4}{9} = \frac{8}{9}$

b) $-6 \cdot \left(-\frac{3}{4}\right) = \frac{18}{24}$

c) $\frac{2}{3} : \frac{13}{9} = \frac{3}{2} \cdot \frac{9}{13} = \frac{27}{26}$

d) $-1\frac{1}{6} \cdot \frac{3}{4} = -1\frac{1}{2} \cdot \frac{1}{4} = -\frac{3}{2} \cdot \frac{1}{4} = -\frac{3}{8}$

e) $2\frac{1}{4} \cdot 2\frac{2}{9} = 4\frac{1}{18}$

f) $\frac{8}{9} : \frac{21}{4} = \frac{2}{3} : \frac{7}{1} = \frac{2}{3} \cdot \frac{1}{7} = \frac{2}{21}$

29 Gib ein Produkt aus zwei Faktoren an, dessen Wert

a) kleiner ist als die beiden Faktoren,

b) größer ist als beide Faktoren,

c) dessen Wert zwischen den beiden Faktoren liegt.

30 Überprüfe die Behauptungen und begründe deine Antwort. Finde passende Beispiele.

a) Da bei der Division geteilt wird, ist der Wert des Quotienten immer kleiner als der Dividend.

b) Das Produkt zweier positiver Zahlen, deren Summe kleiner als 1 ist, ist auch immer kleiner als 1.

31 In einer Kaffeerösterei werden vier Fünftel von 600 kg Kaffeebohnen innerhalb eines Tages zu gemahlenem Kaffee verarbeitet. Ein Viertel des gemahlenen Kaffees soll entkoffeiniert sein. Berechne, wie viel Kilogramm das sind.

32 Bestimme rechnerisch die fehlende Zahl.

a) $\frac{2}{3} \cdot \square = -\frac{42}{9}$ b) $\square \cdot \frac{1}{3} = 3\frac{3}{5}$ c) $\square : \frac{7}{6} = \frac{18}{105}$ d) $-\frac{8}{3} : \square = \frac{2}{9}$

33 Schreibe als Quotient zweier Brüche. Finde mindestens drei verschiedene Möglichkeiten. Tausche dich danach mit deinem Nachbarn aus.

a) $\frac{4}{5}$ b) 0 c) $-\frac{7}{10}$ d) 20

148/149 **34** Nur etwa drei Zehntel der Erdoberfläche sind Festland. Der Indische Ozean nimmt ein Fünftel, der Atlantische Ozean ein Viertel und der Pazifische Ozean neun Zwanzigstel der von Wasser bedeckten Erdoberfläche ein.

a) Bestimme den Anteil des Pazifischen Ozeans an der Erdoberfläche und vergleiche ihn mit dem Anteil des Festlandes.

b) Bestimme den Anteil, den die drei Ozeane zusammen an der Wasseroberfläche haben. Berechne den Anteil der Wasseroberfläche, die nicht zu den drei Ozeanen gehört, an der Erdoberfläche.

35 Setze für den Platzhalter den richtigen Bruch ein.

a) $10 : \square = 3$ c) $\square : \frac{5}{6} = \frac{6}{5}$ e) $\frac{1}{2} : \square = -\frac{1}{3}$ g) $\frac{3}{4} \cdot \square = -\frac{3}{10}$

b) $10 : \square = \frac{1}{4}$ d) $\square \cdot \frac{3}{5} = -\frac{5}{7}$ f) $\frac{7}{40} \cdot \square = \frac{7}{5}$ h) $-\frac{12}{25} \cdot \square = \frac{3}{5}$

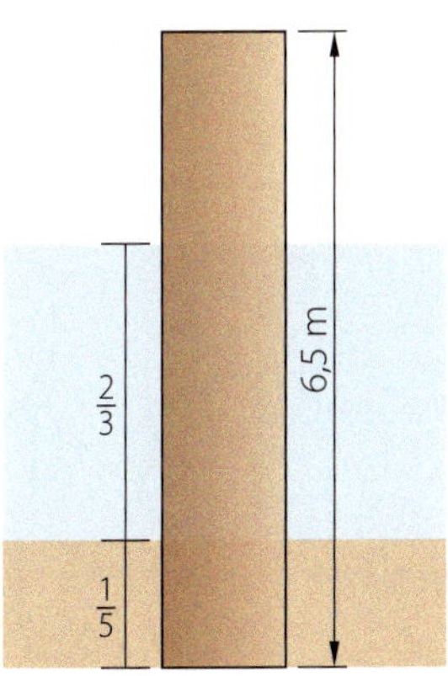

36 Zwei Pfähle stehen im Wasser. Der erste steckt zu $\frac{2}{5}$ seiner Länge im Boden. Von dem Rest sind $\frac{1}{3}$ von Wasser bedeckt und 40 cm schauen aus dem Wasser heraus. Der zweite Pfahl ist am Rand skizziert.

a) Erstelle vom ersten Pfahl eine Zeichnung und berechne seine Gesamtlänge.

b) Beschreibe die Anteile des zweiten Pfahls in eigenen Worten. Du kannst den Satz zum ersten Pfahl als Hilfe nutzen.

37 Markiere auf einer Zahlengerade die Brüche $\frac{1}{4}$ und $\frac{5}{8}$. Beantworte folgende Fragen ohne das Ergebnis zu berechnen und begründe mithilfe der Zahlengeraden. Überprüfe anschließend deine Aussage durch die Rechnung.

a) Ist das Produkt oder die Differenz der Brüche kleiner?

b) Ist die Summe oder der Quotient der Brüche kleiner?

c) Liegt die Differenz oder der Quotient näher an dem Bruch $\frac{1}{2}$?

Trainieren | Vertiefen | **Herausforderung**

38 Rechne immer Schritt für Schritt.

a) $\dfrac{\frac{\frac{3}{5}}{\frac{7}{12}}}{\frac{3}{5} \cdot \frac{12}{7}}$ b) $\dfrac{\frac{1}{3}}{\frac{15}{35}} \cdot \left(\frac{4}{7} : \frac{19}{20}\right)$ c) $\frac{17}{24}\ \frac{39}{12} : \left(\frac{34}{4} : \frac{24}{13}\right)$ d) $\dfrac{\frac{\frac{9}{51}}{\frac{3}{4}}}{\frac{6}{17} : \frac{11}{12}}$

Projekt

School project – „Save the rainforest“

At Goodall Secondary School, students are collecting money for the project. Three friends Bintang, Ella and Ethan are talking about their ideas.

- Borneo: 743 000 km^2
- 1950: Rain forest covers 95 % of the island.
- 2007: half of original rainforest area is destroyed
- 2003 to 2007: 1.15 million ha rainforest destroyed every year
- one orangutan needs 100 ha rainforest to live

Bintang knows a lot about the rain forest and the orangutans in Borneo. So she wrote some notes for the presentation. Ethan is very good at maths and wants to help Bintang.

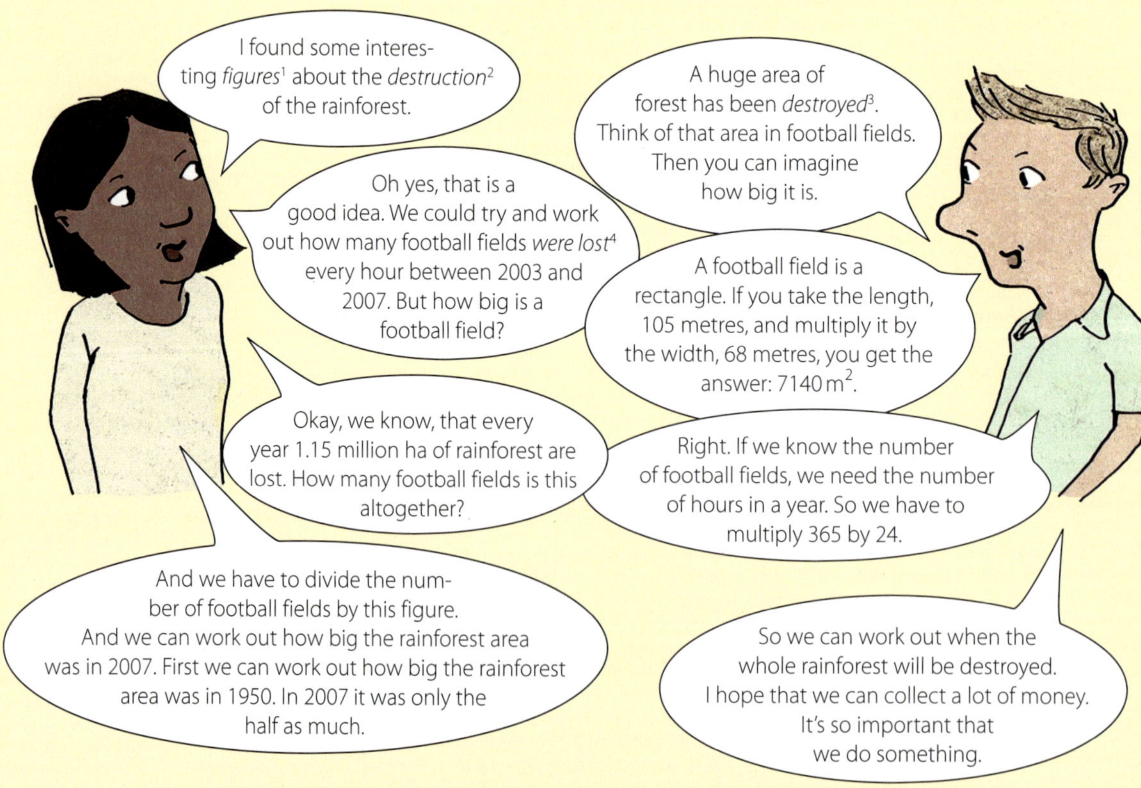

1 *figure* – Zahl 2 *destruction* – Zerstörung 3 *has been destroyed* – ist zerstört worden 4 *were lost* – sind verloren gegangen

After Bintang and Ethan have worked everything out, they think about how to present the information. They want to make a poster with all information.

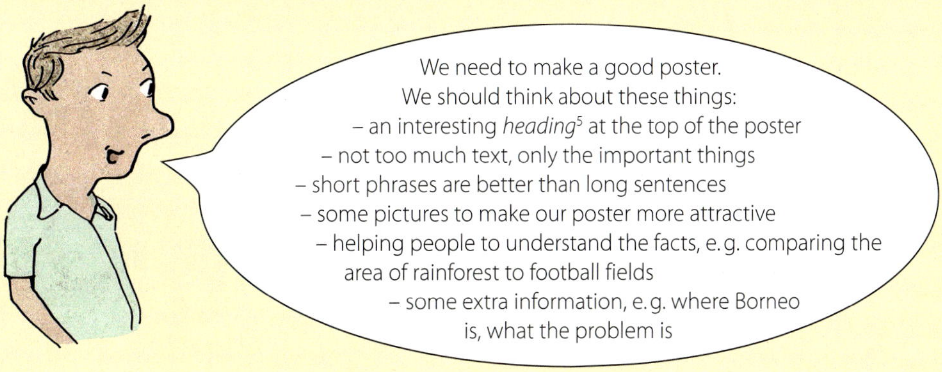

While Bintang and Ethan are making the poster, Ella thinks about what she needs to buy at the supermarket and how much each cookie should cost. She read that one new tree costs 25 pence. Each cookie should make enough money *to finance*[8] one new tree.
The kids want to make 200 cookies.

Aufgaben

1 Read Bintang and Ethan's conversation and write all maths words, e.g. "multiply", in your folder. Try to translate them. When you are ready, compare your list with a partner. Use a dictionary if both of you don't know the German word.

2 Bintang and Ethan want to calculate different things. Read the text carefully and do the calculations.

3 Make a poster. Use the information on these pages and look for more information, e.g. on the internet. Pay attention to the things Ethan said about making a great poster.

4 Help Ella with the calculation for the price of one cookie.

1500 g flour	70 p
1 kg sugar	69 p
500 g butter	£ 1.00
15 eggs	£ 1.25
350 g salt	90 p
170 g baking powder	£ 1.30
100 g chocolate	30 p

5 *heading* – Überschrift 6 *flour* – Mehl
7 *baking powder* – Backpulver 8 *to finance* – finanzieren

4.2 Rechenregeln bei Dezimalbrüchen

Einstieg

Herr Franke möchte auf dem Markt einkaufen. Er hat bereits 3 kg Kartoffeln zum Preis von 2,37 € ausgewählt. Bestimme die einzelnen Preise für die restlichen Produkte. Du kannst alle Größen so umwandeln, dass du kommafrei rechnen kannst. Entscheide, ob er mit einem 10-€-Schein bezahlen kann.

Wissen

Multiplikation von Dezimalbrüchen

Um zwei Dezimalzahlen miteinander zu multiplizieren, kannst du dein Wissen zur Multiplikation von Brüchen nutzen, z. B. bei der Berechnung von Flächeninhalten.

$$A_R = 3{,}3\,\text{m} \cdot 4{,}4\,\text{m}$$
$$= \frac{33}{10}\,\text{m} \cdot \frac{44}{10}\,\text{m} = \frac{33 \cdot 44}{10 \cdot 10}\,\text{m}^2 = \frac{1452}{100}\,\text{m}^2 = 14{,}52\,\text{m}^2$$

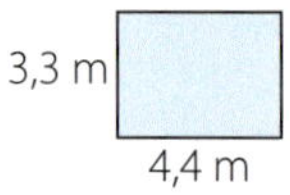

Du multiplizierst im Nenner die Stufenzahlen miteinander. Deshalb hat der neue Nenner genauso viele Nullen wie die beiden ursprünglichen zusammen. Also hat das Ergebnis genauso viele Nachkommastellen wie beide Faktoren zusammen.

Multipliziere zuerst die Zahlen **ohne Beachtung des Kommas.** Setze dann das Komma so, dass das Ergebnis genauso viele Nachkommastellen hat wie **beide Faktoren zusammen.**

$7{,}93 \cdot 2{,}5 = 19{,}825$ NR: $793 \cdot 25 = 19\,825$

Weiterhin gilt: Haben zwei Dezimalbrüche das **gleiche Vorzeichen,** so ist das Ergebnis **positiv.** Bei **verschiedenen Vorzeichen** ist das Ergebnis **negativ.**

Merkhilfe
$+ \cdot + = +$
$- \cdot - = +$
$+ \cdot - = -$
$- \cdot + = -$

Beispiel 1: Multiplikation von Dezimalbrüchen

Berechne den Wert des Produktes.

a) $0{,}85 \cdot 0{,}6$ b) $-0{,}15 \cdot 0{,}3$ c) $1{,}45 \cdot 10$

Lösung:

a) $85 \cdot 6 = 510$
$0{,}85 \cdot 0{,}6 = 0{,}510 = 0{,}51$
Endnullen kannst du erst weglassen, wenn du das Komma gesetzt hast.

b) $15 \cdot 3 = 45$
$-0{,}15 \cdot 0{,}3 = -0{,}045$
Fülle mit genügend „0“ auf, damit du 3 Nachkommastellen hast. Beachte zum Schluss auch das Vorzeichen.

c) $145 \cdot 10 = 1450$
$1{,}45 \cdot 10 = 14{,}50 = 14{,}5$
Bei der Multiplikation mit einer Stufenzahl wird das Komma um die Anzahl der Nullen nach rechts verschoben.

Beispiel 2: Überschlagsrechnung

Wähle für die Aufgabe $(-7{,}93) \cdot 2{,}5$ die richtige Lösung aus, ohne das exakte Ergebnis zu berechnen. Begründe deine Entscheidung.

19,825	−19,825	15,355	−15,355

Lösung:

Da ein Faktor negativ ist, muss das Ergebnis auch negativ sein. Somit gibt es nur noch 2 Möglichkeiten. Da alle möglichen Ergebnisse drei Nachkommastellen haben und auf die Ziffer 5 enden, musst du die richtige Lösung mit dem Überschlag abschätzen. Den Faktor $(-7{,}93)$ kannst du mit (-8) abschätzen, der Faktor 2,5 liegt zwischen 2 und 3.

Demnach liegt das Ergebnis zwischen $(-8) \cdot 2 = -16$ und $(-8) \cdot 3 = -24$.

Somit ist −19,825 die richtige Lösung.

Zur Erinnerung

Die Regel zur Kommasetzung bei der Division von Dezimalbrüchen hast du schon im Kapitel 2.2 kennengelernt.

Division von Dezimalbrüchen

Du kannst Dezimalbrüche auch dividieren. Nutze dafür die schriftliche Division.

```
  7 3, 5 1 : 2 = 3 6, 7 5 5
− 6
  1 3
− 1 2
    1 5
  − 1 4
      1 1
    − 1 0
        1 0
      − 1 0
          0
```

Wenn du die 5 herunter holst, sind das 1 Ganzes und 5 Zehntel, also insgesamt 15 Zehntel.
15 Zehntel : 2 = 7 Zehntel Rest: 1 Zehntel
Um im Ergebnis auszudrücken, dass es sich um Zehntel handelt, musst du vor die 7 das Komma setzen.
Rechne danach wie gewohnt weiter.

Du könntest die 73,51 auch als 73,510… schreiben.
Du kannst also solange diese Nullen herunterholen und weiterrechnen, bis die Rechnung aufgeht.

Merkhilfe

− : + = −
+ : − = −
+ : + = +
− : − = +

Bei der Division eines Dezimalbruchs durch eine natürliche Zahl wird im Ergebnis das Komma gesetzt, sobald im Dividenden das Komma überschritten wird. Auch bei der Division gelten die bekannten Vorzeichenregeln.

Beispiel 3: Division von Dezimalbrüchen

Berechne den Wert des Quotienten.

a) 55,5 : 12

b) 123,4 : (−100)

Lösung:

a) 55,500 : 12 = 4,625

```
48
 75
 72
  30
  24
   60
   60
    0
```

Füge Endnullen hinzu, solange noch ein Rest übrig ist.

b) 123,40 : (−100) = −1,234 (2 Stellen)

```
100
 234
 200
  340
  300
   400
   400
     0
```

Bei der Division durch eine Stufenzahl wird das Komma um so viele Stellen nach links verschoben, wie die Stufenzahl Nullen hat. Beachte auch das Vorzeichen.

Wenn der **Divisor eine Dezimalzahl** ist, musst du erst noch einen „Trick" anwenden: Wenn du den Dividenden und den Divisor mit derselben Stufenzahl multiplizierst, veränderst du den Wert des Quotienten nicht, da dieses Vorgehen dem Erweitern eines Bruchs entspricht. Danach dividierst du durch eine natürlichen Zahl; das kannst du schon.

$$20{,}32 : 0{,}8 = \frac{20{,}32}{0{,}8} \overset{10}{=} \frac{203{,}2}{8} = 203{,}2 : 8$$

$$\begin{array}{l} 203{,}2 : 8 = 25{,}4 \\ \underline{16} \\ \ \ 43 \\ \ \ \underline{40} \\ \ \ \ \ 32 \\ \ \ \ \ \underline{32} \\ \ \ \ \ \ \ 0 \end{array}$$

Also gilt: $20{,}32 : 0{,}8 = 25{,}4$

Auswahl der Zahlendarstellung

Wenn ein Produkt oder ein Quotient sowohl Brüche als auch Dezimalbrüche enthält, musst du dich für eine Darstellung entscheiden.

Überlege vor dem Rechnen, welche Darstellungsform du nutzt:
- **Periodische Dezimalbrüche musst du in Brüche umwandeln.**
- **Meist ist es bei der Multiplikation/Division einfacher, wenn du mit Brüchen rechnest.**
- **Bei einer Rechnung mit einer Stufenzahl musst du nur das Komma verschieben. Hier ist ein Umwandeln in Brüche nicht hilfreich.**

▼ Beispiel 4: Vorteilhaftes Rechnen

Rechne vorteilhaft. Achte vor allem auf die Auswahl der Zahlendarstellung.

a) $1{,}2 : 2{,}1$ b) $0{,}\overline{6} \cdot \frac{5}{17} \cdot \frac{17}{20}$ c) $100 \cdot 0{,}2 \cdot 0{,}125$

Lösung:

a) Bei Punktrechnungen ist die Darstellung als Bruch oft vorteilhaft.

$$1{,}2 : 2{,}1 = \frac{12}{10} : \frac{21}{10} = \frac{12}{10} \cdot \frac{10}{21} = \frac{4}{7}$$

b) Wende zuerst das Assoziativgesetz an, um die beiden Brüche zu multiplizieren. Wandle den Dezimalbruch in einen Bruch um.

$$0{,}\overline{6} \cdot \frac{5}{17} \cdot \frac{17}{20} = \frac{2}{3} \cdot \left(\frac{5}{17} \cdot \frac{17}{20}\right) = \frac{2}{3} \cdot \frac{5}{20} = \frac{2}{3} \cdot \frac{1}{4} = \frac{2}{12} = \frac{1}{6}$$

c) Du kannst das Kommutativgesetz anwenden, um vorteilhaft zu rechnen. ▲

$$100 \cdot 0{,}2 \cdot 0{,}125 = \overbrace{100 \cdot 0{,}125}^{\text{Kommaverschiebung}} \cdot 0{,}2 = 12{,}5 \cdot 0{,}2 = 2{,}50 = 2{,}5$$

Aufgaben

Trainieren | Vertiefen | Herausforderung

Multiplikation von Dezimalbrüchen

1 Rechne im Kopf.

a) $2 \cdot 0{,}4$
b) $1{,}2 \cdot 4$
c) $7{,}5 \cdot 1000$
d) $0{,}6 \cdot 0{,}7$
e) $4 \cdot (-2{,}5)$
f) $-5{,}93 \cdot 100$
g) $0{,}03 \cdot 0{,}2$
h) $0{,}03 \cdot 0{,}5$
i) $28{,}4 \cdot 0{,}001$
j) $-0{,}012 \cdot 0{,}4$
k) $-0{,}11 \cdot (-0{,}11)$
l) $-1000 \cdot (-0{,}001)$

2 Fülle die Tabelle in deinem Heft aus.

·	0,1	0,2	−1,1	−30	0,005
0,1					
0,5					
−2,1					

Lösungswort:
23,31 (c); 7,872 (e); 0,765 (f); 1,44 (k); 25,038 (l); 9 (n); 0,404 (o); 17 (s); 0,00035 (c); 1,016 (e); 6,66 (h); 0,0144 (e)

3 Berechne schriftlich.

a) 3,4 · 5
b) 7 · 3,33
c) 1,8 · 3,7
d) 3,6 · 2,5
e) 6,4 · 1,23
f) 2,54 · 0,4
g) 0,9 · 0,85
h) 23,4 · 1,07
i) 0,02 · 20,2
j) 0,05 · 0,007
k) 1,2 · 1,2
l) 0,12 · 0,12

4 Ordne jeder Aufgabe die richtige Lösung zu, ohne das genaue Ergebnis zu berechnen. Begründe deine Entscheidung.

2,7 · 14 | 304,2 · 0,52 | 0,23 · 45 | 42,2 · 3,5 | 23,04 · 1,7 | 4,02 · 3,004

158,184 | 39,168 | 37,8 | 172,306 | 147,7 | 12,07608

10,35 | 11,655 | 151,44 | 37,88 | 46,168

5 Einige Lösungen sind falsch. Finde sie, ohne schriftlich zu rechnen, und begründe, warum sie falsch sein müssen. Vergleiche anschließend mit deinem Nachbarn und überprüft dann durch schriftliches Nachrechnen.

a) *3,7 · 15,9 = 58,87*
b) *9,8 · 7,6 = 74,8*
c) *2,3 · 6,6 =15,118*
d) *1,2 · 7,3 = 8,76*
e) *3,421 · 100 = 34,21*
f) *1,08 · 0,6 = 1,648*

6 Berechne 8,4 · 6,25. Ermittle mithilfe des Ergebnisses die Werte der Terme. Erläutere dein Vorgehen.

a) 8,4 · 62,5
b) 0,84 · 62,5
c) 0,84 · 0,625
d) 0,084 · 0,0625

7 Familie Henkel möchte in der Wohnküche den schwarz-weiß gefliesten Boden mit Bodenfarbe überstreichen. Die Farbe kostet 11,25 € pro Liter. Ein Liter Farbe reicht für ca. 5 bis 6 m² Fläche. Bestimme, wie viel die Familie für die Farbe bezahlen muss.

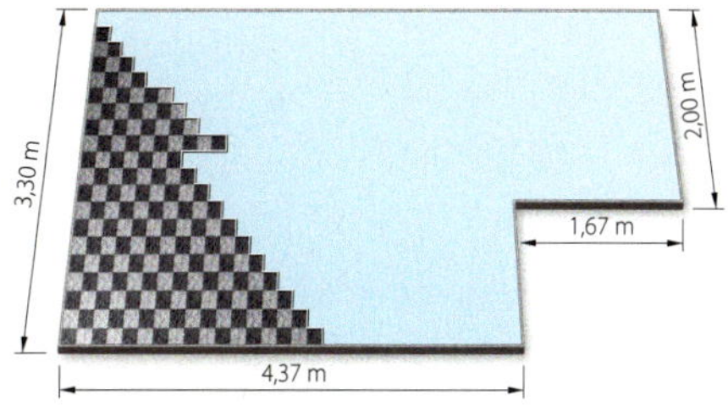

Division von Dezimalbrüchen

8 Berechne, wenn möglich, im Kopf.

a) 1,2 : 4
b) 0,12 : 4
c) 2,09 : 10
d) 37 : 100
e) −9,6 : 12
f) 5,2 : (−13)
g) 6,3 : 7
h) 13 : 5
i) −5,6 : (−8)
j) −22,3 : 1000
k) 3,6 : 36
l) 0,004 : (−4)

9 Berechne schriftlich. Überprüfe dein Ergebnis mit der Probe.

a) 8,4 : 7 c) 1206,45 : 15 e) 7,5 : 6 g) 357,28 : 7
b) 6,3 : 3 d) 938,7 : 21 f) 3,4 : 8 h) 910,91 : 13

10 Gib zuerst die ganze Zahl an, die dem Ergebnis am nächsten liegt, und prüfe dies dann durch eine schriftliche Rechnung.

a) 7,92 : 6 b) 16,45 : 7 c) 45,5 : 13 d) 9,559 : 1,1

11 Findet je ein blaues und ein grünes Kärtchen mit gleichem Quotientenwert, ohne zu rechnen. Erläutert euer Vorgehen.

27 : 80 | 54,5 : 2,5 | 545 : 2,5 | 27 : 0,08 | 5450 : 25 | 0,27 : 8 | 2,7 : 8

270 : 8 | 2700 : 8 | 5,45:2,5 | 2,7 : 80 | 54,5 : 25 | 545 : 25 | 27 : 0,8

Lösungswort:
3,54 (l); 20 (u); 23,2 (d); 23,5 (t); 23,683 75 (u); 35,4 (a); 63,75 (b); 80,7 (s); 200 (n); 401,5975 (r); 807 (b); 891,1 (g)

12 Berechne schriftlich. Gib an, mit welcher Stufenzahl du vorher Dividend und Divisor multiplizieren musst.

a) 4,842 : 0,06 c) 340 : 1,7 e) 45,9 : 0,72 g) 1124,473 : 2,8
b) 28,32 : 0,8 d) 58 : 2,5 f) 568,41 : 24 h) 6,2377 : 0,007

13 Berechne die Länge der anderen Rechteckseite.

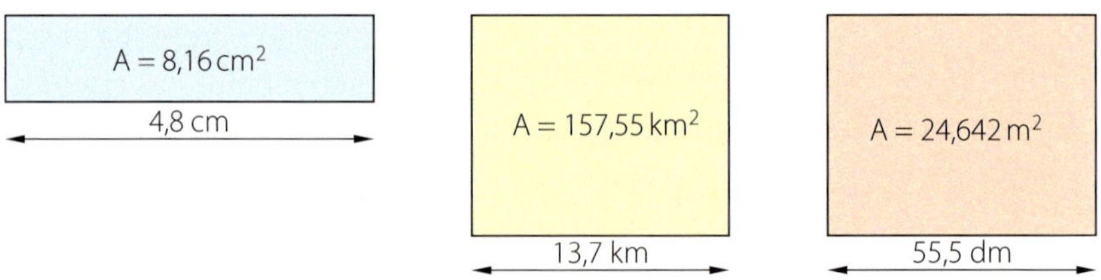

14 Berechne und erfinde eine passende Geschichte zur Aufgabe.

a) 2,7 m : 18 b) 2,7 m : 0,18 m

15 0,808 kg Weintrauben kosteten 3,78 €.

a) Berechne den Kilopreis der Trauben.

b) Bei Aufgabe a) musst du auf Cent, also die Hundertstelstelle runden. Erkläre, bis zu welcher Stelle du dann die Division durchführen musst.

Auswahl der Zahlendarstellung

16 Berechne zusammen mit deinem Nachbarn die Kästen jeweils in Dezimal- und in Bruchschreibweise. Entscheidet vorher, wer welche Aufgaben mit welcher Methode löst. Vergleicht anschließend eure Rechenwege und Lösungen. Erläutert, welche Methode bei welchen Aufgaben leichter war.

$0{,}5 \cdot 0{,}18$	$0{,}97 \cdot 0{,}89$
$0{,}125 \cdot 0{,}64$	$0{,}3^2$
$0{,}47 \cdot 0{,}3$	$4{,}5^2$

17 Berechne den Wert des Terms. Erläutere deinen Rechenweg.

a) $4{,}9 \cdot \frac{5}{19} \cdot \frac{19}{21}$ c) $0{,}6 \cdot 0{,}\overline{3} \cdot \frac{1}{3}$ e) $2{,}8 : 4{,}2$ g) $1{,}4 : 0{,}07$

b) $0{,}375 \cdot 0{,}75 \cdot \frac{4}{9}$ d) $8 \cdot \frac{1}{4} \cdot \frac{3}{8} \cdot 0{,}4$ f) $0{,}2 : 0{,}01 : \frac{1}{4}$ h) $0{,}\overline{2} : 1{,}25 \cdot \frac{9}{2}$

Noch fit?

I Übertrage die Tabelle ins Heft und ergänze sie.

Maßstab	Länge auf der Karte	wirkliche Entfernung
1:25 000	12 mm	
1:400 000		14 km
	3,5 cm	21 km

II Verschiedene Karten

a) Die Entfernung (Luftlinie) zwischen Regensburg und Passau beträgt 108 km.
Berechne, wie weit die Städte auf einer Karte (1:300 000) auseinander liegen.

b) Auf einer anderen Karte liegen Regensburg und Passau 5,4 cm auseinander.
Ermittle, welchen Maßstab diese Karte hat.

Trainieren **Vertiefen** Herausforderung

18 Im Supermarkt wird der Preis für Rindersteaks von 15,20 € pro Kilogramm auf 13,69 € herabgesetzt. Hilf Azubi Mark, die neuen Preise zu berechnen.

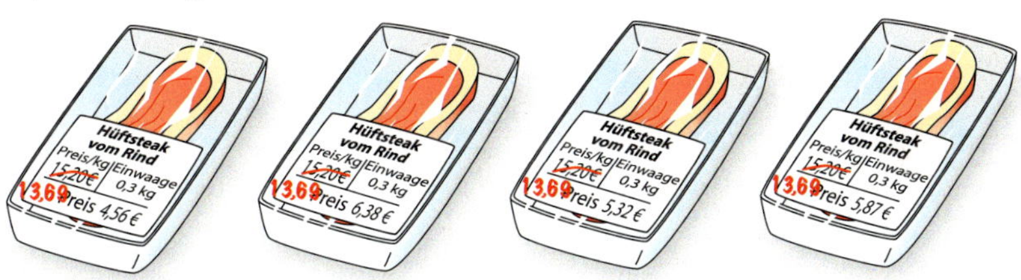

19 Miriam hat in der Hausaufgabe folgende Aufgabe gerechnet: $8{,}4 \cdot 2{,}25 = 18{,}9$. Ihr Banknachbar meint: „Das Ergebnis ist falsch, es müsste doch 3 Nachkommastellen haben.“ Entscheide, wer von beiden Recht hat, und begründe.

20 Philipp möchte folgende Aufgabe im Kopf lösen: 1,8 : 6. Sein Vater meint: „Das ist ganz einfach. Du musst nur $1{,}8 \cdot 10$ rechnen, dann $18 : 6 = 3$ und dann $3 : 10 = 0{,}3$. Also ist das Ergebnis 0,3.“

a) Beschreibe den Rechenweg des Vaters und begründe, weshalb er Recht hat.

b) Löse folgende Aufgaben genauso und vergleiche anschließend deine Ergebnisse mit deinem Nachbarn: 2,7 : 9; 15,6 : 12; 1,17 : 9; 1,44 : 12

c) Sein Freund Jan meint: „Dann ist ja auch 1,2 : 0,6 ganz leicht. Da müssen wir auch nur mit 10 multiplizieren.“ Diskutiere die Aussage mit deinem Nachbarn.

21 Obsthändler Marco hat 25 kg Trauben zu 0,85 € pro kg eingekauft. Leider sind 3,5 kg davon schon verdorben. Ermittle, wie viel er für ein Kilo Trauben verlangen muss, wenn er mindestens 20 € Gewinn machen will.

22 Das Pantoffeltierchen ist in 500facher Vergrößerung abgebildet. Gib seine wirklichen Maße an.

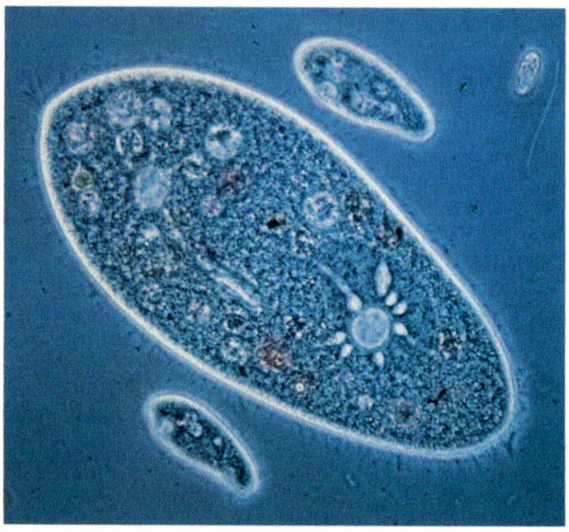

23 Christiane meint zu ihrer Banknachbarin: „Du kannst deine Ergebnisse bei der Multiplikation oder Division ganz leicht überprüfen. Der Wert des Produkts ist immer größer als jeder der Faktoren und der Wert des Quotienten ist immer kleiner als der Dividend." Begründe, dass diese Behauptung falsch ist.

24 Berechne den Oberflächeninhalt des zugehörigen Körpers (Maße in cm).

a)

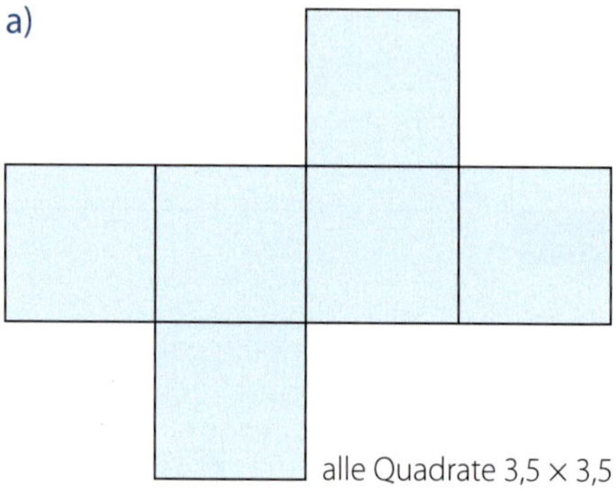

alle Quadrate 3,5 × 3,5

b)

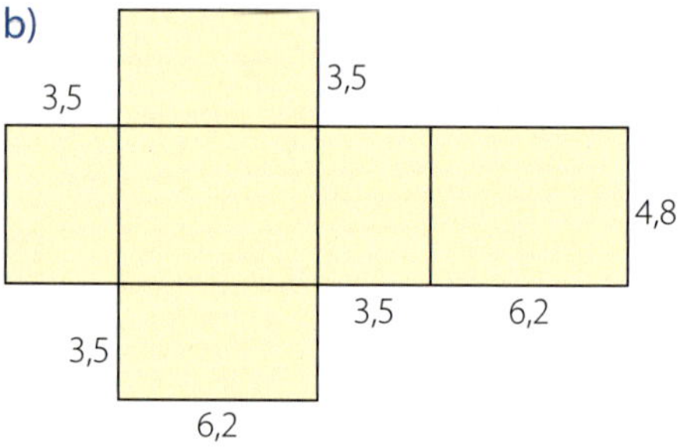

c) Zeichne das Netz eines Würfels mit einem Oberflächeninhalt von $37{,}5\,\text{cm}^2$.

25 Gleiche Ergebnisse

a) Finde Paare von Rechnungen, die jeweils das gleiche Ergebnis haben.

$34{,}6 : 2$ | $34{,}6 \cdot 0{,}1$ | $34{,}6 : 100$ | $34{,}6 : 10$ | $34{,}6 \cdot 0{,}01$ | $34{,}6 \cdot 0{,}5$

b) Übertrage in dein Heft und setze für □ die passende Zahl ein.

$43{,}08 \cdot 0{,}001 = 43{,}08 : \square$ $\qquad 45{,}9 : 100 = 45{,}9 \cdot \square$ $\qquad 25 \cdot 0{,}5 = 25 : \square$

c) Setze in $240 : \bigcirc = 240 \cdot \triangle$ drei mögliche Paare für ○ und △ ein, so dass die Gleichung stimmt. Rechne für jedes der Paare das Produkt ○ · △ aus. Bestimme die Zahl, die für △ passt, wenn für ○ 0,25 eingesetzt wird.

Trainieren | Vertiefen | **Herausforderung**

26 Berechne. Runde das Ergebnis gegebenenfalls auf 2 Dezimalstellen.

a) $\dfrac{9{,}6 \cdot 4{,}5}{12{,}8}$ c) $\dfrac{2{,}3 \cdot 3{,}45}{6{,}08 \cdot 0{,}9}$ e) $\dfrac{24{,}2 \cdot 12{,}6 \cdot 6}{5{,}6 \cdot 11 \cdot 0{,}4}$ g) $\dfrac{0{,}59}{\frac{0{,}025 \cdot 7{,}4}{8{,}5}}$

b) $\dfrac{0{,}385 \cdot 15}{0{,}107}$ d) $\dfrac{4{,}25 \cdot 0{,}13}{2{,}275 \cdot 0{,}07}$ f) $\dfrac{\frac{17{,}57}{2{,}45}}{\frac{3{,}5}{16{,}1}}$ h) $\dfrac{\frac{0{,}59}{0{,}025 \cdot 7{,}4}}{8{,}5}$

4.3 Potenzen

Einstieg

Alles ganz einfach …

Steven und Nora erledigen zusammen ihre Hausaufgaben.

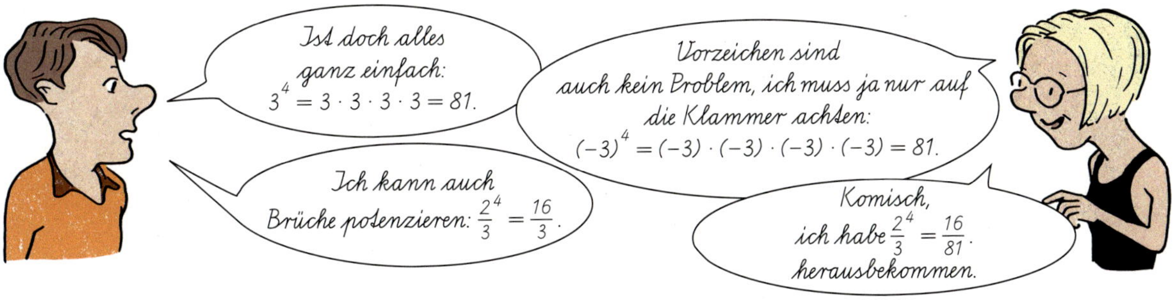

Erkläre, wie die beiden gerechnet haben, und entscheide, wer die richtige Lösung hat. Setze Klammern so, dass auch die andere Rechnung stimmt.

Wissen

Potenzen mit rationaler Basis und natürlichem Exponenten

Bisher hast du Potenzen mit ganzzahligen Basen berechnet. Wenn die Basis ein Bruch ist, musst du besonders darauf achten, worauf sich der Exponent bezieht.

Zur Erinnerung

3^4 — Basis, Exponent

Potenz

Wenn du einen Bruch potenzieren möchtest, musst du um den gesamten Bruch eine Klammer setzen, da sich sonst der Exponent nur auf den Zähler bezieht.

$\left(\frac{2}{5}\right)^3 = \left(\frac{2}{5}\right) \cdot \left(\frac{2}{5}\right) \cdot \left(\frac{2}{5}\right) = \frac{8}{125}$ **aber** $\frac{2^3}{5} = \frac{2 \cdot 2 \cdot 2}{5} = \frac{8}{5}$

Achte bei der Berechnung von Potenzen auch auf das Vorzeichen der Basis.

Beispiel 1: Verschiedene Potenzen

Beschreibe, worauf sich der Exponent bezieht, und berechne den Termwert.

a) $-\frac{2^4}{3}$ b) $-\left(\frac{2}{3}\right)^4$ c) $\left(-\frac{2}{3}\right)^4$

Lösung:

a) Der Exponent bezieht sich nur auf den Zähler.
$-\frac{2^4}{3} = -\frac{2 \cdot 2 \cdot 2 \cdot 2}{3} = -\frac{16}{3} = -5\frac{1}{3}$

b) Der Exponent bezieht sich auf den gesamten Bruch, aber nicht auf das Vorzeichen.
$-\left(\frac{2}{3}\right)^4 = -\left(\frac{2}{3}\right) \cdot \left(\frac{2}{3}\right) \cdot \left(\frac{2}{3}\right) \cdot \left(\frac{2}{3}\right) = -\frac{16}{81}$

c) Der Exponent bezieht sich auf den gesamten Bruch und auf das Vorzeichen.
$\left(-\frac{2}{3}\right)^4 = \left(-\frac{2}{3}\right) \cdot \left(-\frac{2}{3}\right) \cdot \left(-\frac{2}{3}\right) \cdot \left(-\frac{2}{3}\right) = \frac{16}{81}$

Beispiel 2: Gemischte Zahlen

Berechne den Wert des Terms.

a) $\left(-1\frac{2}{5}\right)^2$

b) $\left(2\frac{4}{5}\right)^2$

Lösung:

a) Da du einige Quadratzahlen kennst, ist es hier sinnvoll, in einen Dezimalbruch umzuwandeln:

$\left(-1\frac{2}{5}\right)^2 = (-1{,}4)^2 = 1{,}96$

b) Da du für $2\frac{4}{5} = 2{,}8$ die 28^2 nicht auswendig kennst, ist es einfacher mit dem unechten Bruch zu rechnen:

$\left(2\frac{4}{5}\right)^2 = \left(\frac{14}{5}\right)^2 = \frac{196}{25} = 7\frac{21}{25}$

Potenzen mit rationaler Basis und ganzzahligem Exponenten

Du kennst bereits aus Kapitel 2.1 die Bedeutung negativer Exponenten für eine Stufenzahl als Basis.

Es gilt zum Beispiel: $10^{-3} = \frac{1}{10^3} = \frac{1}{1000} = 0{,}001$.

Diese Schreibweise kannst du auch bei Potenzen mit anderen Basen anwenden. Schaue dir dafür das Beispiel mit der Basis 2 an. Wenn sich der Exponent um 1 verringert, musst du den Potenzwert durch 2 dividieren.

$2^2 = 4 \quad 2^1 = 2 \quad 2^0 = 1 \quad 2^{-1} = \frac{1}{2} = \frac{1}{2^1} \quad 2^{-2} = \frac{1}{4} = \frac{1}{2^2}$

(jeweils $:2$)

Du siehst, dass der negative Exponent im Nenner positiv wird.

Zur Erinnerung
$a^0 = 1$
(nur für $a \neq 0$)

Um eine Potenz mit einem negativen ganzzahligen Exponenten −n (mit n ∈ ℕ) zu berechnen, schreibst du die Potenz mit positivem Exponenten n in den Nenner eines Bruches mit dem Zähler 1.

$a^{-n} = \frac{1}{a^n} = \underbrace{\frac{1}{a \cdot a \cdot \ldots \cdot a}}_{n \text{ Faktoren}}; \; a \in \mathbb{Q}\setminus\{0\}, n \in \mathbb{N} \qquad 2^{-3} = \frac{1}{2^3} = \frac{1}{2 \cdot 2 \cdot 2} = \frac{1}{8}$

Beachte auch hier ganz genau, worauf sich der Exponent bezieht.

Beachte
$(-5)^{-3}$ ist nicht dasselbe wie -5^{-3}, auch wenn die Ergebnisse gleich sind.

Beispiel 3: Potenzen mit negativen Exponenten

Tina war letzte Stunde krank. Beschreibe ihr den Lösungsweg bei den Aufgaben.

a) $-5^{-3} = -\frac{1}{5^3} = -\frac{1}{5 \cdot 5 \cdot 5} = -\frac{1}{125}$

b) $\left(\frac{2}{3}\right)^{-2} = \frac{1}{\left(\frac{2}{3}\right)^2} = \frac{1}{\frac{2}{3} \cdot \frac{2}{3}} = \frac{1}{\frac{4}{9}} = 1 \cdot \frac{9}{4} = 2\frac{1}{4}$

Lösung:

a) Der Exponent (−3) bezieht sich nur auf die Zahl 5. Berechne daher zuerst die Potenz 5^{-3}. Schreibe dazu 5^3 in den Nenner eines Bruches und 1 als Zähler, also: $\frac{1}{5^3} = \frac{1}{5 \cdot 5 \cdot 5} = \frac{1}{125}$.

Berücksichtige außerdem das Vorzeichen: $-\frac{1}{125}$.

b) Der Exponent (−2) bezieht sich auf den gesamten Bruch $\frac{2}{3}$. Um die Potenz zu berechnen, schreibst du den Bruch mit positivem Exponenten in den Nenner, also: $\frac{1}{\left(\frac{2}{3}\right)^2}$.

Berechne dann den Nenner und rechne dann mit dem Doppelbruch weiter.

Beispiel 4: Potenzen in Termen

Berechne $-3^2 - (-3)^{-2}$

Lösung:

Achte beim Lösen der Aufgabe darauf, wie du die Potenzen auflösen musst und vergiss das Vorzeichen nicht.

$-3^2 - (-3)^{-2} = -9 - \frac{1}{(-3)^2} = -9 - \frac{1}{9} = -9\frac{1}{9}$

Aufgaben

Trainieren | Vertiefen | Herausforderung

Potenzen mit rationaler Basis und natürlichem Exponenten

1 Im Schulbuch liest Yasin folgende Aufgabe: „Sortiere die Brüche nach ihrer Größe".
Er wundert sich, denn die Brüche sind doch alle gleich groß. Erkläre seinen Irrtum und löse die Aufgabe.

$\frac{1^2}{3}$ $\quad \frac{-1^2}{3}$ $\quad -\frac{1^2}{3}$ $\quad \left(\frac{-1}{3}\right)^2$ $\quad -\left(\frac{1}{3}\right)^2$ $\quad \left(-\frac{1}{3}\right)^2$

2 Beschreibt die Unterschiede der Klammersetzung bei der Berechnung der Termwerte. Verwendet dabei passende Fachbegriffe.

$\left(-\frac{12}{13}\right)^4$ $\quad \frac{(-12)^4}{13}$ $\quad -\left(\frac{12}{13}\right)^4$ $\quad -\frac{12^4}{13}$

3 Entscheide vor dem Rechnen, ob du in Dezimalbrüche umwandeln solltest.

a) $\left(2\frac{2}{3}\right)^3$ b) $-\left(1\frac{2}{5}\right)^2$ c) $\left(-1\frac{1}{8}\right)^3$ d) $\left(-1\frac{1}{10}\right)^2$

4 Diskutiere mit deinem Nachbarn, ob die Aussagen richtig oder falsch sind. Begründet eure Entscheidung.

a) Eine Zahl wird beim Quadrieren immer größer.
b) Der Wert einer Potenz ist immer positiv.
c) Die Werte von $\left(\frac{2}{5}\right)^{10}$ und $\frac{2^{10}}{5}$ unterscheiden sich nicht.
d) Potenzierst du eine Zahl, die zwischen 0 und 1 liegt, so ist der Wert der Potenz auch eine Zahl zwischen 0 und 1.

5 Setze so Klammern, dass der Wert des Terms Null wird.

a) $-1^{18} + (-1)^{39}$ b) $-\frac{2^4}{5} - \frac{2^4}{5}$

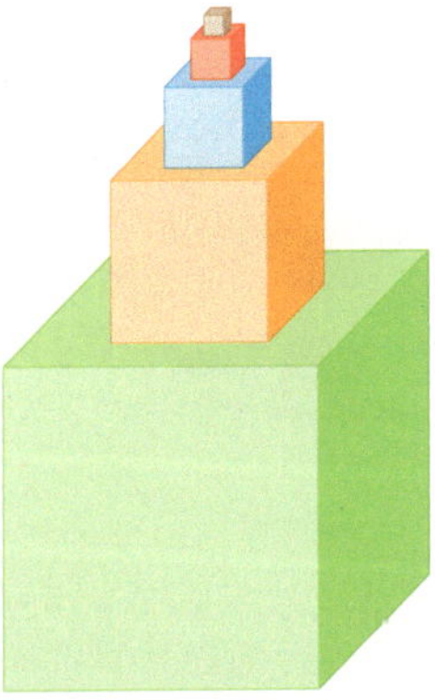

6 In einem Mathematik-Museum soll ein Würfelturm aufgebaut werden. Dafür werden fünf verschieden große Würfel aufeinandergestapelt. Die Kantenlänge eines Würfels ist immer halb so lang wie die Kantenlänge des vorherigen Würfels. Bestimme, welchen Anteil die Kante des fünften Würfels an der Kantenlänge des ersten Würfels hat. Notiere deinen Lösungsweg und vergleiche anschließend mit deinem Nachbarn.

Potenzen mit rationaler Basis und ganzzahligem Exponenten

7 Berechne im Kopf.

a) 2^{-2} b) $(-9)^0$ c) 3^{-4} d) 0^9 e) $(-3)^{-2}$ f) 189^{-1} g) $\left(\frac{1}{9}\right)^{-1}$ h) 10^{-3}

8 Berechne.

a) $0{,}5^{-1}$ b) $(-0{,}5)^{-3}$ c) $(-10)^{-7}$ d) -3^4 e) $\left(\frac{1}{2}\right)^{-6}$ f) $\left(-\frac{2}{3}\right)^{-5}$ g) $\left(\frac{-2}{5}\right)^{-4}$ h) $\frac{2^{-6}}{7}$

9 Ordne die Potenzen der Größe nach, ohne alle Werte zu berechnen.

a) $4^0;\ (-4)^{-1};\ 0^4;\ -4^0$
b) $2^2;\ (-2)^2;\ 2^{-2};\ (-2)^{-2}$
c) $(-1)^2;\ (-1)^{-2};\ (-1)^3;\ (-1)^0$
d) $0{,}2^3;\ 0{,}2^{-1};\ (-0{,}2)^2;\ 0{,}2^{-2}$

10 Berechne den Wert der Potenzen.

a) $\left(-\frac{1}{9}\right)^{-1}$ b) $-\left(\frac{1}{3}\right)^{-2}$ c) $\left(\frac{1}{8}\right)^{-2}$ d) $0{,}2^{-1}$ e) $0{,}\overline{1}^{-4}$ f) $(-1)^{-19}$ g) $\left(\frac{-8}{-3}\right)^{-1}$ h) -6^{-3}

Hinweis
Berechne zuerst die Potenz.

11 Berechne die Werte der Terme.

a) $1 + (-2)^{-1}$ b) $2 - (5)^{-3}$ c) $-3 \cdot (-4)^{-2}$ d) $-4^2 : (-4)^{-2}$ e) $0{,}75 + \left(\frac{2}{3}\right)^0$ f) $(-2) + \left(\frac{1}{3}\right)^{-1}$ g) $-7 \cdot \left(\frac{7}{2}\right)^{-2}$ h) $0{,}75 + \left(\frac{2}{3}\right)^{-2}$

Vermischte Aufgaben

12 Die Hausaufgabe lautet: Berechne $\left(\frac{3}{7}\right)^{-4}$.
Mila sagt: „Ich mag diese Doppelbrüche nicht, die dabei entstehen. Dabei komme ich immer durcheinander!" Raphael will ihr helfen: „Dann bilde doch den Kehrbruch und lass das Minus vor dem Exponenten weg."
Erläutere Raphaels Idee. Überprüfe an drei Beispielen, ob er Recht haben kann.

13 Schreibe die Zahl 64 als Potenz. Finde mindestens drei verschiedene Darstellungen. Tausche dich danach mit deinem Nachbarn aus.

14 Im Alltag verwendet man manchmal bei Einheiten Vorsilben, um die Maßzahl kürzer zu schreiben. Zum Beispiel steht die Vorsilbe „Mikro" (μ) für die Zehnerpotenz 10^{-6}, d. h. 1 μm = $1 \cdot 10^{-6}$ m = 0,000 001 m.
a) Recherchiert für welche Zehnerpotenzen folgende Vorsilben stehen: Giga, Mega, Nano und Pico.
b) Nennt für jede Vorsilbe ein Anwendungsbeispiel. Zum Beispiel sind Bakterien sehr klein, sie haben ungefähr eine Länge und Breite von ca. 1–2 Mikrometer (μm). Du kannst sie nur mit einem Mikroskop sehen.

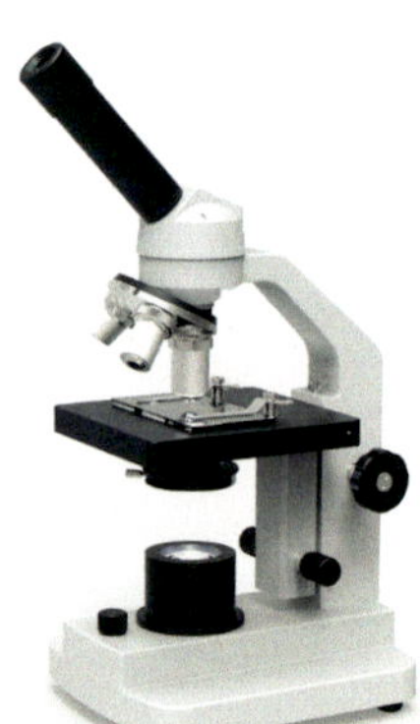

15 Berechne den Termwert.

a) $3 \cdot (-5)^2$ b) $2 \cdot 0{,}3^{-4}$ c) $5 \cdot \left(-\frac{2}{3}\right)^2$ d) $-3 \cdot (0{,}25)^{-3}$

16 Schreibe einmal als Potenz mit natürlichem Exponenten und einmal als Potenz mit negativem Exponenten.

Beispiel: $9 = 3^2 = \left(\frac{1}{3}\right)^{-2}$

a) 64 c) $-\frac{1}{81}$ e) $0{,}01$ g) $-0{,}027$

b) $\frac{1}{64}$ d) $-\frac{4}{25}$ f) $0{,}008$ h) $-1{,}44$

17 Die Freundinnen Miriam, Annabell und Felicia haben dieselbe Aufgabe mit ihrem Taschenrechner gelöst. Sie wundern sich nun, da sie alle etwas Anderes angezeigt bekommen. Nimm Stellung dazu.

① **$4{,}567^{-10}$** ② **$4{,}567 \times 10^{-10}$** ③ **4,567 E–10**

Noch fit?

I Setze <, = oder > für ○ ein.

a) $423 - 321$ ○ $433 - 321$ b) $894 - 987$ ○ $-653 - 850$

II Das Das Säulendiagramm zeigt, wie hoch verschiedene Baumarten werden können. Notiere die Höhen in einer Tabelle.

Trainieren **Vertiefen** Herausforderung

18 Erklärt mithilfe von drei selbstgewählten Zahlenbeispielen, worauf ihr bei der Berechnung achten müsst, wenn n eine natürliche Zahl ist.

a) 2^n b) -2^n c) 2^{-n} d) $(-2)^{-n}$

19 Wandle so um, dass du die Größe ohne Zehnerpotenz schreiben kannst. Schreibe das Ergebnis auch in zwei weiteren Einheiten.

Beispiel: $1{,}75 \cdot 10^2\,\text{ha} = 175\,\text{ha} = 0{,}0175\,\text{km}^2 = 17\,500\,\text{a}$

a) $4 \cdot 10^5\,\text{m}$ c) $8 \cdot 10^3\,\text{l}$ e) $3{,}4 \cdot 10^{-2}\,\text{m}$ g) $5{,}4 \cdot 10^{-2}\,\text{m}^3$

b) $0{,}74 \cdot 10^6\,\text{g}$ d) $4 \cdot 10^4\,\text{m}^2$ f) $3{,}4 \cdot 10^{-3}\,\text{km}$ h) $9{,}2 \cdot 10^{-9}\,\text{ha}$

20 Ordne die folgenden Zahlen der Größe nach.

a) $1{,}3 \cdot 10^6$; $1{,}3 \cdot 10^{-6}$; $3{,}1 \cdot 10^6$; $3{,}1 \cdot 10^{-6}$; $3{,}1 \cdot 10^0$; 0; $1{,}3 \cdot 10^1$; $1{,}3 \cdot 10^{-1}$

b) $0{,}125 \cdot 10^3$; $1{,}25^3$; $12{,}5 \cdot 10^{-2}$; $1{,}25 \cdot 10^0$; $1{,}25 \cdot 10^1$; $1{,}25 \cdot 10^{-1}$; $1{,}25^0$; $1{,}25^{-1}$

21 Berechne.

a) $3^1 + 3^0 + 3^{-1} + 3^{-2}$ c) $(-3)^1 + (-3)^{-1} + (-3)^{-2}$

b) $(7^{-1} + 7^0) : (7^0 - 7^{-1})$ d) $4^{-1} : \left(\frac{2}{4}\right)^2 \cdot 2^{-3}$

22 In ihrer Rechnung hat Marie drei Fehler gemacht. Finde diese, beschreibe sie in Worten und korrigiere die Rechnung.
$-1{,}7 + 0{,}7 \cdot \left(2^{-1} - (-0{,}3)^2\right) = -1 \cdot (-2 - 0{,}9) = -1 \cdot (-2{,}9) = 2{,}9$

23 Ordne die Terme der Größe nach, ohne zuvor den Wert zu berechnen.

$\left(-\frac{158}{159}\right)^2$ $\quad -\frac{158}{159^2}$ $\quad -\left(\frac{158}{159}\right)^2$ $\quad \left(-\frac{158}{159}\right)^{-2}$ $\quad -\frac{158^2}{159}$

24 Fülle die Multiplikationspyramide aus. Verwende dabei immer die Potenzschreibweise.
Vergleiche danach die Ergebnisse und beschreibe, was dir auffällt.

2^5			
		2^{-3}	
2^{-2}	2^3		2^{-4}

25 Bestimme für den Platzhalter x eine Zahl so, dass die Rechnung stimmt.
a) $2^x = 0{,}5$ b) $4^x = 64$ c) $0{,}25^x = 4$ d) $(-3)^x = -81$

26 Entscheidet, ob die Aussagen richtig oder falsch sind, und begründet.
a) 2^x ist immer größer als 2.
b) 0,03 kann man mithilfe einer Zehnerpotenz schreiben.
c) Es gibt eine Zahl x, so dass $5 \cdot 2^x = 1{,}25$ gilt.
d) $5^0 = 0$, weil der Exponent die Faktoren zählt und wenn kein Faktor vorhanden ist, muss Null herauskommen.

Trainieren | Vertiefen | **Herausforderung**

27 Potenzen potenzieren
Bestimme den Wert der Terme, indem du Schritt für Schritt potenzierst.

Beispiel: $(2^3)^{-2} = \frac{1}{(2^3)^2} = \frac{1}{(2 \cdot 2 \cdot 2) \cdot (2 \cdot 2 \cdot 2)} = \frac{1}{64}$

a) $(2^2)^3$ c) $\left((-2)^{-1}\right)^3$ e) $\left(\left(\frac{2}{3}\right)^{-2}\right)^3$ g) $\left((0{,}2^{-2})^2\right)^{-2}$

b) $\left(\left(\frac{1}{2}\right)^3\right)^2$ d) $\left(\left(-\frac{1}{3}\right)^2\right)^{-2}$ f) $\left(\left(\left(\frac{4}{5}\right)^{-1}\right)^{-1}\right)^{-1}$ h) $\left(\left(\left(\frac{3}{2}\right)^{-1}\right)^2\right)^{-3}$

28 Mathematische Biologie
Eine menschliche Zelle hat einen Durchmesser von etwa 20 Mikrometern.
Der Zellkern im Inneren jeder Zelle hat einen Durchmesser von 5 Mikrometern.
Ein 70 kg schwerer Mensch besteht aus etwa 10^{14} Zellen.
a) Ermittle rechnerisch, aus wie vielen Zellen dein Körper besteht, wenn du davon ausgehst, dass alle Zellen gleich schwer sind.
b) Finde heraus, ob ein „Kette“ aus deinen Zellen bis zum Mond reichen würde.

Check up

Was kannst du? Was musst du noch üben?
Mit diesen Aufgaben kannst du deinen Lernfortschritt überprüfen.
Lösungen findest du im Anhang.

1 Berechne.

a) $-\frac{2}{3} \cdot \frac{9}{8}$
b) $\frac{11}{3} : \left(-\frac{8}{15}\right)$
c) $5\frac{1}{2} \cdot \left(-1\frac{4}{10}\right)$
d) $-\frac{7}{20} : (-5)^{-2}$
e) $3{,}4 \cdot 5{,}07$
f) $20{,}88 : 3{,}6$
g) $\frac{1}{3} \cdot \left(-\frac{8}{9}\right)^2$
h) $\left(-1\frac{1}{4}\right)^{-4}$

2 Berechne.
a) 20 % von $\frac{55}{98}$
b) $\frac{1}{4}$ von $\frac{3}{8}$
c) $\frac{3}{8}$ von $\frac{4}{5}$ cm
d) 70 % von $\frac{7}{10}$ m

3 Suche zu den grünen Kärtchen die Ergebnisse. Begründe, warum die übrigen roten Kärtchen keine Quadratzahlen sein können.

$0{,}11^2$ | $1{,}2^2$ | $0{,}3^2$ | $0{,}9^2$ | $0{,}1^2$

0,09 | 0,81 | 8,1 | 0,1 | 0,001 | 14,4

0,01 | 1,44 | 0,144 | 0,0121 | 0,9 | 0,121

4 Löse die Zahlenrätsel.
a) Bestimme die Zahl, mit der du –6 multiplizieren musst, um –5 zu erhalten.
b) Der Divisor eines Quotienten ist $\frac{14}{55}$, der Wert des Quotienten beträgt 5,5. Bestimme den Dividenden.

5 Ein Metzger schneidet von einem $2\frac{1}{2}$ kg schweren Stück Rindfleisch die Hälfte ab und schneidet daraus 8 gleich schwere Rouladen. Für 1 kg Rouladen verlangt er 16,80 €. Herr Lang kauft 6 Rouladen. Ermittle, wie viel Herr Lang bezahlen muss.

6 Ein Quadratmeter Sicherheitsglas wiegt 49,8 kg. Bestimme einen Näherungswert für die Gesamtmasse der Glasscheiben in der Haustür und erläutere dein Vorgehen.

7 Gegeben ist der Term $-4\frac{11}{16} \cdot (-0{,}4)^3 : \frac{4}{7}$.
a) Berechne den Wert des Terms. Begründe, warum du mit Brüchen oder mit Dezimalbrüchen rechnest.
b) Tom hat statt $\frac{4}{7}$ in seinem Heft $\frac{5}{7}$ stehen. Begründe ohne zu rechnen, ob der Wert von Toms Term größer oder kleiner ist als der Wert des ursprünglichen Terms.

Auf einen Blick

Zur Erinnerung

Denke immer an die Vorzeichenregeln.

$- : + = -$

$+ : - = -$

$+ : + = +$

$- : - = +$

Multiplikation/Divison von Brüchen

Du multiplizierst zwei Brüche, indem du Zähler mit Zähler und Nenner mit Nenner multiplizierst.

$\frac{a}{b} \cdot \frac{c}{d} = \frac{a \cdot c}{b \cdot d}$

Du dividierst durch einen Bruch, indem du mit dem Kehrbruch multiplizierst.

$\frac{a}{b} : \frac{c}{d} = \frac{a}{b} \cdot \frac{d}{c} = \frac{a \cdot d}{b \cdot c}$

Bruchteile mit der Multiplikationsregel berechnen

Bruchteile können mithilfe der Multiplikationsregel berechnet werden, indem das Wort „von" in Rechnung durch „mal" ersetzt wird.

$\frac{2}{3}$ von $\frac{3}{8}$ kg

$= \frac{2}{3} \cdot \frac{3}{8}\,\text{kg} = \frac{1}{4}\,\text{kg}$

Multiplikation/Division von Dezimalbrüchen

Du multiplizierst zwei Dezimalbrüche, indem du zuerst die Faktoren ohne Beachtung des Kommas multiplizierst und anschließend das Komma so setzt, dass das Ergebnis so viele Dezimalstellen hat, wie beide Faktoren zusammen.

$1{,}24 \cdot 3{,}6$

Ohne Komma:

$124 \cdot 36 = 4464$

$1{,}24 \cdot 3{,}6 = 4{,}464$

Bei der schriftlichen Division eines Dezimalbruchs durch eine natürliche Zahl setzt du im Ergebnis das Komma, sobald du im Dividenden das Komma überschreitest.
Wenn der Divisor ein Dezimalbruch ist, so werden Dividend und Divisor mit der gleichen Stufenzahl multipliziert, so dass der Divisor kommafrei ist.

$0{,}72 : 0{,}3$

$= 7{,}2 : 3 = 2{,}4$

6

12

12

0

Auswahl der Zahlendarstellung

Überlege vor dem Rechnen, welche Darstellungsform du nutzt:

- Periodische Dezimalbrüche musst du in Brüche umwandeln.
- Meist ist es bei der Multiplikation/Division einfacher, wenn du mit Brüchen rechnest.
- Bei einer Rechnung mit einer Stufenzahl musst du nur das Komma verschieben. Hier ist ein Umwandeln in Brüche nicht hilfreich.

Potenzen mit rationaler Basis und natürlichem Exponenten

Achte beim Potenzieren von Brüchen besonders darauf, worauf sich der Exponent bezieht.

$\left(\frac{2}{3}\right)^3 = 2^3 \cdot 2^3 \cdot 2^3 = \frac{8}{27}$;

aber $\frac{2^3}{3} = \frac{2 \cdot 2 \cdot 2}{3} = \frac{8}{3}$

Potenzen mit rationaler Basis und ganzzahligem Exponenten

Um eine Potenz mit einem negativen ganzzahligen Exponenten $-n$ (mit $n \in \mathbb{N}$) zu berechnen, schreibst du die Potenz mit positivem Exponenten n in den Nenner eines Bruches mit dem Zähler 1.

$a^{-n} = \frac{1}{a^n}$

$2^{-3} = \frac{1}{2^3} = \frac{1}{2 \cdot 2 \cdot 2} = \frac{1}{8}$

Kapitel 5

Flächeninhalte

Wenn du dir Häuser genauer anschaust, kannst du ganz verschiedene Formen entdecken. Bei der Konstruktion der Gebäude spielen deren Flächeninhalte eine wesentliche Rolle. In diesem Kapitel lernst du, wie du die Flächeninhalte von besonderen Vierecken und Dreiecken berechnen kannst.

Wiederholung

Vierecke

Du kennst besondere Vierecke und ihre Eigenschaften.

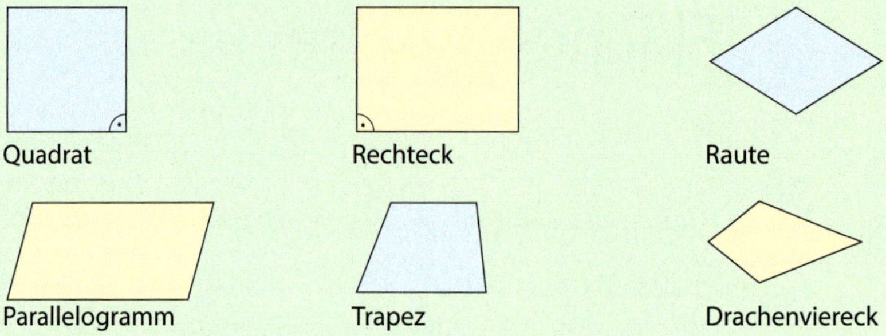

Längen- und Flächeneinheiten

Wenn du Längen und Flächeninhalte in einer anderen Einheit angeben möchtest, musst du die **Umrechnungszahlen** beachten.

Längeneinheiten:	1 km		1 m		1 dm		1 cm		1 mm
		1000		10		10		10	

Flächeneinheiten:	$1\ km^2$		1 ha		1 a		$1\ m^2$		$1\ dm^2$		$1\ cm^2$		$1\ mm^2$
		100		100		100		100		100		100	

Flächeninhalt von Rechteck und Quadrat

Für den Flächeninhalt eines Rechtecks mit Länge a und Breite b bzw. eines Quadrats mit Seitenlänge s gilt:

$A_R = a \cdot b$ $A_Q = s \cdot s = s^2$

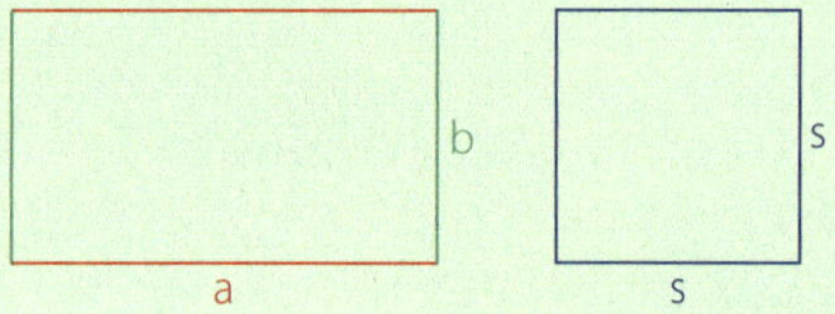

Flächeninhalt zusammengesetzter Figuren

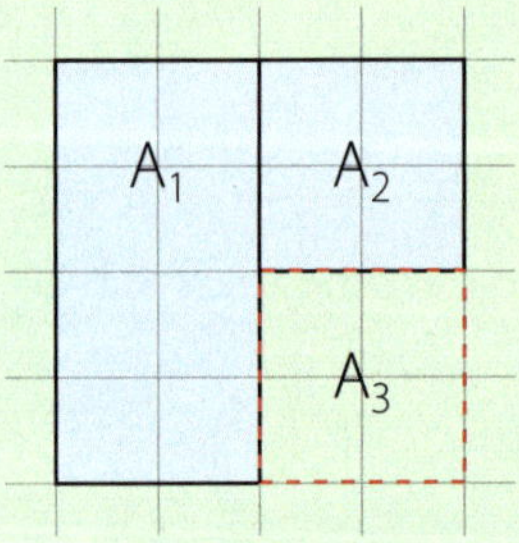

Um den Flächeninhalt einer zusammengesetzten Figur zu berechnen, kennst du zwei verschiedene Möglichkeiten:

Möglichkeit A: Zerlegen
Zerlege die Figur und addiere den Flächeninhalt aller Teilflächen.

$A_{Figur} = A_1 + A_2$

Möglichkeit B: Ergänzen
Ergänze die Figur zu einer größeren und berechne deren Flächeninhalt. Subtrahiere davon den Flächeninhalt der ergänzten Fläche.

$A_{Figur} = A_{Quadrat} - A_3$

Schrägbilder und Netze

Du kannst Körper unterschiedlich zeichnen. Jede Darstellung hat ihre Vorteile.

Mit einem **Schrägbild** kannst du einen Körper räumlich darstellen.

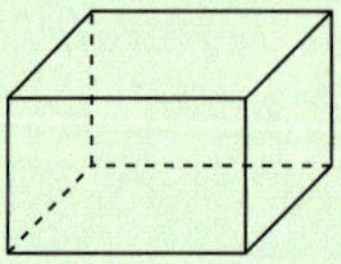

Bei einem **Netz** siehst du alle Begrenzungsflächen in einer Ebene.

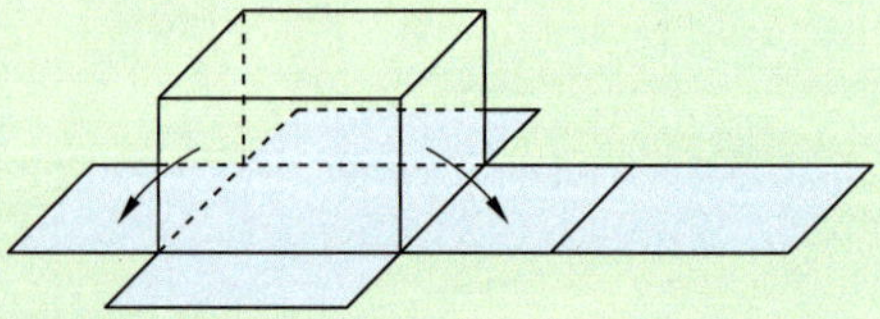

Aufgaben

1 Übertrage die Tabelle in dein Heft. Ergänze die Lücken.

	Quadrat	Rechteck	Parallelogramm	Trapez
Anzahl gleich langer Seiten	4			
Anzahl paralleler Seiten	je 2			
Anzahl gleich großer Winkel				
Anzahl rechter Winkel				

2 Wahr oder falsch? Entscheide und begründe deine Antwort.

a) Jedes Quadrat ist ein Rechteck.

b) Jedes Trapez ist ein Parallelogramm.

c) Jedes Rechteck ist ein Trapez.

d) Jedes Trapez ist ein Rechteck.

3 Erläutere, welche Fehler Karim beim Umwandeln der Einheiten gemacht hat, und korrigiere sie.

a) $0{,}57\,m = 5{,}7\,cm$

b) $4\,a = 0{,}4\,ha$

c) $79{,}1\,m^2 = 7910\,cm^2$

d) $346{,}3\,cm^2 = 3\,dm^2\ 46\,cm^2\ 3\,mm^2$

4 Berechne die fehlenden Angaben des Rechtecks.

	Länge	Breite	Flächeninhalt
a)	13,5 cm	4 cm	
b)	5 m	13 dm	
c)	4,4 km		$8800\,m^2$

5 Flächeninhalt und Umfang

a) Ermittle den Umfang eines Quadrats mit dem Flächeninhalt $90\,000\,m^2$.

b) Erkläre den Unterschied zwischen Umfang und Flächeninhalt einer Figur.

6 Die Abbildung zeigt das Grundstück von Familie Kreß.

a) Berechne den Flächeninhalt des Grundstücks.

b) Schätze ab, welcher Anteil des Grundstücks durch das Haus bebaut ist.

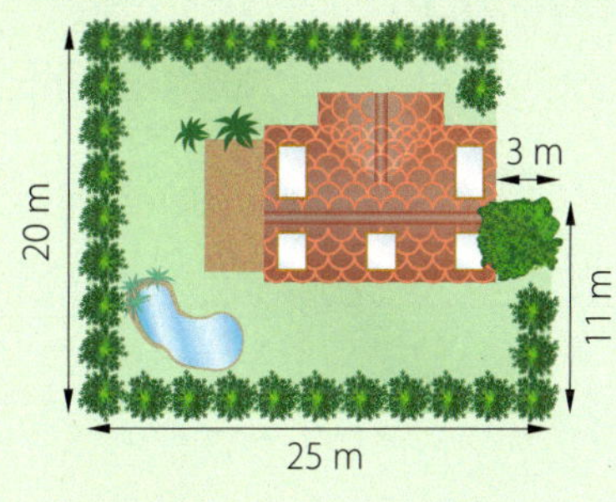

7 Übertrage die Linien in dein Heft und ergänze zu einem Schrägbild eines Quaders. Zeichne anschließend zwei verschiedene Netze zu dem Körper.

a)

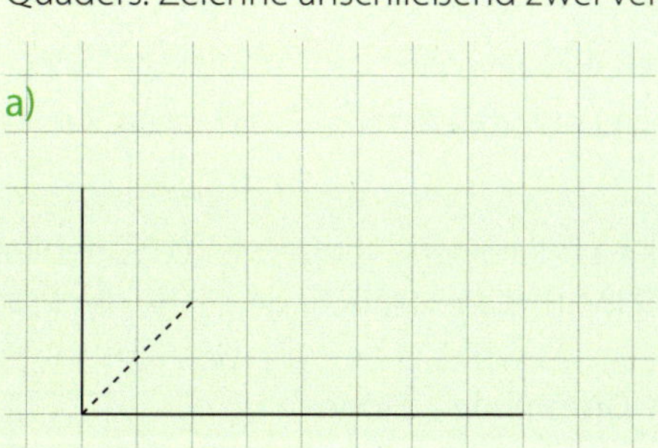

b)

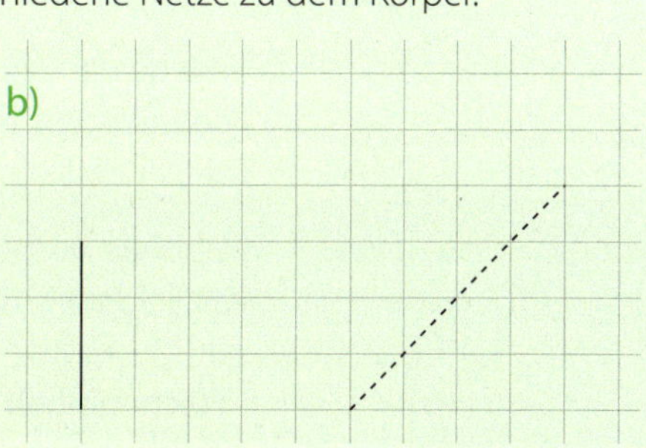

5.1 Flächeninhalt von Parallelogramm, Dreieck und Trapez

Einstieg

Sonnensegel

Familie Weiß findet in einem Geschäft drei verschiedene Sonnensegel, die alle dieselben Seitenlängen haben und gleich viel kosten. Der Verkäufer meint, die Familie soll einfach das Segel kaufen, welches sie von der Form her am schönsten findet, denn von der Fläche wären sie alle gleich.
Überlege, was du Familie Weiß raten würdest, und begründe.

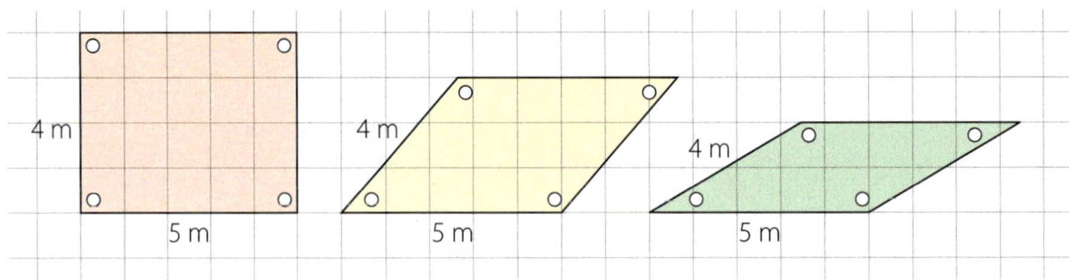

Wissen

Flächeninhalt eines Parallelogramms

Wie du schon aus Jahrgangsstufe 5 weißt, ist ein Parallelogramm ein Viereck, bei dem die gegenüberliegenden Seiten zueinander parallel sind. Die zueinander parallelen Seiten sind auch gleich lang.

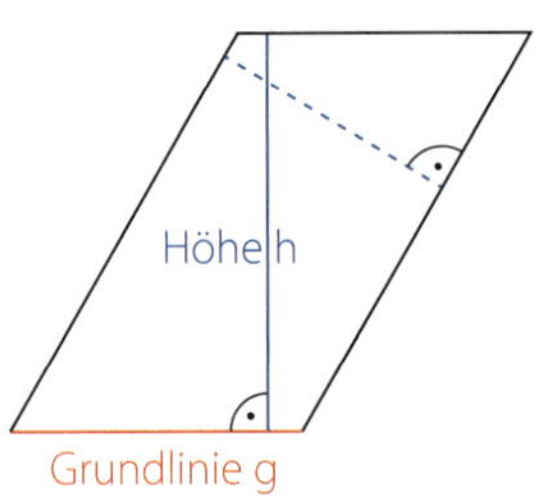

Im Parallelogramm wird der Abstand zweier zueinander paralleler Seiten Höhe genannt. Sie steht senkrecht auf der zugehörigen Grundlinie.
Ein Parallelogramm hat zwei Höhen, da jede Seite als Grundlinie gewählt werden kann.

Die Berechnung des Flächeninhalts eines Parallelogramms kannst du auf die Berechnung des Flächeninhalts des Rechtecks zurückführen.

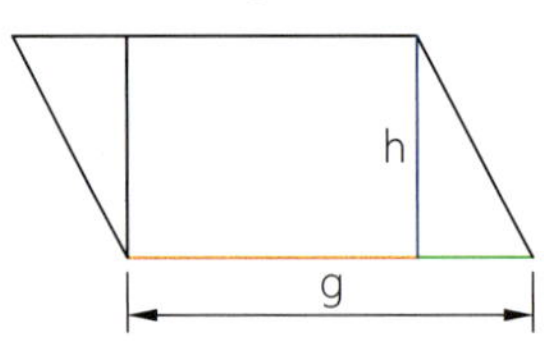

Zerlege das Parallelogramm in ein Rechteck und zwei rechtwinklige Dreiecke.

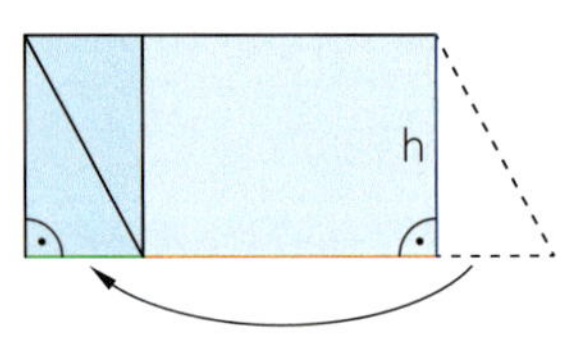

Füge die Teilflächen zu einem flächengleichen Rechteck zusammen.

Das neue Rechteck hat die gleiche Länge wie die Grundlinie des ursprünglichen Parallelogramms. Seine Breite entspricht der Höhe des Parallelogramms.

Flächeninhalt = Grundlinie · Höhe

$$A_{\text{Parallelogramm}} = g \cdot h$$

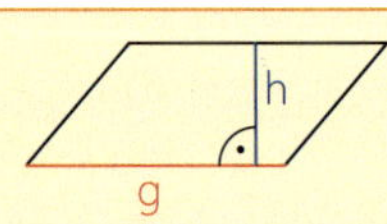

Beachte
Manchmal liegen Höhen auch außerhalb des Parallelogramms. Zum Einzeichnen der Höhe wird die Grundlinie verlängert.

Beispiel 1: Flächeninhalt von Parallelogrammen
Begründe, weshalb alle Parallelogramme denselben Flächeninhalt besitzen. Bestimme dann diesen Flächeninhalt.

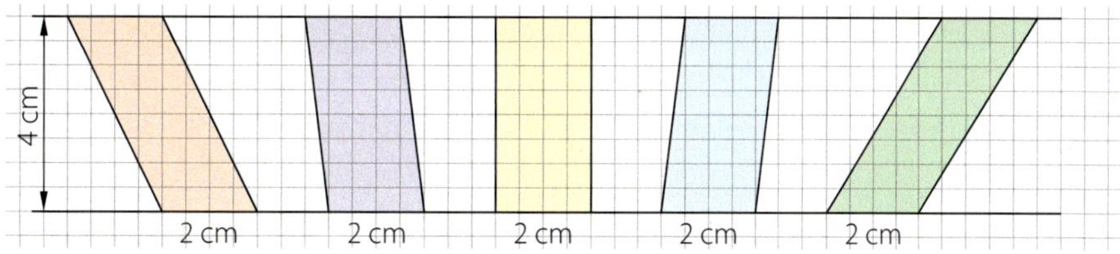

Lösung:
Da bei allen Parallelogrammen die Grundlinie und die zugehörige Höhe gleich lang sind, haben sie alle denselben Flächeninhalt: $A = g \cdot h = 2\,cm \cdot 4\,cm = 8\,cm^2$

Beachte
Beim Rechnen müssen alle Größen dieselbe Einheit haben.

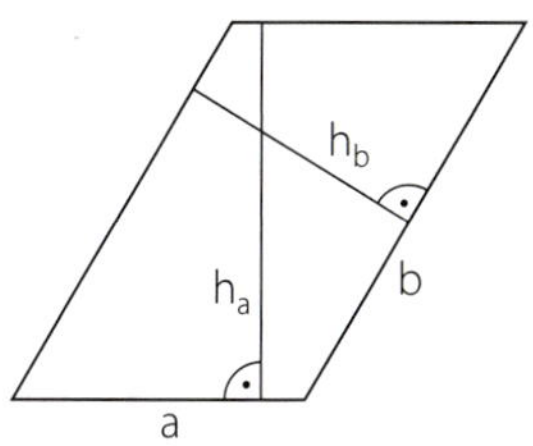

Beispiel 2: Flächenformel anwenden
Bei einem Parallelogramm ist $a = 4\,cm$, $h_a = 54\,mm$ und $b = 6\,cm$. Berechne h_b.

Lösung:
1. Berechne den Flächeninhalt mithilfe der Grundlinie a und der Höhe h_a. — $A = a \cdot h_a = 4\,cm \cdot 5{,}4\,cm = 21{,}6\,cm^2$
2. Mit b als Grundlinie bleibt der Flächeninhalt gleich: — $A = b \cdot h_b = 6\,cm \cdot h_b = 21{,}6\,cm^2$
3. Berechne die Höhe h_b mithilfe der Umkehraufgabe. — $h_b = 21{,}6\,cm^2 : 6\,cm = 3{,}6\,cm$

Flächeninhalt eines Dreieckes

Neben den Vierecken kennst du bereits Dreiecke; auch diese haben Höhen.

Die Höhe im Dreieck ist die kürzeste Verbindung eines Eckpunktes zur gegenüberliegenden Seite. Sie steht senkrecht auf der Grundlinie. Ein Dreieck hat drei Höhen, da jede Seite die Grundlinie sein kann.

Die Berechnung des Flächeninhalts eines Dreiecks kannst du auf die Berechnung des Flächeninhalts des Parallelogramms zurückführen.

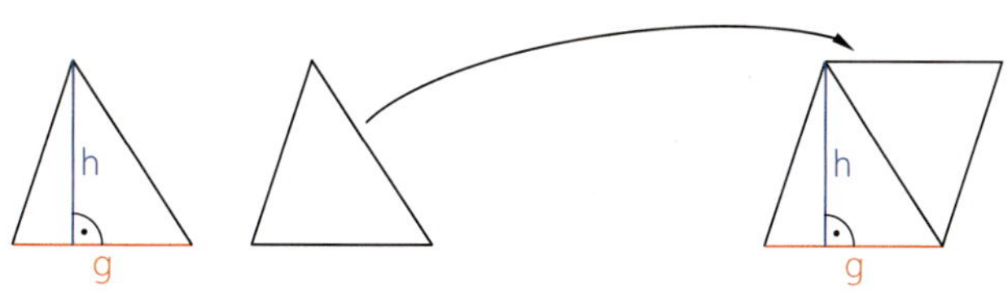

Verdopple das Dreieck.

Setze die Dreiecke zu einem Parallelogramm zusammen.

Der Flächeninhalt des Dreiecks ist halb so groß wie der des Parallelogramms. Das Dreieck und das Parallelogramm besitzen dieselbe Grundlinie und Höhe.

Flächeninhalt = (Grundlinie · Höhe) : 2

$A_{Dreieck} = (g \cdot h) : 2 = \frac{1}{2} \cdot g \cdot h$

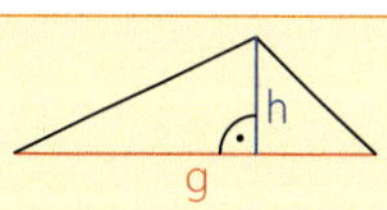

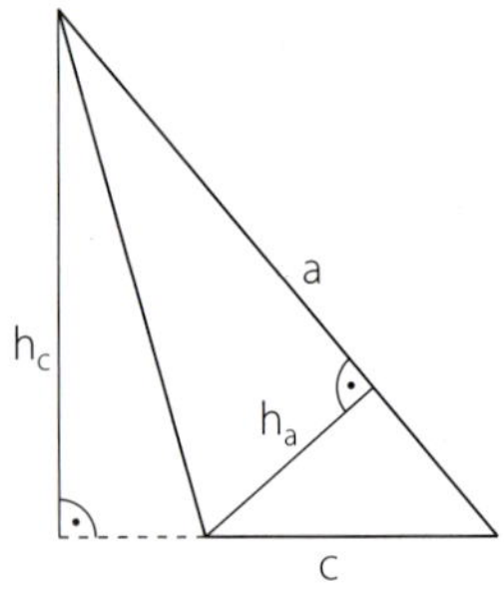

Beachte
Die Höhe h_c liegt außerhalb der Figur. Zum Einzeichnen muss die Grundlinie verlängert werden.

Beispiel 3: Flächenformel anwenden

Bei einem Dreieck ist $a = 4\,\text{cm}$, $h_a = 9\,\text{mm}$ und $c = 1{,}5\,\text{cm}$. Berechne h_c.

Lösung:

1. Berechne den Flächeninhalt mit der Grundlinie a und der Höhe h_a. $\quad A = \frac{1}{2} \cdot a \cdot h_a = \frac{1}{2} \cdot 4\,\text{cm} \cdot 0{,}9\,\text{cm} = 1{,}8\,\text{cm}^2$
2. Mit $c = 1{,}5\,\text{cm}$ als Grundlinie bleibt der Flächeninhalt gleich. $\quad A = \frac{1}{2} \cdot c \cdot h_c = \frac{1}{2} \cdot 1{,}5\,\text{cm} \cdot h_c = \frac{1}{2} \cdot \frac{3}{2}\,\text{cm} \cdot h_c = \frac{3}{4}\,\text{cm} \cdot h_c = 1{,}8\,\text{cm}^2$
3. Berechne die Höhe h_c mithilfe der Umkehraufgabe. $\quad h_c = 1{,}8\,\text{cm}^2 : \frac{3}{4}\,\text{cm} = 2{,}4\,\text{cm}$

Beispiel 4: rechtwinkliges Dreieck

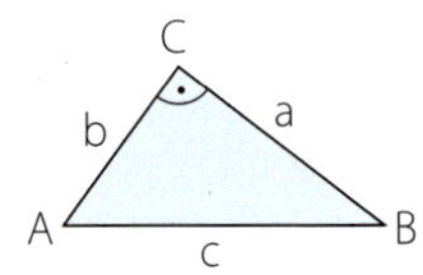

Das Dreieck ABC ist rechtwinklig mit $a = 4\,\text{cm}$, $b = 3\,\text{cm}$ und $c = 5\,\text{cm}$. Erkläre, wie du mit diesen Angaben den Flächeninhalt berechnen kannst.

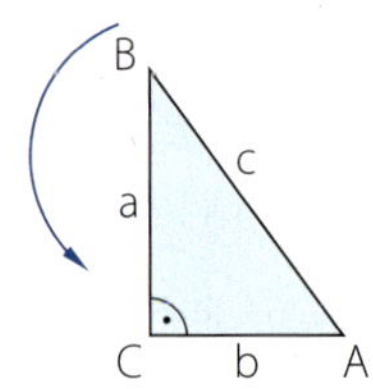

Lösung:

Da die Seite a senkrecht auf der Seite b (und umgekehrt) steht, ist die Seite a die Höhe zur Grundlinie b (und umgekehrt).
Also kannst du rechnen: $A = \frac{1}{2} \cdot g \cdot h = \frac{1}{2} \cdot a \cdot b$.

Flächeninhalt eines Trapezes

Ein Trapez ist ein Viereck mit zwei zueinander parallelen Seiten.

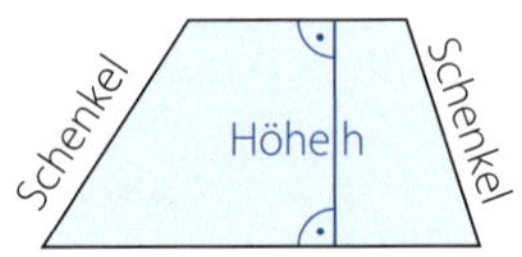

Die Höhe im Trapez ist der Abstand der zueinander parallelen Seiten. Sie steht auf diesen senkrecht.

Die Berechnung des Flächeninhalts eines Trapezes kannst du auf die Berechnung des Flächeninhalts des Parallelogramms zurückführen.

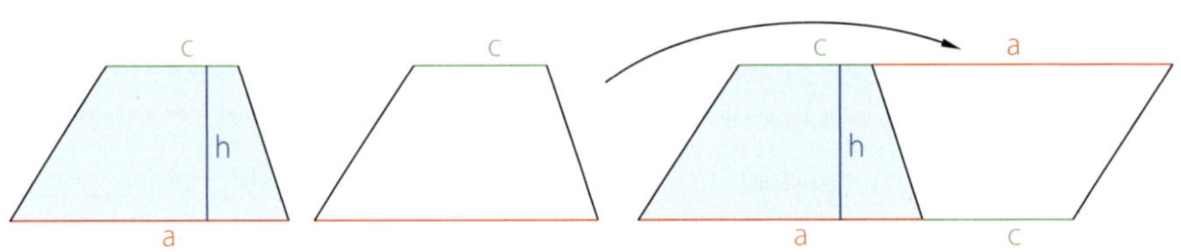

Verdopple das Trapez.

Setze die Trapeze zu einem Parallelogramm zusammen.

Der Flächeninhalt des Trapezes ist halb so groß wie der des Parallelogramms.
Die Grundlinie des Parallelogramms setzt sich aus den beiden parallelen Seiten des Trapezes zusammen. Die Höhe des Parallelogramms ist die Höhe des Trapezes.

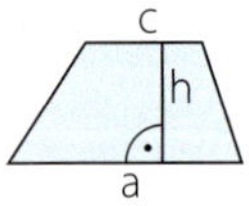

Flächeninhalt = Summe der Längen der parallelen Seiten · Höhe : 2
$A_{Trapez} = (a + c) \cdot h : 2 = \frac{1}{2} \cdot (a + c) \cdot h$

Beispiel 5: Flächenformel anwenden

Bei einem Trapez ist $c = 4\,cm$ und $h = 3\,cm$. Sein Flächeninhalt beträgt $15\,cm^2$. Die Seite a ist parallel zu der Seite c. Berechne die Länge der Seite a.

Lösung:

1. Notiere die Formel und setze die bekannten Größen ein.
   $A = \frac{1}{2} \cdot (a + c) \cdot h$
   $15\,cm^2 = \frac{1}{2} \cdot (a + 4\,cm) \cdot 3\,cm$
2. Vereinfache den Term mithilfe des Kommutativgesetzes.
   $15\,cm^2 = \frac{1}{2} \cdot 3\,cm \cdot (a + 4\,cm)$
   $15\,cm^2 = 1{,}5\,cm \cdot (a + 4\,cm)$
3. Berechne mithilfe der Umkehraufgabe, wie groß (a + c) ist.
   $15\,cm^2 : 1{,}5\,cm = (a + 4\,cm)$
   $10\,cm = a + 4\,cm$
4. Berechne die Länge von a.
   $a = 10\,cm - 4\,cm = 6\,cm$

Beispiel 6: Zusammengesetzte Figur

Ermittle den Flächeninhalt der Figur.
Die Seitenlänge eines Kästchen beträgt 0,5 cm.

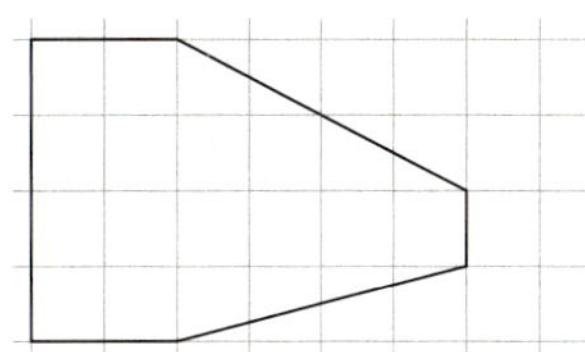

Lösung:

Du kannst die Figur zum Beispiel in ein Rechteck und ein Trapez zerlegen.

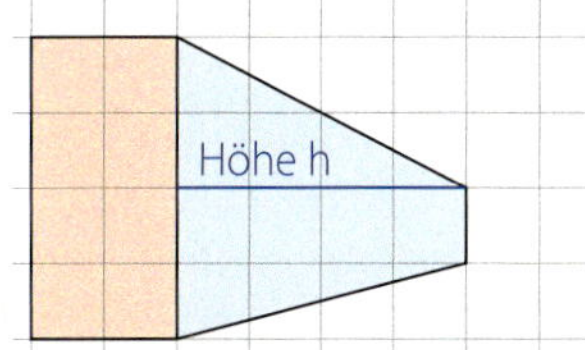

$A_{Figur} = A_{Rechteck} + A_{Trapez}$

$A_{Figur} = 1\,cm \cdot 2\,cm + \frac{1}{2} \cdot (2\,cm + 0{,}5\,cm) \cdot 2\,cm$

$A_{Figur} = 2\,cm^2 + 2{,}5\,cm^2 = 4{,}5\,cm^2.$

Aufgaben

Trainieren | Vertiefen | Herausforderung

Flächeninhalt eines Parallelogramms

1 Berechne den Flächeninhalt A des Parallelogramms.

a) Grundseite: 7 cm, Höhe: 3 cm
b) Grundseite: 3 cm, Höhe: 9 cm
c) Grundseite: 40 mm, Höhe: 25 mm
d) Grundseite: 5 dm, Höhe: 3 cm

2 Berechne den Flächeninhalt mithilfe der angegebenen Werte.

a)
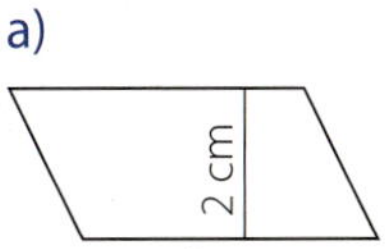

b)
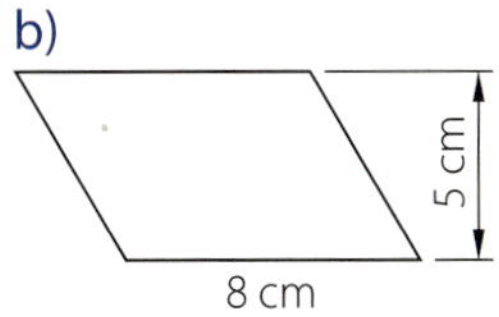

c)
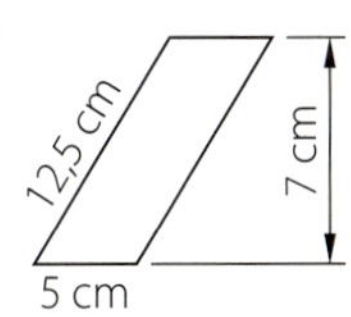

d)
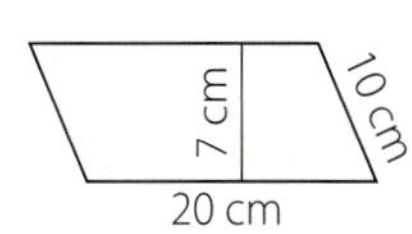

3 Berechne die fehlende Größe des Parallelogramms.

	Grundseite	Höhe	Flächeninhalt
a)	12 cm	4 cm	
b)		4 cm	880 mm²
c)	3 m		12 dm²

Platzbedarf:

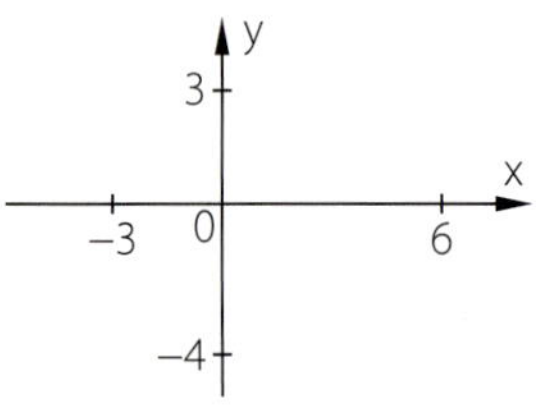

4 Die Punkte A(−2|−3), B(3|−2), C(5|2) und D(0|1) bilden das Parallelogramm ABCD. Zeichne dieses in dein Heft.

a) Zeichne in deinem Heft die Höhen h_a und h_b des Parallelogramms mithilfe eines Geodreiecks ein. Beschreibe, wie du vorgegangen bist.

b) Tom behauptet: „Ein Rechteck mit den Seitenlängen a und h_a hat einen kleineren Flächeninhalt als ein Rechteck mit den Seitenlängen b und h_b."
Hat er Recht? Begründe deine Entscheidung.

5 Ein Baugrundstück hat die Form eines Parallelogramms. Zwei zueinander parallele Seiten sind jeweils 20,5 m lang. Der Abstand zwischen ihnen misst 18,2 m. Der Preis pro m² beträgt 250 €.

a) Berechne die Kosten des Grundstücks mit den angegebenen Maßen.

b) Der Käufer hat 96 000 € zur Verfügung. Berechne die neue Länge der Parallelen, wenn der Preis pro m² und der Abstand der Parallelen gleich bleiben.

Flächeninhalt eines Dreiecks

6 Berechne den Flächeninhalt A des Dreiecks.

a) Grundlinie: 4 cm, Höhe: 3 cm
b) Grundlinie: 8 cm, Höhe: 5 cm
c) Grundlinie: 60 mm, Höhe: 15 mm
d) Grundlinie: 3 dm, Höhe: 6 cm

Beachte
Manchmal liegt eine Höhe außerhalb der Figur. Hierzu wird die Grundlinie verlängert.

7 Berechne den Flächeninhalt des Dreiecks.

a)
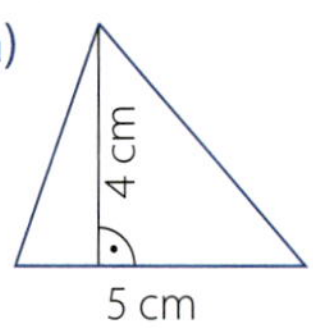

b)
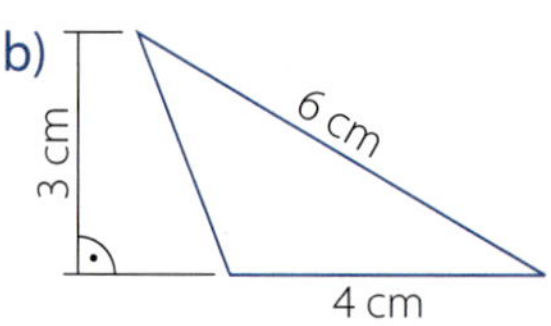

c)
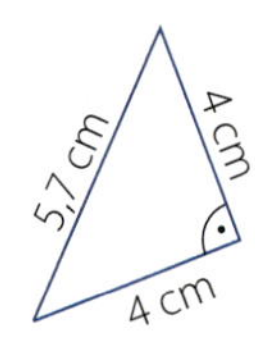

8 Berechne die fehlende Größe des Dreiecks.

	Grundseite	Höhe	Flächeninhalt
a)	8 cm	4 cm	
b)	12 cm		12 cm²
c)		80 m	4 a

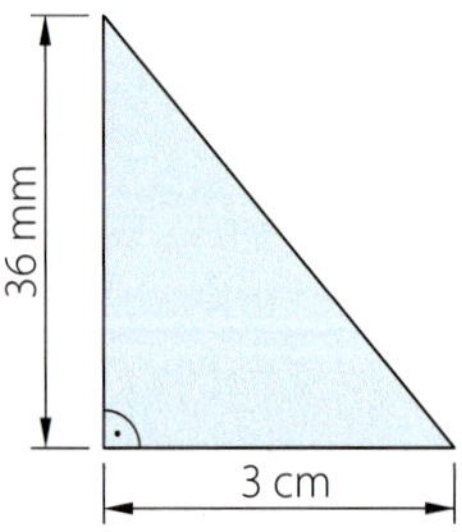

9 René und Jana haben beide den Flächeninhalt des Dreiecks falsch berechnet. Erklärt ihre Fehler und berechnet den Flächeninhalt richtig.

René:
$a = 36\,mm,\ b = 3\,cm = 30\,mm$
$A = a \cdot b = 36\,mm \cdot 30\,mm$
NR: $36 \cdot 30 = 1080$
$A = 1080\,mm^2$

Jana:
$A = a \cdot b : 2 = 36 \cdot 3 : 2$
NR: $36 \cdot 3 = 108$
$108 : 2 = 54$
$A = 54\,mm^2$

10 Die Punkte A(−2|5), B(−2|−1) und C bilden das Dreieck ABC mit einem rechten Winkel bei A. Das Dreieck hat einen Flächeninhalt von 24 cm².

a) Trage die Punkte A und B in ein Koordinatensystem ein und bestimme die Koordinaten des Eckpunktes C. Ergänze C in der Zeichnung.

b) Beschreibe allgemein, wie du die Höhe zu $\overline{BC}$ mithilfe des Geodreiecks einzeichnen kannst, und trage sie in deinem Heft ein.

11 Vergleiche die Flächeninhalte der Figuren. Begründe deine Aussagen.

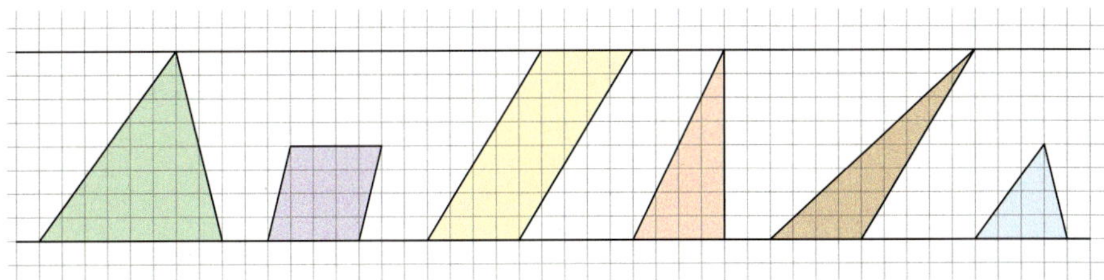

Tipp
Überlege, wie sich die Diagonalen schneiden.

12 Alexa verwendet zum Bau ihres Drachens für die Diagonalen Leisten der Längen 1,20 m und 80 cm. Ermittle, wie viel Stoff (in m²) sie mindestens benötigt.

Flächeninhalt eines Trapezes

13 Berechne den Flächeninhalt A des Trapezes mit den angegebenen Werten.

a) Parallele Seiten: 3 cm und 5 cm, Höhe: 4 cm

b) Parallele Seiten: 12 mm und 36 mm, Höhe: 26 mm

c) Parallele Seiten: 1 dm und 0,15 m, Höhe: 12 cm

14 Berechne den Flächeninhalt.

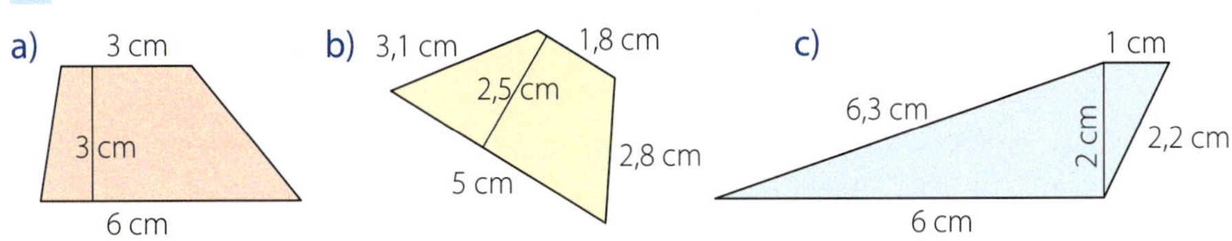

15 Berechne die fehlende Größe des Trapezes.

	Parallele Seite a	Parallele Seite c	Höhe	Flächeninhalt
a)	17 cm	14 cm	8 cm	
b)		15 cm	7 cm	84 cm²
c)	2,2 m	18 dm		3,6 m²
d)	1,4 m		60 cm	65,4 dm²

Platzbedarf:

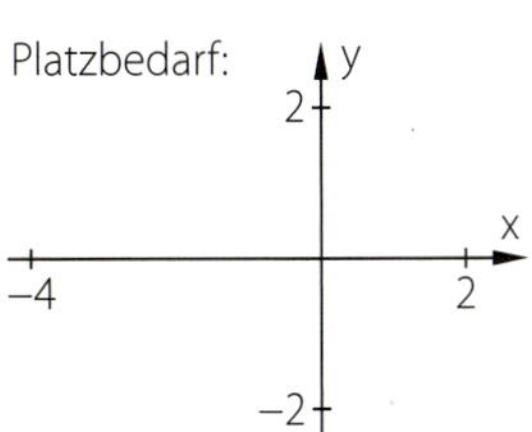

16 Gegeben sind die Punkte A(−4|−2), B(2|−2), C(2|2) und D(−1|2). Zeichne das Viereck ABCD in dein Heft. Begründe, dass das Viereck ein Trapez ist, und berechne seinen Flächeninhalt.

Hinweis
Überlege, mit welcher bekannten Form du den Querschnitt annähern kannst. Wähle zur Berechnung geeignete Werte.

17 Bei einer Flussuntersuchung erhebt eine Forschergruppe viele Daten. Unter anderem benötigt sie die Größe der Querschnittsfläche. Hierfür hat sie mehrere Werte gemessen. Berechne mithilfe der Skizze einen Näherungswert für den Flächeninhalt.

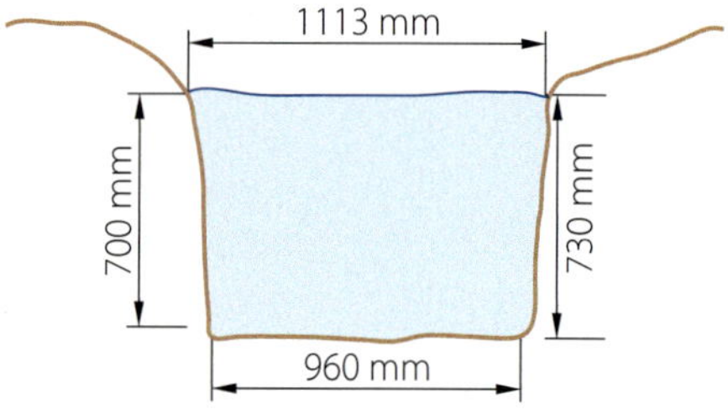

Vermischte Aufgaben

18 Familie Klein möchte ihren Vorgarten neu gestalten. Sie benötigt nun die Größe der Teilstücke, um genügend Rasensamen und Pflastersteine zu kaufen.
Finde zwei Lösungswege, um die Flächeninhalte zu berechnen.

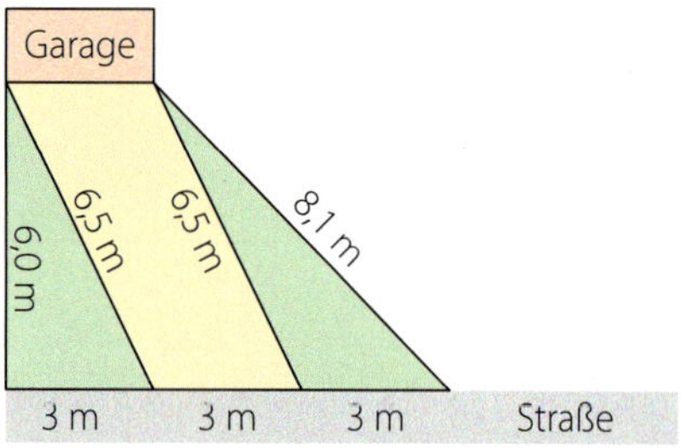

19 Berechne die Flächeninhalte folgender Figuren. Entnimm die benötigten Größen millimetergenau aus der Zeichnung. Überlege dir dann noch mindestens einen weiteren Lösungsweg für jede Figur.

a) 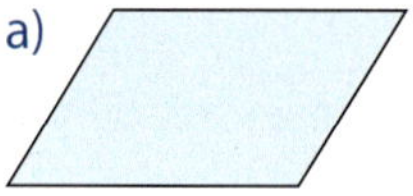

b) 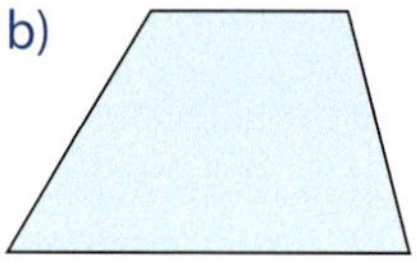

c) 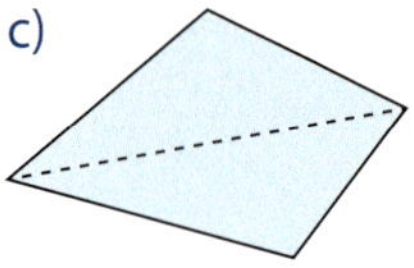

20 Beziehungen zwischen Figuren

a) Ermittle die Länge der Seite b eines Parallelogramms mit $h_b = 0{,}1$ m, das denselben Flächeninhalt hat wie ein Rechteck mit a = 2 dm und b = 8 cm.

b) Ermittle die Höhe h_a eines Dreiecks mit a = 5 cm, das denselben Flächeninhalt hat wie ein Quadrat mit einem Umfang von 16 cm.

c) Ermittle die Länge der Höhe h_b eines Parallelogramms mit b = 15 cm, das flächengleich zu einem Dreieck mit den Seiten a = 30 cm und b = 4 dm ist, wobei diese beiden Seiten einen rechten Winkel einschließen.

21 Tim und Valerie möchten den Flächeninhalt der abgebildeten Figur bestimmen. Erläutert ihre Rechenwege.

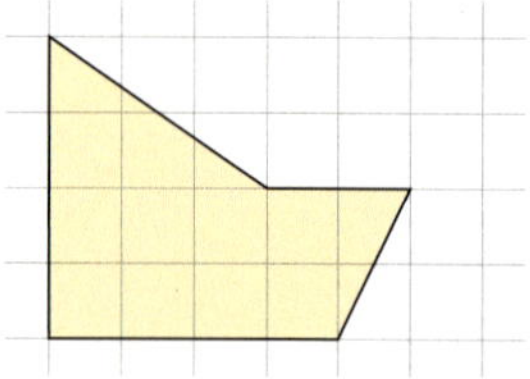

Tim:

$A = \frac{1}{2} \cdot 1{,}5\,cm \cdot 1\,cm + \frac{1}{2} \cdot (2\,cm + 2{,}5\,cm) \cdot 1\,cm$
$= 0{,}75\,cm^2 + 2{,}25\,cm^2 = 3\,cm^2$

Valerie:

$A = 2{,}5\,cm \cdot 2\,cm - \frac{1}{2} \cdot 0{,}5\,cm \cdot 1\,cm - \frac{1}{2} \cdot (1\,cm + 2{,}5\,cm) \cdot 1\,cm$
$= 5\,cm^2 - 0{,}25\,cm^2 - 1{,}75\,cm^2 = 3\,cm^2$

22 Zusammengesetzte Figuren

a) Bestimme den Flächeninhalt. Finde jeweils zwei Lösungswege.

b) Vergleiche die Lösungswege mit deinem Banknachbarn.

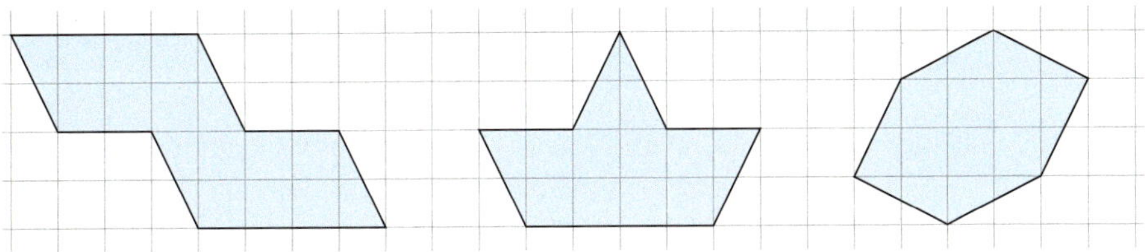

Noch fit?

I Berechne.

a) $0{,}26 \cdot 78{,}2$
b) $\frac{1}{2} \cdot 7{,}6 + 3{,}8$
c) $7{,}6 - 3{,}8 \cdot \frac{1}{2}$
d) $4{,}6 - 7{,}3 - 2{,}7 + 6{,}4$
e) $24 : 36 + \frac{1}{3}$
f) $0{,}\overline{3} \cdot 12 - 2\frac{3}{8}$

Trainieren **Vertiefen** Herausforderung

23 Die rechteckige Parkanlage von Schloss Entenstein wird durch die Wege in 11 Teile zerlegt (Längenangaben im Bild in Meter). Vergleiche die Flächeninhalte der einzelnen Teilflächen. Hinweis: Vernachlässige die Breite der Wege.

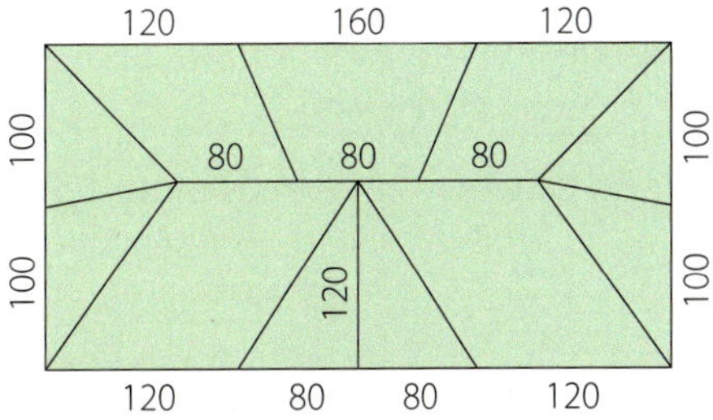

24 Erkläre, wie sich der Flächeninhalt eines Dreiecks ändert, wenn

a) die Länge einer Seite verdoppelt, die zugehörige Höhe beibehalten wird.

b) die Länge einer Höhe verdoppelt, die zugehörige Seite beibehalten wird.

c) die Länge einer Seite und die der zugehörigen Höhe verdoppelt wird.

d) Ersetze das Wort „Dreieck" durch „Parallelogramm" und löse a) bis c).

Hinweis
Überlege, wie du die Maße gut abschätzen kannst. 166/167

25 Das rechts abgebildete Metallgeländer der Treppe soll durch Glasplatten ersetzt werden.
Bestimme die benötigte Gesamtfläche des Glases.

26 Finde in der Zeichnung so viele gleich große Flächenstücke wie möglich. Du kannst auch zusammengesetzte Flächen nutzen.
Begründe deine Antwort ohne Berechnung der Flächenstücke.

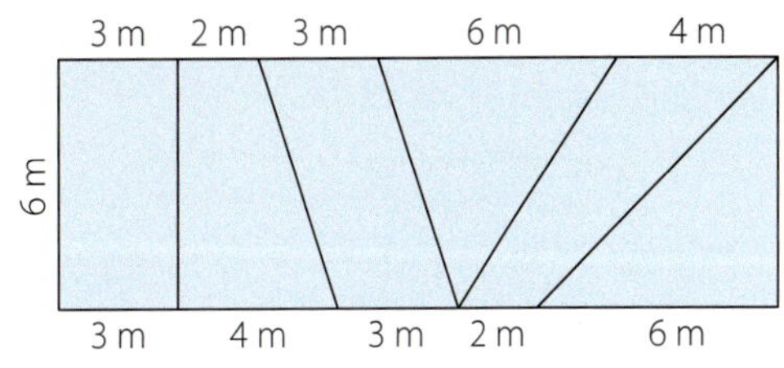

Tipp
Verwende Wortgruppen wie „Der Flächeninhalt vom Parallelogramm ist … so groß wie der des Rechtecks“, „die Höhe vom … ist … wie die des …“.

27 **Formeln mithilfe von Faltungen beweisen**

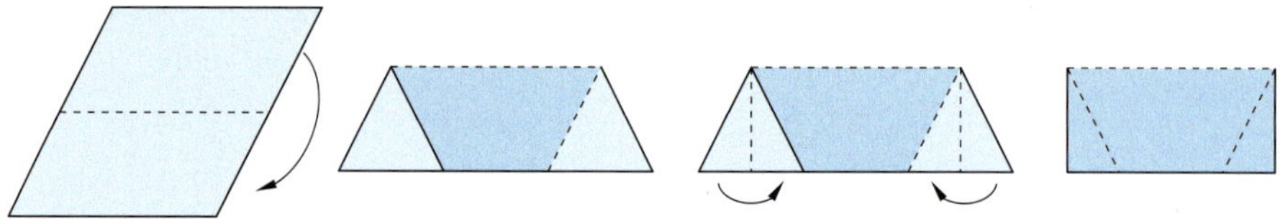

a) Beschreibe, wie das Parallelogramm zu einem Rechteck gefaltet wurde.
b) Erläutere mithilfe der Skizzen, wie du die Flächenformel für ein Parallelogramm aus der Flächenformel für ein Rechteck herleiten kannst.
c) Schneide ein Dreieck sowie ein Trapez aus Papier aus und falte diese zu einem Rechteck. Erläutere, wie du daraus die jeweilige Flächenformel herleiten kannst.

Eine Raute ist ein Viereck, bei dem alle Seiten gleich lang sind.

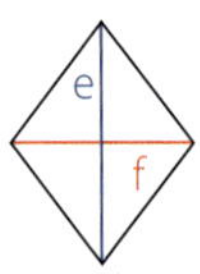

Ein Drachenviereck ist ein Viereck, bei dem je zwei aneinanderliegende Seiten gleich lang sind.

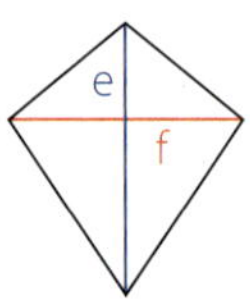

28 Eine Raute hat 5 cm lange Seiten, für die Diagonalen gilt: $e = 6\,cm$, $f = 8\,cm$.
a) Berechne den Flächeninhalt der Raute.
b) Entwickle eine Formel, mit deren Hilfe der Flächeninhalt einer Raute berechnet werden kann.
c) Maja freut sich: „Die Formel gilt ja nicht nur für Rauten, sondern auch für Drachenvierecke.“ Hat sie Recht? Begründe deine Antwort.

29 Ein 1,50 m langer und 1,20 m breiter Gehsteig soll mit sechseckigen Steinen gepflastert werden.
a) Beschreibe zwei verschiedene Lösungswege, wie die Anzahl der benötigten Steine ermittelt werden kann.
b) Tausche dich mit deinem Partner über die Möglichkeiten aus. Diskutiert die Vorteile und Nachteile jedes Rechenwegs.
c) Berechnet die Anzahl der benötigten Steine.

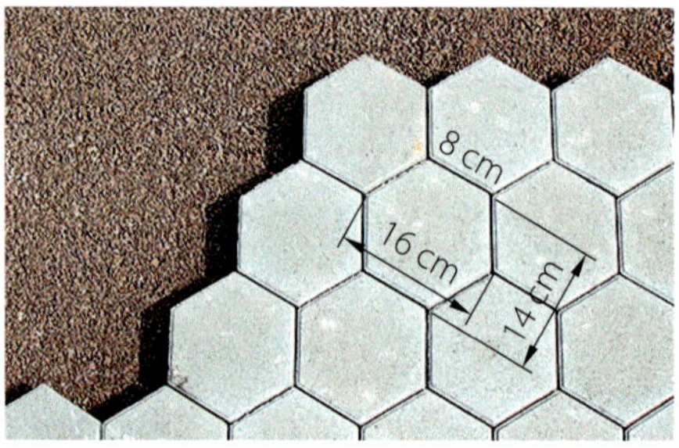

Trainieren | Vertiefen | **Herausforderung**

30 Ermittle näherungsweise den Flächeninhalt des Kontinents Südamerika. Vergleiche mit der wirklichen Größe und beschreibe, wie du dein Ergebnis verbessern könntest.

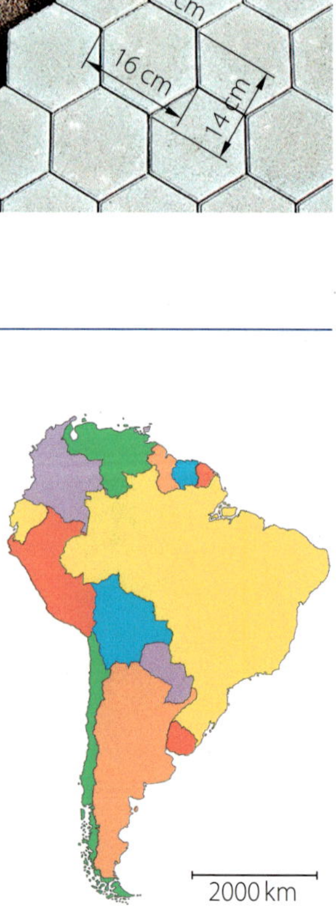

5.2 Das Prisma und sein Oberflächeninhalt

Einstieg

Geschenkverpackungen

Anja hat verschiedene Verpackungen gekauft, um selbst hergestellten Schmuck zu verschenken. Da die Kartons grau sind, möchte sie diese mit buntem Tonpapier bekleben. Vergleiche die Körper und beschreibe Unterschiede und Gemeinsamkeiten. Erkläre ihr danach, wie sie den Papierbedarf ermitteln kann.

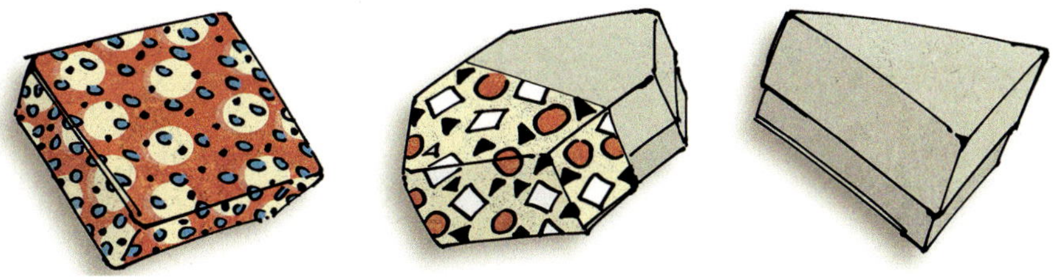

Wissen

Schrägbild und Netz eines geraden Prismas

Du kennst bereits den Würfel und den Quader als Körper.

Beachte
Ein Prisma, bei dem die Seitenkanten nicht senkrecht zur Grundfläche stehen, heißt schiefes Prisma.

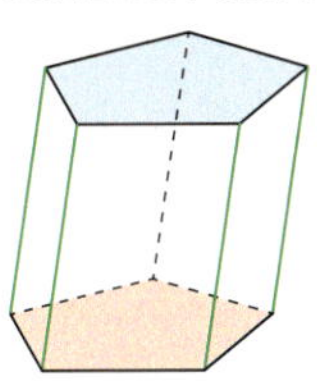

Ein gerades Prisma ist ein Körper mit folgenden Eigenschaften:

- Die Grundfläche und die Deckfläche sind deckungsgleiche Vielecke.
- Die zueinander parallelen und gleich langen Seitenkanten stehen senkrecht auf der Grundfläche.
- Alle Seitenflächen sind Rechtecke.

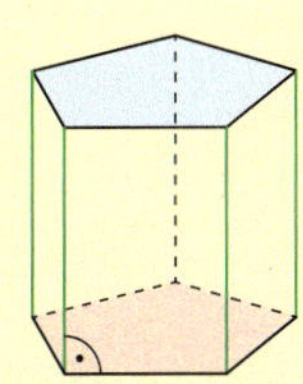

Je nach Eckenzahl der Grundfläche werden die Prismen in dreiseitig, vierseitig usw. unterschieden.

▼ Beispiel 1: Prismen erkennen

Erläutere, weshalb die beiden Gebäude annähernd ein Prisma darstellen.

Lösung:

Du kannst die fünfeckige Vorder- und Rückseite des Hauses als Grund- und Deckfläche deuten. Die Dachflächen, die Bodenplatte und die restlichen Hausseiten sind die rechteckigen Seitenflächen.

Du siehst eine Fensterfläche, die die Form eines Parallelogramms hat. Diese und die Rückseite sind die Grund- und Deckfläche. Die schmalen Seiten sind die rechteckigen Seitenflächen. ▲

Beispiel 2: Eigenschaften eines Prismas

Erläutere, wie viele Ecken, Seitenkanten und Flächen ein Prisma besitzt, das …

a) sechs Seitenflächen hat.

Lösung:
Es hat 12 Ecken, da es ein Sechseck als Grund- und Deckfläche besitzt. Demnach hat es 6 Seitenkanten. Die 6 Seitenflächen und die Grund- und Deckfläche ergeben insgesamt 8 Flächen.

b) insgesamt neun Kanten hat.

Lösung:
Es gibt genauso viele Seitenkanten wie Kanten bei der Grund- und Deckfläche. Du kannst also $9 : 3 = 3$ rechnen. Die Grundfläche hat 3 Kanten und ist ein Dreieck. Der Körper hat somit 6 Ecken, 3 Seitenkanten und insgesamt $3 + 2 = 5$ Flächen.

Hinweis
Quader und Würfel sind auch Prismen. Bei ihnen ist die Grundfläche ein Rechteck oder ein Quadrat.

Du hast bereits beim Würfel und Quader verschiedene Darstellungen kennen gelernt, das Schrägbild und das Körpernetz.

Beispiel 3: Darstellung eines Prismas

Michael möchte für seinen Bruder „Bauklötze" aus Papier herstellen. Zeichne für ihn ein Schrägbild und das passende Körpernetz.

Zur Erinnerung
Strecken, die senkrecht auf der Begrenzungsfläche stehen, werden verkürzt und parallel zur Kästchendiagonale eingezeichnet. Die Länge von 1 cm im Original ist dann nur noch eine Kästchendiagonale (ca. 0,7 cm) lang.

Lösung:
Überlege zuerst, auf welcher Fläche das Prisma stehen soll. Da die Seitenkante rechtwinklig zur Grundfläche steht und 2 cm lang ist, kannst du die verkürzte Kante leicht einzeichnen. Das Prisma sollte also auf einer Seitenfläche liegen.
Beginne mit der Grundfläche, die du in der wahren Größe zeichnest. Ergänze dann die Seitenkanten schräg nach hinten. Beachte dabei die Verkürzung. Zeichne nun die restlichen Linien.

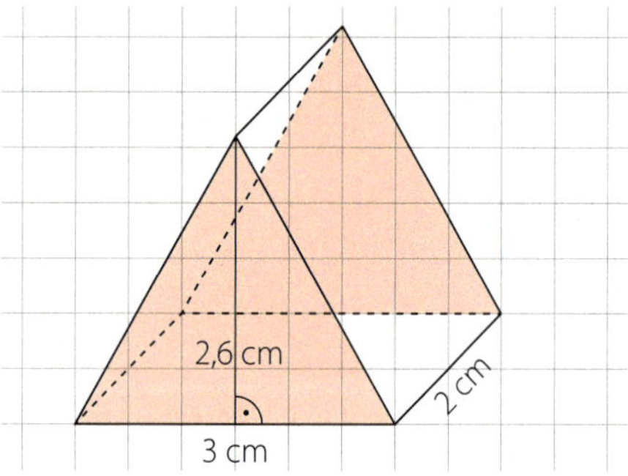

Um das Körpernetz zu zeichnen, musst du in Gedanken alle Seiten in eine Ebene klappen.

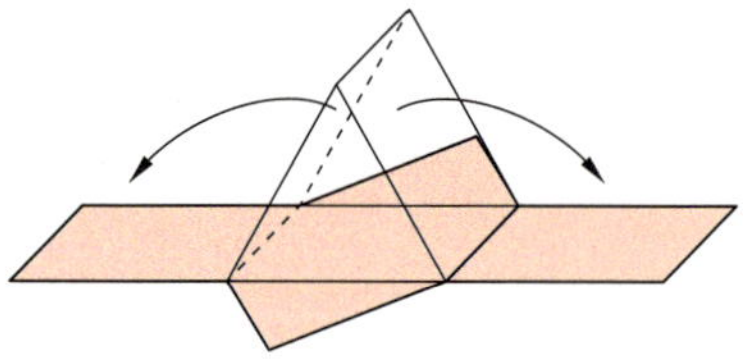

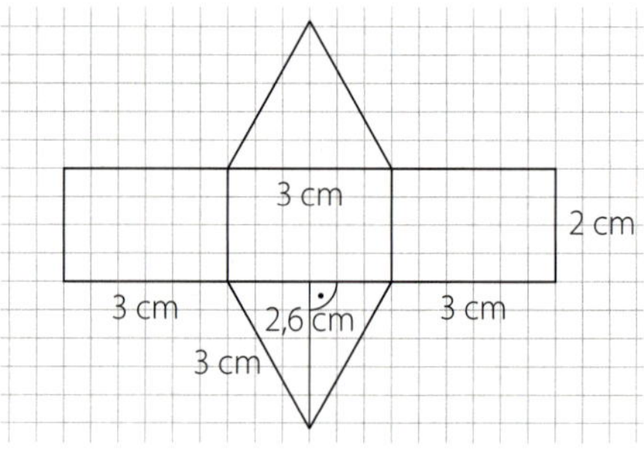

Oberflächenformeln

Die gesamte Oberfläche wird mithilfe des Körpernetzes veranschaulicht.

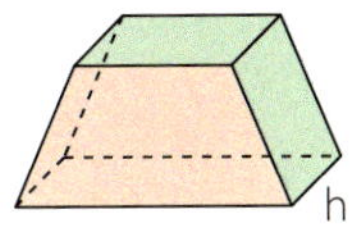

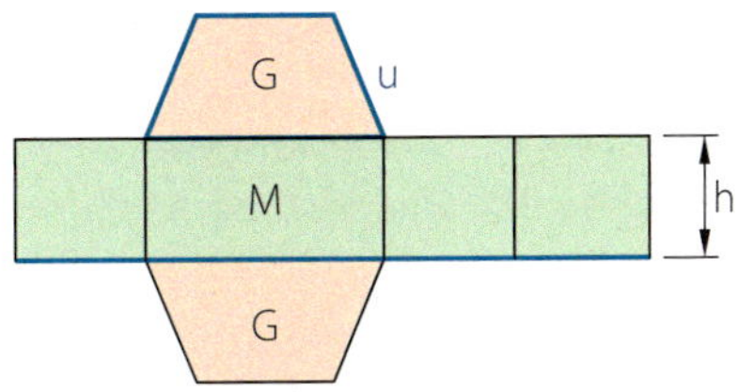

Der Oberflächeninhalt setzt sich aus mehreren Flächen zusammen:

(1) Grund- und Deckfläche **$2 \cdot G$**
$A_{Grundfläche} = A_{Deckfläche} = G$
Im Beispiel musst du den Flächeninhalt des Trapezes berechnen.

(2) Gesamtheit aller Seitenflächen: Mantelfläche
Alle Seitenflächen aneinander gereiht ergeben ein Rechteck.
Die Länge des Rechtecks ist gleich dem Umfang der Grundfläche.
Die Breite des Rechtecks entspricht der Höhe des Prismas.
$A_{Mantelfläche} = \text{Länge} \cdot \text{Breite} = u_{Grundfläche} \cdot h_{Prisma}$ **$u \cdot h$**

Du kannst den Oberflächeninhalt für ein gerades Prisma so berechnen.

> Oberfläche = Grundfläche + Deckfläche + Mantelfläche
> $O_{Prisma} = 2 \cdot G + M$
> **Den Inhalt der Mantelfläche kannst du so berechnen: $M = u \cdot h$**

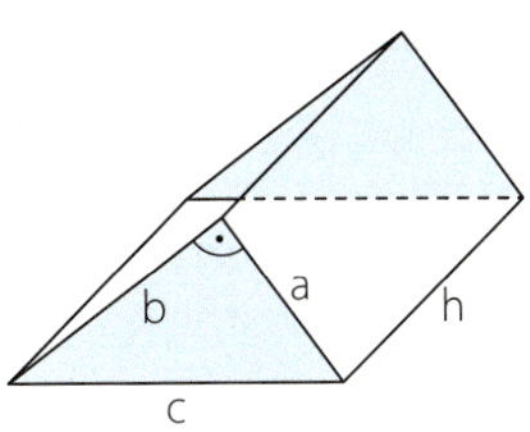

Beispiel 4: Höhe eines dreiseitigen Prismas

Ein Prisma hat ein rechtwinkliges Dreieck mit den Maßen a = 3 cm, b = 4 cm und c = 5 cm als Grundfläche. Der rechte Winkel liegt zwischen den Seiten a und b. Der Oberflächeninhalt beträgt $60\,cm^2$. Berechne die Höhe des Prismas.

Lösung:

1. Berechne den Flächeninhalt der Grundfläche mit der Formel für das Dreieck.	$A = \frac{1}{2} \cdot a \cdot b = \frac{1}{2} \cdot 3\,cm \cdot 4\,cm = 6\,cm^2$ $G = 6\,cm^2$, also $2 \cdot G = 12\,cm^2$
2. Setze alle bekannten Größen in die Oberflächenformel ein.	$O = 2 \cdot G + M$ $60\,cm^2 = 12\,cm^2 + M$
3. Berechne mithilfe der Umkehraufgabe den Mantelflächeninhalt.	$M = 60\,cm^2 - 12\,cm^2 = 48\,cm^2$
4. Für den Mantelflächeninhalt brauchst du den Umfang des Dreiecks.	$u = a + b + c = 3\,cm + 4\,cm + 5\,cm$ $= 12\,cm$
5. Setze alle bekannten Größen in die Formel für die Mantelfläche ein. Berechne h mit der Umkehraufgabe.	$M = u \cdot h$ $48\,cm^2 = 12\,cm \cdot h$ $h = 48\,cm^2 : 12\,cm = 4\,cm$

Berechnung des Oberflächeninhalts von zusammengesetzten Körpern

Du kennst bereits aus Jahrgangsstufe 5 zwei Methoden, um den Oberflächeninhalt von zusammengesetzten Körpern zu bestimmen.

Beispiel 5: zusammengesetzte Körper

Beschreibe, wie der Oberflächeninhalt des Körpers berechnet werden kann.

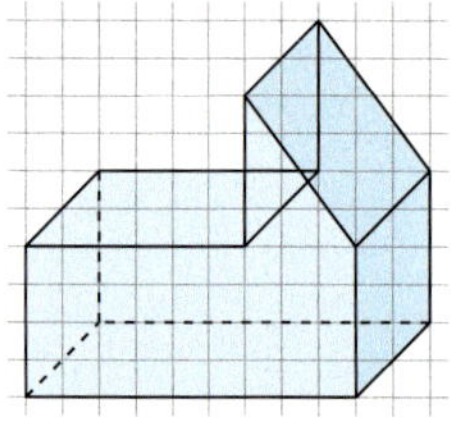

Lösung A: Teilflächen addieren

Du kannst den Körper als Prisma mit sechseckiger Grundfläche sehen. Berechne also die Flächeninhalte der Grundfläche und der Mantelfläche.

(1) Grundfläche

Die Fläche ist ein Sechseck. Den Flächeninhalt kannst du zum Beispiel durch Zerlegen in ein Dreieck und ein Rechteck bestimmen.

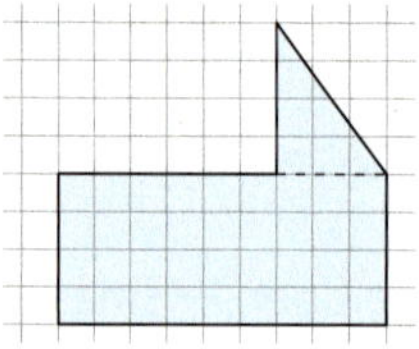

(2) Mantelfläche

Die Mantelfläche ist ein Rechteck mit dem Umfang des Sechsecks als Länge und der Höhe des Prismas als Breite.

Oberflächeninhalt:

$O = 2 \cdot G + M$

Lösung B: Berührflächen subtrahieren

Zerlege den Körper in Teilkörper. Zum Beispiel in einen Quader und ein dreiseitiges Prisma.

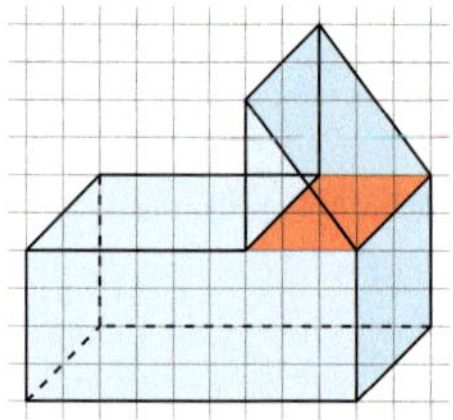

(1) Berechne nun den Oberflächeninhalt beider Teilkörper wie in Lösung A beschrieben.

(2) Die rote Fläche gehört nicht zur Oberfläche des ursprünglichen Körpers. Du hast sie aber bei beiden Teilkörpern mit einbezogen. Ziehe sie daher zweimal ab.

$$O = O_1 + O_2 - 2 \cdot O_B$$

Du kannst den ursprünglichen Körper auch anders zerlegen, zum Beispiel:

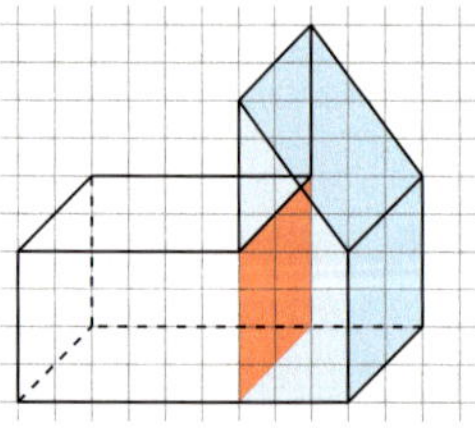

Beispiel 6: schwierige zusammengesetzte Körper

Erläutere, warum hier die Methode „Subtraktion der Berührflächen" sinnvoller ist, um den Oberflächeninhalt zu bestimmen.

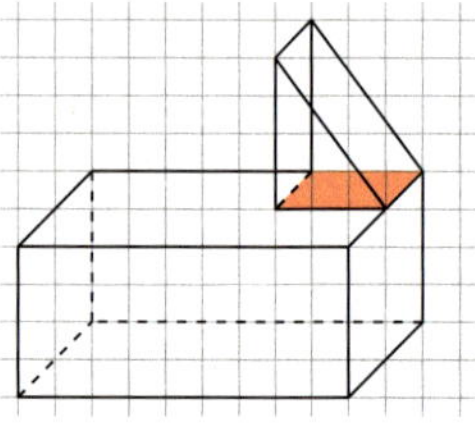

Lösung:

Da der gesamte Körper kein Prisma ist, wäre die Addition der Teilflächen sehr aufwändig. Hier rechnest du schneller, wenn du den Körper in Teilkörper zerlegst und die Berührflächen subtrahierst.

Aufgaben

Trainieren Vertiefen Herausforderung

Schrägbild und Netz eines geraden Prismas

1 Begründe, ob die folgenden Körper annähernd die Form eines Prismas haben.

2 Wahr oder falsch? Begründet eure Antwort.

a) Ein Prisma hat mindestens drei Seitenflächen.

b) Die Höhe eines Prismas kann nur an einer bestimmten Stelle innerhalb des Körpers gemessen werden.

c) Es gibt kein Prisma mit insgesamt 14 Kanten.

d) Jedes dreiseitige Prisma hat drei verschiedene Netze.

3 Die Schüler der 6 A haben verschiedene Prismennetze gezeichnet.

a) Entscheide, welche Netze zu einem Prisma gehören. Erkläre bei den unpassenden Netzen, welche Fehler die Schüler gemacht haben.

b) Erläutere, welche Netze zum gleichen Prisma gehören und beschreibe dieses.

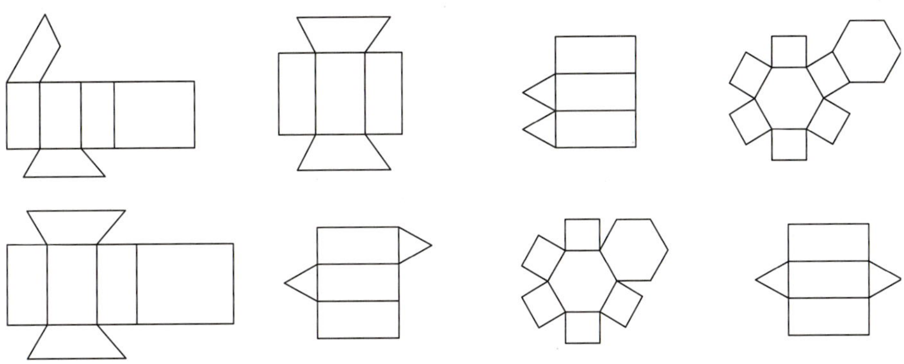

4 Übertrage die Figuren in dein Heft und vervollständige sie zu Schrägbildern von Prismen. Beschreibe anschließend den Körper.

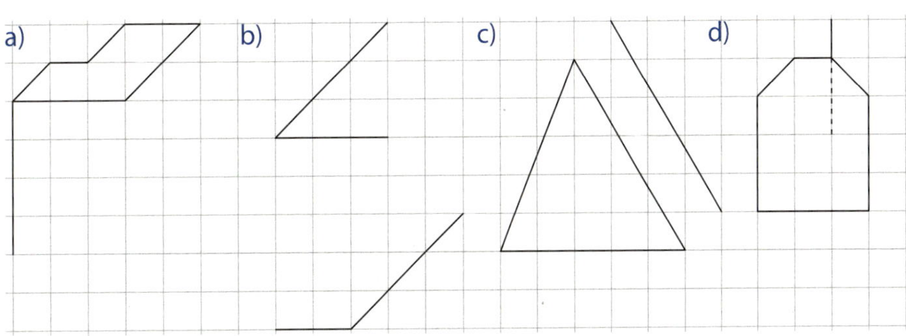

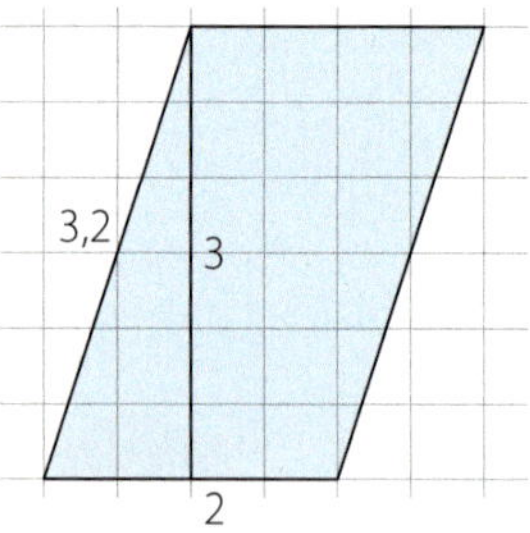

5 Die Klasse 6 D soll zu der abgebildeten Grundfläche ein Prisma mit der Höhe 4 cm zeichnen. Beschreibe wie Natalie und Matthew vorgegangen sind. Katharina hat einen Fehler gemacht. Erkläre ihr diesen.

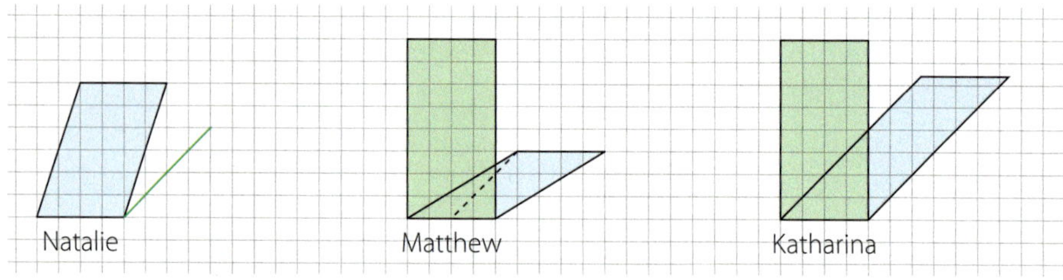

Oberflächenformeln

6 Beschreibe, weshalb der abgebildete Körper ein Prisma ist, und erläutere danach, wie der Oberflächeninhalt bestimmt werden kann.

a)
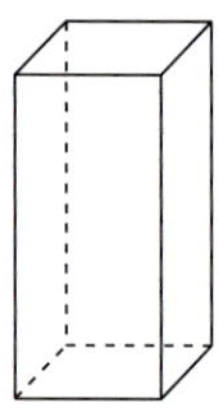

b)
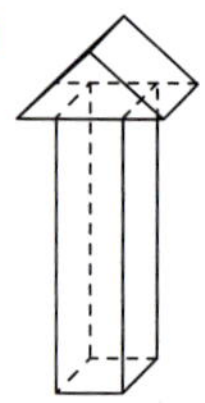

c)
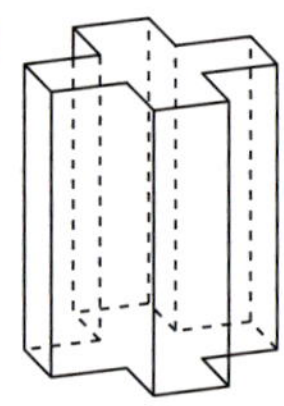

7 Von einem Prisma sind die Grundfläche und die Körperhöhe gegeben (Maße in cm). Zeichne das Körpernetz und berechne den Oberflächeninhalt. Entnimm gegebenenfalls benötigte Maße deiner Zeichnung.

a)
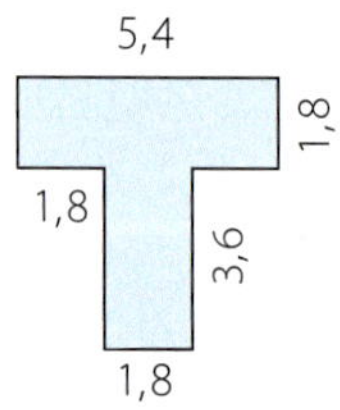

$h = 4{,}0$

b)
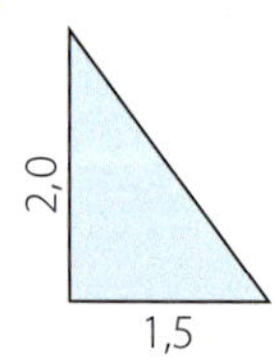

$h = 3{,}8$

c)
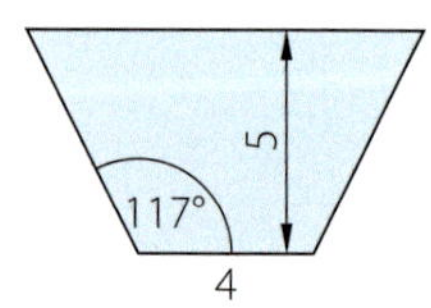

$h = 2{,}5$

8 Ein Pralinenhersteller verpackt seine Pralinen in einem quaderförmigen Karton mit den Seitenlängen 4 cm, 6 cm und 10 cm. Für eine Sonderaktion soll der Karton die Form eines Prismas mit demselben Oberflächeninhalt haben. Die Maße der achteckigen Grundfläche stehen schon fest. Berechne die Höhe.

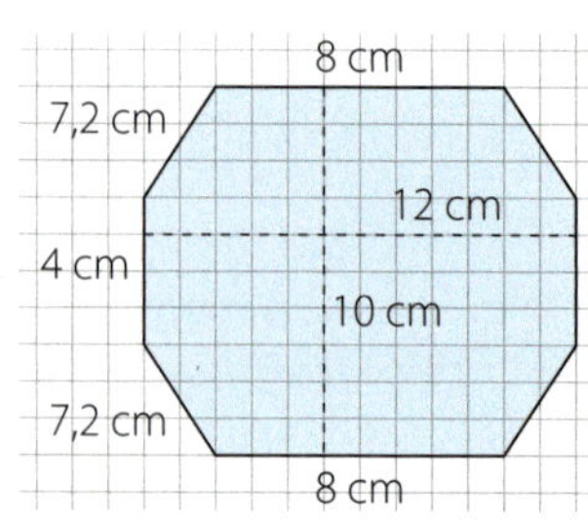

9 Ein 10 cm hoher Körper hat als Grundfläche ein Dreieck mit gleich langen Seiten sowie Rechtecke als Seitenflächen. Der Mantelflächeninhalt beträgt insgesamt $3\,dm^2$. Bestimme alle Maße des Körpers.

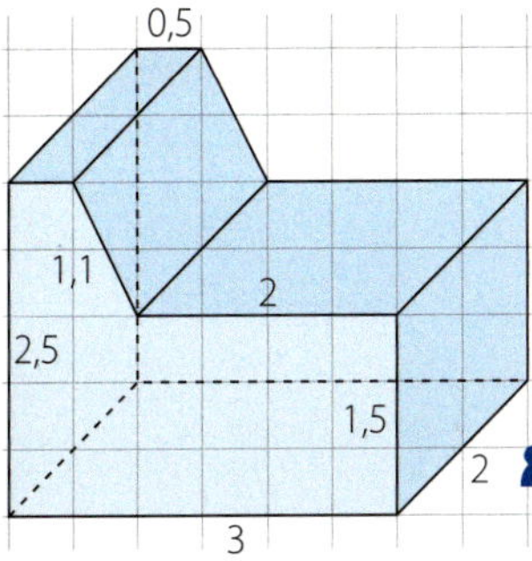

Berechnung des Oberflächeninhalts bei zusammengesetzten Körpern

10 Jens berechnet den Oberflächeninhalt des Prismas so:
$O = 3\,cm \cdot 1{,}5\,cm \cdot 2 + (0{,}5\,cm + 1\,cm) : 2 \cdot 1\,cm \cdot 2 + 2\,cm \cdot 1{,}5\,cm + 2\,cm \cdot 2\,cm$
$+ 1{,}1\,cm \cdot 2\,cm + 0{,}5\,cm \cdot 2\,cm + 2\,cm \cdot 2{,}5\,cm + 3\,cm \cdot 2\,cm = 31{,}7\,cm^2$
Klara ist viel schneller fertig. Erkläre, wie Jens vorgegangen ist, und erläutere, wie Klara gerechnet haben könnte. Notiere ihren Lösungsweg.

11 Berechne den Oberflächeninhalt der Körper (Maße in cm). Entscheide dich jeweils für einen Rechenweg und erläutere einen alternativen. Tausche dich danach mit deinem Nachbarn aus.

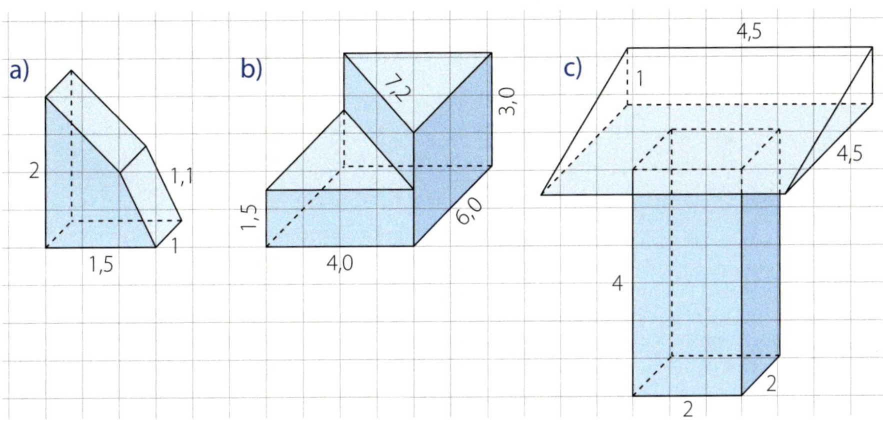

Noch fit?

I Die folgenden Einwohnerzahlen aus dem Jahr 2015 sind gerundet.
Gib an, in welchem Bereich die genauen Zahlen liegen.

Bundesland	Einwohner
Bayern	12 800 000
Baden-Württemberg	10 900 000
Hessen	6 200 000
Sachsen	4 100 000
Nordrhein-Westfalen	17 900 000
Niedersachsen	8 000 000

Trainieren | **Vertiefen** | Herausforderung

Hinweis
Beachte beim Bestimmen der Maße, dass beim Schrägbild die Längen nicht immer in wahrer Größe gezeichnet sind.

12 Vom Schrägbild eines Prismas sind die Eckpunkte der Grundfläche gegeben. Außerdem kennst du den Eckpunkt der Deckfläche, der mit dem Punkt A durch eine Seitenkante verbunden ist.
a) Zeichne das vollständige Schrägbild in ein Koordinatensystem und gib die Koordinaten der neuen Punkte an. Beschreibe den Körper.
b) Berechne den Oberflächeninhalt. Entnimm die Maße deinem Schrägbild.

Grundfläche: A(0|1), B(7|1), C(1|5) Deckfläche: D(4|5)	Grundfläche: A(−4|−2), B(3|−2), C(1|2), D(−2|2) Deckfläche: E(−1|1)	Grundfläche: A(−5|−2), B(1|−2), C(4|1), D(2|2), E(−2|1) Deckfläche: F(−5|2)

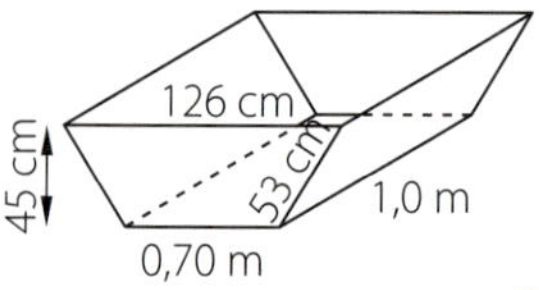

13 Die abgebildete Wanne soll verlängert werden. Berechne, um wie viel die Länge über den einen Meter hinaus verlängert werden muss, damit der Flächeninhalt der Begrenzungsflächen 46 570 cm^2 beträgt.

14 Nehmt Stellung zu den Aussagen über ein Prisma.
a) Wenn der Flächeninhalt der Grundfläche verdoppelt wird, dann verdoppelt sich der Oberflächeninhalt.
b) Wenn alle Kanten der Grundfläche halbiert werden, dann halbiert sich der Flächeninhalt der Mantelfläche.
c) Wenn die Höhe halbiert wird, dann halbiert sich auch der Oberflächeninhalt.

15 Übertrage das unvollständige Netz eines Körpers in dein Heft.
a) Ergänze das Netz so, dass es zu einem Prisma gehört. Erläutere, weshalb nur ein Prisma möglich ist.
b) Berechne den Oberflächeninhalt.
c) Erläutere, ob du das Netz so ergänzen kannst, dass du einen anderen Körper erhältst. Falls ja, beschreibe die Form des Körpers.

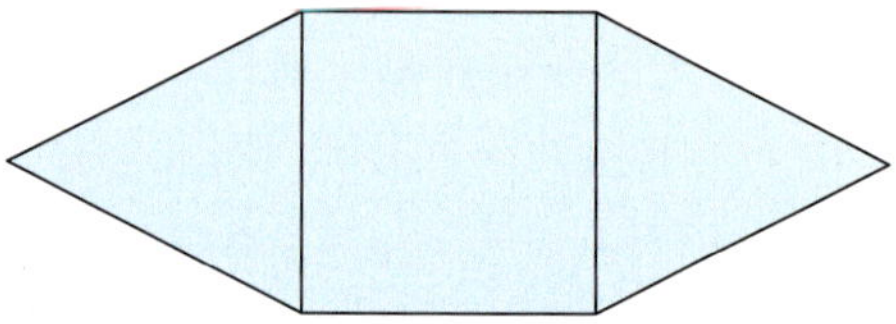

166/167

16 Bei Sanierungsarbeiten wurde eine Dachgaube gebaut. Die Seitenflächen und die Dachfläche der Gaube sollen mit Blech abgedeckt werden.
Ermittle, wie viel Blech benötigt wird. Erläutere vor dem Rechnen, welche Annahmen du triffst.

Trainieren | Vertiefen | **Herausforderung**

166/167

17 Der oberste Buchstabe des Schriftzuges Palma soll einen neuen Anstrich bekommen.
a) Ermittle für diesen Buchstaben A möglichst genau den Oberflächeninhalt.
b) Beim Buchstaben P kannst du noch nicht alle Flächeninhalte berechnen, da dort krummlinige Flächen enthalten sind. Überlege und erläutere, wie du einen Näherungswert für den Oberflächeninhalt ermitteln kannst.

Check up

Was kannst du? Was musst du noch üben?
Mit diesen Aufgaben kannst du deinen Lernfortschritt überprüfen.
Lösungen findest du im Anhang.

1 Berechne die fehlenden Größen.

Figur	Seite a	Seite c	Höhe h_a	Flächeninhalt
Dreieck	4 cm	–	2 cm	
Parallelogramm	0,5 m	–		$4\,m^2$
Trapez	3 m	2 dm	5 dm	
Trapez	24 dm		0,5 m	$1\,m^2$

2 Es gibt Maurerkellen, die ein Dreieck mit drei gleichen langen Seiten als Fläche besitzen.
Ermittle, wie groß der Flächeninhalt der abgebildeten Kelle ist, wenn der Umfang des Dreiecks 33 cm beträgt.

3 Begründe, dass die beiden gelben Dreiecke den gleichen Flächeninhalt besitzen.

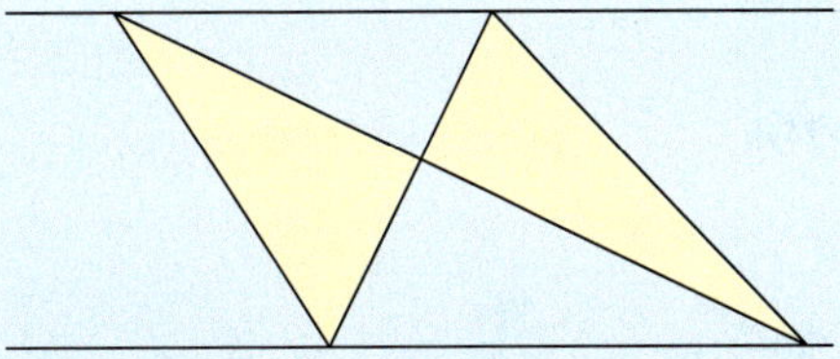

4 Michael berechnet den Oberflächeninhalt des abgebildeten Prismas.
$O = 2 \cdot (10\,cm \cdot 4\,cm) +$
$(4\,cm + 10\,cm + 4\,cm + 10\,cm) \cdot 7\,cm$
$= 276\,cm^2$

a) Erkläre, welchen Fehler er dabei gemacht hat.

b) Skizziere ein passendes Körpernetz und erläutere, weshalb der Körper ein Prisma ist.

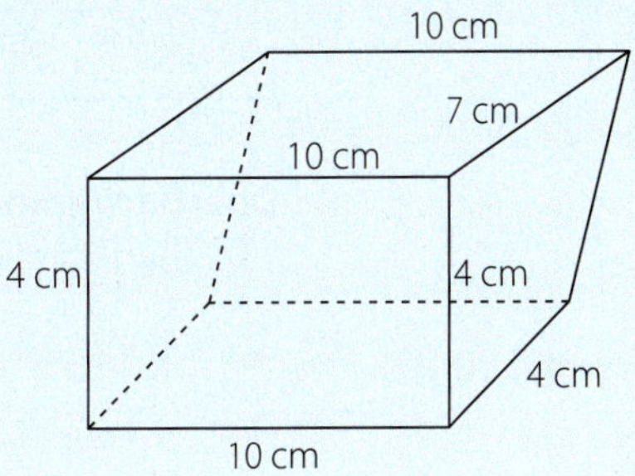

5 Max möchte sich für den Sommerurlaub ein Zelt kaufen. Er möchte gleich ein Imprägnierspray zum Schutz vor Nässe mitbestellen. Er muss damit alle Außenseiten und den Boden von unten besprühen. Eine Dose reicht für $5\,m^2$.
Erläutere, wie er abschätzen kann, wie viele Dosen er benötigt.

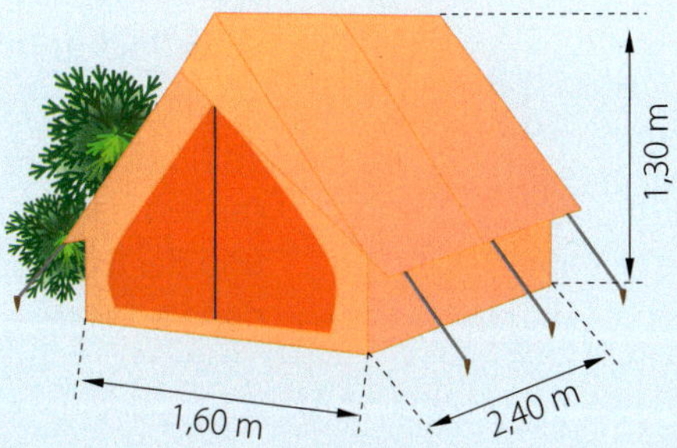

Auf einen Blick

Flächeninhalte

Die Flächeninhaltsformeln können mithilfe der Strategien „Zerlegen und Ergänzen" und „Einzeichnen von Hilfslinien" auf die Flächeninhaltsformel des Rechtecks zurückgeführt werden.

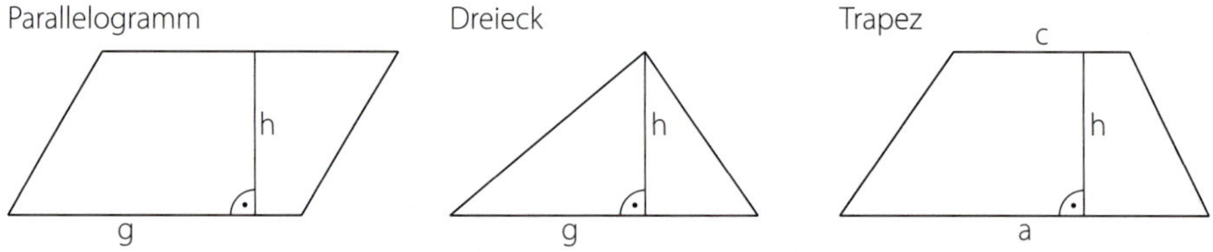

$A_{Parallelogramm} = g \cdot h$ $A_{Dreieck} = \frac{1}{2} \cdot g \cdot h$ $A_{Trapez} = \frac{1}{2} \cdot (a + c) \cdot h$

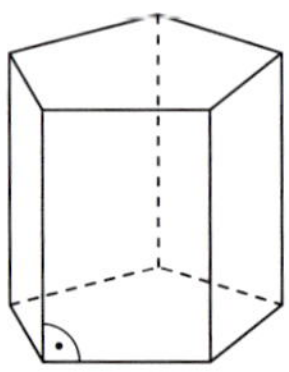

Gerades Prisma

Ein gerades Prisma ist ein Körper mit den Eigenschaften:
- Die Grundfläche und die Deckfläche sind deckungsgleiche Vielecke.
- Die zueinander parallelen und gleich langen Seitenkanten stehen senkrecht auf der Grundfläche
- Alle Seitenflächen sind Rechtecke.

Du kannst das Prisma auf verschiedene Arten darstellen:

Mit einem **Schrägbild** kannst du das Prisma räumlich darstellen.

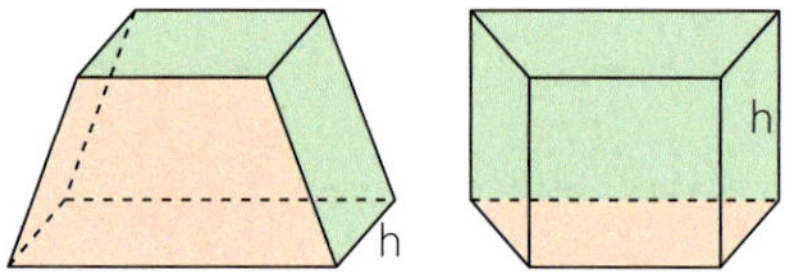

Mit einem **Netz** erkennst du die Grundfläche und die Mantelfläche gut.

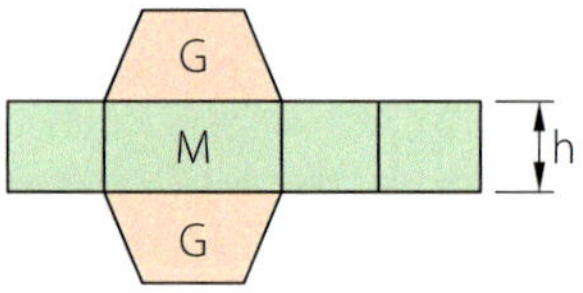

Oberflächeninhalt eines Prismas

Die Oberfläche eines Prismas besteht aus allen Begrenzungsflächen.

Oberfläche = Grundfläche + Deckfläche + Mantelfläche

$O_{Prisma} = 2 \cdot G + M$

Die Mantelfläche besteht aus allen Seitenflächen. Diese ergeben ein großes Rechteck mit dem Flächeninhalt: $M = u_{Grundfläche} \cdot h_{Prisma}$

Oberflächeninhalt zusammengesetzter Körper

Möglichkeit A: Teilflächen addieren
Wenn der Körper ein Prisma ist, kannst du den Flächeninhalt der Grundfläche und der Mantelfläche berechnen und dann addieren.

$O_{Körper} = 2 \cdot G + M$

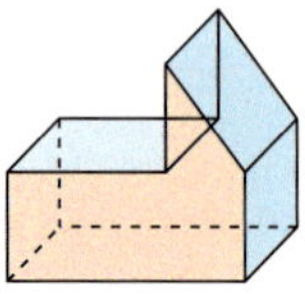

Möglichkeit B: Berührfläche subtrahieren
Zerlege den Körper in Teilkörper. Berechne den Oberflächeninhalt der Teilkörper. Subtrahiere zum Schluss zweimal den Flächeninhalt der Berührfläche.

$O_{Körper} = O_1 + O_2 - 2 \cdot O_{Berührfläche}$

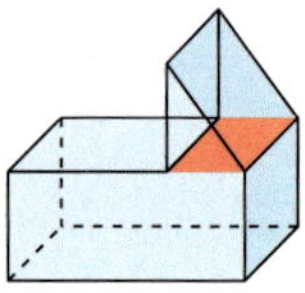

Kapitel 6

Verbindung der Grundrechenarten bei rationalen Zahlen

In Kapitel 1 bis 2 hast du Brüche in verschiedenen Schreibweisen kennen gelernt. In Kapitel 3 und 4 hast du Brüche addiert, subtrahiert, multipliziert und dividiert.
In diesem Kapitel wirst du nun Aufgaben lösen, in denen verschiedene Rechenoperationen miteinander verbunden sind. Wie du dabei vorteilhaft vorgehen kannst und worauf du besonders achten musst, wirst du in diesem Kapitel lernen.

Wiederholung

H	Z	E		z	h	t	zt
1	0	9	,	8	0	4	3
		7	,	6	2	5	

Die Addition und Subtraktion rationaler Zahlen

Gleichnamige **Brüche** addierst (subtrahierst) du, indem du die Zähler addierst (subtrahierst) und den gemeinsamen Nenner beibehältst.
Zwei **Dezimalbrüche** addierst (subtrahierst) du, indem du stellenweise von rechts nach links addierst (subtrahierst). Endnullen hinter dem Komma verändern den Wert des Dezimalbruches nicht.

Beispiel 1: Addition und Subtraktion mit rationalen Zahlen

Berechne die Termwerte.

a) $\frac{3}{7}+\frac{5}{8}$ b) $\frac{3}{7}-\frac{5}{8}$ c) $19{,}804+7{,}62$ d) $19{,}804-7{,}62$

Lösung:

a) $\frac{3}{7}+\frac{5}{8}$
$=\frac{3\cdot 8}{7\cdot 8}+\frac{5\cdot 7}{8\cdot 7}$
$=\frac{24+35}{56}$
$=\frac{59}{56}=1\frac{3}{56}$

b) $\frac{3}{7}-\frac{5}{8}$
$=\frac{24}{56}-\frac{35}{56}=\frac{24-35}{56}$
$=-\frac{11}{56}$

c) $19{,}804+7{,}620$
$=27{,}424$

d) $19{,}804-7{,}620$
$=12{,}184$

Die Multiplikation und Division bei Brüchen

Bei der Multiplikation von Brüchen gilt folgende Regel: $\frac{a}{b}\cdot\frac{c}{d}=\frac{a\cdot c}{b\cdot d}$.

Um zwei Brüche zu dividieren, multiplizierst du den ersten Bruch (Dividend) mit dem Kehrbruch des zweiten Bruchs (Divisor).

Beispiel 2: Multiplikation und Division bei Brüchen

Berechne die Termwerte.

a) $\frac{2}{3}\cdot\frac{9}{17}$ b) $\frac{2}{3}:\frac{9}{17}$

Lösung:

a) $\frac{2}{3}\cdot\frac{9}{17}=\frac{2\cdot 9}{3\cdot 17}=\frac{2\cdot 3}{1\cdot 17}=\frac{6}{17}$

b) $\frac{2}{3}:\frac{9}{17}=\frac{2}{3}\cdot\frac{17}{9}=\frac{2\cdot 17}{3\cdot 9}=\frac{34}{27}=1\frac{7}{27}$

Beachte, dass du beim Rechnen kürzen kannst.

Die Multiplikation und Division bei Dezimalbrüchen

Um zwei Dezimalbrüchen zu multiplizieren, rechnest du zuerst **ohne Beachtung des Kommas**. Setze dann das Komma so, dass das Ergebnis genauso viele Nachkommastellen hat wie **beide Faktoren zusammen**. Bei der schriftlichen Division eines Dezimalbruchs durch eine ganze Zahl wird im Ergebnis das Komma gesetzt, sobald im Dividenden das Komma überschritten wird.

546,3: 45 = 12,14
<u>45</u>
 96
 <u>90</u>
  63
  <u>45</u>
  180
  <u>180</u>
    0

Beispiel 3: Multiplikation und Division von Dezimalbrüchen

Berechne die Termwerte.

a) 2,34 · 1,2 b) 54,63: 4,5

Lösung:

a) Berechne zunächst 234 · 12 = 2808. Beide Faktoren haben zusammen 3 Nachkommastellen, daher ist das Ergebnis 2,808.

b) Du musst den Term mit 10 „erweitern“: 54,63 : 4,5 = 546,3 : 45. Nun kannst du schriftlich dividieren und das Endergebnis bestimmen: 546,3 : 45 = 12,14.

Rechengesetze bei ganzen Zahlen

Durch das Anwenden von Rechengesetzen kannst du leichter rechnen. Du kennst bereits das **Assoziativ- und Kommutativgesetz** für die Addition und die Multiplikation. Außerdem hast du letztes Jahr noch das **Distributivgesetz** kennen gelernt.

Ausmultiplizieren

$a \cdot (b + c) = a \cdot b + a \cdot c$

Ausklammern

$(-3) \cdot (-4 + 12) = (-3) \cdot (-4) + (-3) \cdot 12$

Aufgaben

1 Erkläre deinem Banknachbarn, wie bei den Rechnungen vorgegangen wird.

a) Addieren von zwei Brüchen
b) Multiplizieren von zwei Brüchen
c) Dividieren von zwei Dezimalbrüchen
d) Multiplizieren eines Bruches mit einem Dezimalbruch
e) Subtrahieren von drei Brüchen

2 Berechne.

a) $\frac{6}{15} + \frac{7}{25}$
b) $-\frac{2}{7} + \frac{6}{35}$
c) $\frac{6}{15} \cdot \frac{5}{42}$
d) $-\frac{6}{15} \cdot \frac{3}{8}$
e) $\frac{6}{15} : \left(-\frac{7}{25}\right)$
f) $-7{,}91 + 5{,}71$
g) $-3{,}98 - 5{,}76$
h) $-2{,}4 \cdot 5{,}3$
i) $-0{,}372 : 0{,}3$
j) $-0{,}812 : (-0{,}4)$

3 Berechne im Kopf.

a) $\frac{3}{25} + \frac{9}{25} + \frac{17}{25}$
b) $-\frac{2}{7} + \frac{6}{35} + \frac{2}{7}$
c) $\frac{1}{10} + \frac{11}{26} + \frac{9}{10} + \frac{2}{26}$
d) $\frac{1}{3} + \frac{5}{7} + \frac{3}{9} - \frac{2}{3}$
e) $-7{,}91 + 5{,}7 + 2{,}91$
f) $-3{,}48 + 2{,}76 - 5{,}76$
g) $3{,}12 + (9{,}88 - 4{,}4)$
h) $(7{,}72 + 6{,}4) + (3{,}4 - 0{,}22)$

4 Stefan hat seine Hausaufgabe richtig gelöst. Erläutere seinen Lösungsweg.

$103 \cdot 11 = 100 \cdot 11 + 3 \cdot 11 = 1100 + 33 = 1133$

5 Entscheide, welches Vorzeichen das Ergebnis haben muss, und begründe.
Berechne unter Verwendung von Gesetzen und Rechenvorteilen.
Gib in Stichworten an, wie du vorgegangen bist.

a) $-17 \cdot 8 \cdot (-25)$
b) $(12 - 23) \cdot (-50)$
c) $7 \cdot 13 - 12 \cdot 13$
d) $-25 \cdot 179 - 175 \cdot (-25)$
e) $(4 + 400) \cdot (-11)$
f) $998 \cdot (-13)$

Verbindung der Grundrechenarten

Einstieg

Hausaufgabe

Lena ist beim Rechnen noch ein wenig unsicher. Korrigiere ihre Lösungen gegebenenfalls und erkläre ihr bei den fehlerhaften Aufgaben, wie sie vorgehen und was sie beachten muss.

a) $-7 + 5 = -12$

b) $2{,}5 \cdot \frac{3}{8} - \frac{3}{8} = 0$

c) $\frac{7}{9} \cdot \frac{5}{8} + \frac{5}{8} \cdot \frac{2}{9} = \frac{5}{8} \cdot \left(\frac{7}{9} + \frac{2}{9}\right) = \frac{5}{8} \cdot 1 = \frac{5}{8}$

d) $(-3)^2 = -6$

e) $2\frac{2}{3} \cdot 2^{-3} = \frac{8}{3} \cdot \frac{1}{2^3} = \frac{8}{3} \cdot \frac{1}{6} = \frac{4}{9} = 0{,}9$

f) $\frac{7}{6} : \left(\frac{5}{6} - \frac{3}{5}\right) = \frac{7}{6} : \frac{5}{6} - \frac{3}{5} = \frac{7}{6} \cdot \frac{6}{5} - \frac{3}{5} = \frac{4}{5}$

Wissen

Termwerte berechnen und Terme gliedern

Ein Ausdruck, in dem Zahlen, Klammern und Rechenzeichen vorkommen, heißt **Term**. Wie du schon weißt, gelten beim Rechnen gewisse „Vorfahrtsregeln“, die man in der Mathematik vereinbart hat.

– Klammern werden zuerst berechnet.
– Potenzen vor Punktrechnungen vor Strichrechnungen
– Von links nach rechts rechnen.

Beispiel 1: Regeln anwenden

Berechne den Wert des Terms.

a) $\frac{3}{5} + \left(-5\frac{1}{3}\right) \cdot \frac{3}{8} - 7$

b) $\frac{3}{2} \cdot (-3 - 3^{-2}) : 4$

Lösung:

a) Berechne zunächst das Produkt, denn es gilt: Punkt vor Strich. Berechne dann das Endergebnis von links nach rechts.

$$\frac{3}{5} + \left(-5\frac{1}{3}\right) \cdot \frac{3}{8} - 7 = \frac{3}{5} + \left(-\frac{16}{3}\right) \cdot \frac{3}{8} - 7$$
$$= \frac{3}{5} + (-2) - 7$$
$$= -1\frac{2}{5} - 7 = -8\frac{2}{5}$$

b) Berechne als erstes die Klammer. In der Klammer gilt: die Potenz zuerst. Berechne nun das Endergebnis von links nach rechts.

$$\frac{3}{2} \cdot (-3 - 3^{-2}) : 4 = \frac{3}{2} \cdot \left(-3 - \frac{1}{9}\right) : 4$$
$$= \frac{3}{2} \cdot \left(-\frac{27}{9} - \frac{1}{9}\right) : 4$$
$$= \frac{3}{2} \cdot \left(-\frac{28}{9}\right) : 4$$
$$= -\frac{14}{3} \cdot \frac{1}{4}$$
$$= -\frac{7}{6} = -1\frac{1}{6}$$

In manchen Termen kommen mehrere Klammern vor: runde ( ), eckige [ ] oder auch geschweifte Klammern { }, die ineinander verschachtelt sind.

Bei verschachtelten Klammern musst du zuerst die innere Klammer berechnen und danach die äußere Klammer.

Beispiel 2: Notwendigkeit von Klammern
Überprüfe, welche Klammer du bei dem Term $-3 \cdot \left[\left(\frac{2}{3}\right)^2 + \left(2 \cdot \frac{1}{9}\right)\right] - \left(1{,}25 - 2\frac{1}{8}\right)$ ohne Veränderung des Termwerts weglassen kannst. Berechne dann den Wert.

Lösung:

Die Klammer ist wichtig, da sich der Faktor −3 auf die Summe bezieht und nicht nur auf den ersten Summanden.

Die Klammer kann weggelassen werden, da Punkt vor Strich gilt.

$$-3 \cdot \left[\left(\frac{2}{3}\right)^2 + \left(2 \cdot \frac{1}{9}\right)\right] - \left(1{,}25 - 2\frac{1}{8}\right)$$

Die Klammer ist wichtig, da sich der Exponent auf den gesamten Bruch bezieht und nicht nur auf den Zähler.

Die Klammer ist wichtig, da sich das Minus auf den Term bezieht und nicht nur auf den Minuenden.

$$\begin{aligned} -3 \cdot \left[\left(\frac{2}{3}\right)^2 + 2 \cdot \frac{1}{9}\right] - \left(1{,}25 - 2\frac{1}{8}\right) &= -3 \cdot \left[\frac{4}{9} + \frac{2}{9}\right] - (1{,}25 - 2{,}125) \\ &= -3 \quad \cdot \frac{2}{3} \quad - \quad (-0{,}875) \\ &= -2 + 0{,}875 = -1{,}125 \end{aligned}$$

Hinweis
Um die richtige Reihenfolge bei der Berechnung eines Terms zu erkennen, solltest du dir vor dem Rechnen die Struktur des Terms anschauen. Dazu ist die Gliederung eines Terms hilfreich.

Beispiel 3: Terme gliedern
Gliedere den Term $\left(-5\frac{1}{3}\right) \cdot 0{,}375 - \left(\frac{1}{2} : \frac{4}{3}\right)$ in Worten und erstelle einen Gliederungsbaum.

Lösung:
Der Term ist eine Differenz. Der Minuend ist das Produkt aus den Faktoren $-5\frac{1}{3}$ und 0,375, der Subtrahend ist der Quotient mit dem Dividenden $\frac{1}{2}$ und dem Divisor $\frac{4}{3}$.

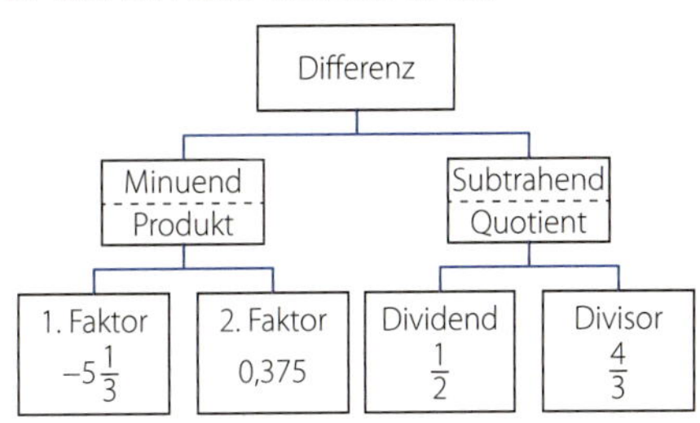

Rechenvorteile nutzen

Verschiedene „Tricks" können dir das Rechnen erleichtern.

Vorteil „Kürzen": Kürze die Brüche, wenn möglich, schon beim Rechnen.

Beispiel 4: Kürzen
Berechne den Wert des Terms $\frac{3}{10} - \frac{2}{15} + \frac{7}{15} \cdot \frac{5}{42}$.

Lösung:

$$\begin{aligned} &\frac{3}{10} - \frac{2}{15} + \frac{7}{15} \cdot \frac{5}{42} = \frac{3}{10} - \frac{2}{15} + \frac{1}{3} \cdot \frac{1}{6} \\ &= \frac{3}{10} - \frac{2}{15} + \frac{1}{18} \\ &= \frac{9}{30} - \frac{4}{30} + \frac{1}{18} = \frac{5}{30} + \frac{1}{18} = \frac{1}{6} + \frac{1}{18} = \frac{3}{18} + \frac{1}{18} = \frac{2}{9} \end{aligned}$$

Kürze **vor** dem Multiplizieren und **vor** der Hauptnennerbildung.

In einer Aufgabe können zwei Darstellungen einer Bruchzahl vorkommen: die Bruch- und Dezimalbruchschreibweise.

Vorteil „Darstellung“: Überlege vor jedem Schritt, welche Darstellung einer Bruchzahl geschickt ist. In der Regel ist folgendes einfacher:
- Die **Bruchschreibweise** bei der Multiplikation und der Division.
- Die **Dezimalschreibweise** bei der Addition und der Subtraktion.
- **Periodische Dezimalbrüche** musst du immer in Brüche umwandeln.

Beispiel 5: Auswahl der Zahlendarstellung

Entscheide, welche Darstellung zum Rechnen geeignet ist und berechne.

a) $\frac{3}{4} + 0{,}385$ b) $0{,}\overline{6} - 2{,}4$ c) $(0{,}375)^2$ d) $1{,}25 : 0{,}5$

Lösung:

a) Bei der Addition sind Dezimalbrüche geeigneter, hier lässt sich der Bruch $\frac{3}{4}$ auch leicht umwandeln.

$\frac{3}{4} + 0{,}385 = 0{,}75 + 0{,}385 = 1{,}135$

b) Da hier ein periodischer Dezimalbruch enthalten ist, solltest du die Bruchschreibweise nutzen.

$0{,}\overline{6} - 2{,}4 = \frac{2}{3} - 2\frac{2}{5} = \frac{2}{3} - \frac{12}{5}$
$= \frac{10}{15} - \frac{36}{15} = -\frac{26}{15} = -1\frac{11}{15}$

c) Die Potenz mit Dezimalbrüchen zu berechnen ist sehr aufwendig, nutze daher die Bruchschreibweise.

$(0{,}375)^2 = \left(\frac{3}{8}\right)^2 = \frac{9}{64}$

d) Bei der Division rechnest du eigentlich mit Brüchen, hier ist es mit Dezimalbrüchen aber genauso einfach. Entscheide selbst.

$1{,}25 : 0{,}5 = \frac{5}{4} : \frac{1}{2} = \frac{5}{4} \cdot \frac{2}{1} = \frac{5}{2} = 2\frac{1}{2}$
oder
$1{,}25 : 0{,}5 = 12{,}5 : 5 = 2{,}5$

Beispiel 6: geschicktes Umwandeln

Berechne den Termwert geschickt: $(3{,}\overline{3} - 4{,}5) : \frac{5}{9} - \left(58\frac{4}{5} - 60{,}5 \cdot 0{,}5\right)$

Lösung:

$(3{,}\overline{3} - 4{,}5) : \frac{5}{9} - \left(58\frac{4}{5} - 60{,}5 \cdot 0{,}5\right)$

Verwende wegen der Periode die Bruchschreibweise:
$3\frac{1}{9} - \frac{9}{2} = \frac{28}{9} - \frac{9}{2} = \frac{56}{18} - \frac{81}{18} = -\frac{25}{18}$

Multipliziere mit Dezimalbrüchen, so sparst du dir das Umwandeln für die Subtraktion:
$58{,}8 - 60{,}5 \cdot 0{,}5 = 58{,}8 - 30{,}25 = 28{,}55$

$-\frac{25}{18} : \frac{5}{9} - 28{,}55$

Nutze für die Division die Bruchschreibweise, wandle dann um:

$-\frac{25}{18} : \frac{5}{9} - 28{,}55 = -\frac{25}{18} \cdot \frac{9}{5} - 28{,}55 = -\frac{5}{2} - 28{,}55 = -2{,}5 - 28{,}55 = -31{,}05$

Aus Jahrgangsstufe 5 kennst du bereits verschiedene Rechengesetze, die man allgemein begründen kann. Sie gelten somit immer.

Vorteil „Rechengesetze": Du kannst dir das Rechnen erleichtern, indem du ein **Kommutativ-, Assoziativ-** bzw. **Distributivgesetz** anwendest.

Beispiel 7: Vorteile durch die Anwendung von Rechengesetzen

Berechne den Termwert möglichst geschickt.

$\frac{1}{21} \cdot 1{,}2 : \frac{4}{7} \cdot (-5)$ | $\frac{2}{9} : \frac{7}{4} - \frac{4}{7}$ | $\left(\frac{3}{5} - \frac{3}{11}\right) \cdot \frac{5}{9}$

Lösung:

„Vertauschen"
Ändere die Reihenfolge, um Produktwerte schneller zu berechnen.

$\frac{1}{21} \cdot 1{,}2 : \frac{4}{7} \cdot (-5)$
$= \frac{1}{21} \cdot 1{,}2 \cdot \frac{7}{4} \cdot (-5)$
$= \frac{1}{21} \cdot \frac{7}{4} \cdot 1{,}2 \cdot (-5)$
$= \frac{1}{12} \cdot (-6) = -\frac{1}{2}$

„Ausklammern"
Klammere aus, da die $\frac{4}{7}$ als „Faktor" im Minuend und Subtrahend steht.

$\frac{2}{9} : \frac{7}{4} - \frac{4}{7}$
$= \frac{2}{9} \cdot \frac{4}{7} - \frac{4}{7} \cdot 1$
$= \frac{4}{7} \cdot \left(\frac{2}{9} - 1\right)$
$= \frac{4}{7} \cdot \left(-\frac{7}{9}\right) = -\frac{4}{9}$

„Ausmultiplizieren"
Berechne das Produkt mithilfe des D-Gesetzes, da sich 3 und 9 kürzen lassen.

$\left(\frac{3}{5} - \frac{3}{11}\right) \cdot \frac{5}{9}$
$= \frac{3}{5} \cdot \frac{5}{9} - \frac{3}{11} \cdot \frac{5}{9}$
$= \frac{1}{3} - \frac{5}{33}$
$= \frac{11}{33} - \frac{5}{33} = \frac{6}{33} = \frac{2}{11}$

Aufgaben

Trainieren | Vertiefen | Herausforderung

Termwerte berechnen und Terme gliedern

1 Berechne möglichst im Kopf. Erläutere, ob die Schreibweise vorteilhaft ist.

a) $\frac{6}{15} + \frac{7}{25}$
b) $-\frac{2}{7} + \frac{6}{35}$
c) $\frac{6}{15} \cdot \frac{5}{42}$
d) $-\frac{6}{15} \cdot \frac{3}{8}$
e) $\frac{6}{15} : \frac{7}{25}$
f) $\frac{6}{15} : \left(-\frac{7}{25}\right)$
g) $-3{,}98 - 5{,}76$
h) $-2{,}4 \cdot 5{,}3$
i) $-0{,}812 : (-0{,}4)$

2 Tim sagt: „In der Aufgabe ist eine Falle versteckt." Erkläre, was er damit meint. Berechne dann den Termwert.

$2\frac{1}{7} - \frac{1}{7} : \frac{9}{28}$

3 Berechne die Termwerte und achte dabei auf mögliche „Fallen".

a) $2\frac{1}{3} - \frac{4}{7} : \frac{9}{28}$
b) $\frac{3}{2} : 1{,}5 - 1$
c) $\frac{1}{3} + \frac{2}{3} \cdot \frac{1}{4} - \frac{3}{2} \cdot \frac{5}{6}$
d) $1{,}2 - 0{,}65 : 1{,}3$
e) $(1{,}7 : 0{,}5) \cdot 2{,}75 - 0{,}75$
f) $(3{,}5 + 2{,}75) : (0{,}36 - 0{,}2)$
g) $0{,}4^2 - (0{,}44 : 0{,}44 - 1)$
h) $0{,}4 \cdot 0{,}8 - 0{,}3^2 \cdot 0{,}6$
i) $-3 \cdot \left[-7 \cdot \left(\frac{1}{3} + \frac{1}{4}\right)\right] + \frac{3}{4}$

4 Eske ist noch unsicher beim Lösen der Aufgaben. Kontrolliere ihre Lösungen. Erläutere ihren Fehler und berichtige.

a) $2\frac{1}{3}\cdot 3\frac{1}{2}-4{,}5:0{,}75$

$=\frac{7}{3}\cdot\frac{7}{2}-\frac{9}{2}:\frac{3}{4}$

$=\frac{49}{6}-\frac{9}{2}:\frac{3}{4}$

$=\frac{49}{6}-\frac{27}{6}:\frac{3}{4}$

$=\frac{22}{6}:\frac{3}{4}=\frac{22}{6}\cdot\frac{4}{3}=\frac{44}{9}=4\frac{8}{9}$

b) $\left[\frac{1}{2}\cdot\left(\frac{3}{4}-\left(\frac{4}{9}:\frac{1}{2}+\frac{1}{9}\right)\right)\right]$

$=\left[\frac{3}{8}-\left(\frac{4}{9}\cdot\frac{2}{1}+\frac{1}{9}\right)\right]$

$=\left[\frac{3}{8}-\left(\frac{8}{9}+\frac{1}{9}\right)\right]$

$=\left[\frac{3}{8}-1\right]$

$=\frac{5}{8}$

5 Berechne möglichst im Kopf.

a) $\frac{1}{9}\cdot\frac{3}{4}+\frac{1}{4}:\frac{1}{2}$

b) $\left(\frac{1}{9}\cdot\frac{3}{4}+\frac{1}{4}\right):\frac{1}{2}$

c) $\frac{1}{9}\cdot\left(\frac{3}{4}+\frac{1}{4}:\frac{1}{2}\right)$

d) $\frac{1}{9}\cdot\left(\frac{3}{4}+\frac{1}{4}\right):\frac{1}{2}$

e) $\left(\frac{1}{20}-\frac{1}{10}\right):\frac{1}{5}-\frac{1}{6}$

f) $\left(\frac{1}{20}-\frac{1}{10}\right):\left(\frac{1}{5}-\frac{1}{6}\right)$

g) $\left(2\frac{1}{4}\cdot\frac{1}{4}\right):\left(1-\frac{15}{16}\right)$

h) $\left(2\frac{1}{4}:\frac{1}{4}\right):2-\frac{15}{16}$

i) $2\frac{1}{4}:\left(\frac{1}{4}:2\right)-\frac{15}{16}$

6 Beschreibe zuerst, welche Rechenregeln du beachten musst und berechne anschließend den Termwert.

a) $-2\frac{1}{3}-\left(3{,}5-\frac{5}{6}:\frac{3}{4}\right)$

b) $2\frac{2}{3}\cdot\left(2{,}5-\frac{7}{2}\right):\left(-\frac{3}{4}\right)$

c) $[0{,}5+2^2]:[(0{,}5)^2-2^2]$

7 Überprüfe, welche Klammern du bei den Termen ohne Veränderung des Termwerts weglassen kannst. Tausche dich danach mit deinem Nachbarn aus.

a) $-2\cdot\left[-7\cdot\left(2{,}4+\frac{1}{4}\right)\right]+\frac{3}{4}$

b) $[-2\cdot(-7)^2]\cdot\left(2{,}4+\frac{1}{4}\right)$

c) $(3{,}5+2{,}75):\left[\frac{1}{4}\cdot\left(\frac{5}{6}\right)^2\right]$

8 Ergänze in deinem Heft so Klammern, dass die Rechnung stimmt.

a) $\frac{3}{4}-\frac{1}{2}-\frac{1}{4}=\frac{1}{2}$

b) $\frac{7}{8}-2\cdot\frac{1}{2}-\frac{1}{8}=\frac{1}{8}$

c) $\frac{3}{4}-\frac{3}{8}:\frac{3}{8}-\frac{1}{4}=3$

d) $1+\frac{2^2}{3}+\frac{5}{9}\cdot\frac{1}{3}=\frac{2}{3}$

e) $\frac{1}{2}\cdot 1-\frac{5}{3}=-\frac{1}{3}$

f) $\frac{2}{5}+\frac{3}{4}\cdot\frac{1}{23}-\frac{7}{46}=-\frac{1}{8}$

9 Überprüfe, ob du durch Verschieben einer Klammer den Termwert vergrößern kannst. Tausche dich danach mit deinem Nachbarn aus.

a) $\left(-\frac{3^2}{10}+\frac{2}{5}\right):\frac{1}{4}\cdot\frac{5}{6}$

b) $\frac{-2^3}{3}\cdot(1{,}5+4)\cdot 0{,}5$

c) $0{,}1+\left(\frac{7}{3}\right)^2:0{,}2$

10 Stelle den Term in einem Gliederungsbaum dar und beschreibe ihn in Worten.

a) $\frac{3}{2}:\frac{2}{3}-0{,}\overline{6}$

b) $\left(\frac{3}{2}+\frac{2}{3}\right)-0{,}4\cdot 1{,}35$

c) $\left(2\frac{1}{3}+3\frac{1}{2}\right)\cdot\left(\frac{5}{2}-0{,}75\right)$

11 Notiere den Term und berechne seinen Wert.

a) Addiere zur Summe von $\frac{2}{3}$ und $1\frac{1}{2}$ das Dreifache von $-2\frac{1}{18}$.

b) Subtrahiere die Hälfte der Differenz von $\frac{15}{4}$ und $\frac{3}{5}$ von der Summe aus 3 und $\frac{4}{5}$.

c) Multipliziere die Summe aus 2 und 0,5 mit dem Drittel von $\frac{4}{7}$.

148/149 **12** Bis Ostern werden in einem Haushalt drei Siebtel des Heizölvorrates von 3150 Litern verbraucht. Vier Neuntel des Restes werden bis Ende Mai verbrannt. Berechne, wie viel Liter Öl noch im Tank sind. Stelle hierfür einen Term auf.

13 Übertrage den Rechenbaum in dein Heft und fülle die leeren Felder aus. Notiere den dazugehörigen Term.

a)

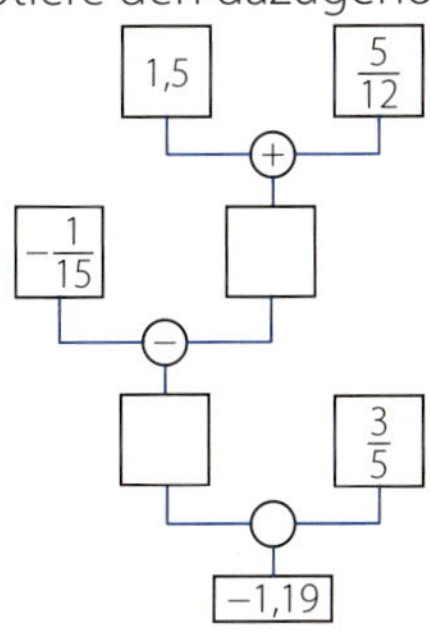

b)

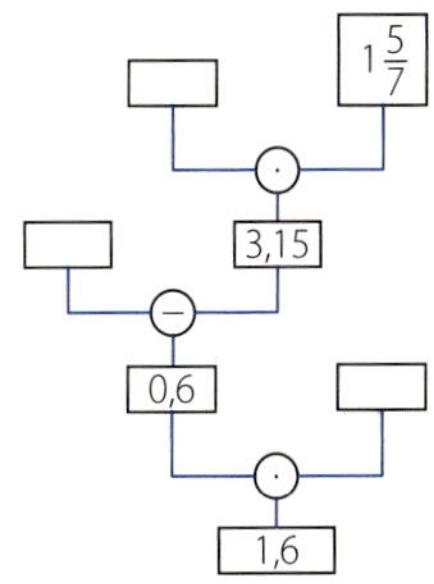

c) Erfinde selbst einen Term und zeichne den dazugehörigen Rechenbaum.

d) Finde zum Rechenbaum deines Nachbars den richtigen Term. Diskutiert eure Ergebnisse und gegebenenfalls mögliche Fehler.

14 Noah hat sich im Januar ein neues Handy gekauft. Das Geld hat er sich bei seinen Eltern geliehen. Bis Anfang April hat er bereits ein Drittel zurückgezahlt. Außerdem hat er Ende April noch 50 € zusätzlich abbezahlt. Er muss nun noch 76,66 € bezahlen. Berechne, wie teuer das Handy war.

Rechenvorteile nutzen

15 Antonia hat in der Hausaufgabe einen Termwert berechnet. Schau dir ihre Lösung genau an und beurteile diese.

$$\frac{7}{12} - \frac{5}{18} - \frac{7}{8} \cdot \frac{4}{21} = \frac{7}{12} - \frac{5}{18} - \frac{28}{168} = \frac{126}{216} - \frac{60}{216} - \frac{28}{168}$$
$$= \frac{66}{216} - \frac{28}{168} = \frac{33}{108} - \frac{7}{42} = \frac{33}{108} - \frac{1}{6} = \frac{33}{108} - \frac{18}{108} = \frac{15}{108} = \frac{5}{36}$$

16 Entscheide, ob es sinnvoller ist, mit Brüchen oder Dezimalbrüchen zu rechnen, und begründe. Berechne anschließend den Termwert.

a) $\frac{4}{5} + \frac{1}{9} + 0{,}2$

b) $2{,}89 : 1{,}7 + \left(\frac{16}{8} - 0{,}75\right)$

c) $2{,}25 \cdot \left(2\frac{1}{2} - 3{,}75\right) : \left(-\frac{3}{4}\right)^2$

d) $\frac{3}{4} : 0{,}2 - 0{,}625 \cdot \left(\frac{1}{5}\right)^2$

e) $1 + \frac{1}{2} + 0{,}3 + \frac{1}{4} + 0{,}5 + \frac{1}{6}$

f) $3\frac{3}{4} : 1{,}25 - 0{,}25 : 2\frac{1}{2}$

g) $\left(0{,}5 : \frac{1}{3} - 3{,}25 : 2\frac{1}{2}\right) : \left(\frac{2}{3} - \frac{1}{6}\right)$

h) $\frac{1}{2} \cdot 0{,}1 + \frac{1}{3} : 0 - 0{,}5^3$

17 Erläutere die Anwendung des Distributivgesetzes mithilfe der Zeichnung.

$\frac{12}{5} \cdot (4 + 1{,}8) = \frac{12}{5} \cdot 4 + \frac{12}{5} \cdot 1{,}8$

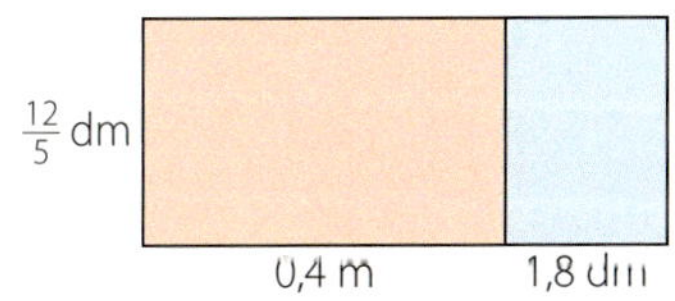

Hinweis
1. Möglichkeit: Berechne die Klammer zuerst.
2. Möglichkeit: Wende das Distributivgesetz an, indem du ausmultiplizierst.

18 Berechne die Werte der folgenden Terme auf zwei verschiedene Arten und überlege, welchen Weg du einfacher findest.

a) $\left(4\frac{1}{12}+\frac{3}{36}\right)\cdot 16$ b) $\left(\frac{5}{12}+\frac{5}{8}\right)\cdot\frac{4}{5}$ c) $14\cdot\left(2\frac{1}{14}-\frac{8}{21}\right)$

d) Begründe, welchen Weg du bei den folgenden Termen nutzen würdest.

$\left(\frac{2}{3}-\frac{4}{9}\right)\cdot 4$ $\left(\frac{1}{30}-\frac{4}{44}\right)\cdot 15$ $\left(2,\overline{6}-\frac{4}{9}\right)\cdot 0,25$

19 Berechne den Termwert, indem du einen gemeinsamen Faktor ausklammerst. Erläutere, wieso diese Rechnung „vorteilhaft" ist.

a) $2\frac{1}{6}\cdot 0,6-2\frac{1}{3}\cdot 0,6$ c) $\left(-\frac{1}{6}\right)\cdot 0,\overline{1}+0,\overline{8}\cdot\left(-\frac{1}{6}\right)$ e) $3,375\cdot\frac{2}{7}+\frac{1}{8}:\frac{7}{2}$

b) $\frac{2}{5}\cdot 1,3+2,7\cdot\frac{2}{5}$ d) $\frac{1}{3}\cdot 2\frac{2}{5}-0,25\cdot 2,4$ f) $\frac{4}{45}+\frac{4}{27}$

20 Berechne den Termwert. Gib bei jedem Schritt an, welches Gesetz du verwendest.

a) $2,6\cdot\frac{2}{13}-0,2:\frac{13}{2}$ c) $\frac{4}{9}-0,7+1,\overline{5}+2,7$ e) $\frac{1}{5}\cdot 2-4\cdot 5^{-1}$

b) $\left(-\frac{1}{3}\right)^2\cdot 5+4:9$ d) $-\frac{7}{8}\cdot 9:\frac{21}{8}$ f) $\frac{1}{3}+2\frac{2}{5}:0,2+3^{-1}$

21 In den Lösungen sind Fehler enthalten. Korrigiere diese und notiere dann drei Merksätze, worauf du beim Anwenden der Gesetze achten musst.

a) $\frac{8}{11}-2,4+\frac{3}{22}+\frac{2}{5}=\frac{8}{11}-\frac{3}{22}+2,4+\frac{2}{5}=\frac{5}{11}+3=3\frac{5}{11}$

b) $\frac{1}{5}\cdot\frac{4}{11}-\frac{4}{11}=\frac{4}{11}\cdot\left(\frac{1}{5}-0\right)=\frac{4}{11}\cdot\frac{1}{5}=\frac{4}{55}$

c) $\frac{5}{9}\cdot\left(\frac{3}{5}+\frac{6}{7}\right)=\frac{5}{9}\cdot\frac{3}{5}+\frac{6}{7}=\frac{1}{3}\cdot\frac{6}{7}=\frac{2}{7}$

Vermischte Aufgaben

22 Ergänze die fehlenden Begriffe. Schreibe dann den Term auf, der durch den Gliederungsbaum dargestellt ist.

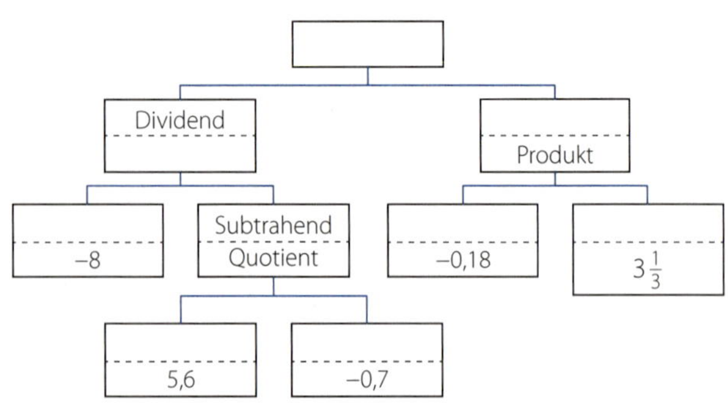

23 Berechne die Termwerte und beschreibe die Terme dann in Worten.

a) $-3\frac{1}{2}+2\frac{1}{3}\cdot\left(-\frac{6}{4}\right)$ c) $0,12\cdot(-0,5)+\frac{1}{12}:0,\overline{2}$ e) $\frac{10}{11}\cdot\left(2,5+\frac{21}{7}\right)-\frac{5}{7}$

b) $2,8\cdot\left(\frac{3}{7}-\frac{2}{3}\right)$ d) $\frac{5}{3}-\left(0,25-\frac{1}{2}\right):\left(1,5+\frac{3}{8}\right)$ f) $3,5-\left(\frac{5}{7}-1,5^2\cdot 0,\overline{4}\right)$

24 Die Termwerte der folgenden Rechnungen sind durcheinander geraten. Ordne jedem Term ohne zu rechnen den richtigen Termwert zu. Schau dir dafür die Terme ganz genau an. Begründe deine Entscheidung.

a) $\left(3\frac{1}{4} - 1{,}5\right) \cdot \left(3\frac{2}{3} + 2{,}25\right)$ c) $3\frac{1}{4} - 1{,}5 \cdot \left(3\frac{2}{3} + 2{,}25\right)$

b) $\left(3\frac{1}{4} - 1{,}5\right) \cdot 3\frac{2}{3} + 2{,}25$ d) $3\frac{1}{4} - 1{,}5 \cdot 3\frac{2}{3} + 2{,}25$

0 $10\frac{17}{48}$ $8\frac{2}{3}$ $-5\frac{5}{8}$

Tipp
Zum Abschätzen kannst du die Überschlagsrechnung nutzen.

25 Finde, ohne das genaue Ergebnis zu berechnen, die richtigen Lösungen. Beschreibe, wie du vorgegangen bist.

a) $-17{,}96 \cdot 0{,}47 + 3{,}52$

b) $\left(\frac{1}{8} - 0{,}7\right) : (-2{,}97)$

c) $-\frac{16}{5} + 0{,}\overline{8} \cdot 4 + (-2{,}5)$

$-\frac{325}{594}$ $-\frac{193}{90}$ $-6{,}3456$ $\frac{595}{594}$ $\frac{115}{594}$ $-4{,}9212$ $1{,}61\overline{4}$

26 Michael hat bei seiner Hausaufgabe als Ergebnis die Zahl –0,2 erhalten. Amelie sagt: „Dein Ergebnis kann nicht stimmen, der Wert des Term muss positiv sein." Entscheide, wer Recht hat und begründe.

$-3 \cdot (-1{,}4) + 2 : \frac{1}{2} = -0{,}2?$

27 Erläutere, ohne genau zu berechnen, welches Vorzeichen der Termwert hat.

a) $\left[2 : \frac{4}{7} - (-3) \cdot \frac{3}{4}\right] \cdot \left(-\frac{1}{2}\right)$ b) $12 \cdot (-1{,}4) + 12 \cdot 0{,}8$ c) $(-0{,}4)^2 + (-4) \cdot \left(-1\frac{1}{3}\right)$

28 Für eine Geburtstagsfeier brauchen Leonie und Felix jeweils 13 Flaschen Wasser und Saft. Sie haben 30 €.
a) Finde möglichst viele verschiedene Terme, um den Gesamtbetrag berechnen zu können.
b) Entscheide, ob das Geld ausreicht, und begründe.

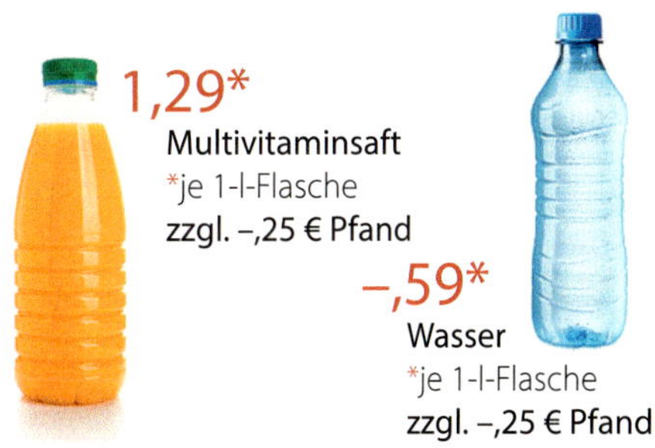

148/149

29 In einem Badesee ist der Badebereich mit verschiedenen Stangen abgesteckt, damit die Schwimmer die Wassertiefe ablesen können. Eva weiß von einer Stange: $\frac{1}{7}$ der Stange steckt im Boden, drei Fünftel der Restlänge befinden sich im Wasser. 72 cm schauen aus dem Wasser heraus. Fertige dazu eine Skizze an und berechne, wie tief der See an der Stelle ist.

30 Ermittle die gesuchte Zahl. Ein geeigneter Term kann dir dabei helfen.
a) Du erhältst $-\frac{1}{2}$, wenn du die Zahl zu $1\frac{1}{4}$ addierst.
b) Du erhältst 3, wenn du die Zahl durch $-\frac{7}{15}$ dividierst.
c) Du erhältst die Gegenzahl einer beliebigen Zahl, wenn du diese mit der gesuchten multiplizierst.
d) Du erhältst 0, wenn du zu einer beliebigen Zahl die gesuchte addierst.
e) Du erhältst –1, wenn du eine beliebige Zahl mit der gesuchten multiplizierst.

Methode

zur Info
Im Internet kannst du noch viel mehr zu Adam Ries erfahren. Vielleicht kannst du auch ein kurzes Referat für deine Mitschüler vorbereiten.

Strategien zum Lösen von Rechenproblemen von Adam Ries

Der Rechenkünstler Adam Ries

Adam Ries war der bedeutendste Rechenmeister im 16. Jahrhundert. Er wurde 1492 in Staffelstein (Oberfranken) geboren. Von 1518–1522/23 lebte er in Erfurt (Thüringen), wo er seine ersten beiden Rechenbücher schrieb. Danach zog er nach Annaberg (Sachsen). Dort führte er eine Rechenschule und schrieb weitere wichtige Werke. Außerdem nahm er verschiedene öffentliche Ämter wahr. 1559 starb er in Annaberg, jedoch ist er bis heute noch sehr bekannt. Vor allem durch den Ausspruch „das macht nach Adam Ries …".

Die Aufgaben, die Adam Ries in seinen Rechenbüchern stellte, sind heute noch bekannt und manchmal sogar ein bisschen knifflig. Um sie zu lösen, kannst du verschiedene Strategien anwenden, z. B. eine Zeichnung erstellen, das systematische Probieren oder das Rückwärtsarbeiten.

Beispiel 1: Lösen mithilfe einer Skizze

Löse die Aufgabe aus dem zweiten Rechenbuch von Adam Ries:

> Einer fragt, wie alt er sei. Man antwortet ihm: Wenn er noch einmal so alt und halb so alt wie die Summe und noch ein Viertel all dieser Jahre alt wäre, so wäre er 100 Jahre alt. Die Frage: Wie alt ist er?

Lösung:

Jede Aussage bezieht sich auf die Angabe davor. Veranschauliche daher das Alter durch ein Symbol, z. B. durch einen Streifen der Länge 4 Kästchen, und notiere für jeden Teilschritt die entsprechende Größe.

Alter:

Noch einmal so alt: +

Halb so alt wie die Summe: +

Und noch ein Viertel all dieser Jahre: +

=

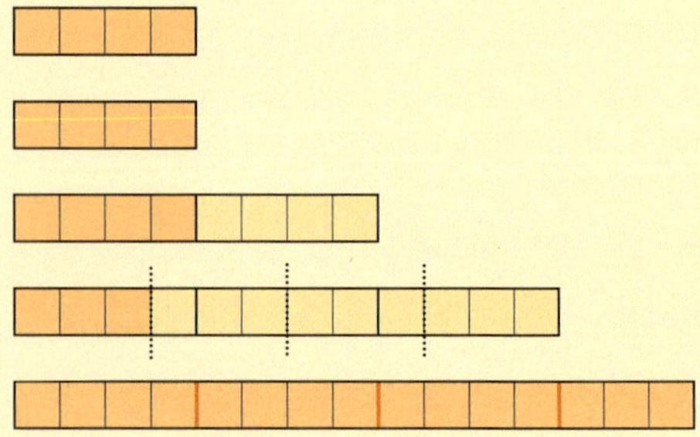

Das Ergebnis ist ein Streifen mit 15 Kästchen, was den 100 Jahren entspricht. Jetzt kannst du das gesuchte Alter mithilfe der Schlussrechnung berechnen:

15 Kästchen sind 100 Jahre

1 Kästchen ist $\frac{100}{15}$ Jahre $= \frac{20}{3}$ Jahre

4 Kästchen sind $4 \cdot \frac{20}{3}$ Jahre

$= 26\frac{2}{3}$ Jahre

Das gesuchte Alter ist also 26 Jahre und 8 Monate.

Beispiel 2: Verschiedene Strategien nutzen

Eine Schnecke befindet sich 32 Ellen tief in einem Brunnen. Jeden Tag kriecht sie $4\frac{2}{3}$ Ellen herauf und fällt jede Nacht $3\frac{3}{4}$ Ellen zurück. In wie vielen Tagen kommt sie heraus? Löse die Aufgabe.

Lösung:

Mithilfe einer Skizze kannst du den Text leichter verstehen. Du erkennst, dass die Schnecke nach einem Tag und einer Nacht $4\frac{2}{3}$ Ellen $- 3\frac{3}{4}$ Ellen $= \frac{11}{12}$ Ellen geschafft hat und dass sie zum Schluss nur noch hochkriecht. Überlege also, wie viele Tage und Nächte sie für die $32 - 4\frac{2}{3} = 27\frac{1}{3}$ Ellen vorher benötigt.

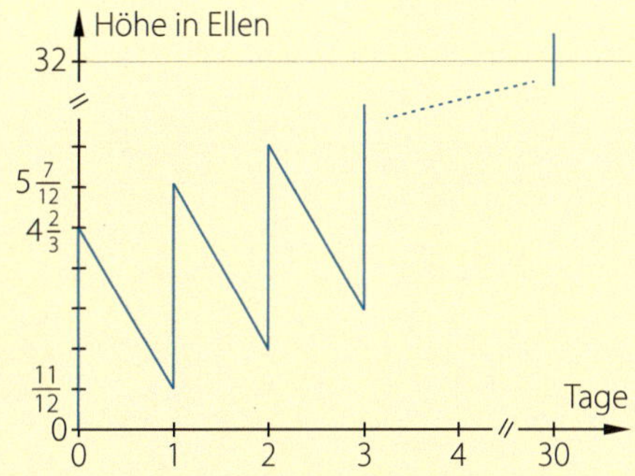

Dies kannst du durch systematisches Probieren ermitteln:

Nach 1 Tag/Nacht	$\frac{11}{12}$ Ellen	
Nach 12 Tagen/Nächten:	11 Ellen	zu wenig
Nach 24 Tagen/Nächten:	22 Ellen	zu wenig
Nach 36 Tagen/Nächten:	33 Ellen	zu viel
Nach 30 Tagen/Nächten:	$30 \cdot \frac{11}{12} = \frac{110}{4} = 27\frac{1}{2}$ Ellen	knapp darüber → passt

Sie schafft es also in 30 + 1 = 31 Tagen heraus.

Aufgaben

1 Drei Gesellen wollen ein Haus für 204 Gulden kaufen. Der erste gibt dreimal so viel wie der zweite, dieser viermal so viel wie der dritte. Berechne, wie viel jeder zahlen muss.

Hinweis
1 Gulden = 4 Ort
1 Ort = 5 Schilling
1 Schilling = 12 Heller

2 Löse folgende Aufgabe: „Wenn 100 Pfund Wachs 15 Gulden und 1 Ort kosten, wie teuer ist dann ein Pfund, wenn man 10 % Rabatt bekommt?"

3 Im Rechenbuch heißt es: „Einer verkauft 1 Elle Samt für 4 Gulden und verliert 9 Gulden an 100. Zu welchem Preis hat er eine Elle gekauft?" „Verliert 9 Gulden" bedeutet, dass er beim Verkaufen 9 Gulden weniger erhält als er selbst bezahlt hat. Löse die Aufgabe.

4 Ein Sohn fragt seinen Vater, wie alt er sei. Der Vater antwortet: „Wenn du wärest auch so alt und noch halb so alt und ein Drittel so alt und noch ein Jahr dazu, so wärest du 100 Jahre!" Bestimme, wie alt der Vater ist.

Hinweis
Ein Fuder ist eine alte Maßeinheit. Je nach Region umfasste sie 800 bis 1800 Liter.

5 Im zweiten Rechenbuch von Ries stand folgende Aufgabe: „Ein Händler transportiert von Wien nach Regensburg 60 Fuder Wein. Ein Fuder davon gibt er dem Zöllner als Zoll, von dem er aber 630 Groschen zurückerhält. Nun kommt ein zweiter Händler, bringt 200 Fuder Wein und bezahlt dem Zöllner 1 Fuder und noch 420 Groschen Zoll. Ein dritter Händler bringt 600 Fuder Wein. Berechne den Zoll (in Wein und Groschen), den dieser Händler bezahlen muss."

Noch fit?

I Zeichne im Koordinatensystem.

a) Trage in ein Koordinatensystem die Punkte A (4,5 | −2) und B (2,5 | 2) ein.

b) Zeichne die Gerade AB und die Parallele g zu AB durch O (0 | 0).

c) Zeichne die senkrechte Gerade h zu AB durch den Punkt B.

d) Benenne den Schnittpunkt von h und der x-Achse mit C und bestimme die Koordinaten von C.

e) Bestimme die Menge aller Punkte, die von A mehr als 2 cm und von B weniger als 3 cm entfernt sind, und schraffiere diese Punktmenge farbig.

Trainieren **Vertiefen** Herausforderung

31 Um ein Hilfsprojekt „Schulen in Afrika" zu unterstützen, hat die Jahrgangsstufe 6 einen Spendenlauf organisiert. Die Eltern haben versprochen, für jede gelaufene Runde 2,50 € zu zahlen. Die Klasse 6a hat 72 Runden geschafft, die 6b sogar noch $\frac{1}{3}$ mehr als die 6a. Die 6c kam auf 68 Runden. Ein Unternehmen findet die Idee so gut, dass es am Ende auf die Gesamteinnahmen noch 25 % drauf schlägt. Berechne den Gesamtbetrag, den die Jahrgangsstufe spendet. Stelle hierfür auch einen Gesamtterm auf.

32 Herr Bach spielt mit Freunden regelmäßig Lotto. Diese Woche hatten sie großen Erfolg und gewannen 332 850 €. Herr Bach hat 30 % des Einsatzes bezahlt und möchte von dem Gewinn einen Pool in seinen Garten bauen.

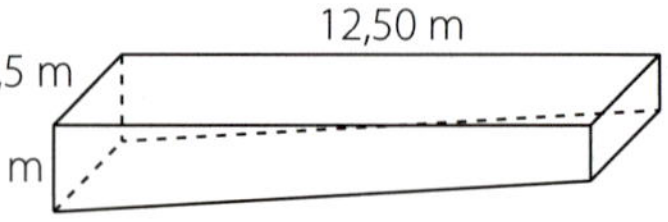

a) Berechne seinen Gewinn, wenn gemäß des Einsatzes aufgeteilt wird.

b) Der Boden und die Wände des Pools werden mit einer Spezialfarbe gestrichen. Eine Dose kostet 18,95 € und reicht für 12,5 m². Berechne die Kosten.

33 Bestimme das Vorzeichen der fehlenden rationalen Zahl, ohne sie zu berechnen. Begründe deine Antwort.

a) $(-3{,}3)^2\cdot(-0{,}327)=\bigcirc\cdot\frac{2}{9}$

b) $\left(-1{,}2+\frac{17}{18}\right)\cdot(-1)\cdot\bigcirc=-3$

c) $-0{,}\overline{14}\cdot(-5)^3\cdot\left(-\frac{3}{7}\right)=0{,}13-\bigcirc$

d) $-\left(-0{,}2^2:\bigcirc\right)\cdot\left(-\frac{1}{6}\right)=\frac{27}{25}+\left(-\frac{22}{23}\right)$

34 Begründe ohne zu rechnen, welche Aufgabe $\frac{11}{12}$ als Lösung hat.

$8\cdot\left(-\frac{22}{3}\right)\cdot\frac{1}{32}$ | $\left(-\frac{7}{20}\right)\cdot\left(-\frac{2}{3}\right):\frac{14}{55}$ | $\frac{23}{22}\cdot 1{,}007$ | $1{,}207-0{,}291$ | $\frac{3}{4}-1{,}\overline{6}$

35 Entscheide, welches Rechenzeichen +, −, · oder : du jeweils für $\bigcirc$ einsetzen musst, damit der Termwert möglichst groß bzw. möglichst klein wird. Begründe.

a) $2\bigcirc(-4)$ b) $-4{,}5\bigcirc\left(-\frac{3}{2}\right)$ c) $-\frac{2}{3}\bigcirc\frac{5}{4}$ d) $2{,}5\bigcirc\left(-12\bigcirc\frac{3}{4}\right)$

Tipp
Berechne zuerst den Termwert. Dann erkennst du besser, wie Änderungen den Termwert beeinflussen.

36 Gegeben ist der Term $\left(\frac{3}{4}\right)^2 : 3\frac{1}{3} - \frac{1}{3} \cdot \left(-1\frac{1}{2}\right)$.
a) Begründe, ob ein Rechenzeichen so durch ein anderes ersetzt werden kann, dass der Wert des Terms größer bzw. kleiner wird.
b) Begründe, ob der Termwert größer oder kleiner wird, wenn man die Zahl $3\frac{1}{3}$ durch die Zahl $\frac{1}{3}$ ersetzt.

37 Gegeben ist der Term $\left(3{,}2 - 3{,}2 \cdot \frac{3}{4}\right) : \left(1\frac{5}{6} - \frac{17}{6}\right)$.
a) Überprüfe, ob die Position einer Klammer so verändert werden kann, dass der Term den Wert Null annimmt.
b) Erläutere, wie sich der Termwert ändert, wenn das Malzeichens in der ersten Klammer durch ein Divisionszeichen ersetzt wird.

38 Alexej, Eva und Stella lösen eine Aufgabe und vergleichen ihre Lösungen.
a) Überprüfe, ob ihre Ansätze richtig sind. Erläutere gegebenenfalls die Fehler.
b) Beende bei den richtigen Ansätzen die Rechnungen und erläutere anschließend, welchen Rechenweg du nehmen würdest.

Alexej: $\left(-14 + \frac{7}{3}\right) \cdot \frac{3}{7} - \frac{2}{7} = \left(-14 + \frac{7}{3}\right) \cdot \frac{1}{7} = \ldots$

Eva: $\left(-14 + \frac{7}{3}\right) \cdot \frac{3}{7} - \frac{2}{7} = -14 \cdot \frac{3}{7} + \frac{7}{3} \cdot \frac{3}{7} - \frac{2}{7} = \ldots$

Stella: $\left(-14 + \frac{7}{3}\right) \cdot \frac{3}{7} - \frac{2}{7} = \left(-\frac{42}{3} + \frac{7}{3}\right) \cdot \frac{3}{7} - \frac{2}{7} = \ldots$

39 Distributivgesetz bei der Division
a) Erkläre mithilfe der Rechenregeln für die Division zweier Bruchzahlen, weshalb folgende Rechnung richtig ist: $\left(2{,}5 - \frac{3}{8}\right) : \frac{1}{8} = 2{,}5 : \frac{1}{8} - \frac{3}{8} : \frac{1}{8} = \ldots$
b) Überlege, ob du den Wert des Terms $8 : \left(2{,}5 - \frac{3}{8}\right)$ auch auf zwei Wegen berechnen kannst. Begründe deine Antwort.

Zur Erinnerung
$\frac{3}{7}$ von 4
$= \frac{3}{7} \cdot 4 = \frac{12}{7} = 1\frac{5}{7}$

40 Finn und Sarah vergleichen ihre Lösung:

Finn: $\frac{3}{5}$ *von* $\frac{5}{6}$ *von* $105 = \frac{3}{5}$ *von* $\left(\frac{5}{6} \cdot 105\right) = \frac{3}{5} \cdot 87{,}5 = 52{,}5$

Sarah: $\frac{3}{5}$ *von* $\frac{5}{6}$ *von* $105 = \frac{3}{5} \cdot \frac{5}{6} \cdot 105 = \frac{3}{6} \cdot 105 = \frac{1}{2} \cdot 105 = 52{,}5$

a) Erkläre die beiden Lösungswege. Erläutere die Bedeutung des Faktors $\frac{1}{2}$ bei Sarahs Rechnung.
b) Berechne „$\frac{3}{5}$ von $\frac{5}{8}$ von 16". Stelle deine Rechnung mithilfe einer Skizze dar.

41 Eine 3,5 ha große Naturzone ist zu $\frac{3}{7}$ als Waldstück ausgewiesen. Um eine geringere Anfälligkeit gegen Schädlinge und Stürme zu bekommen, wurden auf $\frac{1}{3}$ der Waldfläche Laubbäume angepflanzt. 42 % der Waldfläche sind mit Kiefern bepflanzt. Auf dem Rest stehen Fichten.
Überprüfe, welche Terme zum Sachverhalt passend sind, und erläutere für diese, welche Größe damit berechnet wird.

$3{,}5 - 3{,}5 \cdot \frac{4}{7}$

$3{,}5 \cdot \frac{4}{7} \cdot \left[1 - \left(0{,}42 + \frac{1}{3}\right)\right]$

$3{,}5 \cdot \frac{3}{7} \cdot \left(1 - \frac{1}{3} - 0{,}42\right)$

$3{,}5 - \frac{3}{7} \cdot 3{,}5 - \frac{1}{3} \cdot 3{,}5 - 0{,}42 \cdot 3{,}5$

$3{,}5 \cdot \frac{4}{7} \cdot \frac{1}{3}$

$3{,}5 \cdot \frac{4}{7}$

42 Für das Schulfest näht die Klasse 6 a kleine Säckchen. $\frac{1}{6}$ aller Säckchen sind blau, der Rest wird rot und grün. Da die Klasse von dem roten Stoff weniger hat, werden nur $\frac{2}{5}$ dieser restlichen Säckchen rot und 93 Säckchen grün. Ein Säckchen wird beim Fest zum Preis von 1,50 € verkauft.
Berechne, wie viel Geld die Klasse einnehmen kann.

43 Michele mixt sich gern einen Saftcocktail, der zu $\frac{1}{3}$ aus Bananensaft besteht. Der Rest besteht zu drei gleichen Anteilen aus Mango-, Erdbeer- und Limettensaft. Sie hat noch 80 ml Erdbeersaft und 150 ml Saft von den anderen Sorten. Berechne, wie viel sie sich von ihrem Lieblingsgetränk mixen kann.

44 Anja liest folgenden Bericht in der Zeitung.
Sie meint: „Das kann doch gar nicht sein, die Zeitung hat einen Fehler gemacht, die Prozentzahlen können sich doch gar nicht unterscheiden!
Aus 49 % Mädchen können doch nicht 54 % werden."

a) Nimm Stellung zu Anjas Aussage.

b) Von den insgesamt 8 556 879 Schülerinnen und Schülern in Deutschland besuchten ungefähr 12,2 % die Sekundarstufe II. Berechne, wie viele Mädchen in der Sekundarstufe II lernen.

> **Mädchen streben häufiger einen höheren Schulabschluss an**
> Von den knapp 8,6 Millionen Schülerinnen und Schülern, die im Schuljahr 2012/2013 in Deutschland unterrichtet wurden, waren 51 % Jungen und 49 % Mädchen. Dieses Verhältnis zeigt sich nahezu identisch auch im Hinblick auf die jeweiligen geschlechtsspezifischen Anteile an den Schulen des Primarbereichs und des Sekundarbereichs I. An Schulen der Sekundarstufe II bestand die Schülerschaft demgegenüber zu 54 % aus Mädchen und nur zu 46 % aus Jungen
>
> Quelle: Statistisches Bundesamt, Schulen auf einen Blick, 2014.

Trainieren | Vertiefen | **Herausforderung**

45 Übertrage die Zeichnung in dein Heft. Fülle die Felder so aus, dass in jeder schrägen Reihe das Produkt der obersten beiden Zahlen die unterste Zahl ergibt.
Finde möglichst viele Lösungen und erläutere, wie du vorgegangen bist.

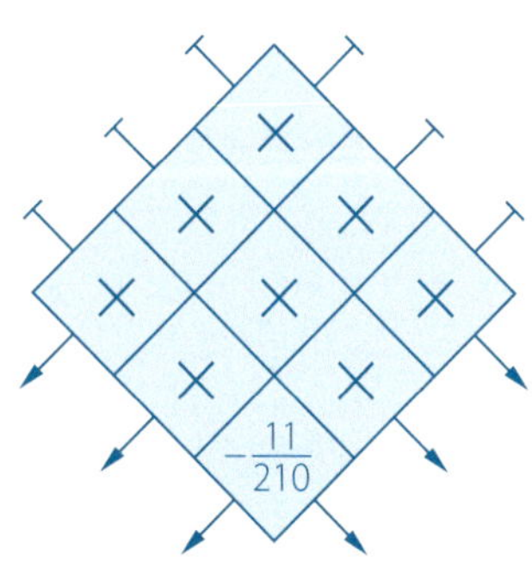

46 Für Rechenkönige
Berechne den Wert des Terms.

a) $\left\{4 \cdot \left[\left(-\frac{1}{2}\right)^3 + \frac{1}{16} - (-2)^2\right] + 59 : 4\right\} : \frac{1{,}21 - 0{,}\overline{4}}{0{,}05 - 0{,}02^{-2} : 3}$

b) $\frac{\left(\frac{3}{4}\right)^2 \cdot 3\frac{1}{3} + 0{,}\overline{6} \cdot \left(-\frac{9}{8}\right) - 1\frac{1}{8}}{\left(3{,}75 - 1\frac{5}{16} \cdot 1\frac{5}{7}\right) : \left(2\frac{11}{12} : 1\frac{1}{9} - 2{,}25\right) - 0{,}5^2}$

Check up

Was kannst du? Was musst du noch üben?
Mit diesen Aufgaben kannst du deinen Lernfortschritt überprüfen.
Lösungen findest du im Anhang.

1 Simon ist sich beim Rechnen noch nicht ganz sicher.
Korrigiere seine Lösungen und erläutere ihm, welche Fehler er gemacht hat.

a) $(-0{,}75) + \left(-\frac{1}{4}\right) : \frac{1}{12} \cdot \frac{3}{8} = (-1) : \frac{1}{12} \cdot \frac{3}{8} = (-1) \cdot \frac{12}{1} \cdot \frac{3}{8} = \frac{-12}{1} \cdot \frac{3}{8} = \frac{-36}{8} = \frac{9}{2} - 4{,}5$

b) $\left(0{,}8 - 1\frac{2}{5}\right) \cdot (-0{,}1)^2 = (0{,}8 - 1{,}4) \cdot (-0{,}1)^2 = -0{,}6 \cdot (-0{,}1)^2 = (0{,}06)^2 = 0{,}0036$

2 Berechne den Termwert.

a) $\left(\frac{2}{5}\right)^2 + 3{,}4 \cdot 0{,}1 - \frac{1}{8}$

b) $\frac{5}{6} \cdot 0{,}04 + \frac{3}{4} : \left(\frac{1}{2}\right)^2$

c) $\left[6 \cdot (-0{,}75) + \left(-\frac{2}{3}\right) : \frac{1}{12}\right] \cdot \frac{3}{8}$

d) $\left(0{,}8 - 1\frac{3}{8}\right) \cdot (-0{,}1)^2$

3 Berechne vorteilhaft und erläutere den Rechenvorteil, den du genutzt hast.

a) $-\frac{9}{14} \cdot 0{,}375 \cdot (-0{,}\overline{2}) \cdot 8$

b) $-2{,}75 \cdot \frac{3}{7} - \frac{3}{7} \cdot \frac{41}{4}$

4 Gegeben ist der Term $\left(0{,}8 - 1\frac{3}{8}\right) : \left(\frac{3}{4} + 3\right)$

a) Erläutere, welches Vorzeichen der Termwert hat, ohne das genaue Ergebnis zu berechnen.

b) Begründe, ob man eine Klammer so verändern kann, dass sich der Termwert vergrößert.

5 Setze <, = oder > ein und begründe deine Wahl.

a) $2 \cdot (-0{,}4) \cdot 1{,}2 \; \bigcirc \; -0{,}98$

b) $-\frac{8}{5} \; \bigcirc \; -\frac{9}{7} \cdot 0{,}\overline{8}$

6 Ein Reiseveranstalter bietet einen Tagesauflug nach München an. Kinder müssen 15 € und Erwachsene 20 € bezahlen. In dem Reisebus sind $\frac{1}{3}$ der Plätze von Kindern besetzt. Außerdem sind 5 Plätze nicht belegt, dies entspricht $\frac{1}{6}$ der restlichen Plätze. Berechne, wie viel Geld der Reiseveranstalter für die Fahrt erhält.

Auf einen Blick

Termwerte berechnen und Terme gliedern

Beachte folgende „Vorfahrtsregeln“:
- Klammern werden zuerst berechnet.
- Potenzen vor Punktrechnungen vor Strichrechnungen
- Von links nach rechts rechnen.

$$\frac{3}{2}+\left(-3-3^{-2}\right):4=\frac{3}{2}+\left(-3-\frac{1}{9}\right):4$$
$$=\frac{3}{2}+\left(-\frac{28}{9}\right):4$$
$$=\frac{3}{2}+\left(-\frac{28}{9}\right)\cdot\frac{1}{4}$$
$$=\frac{3}{2}+\left(-\frac{7}{9}\right)=\frac{13}{18}$$

Bei verschachtelten Klammern musst du zuerst die innere Klammer berechnen und danach die äußere Klammer.

Rechenausdrücke, die zum Beispiel aus Zahlen, Rechenzeichen und Klammern bestehen, werden Terme genannt. Du kannst sie unterschiedlich darstellen und damit die Struktur des Terms leicht erfassen oder den Termwert gut berechnen.

Term	Wortform	Gliederungsbaum	Rechenbaum
$\left[-\frac{3}{2}-(-0{,}8)\right]:\frac{7}{9}$	Der Term ist ein Quotient. Der Dividend ist eine Differenz aus $-\frac{3}{2}$ und $-0{,}8$. Der Divisor ist $\frac{7}{9}$.	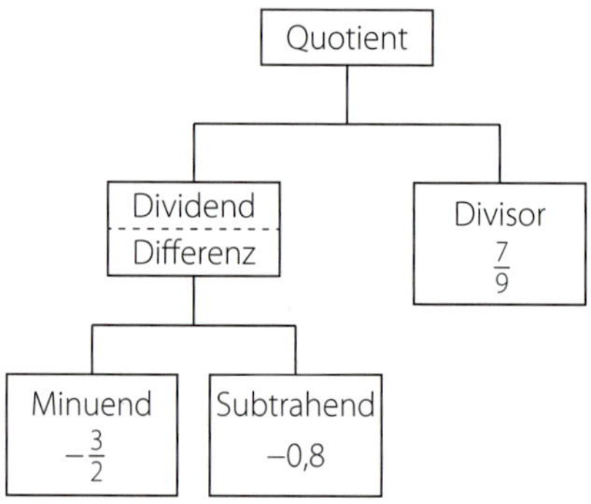	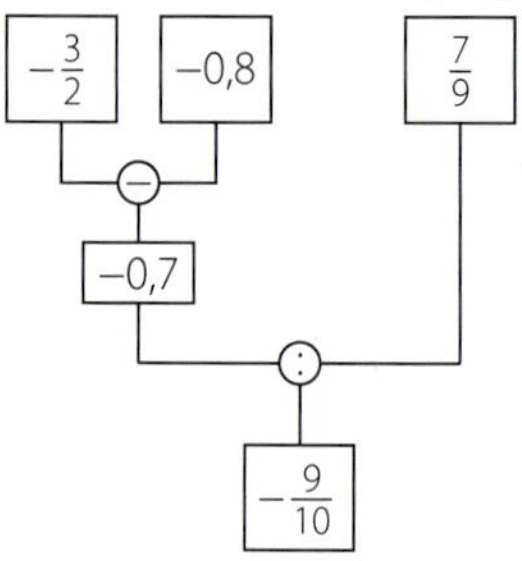

Rechenvorteile nutzen

Verschiedene „Tricks“ können dir das Rechnen erleichtern:

- **Kürze** die Brüche, wenn möglich, schon beim Rechnen.

$$\frac{5}{30}+\frac{7}{15}\cdot\frac{5}{42}=\frac{5}{30}+\frac{1}{3}\cdot\frac{1}{6}$$
$$=\frac{5}{30}+\frac{1}{18}=\frac{1}{6}+\frac{1}{18}=\frac{3}{18}+\frac{1}{18}=\frac{2}{9}$$

- Wähle die **Darstellung** geschickt aus. In der Regel ist bei der Multiplikation/Division die Bruchschreibweise und bei der der Addition/Subtraktion die Dezimalschreibweise einfacher. Periodische Dezimalbrüche musst du immer in Brüche umwandeln.

$$(3{,}\overline{3}-4{,}5):\frac{7}{9}-(8{,}4\cdot 0{,}5)$$
$$=\left(\frac{10}{3}-\frac{9}{2}\right):\frac{7}{9}-(8{,}4\cdot 0{,}5)$$
$$=\left(\frac{20}{6}-\frac{27}{6}\right):\frac{7}{9}-(8{,}4\cdot 0{,}5)$$
$$=\left(-\frac{7}{6}\right)\cdot\frac{9}{7}-(8{,}4\cdot 0{,}5)$$
$$=\left(-\frac{3}{2}\right)-(8{,}4\cdot 0{,}5)=-1{,}5-4{,}2=-5{,}7$$

- Wende die bekannten **Rechengesetze** (Kommutativgesetz, Assoziativgesetz, Distributivgesetz) an.

$$\left(\frac{3}{5}-\frac{3}{11}\right)\cdot\frac{5}{9}+\frac{2}{3}=\frac{3}{5}\cdot\frac{5}{9}-\frac{3}{11}\cdot\frac{5}{9}+\frac{2}{3}$$
$$=\frac{1}{3}-\frac{5}{33}+\frac{2}{3}=\frac{1}{3}+\frac{2}{3}-\frac{5}{33}$$
$$=1-\frac{5}{33}=\frac{28}{33}$$

Kapitel 7

Rauminhalte

Im Alltag musst du oft abschätzen, wie viel Raum ein bestimmter Körper einnimmt oder wie viel in ihn hinein passt. In diesem Kapitel lernst du, wie du den Rauminhalt eines Quaders bestimmen kannst.

Wiederholung

Prinzip der Flächenmessung und Flächenvergleich

Du kannst Flächen messen und miteinander vergleichen, indem du sie mit gleich großen Vergleichsflächen auslegst. Du verwendest dazu meist Kästchen. Du kannst aber auch andere Vergleichsflächen nutzen, z. B. Dreiecke.

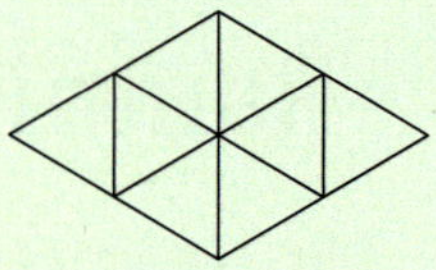
8 Vergleichsflächen

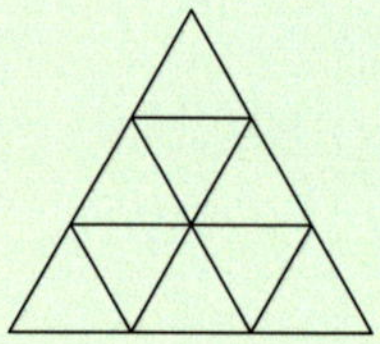
9 Vergleichsflächen

Einheitsquadrate

Es ist am einfachsten, wenn du Quadrate als Vergleichsflächen verwendest.

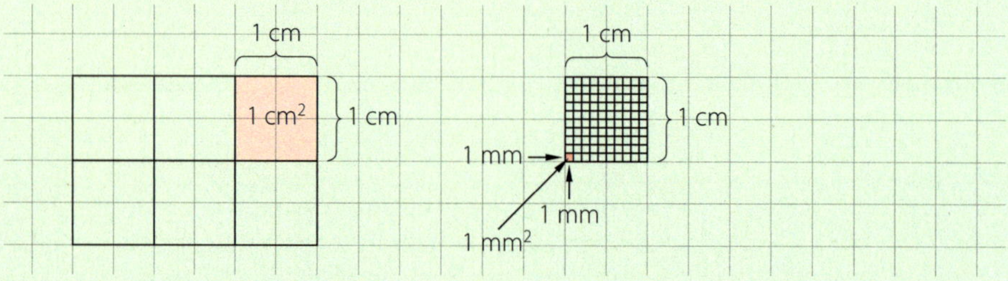

Das Einheitsquadrat mit der Seitenlänge 1 cm besitzt den Flächeninhalt 1 cm^2. Du kannst es auch in kleinere Einheitsquadrate zerlegen, zum Beispiel in 100 Einheitsquadrate mit der Seitenlänge 1 mm und dem Flächeninhalt 1 mm^2.

Längen- und Flächeneinheiten

Je nach Seitenlänge des Einheitsquadrates gibt es verschiedene Flächeneinheiten. Die Umrechnungszahl für aufeinanderfolgende Flächeneinheiten ist 100.

Name	Abkürzung	Seitenlänge des Einheitsquadrats
Quadratkilometer	1 km^2	1 km
Hektar	1 ha	100 m
Ar	1 a	10 m
Quadratmeter	1 m^2	1 m
Quadratdezimeter	1 dm^2	1 dm
Quadratzentimeter	1 cm^2	1 cm
Quadratmillimeter	1 mm^2	1 mm

Oberflächeninhalt des Quaders

Der Oberflächeninhalt eines Quaders mit Länge l, Breite b und Höhe h ist die Summe der Inhalte seiner sechs Begrenzungsflächen.

$O_Q = 2 \cdot l \cdot b + 2 \cdot l \cdot h + 2 \cdot b \cdot h$

oder $O_Q = 2 \cdot (l \cdot b + l \cdot h + b \cdot h)$

Für den Oberflächeninhalt eines Würfels mit Seitenlänge s gilt: $O_W = 6 \cdot s^2$

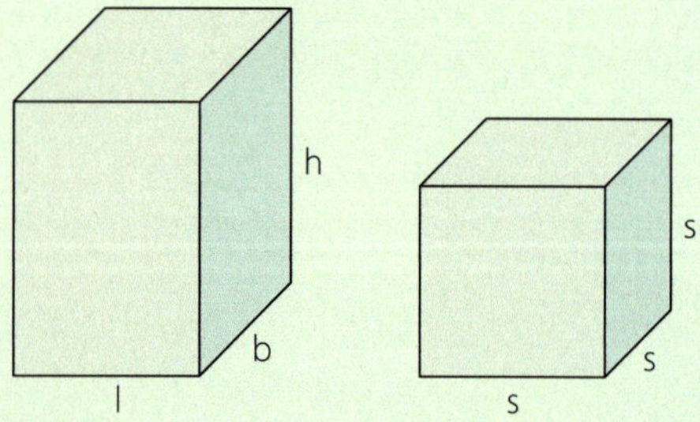

Bei zusammengesetzten Körpern musst du bei der Berechnung auf die Berührflächen achten.

Aufgaben

1 Vergleiche die Größe der Flächen, indem du den Flächeninhalt mithilfe der Vergleichsfläche Kästchen ermittelst.

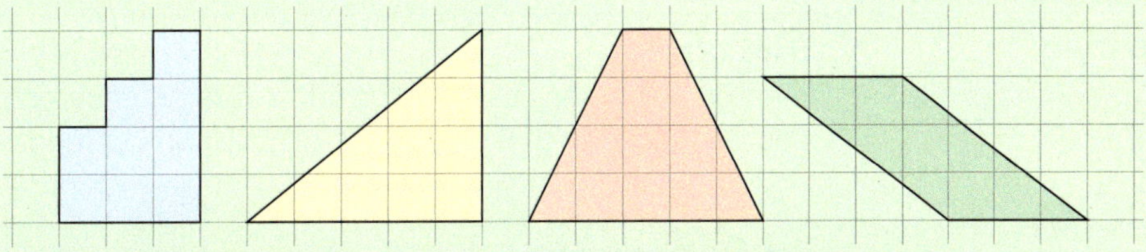

2 Du kannst den Flächeninhalt mithilfe verschiedener Vergleichsflächen messen. Übertrage die Figur in dein Heft und bestimme ihren Flächeninhalt mithilfe der drei Vergleichsflächen.

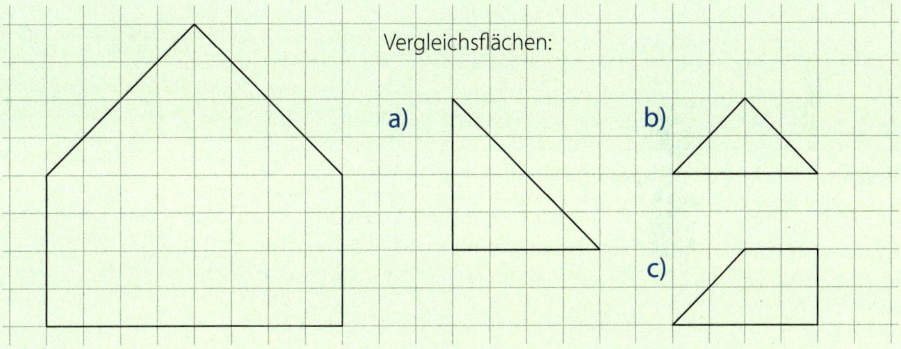

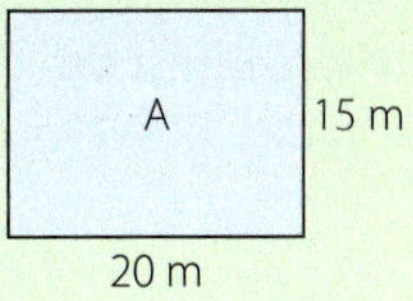

3 Gib an, aus wie vielen Einheitsquadraten die abgebildete Fläche jeweils besteht. Vervollständige dazu die Tabelle systematisch.

Länge des Einheitsquadrats	1 m	1 cm			100 m	1 mm
Anzahl der Einheitsquadrate	300			30 000		
Flächeninhalt A der gesamten Fläche	$300\,m^2$		3 a			

4 Wandle in die in Klammern angegebene Einheit um.

a) $17\,m^2$ (dm^2)
b) $51\,mm^2$ (cm^2)
c) 2,5 ha (m^2)
d) $457\,m^2$ (a)
e) $0{,}0096\,km^2$ (m^2)
f) $46\,782\,dm^2$ (ha)
g) $8\,cm^2\ 17\,mm^2$ (mm^2)
h) 14 ha 2,5 a (m^2)
i) $257\,cm^2\ 167\,mm^2$ (dm^2)

5 Peter hat auf einen großen Würfel mit der Seitenlänge 1 dm einen kleineren Würfel mit der Seitenlänge 4 cm gestellt.
Um den Oberflächeninhalt dieses Körpers zu ermitteln, führt er folgende Rechnung durch:

$$O = 6 \cdot (10\,cm)^2 + 6 \cdot (4\,cm)^2 - 2 \cdot 4\,cm \cdot 4\,cm$$
$$= 600\,cm^2 + 96\,cm^2 - 32\,cm^2 = 664\,cm^2$$

Erläutere seinen Rechenweg.

7.1 Volumenvergleich und Volumeneinheiten

Einstieg

Bauklötze

Alle Körper wurden aus kleinen Würfeln zusammengesetzt. Welche der Körper nehmen am meisten Raum ein? Vergleiche und begründe.

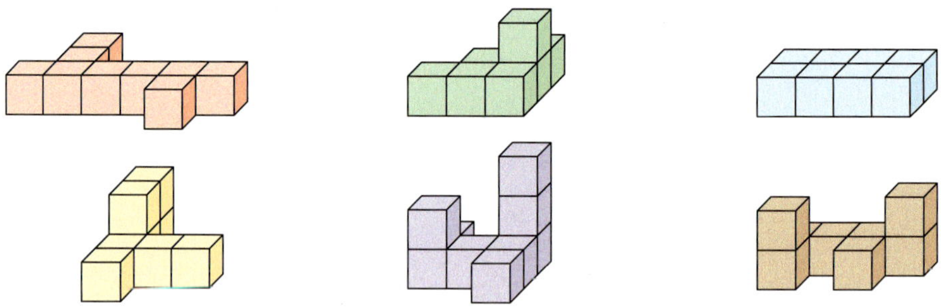

Wissen

Vergleich von Rauminhalten

In Kapitel 5 hast du gelernt, wie der Oberflächeninhalt von Körpern bestimmt wird. Nun beschäftigst du dich damit, wie viel Raum ein Körper einnimmt. Bei Flächen hast du mit Vergleichsflächen gearbeitet, den Raum eines Körpers kannst du mit Vergleichskörpern messen.

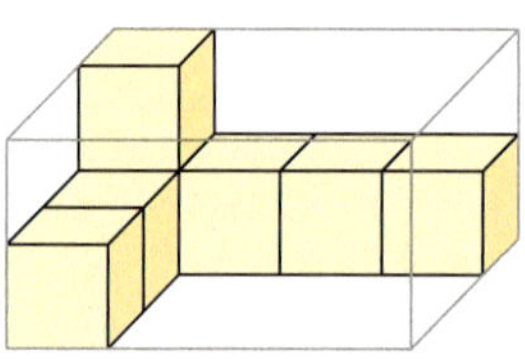

Die Größe des Raumes, den ein Körper einnimmt, heißt **Rauminhalt** oder **Volumen.** Um den Rauminhalt von zwei Körpern zu vergleichen, zählst du am einfachsten, wie viele **Würfel mit gleicher Kantenlänge** in den Körpern jeweils enthalten sind.

Beispiel 1: Rauminhalt von zwei Körpern

Begründe, welcher Körper das kleinere Volumen besitzt (Maße in cm).

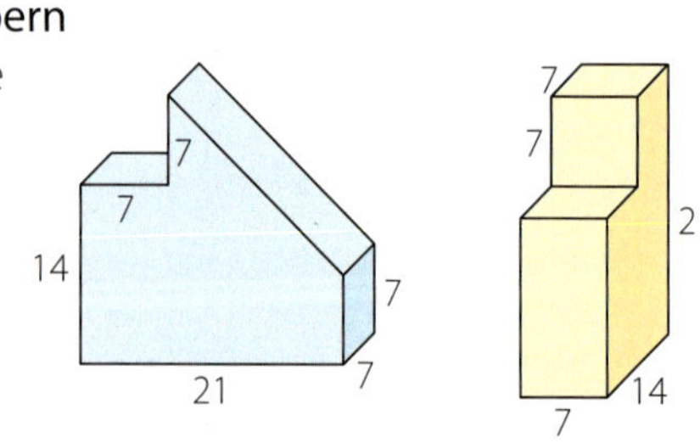

Lösung:

Du kannst die Körper in Teilwürfel mit der Kantenlänge 7 cm zerlegen. Der linke Körper besteht aus insgesamt 6 solchen Würfeln, der rechte Körper aus 5 solchen Würfeln. Somit hat der rechte Körper das kleinere Volumen.

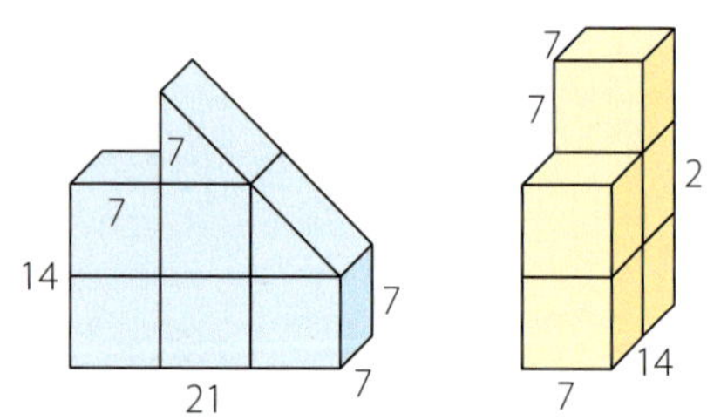

5 Würfel und 2 Würfelhälften

5 Würfel

Volumeneinheiten

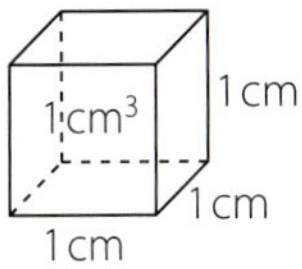

Letztes Jahr hast du den Flächeninhalt mithilfe von Einheitsquadraten bestimmt. Um das Volumen von Körpern zu messen, kannst du **Einheitswürfel** benutzen. Zum Beispiel hat ein Einheitswürfel mit der Kantenlänge 1 cm ein Volumen von 1 cm^3. Für andere Kantenlängen ergeben sich weitere Volumeneinheiten.

Name	Abkürzung	Kantenlänge des Einheitswürfels
Kubikmillimeter	1 mm^3	1 mm
Kubikzentimeter	1 cm^3	1 cm
Kubikdezimeter	1 dm^3	1 dm
Kubikmeter	1 m^3	1 m

Du kannst Einheitswürfel auch in kleinere Einheitswürfel unterteilen. In den Einheitswürfel mit einer Kantenlänge von 1 dm passen $10 \cdot 10 \cdot 10 = 1000$ Einheitswürfel mit 1 cm^3.

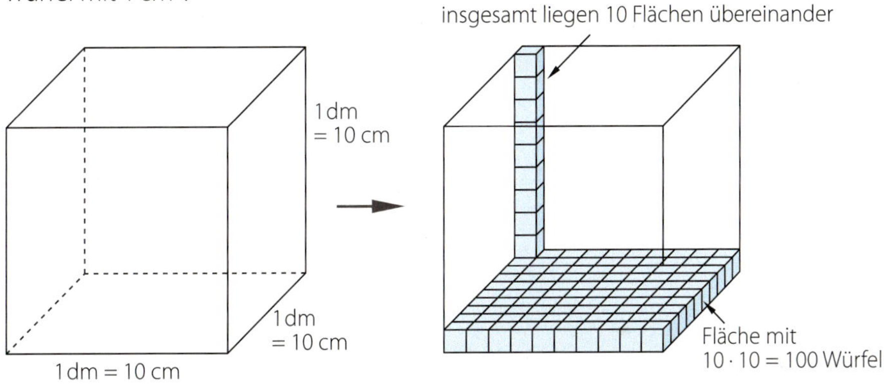

Umgekehrt kannst du aus 1000 kleinen Einheitswürfeln den nächstgrößeren bilden.

Die Umrechnungszahl für aufeinanderfolgende Volumeneinheiten ist 1000.

1 m^3 —1000— **1 dm^3** —1000— **1 cm^3** —1000— **1 mm^3**

Tipp

Beim Umrechnen kannst du das Komma verschieben:
- in die nächstkleinere Einheit: drei Stellen nach rechts
- in die nächstgrößere Einheit: drei Stellen nach links

Beispiel 2: Einheiten umrechnen

Wandle in die in Klammern angegebene Einheit um.

a) 4,751 dm^3 (cm^3) b) 0,00593 m^3 (cm^3) c) 146 mm^3 (cm^3)

Lösung:

a) $4{,}751\,\text{dm}^3 = 4{,}751 \cdot 1000\,\text{cm}^3 = 4751\,\text{cm}^3$

b) $0{,}00593\,\text{m}^3 = 0{,}00593 \cdot 1000 \cdot 1000\,\text{cm}^3 = 5930\,\text{cm}^3$

c) $146\,\text{mm}^3 = (146 : 1000)\,\text{cm}^3 = 0{,}146\,\text{cm}^3$

Bei der Umrechnung von Volumeneinheiten kann dir auch eine Einheitentafel helfen. Für jede Volumeneinheit werden drei Stellen gebraucht.

m^3			dm^3			cm^3			mm^3		
					4	7	5	1			
		0	0	0	5	9	3	0			
									1	4	6

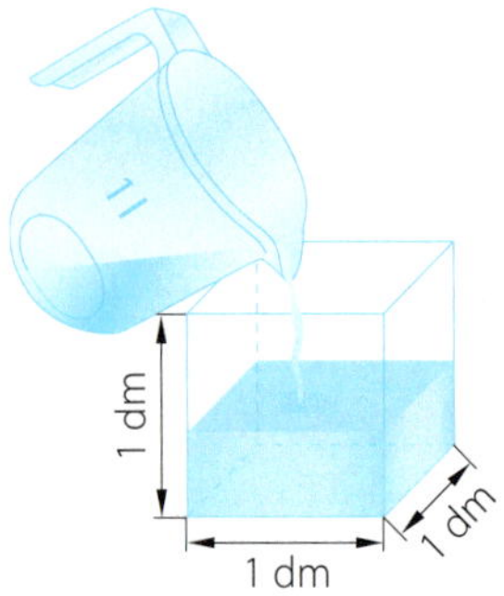

Um das Volumen eines Behälters zu bestimmen, ist es manchmal leichter den Körper randvoll mit Wasser zu füllen und die Menge des Wassers mithilfe eines Messbechers zu ermitteln. Das Volumen wird dann meistens in Litern angegeben. Du kannst die Litereinheiten aber auch in Kubikmaße umrechnen.

1 Milliliter: $1\,ml = 1\,cm^3$
1 Liter: $1\,l = 1\,dm^3$
1 Hektoliter: $1\,hl = 100\,l$

1 hl —100— **1 l** —1000— **1 ml**

Beispiel 3: Verschiedene Volumenmaße

Wandle in die in Klammern angegebene Einheit um.

a) 15 780 ml (l) b) 0,47 l (cm^3) c) 5,78 hl (m^3)

Lösung:

a) 15 780 ml = 15 780 : 1000 l = 15,78 l

b) $0{,}47\,l = 0{,}47\,dm^3 = 0{,}47 \cdot 1000\,cm^3 = 470\,cm^3$

c) $5{,}78\,hl = 5{,}78 \cdot 100\,l = 578\,l = 578\,dm^3 = 578 : 1000\,m^3 = 0{,}578\,m^3$

Damit du dir das Volumen besser vorstellen kannst, findest du hier Alltagsgegenstände mit dem „Mustervolumen".

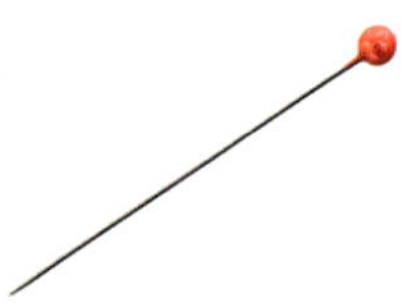

Stecknadelkopf $1\,mm^3$

Spielwürfel $1\,cm^3$

Tetrapack $1\,dm^3$

Müllcontainer $1\,m^3$

Aufgaben

Trainieren | Vertiefen | Herausforderung

Vergleich von Rauminhalten

1 Die Körper sind aus gleich großen Würfeln aufgebaut.

a) Vergleiche ihr Volumen.

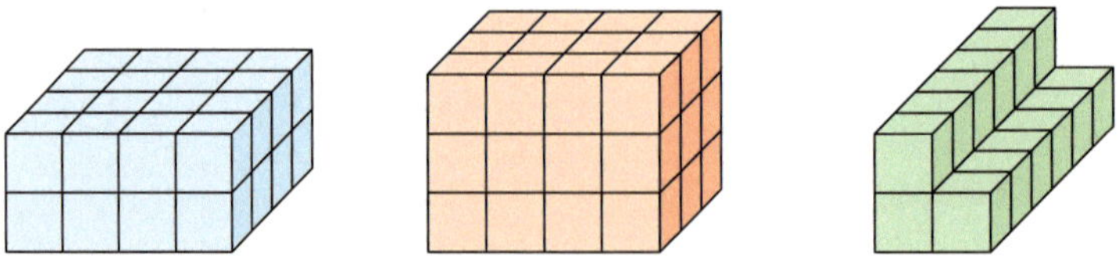

b) Beschreibe, wie du vorgehen kannst, um den Oberflächeninhalt der Körper zu vergleichen.

c) Max hat beim blauen Körper die vier mittleren Würfel des oberen Feldes heraus genommen. Begründe, weshalb sich das Volumen verändert hat, obwohl die Form noch ähnlich erscheint.

2 Die Körper im Bild sind aus gleichen Bausteinen zusammengesetzt. Ordne sie nach der Größe ihres Volumens und erläutere dein Vorgehen.

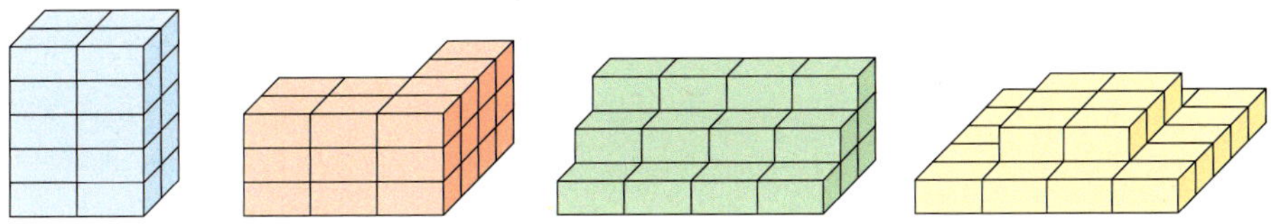

3 Vergleiche das Volumen der abgebildeten Körper.

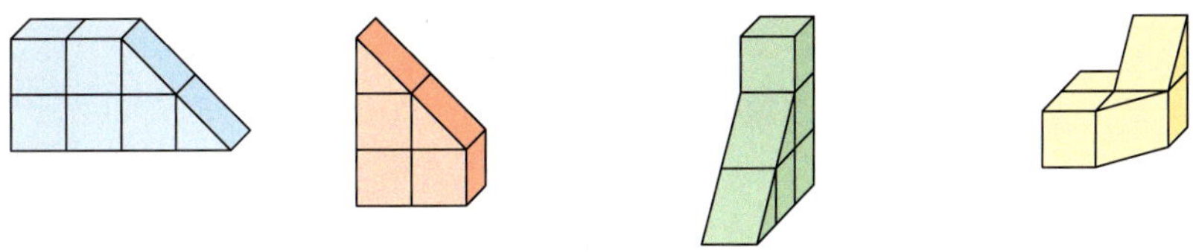

Volumeneinheiten

Info
Eine Skizze muss nicht exakt gezeichnet sein. Sie veranschaulicht nur ungefähr die Linien und Maße.

4 Erläutere, aus wie vielen Einheitswürfeln der Kantenlänge 1 cm diese Körper bestehen. Eine Skizze des Schrägbildes des Körpers kann dir helfen, die Einheitswürfel besser zu erkennen.

a)
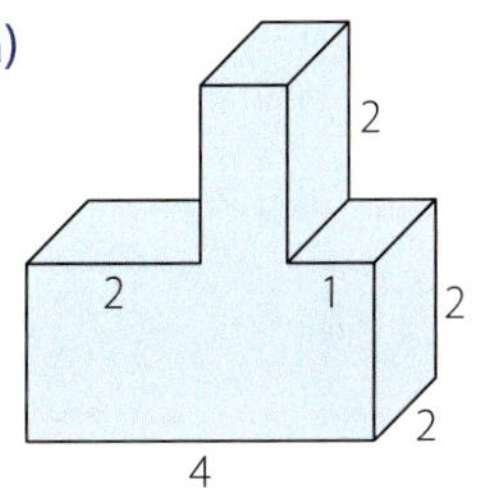

b)
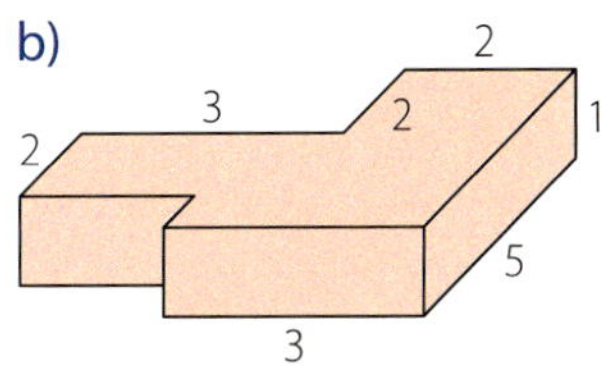

c)
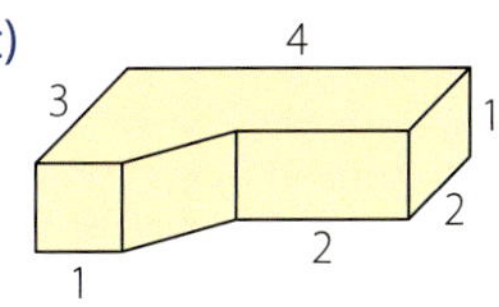

5 Zeichne die Schrägbilder zweier Körper mit dem angegebenen Volumen. Tausche dich anschließend mit deinem Nachbarn aus.

a) $4\,cm^3$ b) $8\,cm^3$ c) $10{,}5\,cm^3$ d) $17\,cm^3$

6 Wandle in die in Klammern angegebene Einheit um.

a) $8\,cm^3$ (mm^3)
b) $3{,}2\,dm^3$ (mm^3)
c) $2486\,mm^3$ (cm^3)
d) $407{,}81\,dm^3$ (m^3)
e) $0{,}8905\,m^3$ (cm^3)
f) $105\,000\,mm^3$ (m^3)

7 Schreibe die gemischten Einheiten in die angegebene Einheit um.

a) $2\,dm^3\;40\,cm^3$ (dm^3)
b) $356\,cm^3\;35\,mm^3$ (cm^3)
c) $7345\,cm^3\;2\,mm^3$ (dm^3)
d) $1\,dm^3\;234\,mm^3$ (cm^3)
e) $30\,m^3\;30\,cm^3$ (dm^3)
f) $4\,dm^3\;5\,cm^3\;6\,mm^3$ (cm^3)

8 Wandle in die in Klammern angegebene Einheit um.

a) 204 hl (l)
b) 2400 ml (l)
c) 15 608 l (hl)
d) $14\,m^3$ (hl)
e) 407,81 l (cm^3)
f) $0{,}0709\,dm^3$ (ml)

9 Wandle in die nächstkleinere und in die nächstgrößere Einheit um.

a) $90\,\text{cm}^3$
b) $6{,}34\,\text{dm}^3$
c) 42 l
d) 87,6 ml
e) $0{,}0056\,\text{cm}^3$
f) $10^4\,\text{l}$

10 Ordne den Alltagsgegenständen jeweils das passende Volumen zu und begründe, weshalb die verwendete Einheit in der Situation sinnvoll ist.

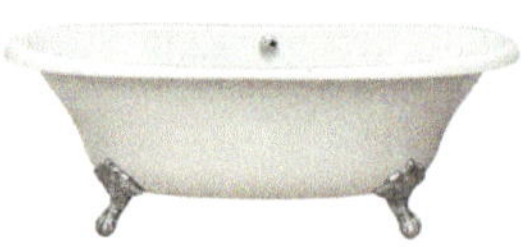

480 l | $900\,\text{cm}^3$ | 500 ml | 10 l

$30\,\text{dm}^3$ | $67\,\text{dm}^3$ | $45\,\text{m}^3$ | 160 l

11 Ann-Kathrin war sich bei den Hausaufgaben noch unsicher. Kontrolliere ihre Lösungen. Erkläre ihr alle Fehler, die sie gemacht hat.

a) $4\,\text{dm}^3\;200\,\text{cm}^3 = 400\,\text{cm}^3 + 200\,\text{cm}^3 = 600\,\text{cm}^3$
b) $1034\,\text{mm}^3 = 1\,034\,000\,\text{cm}^3$
c) $203\,000\,\text{ml} = 203\,\text{l} = 2\,\text{hl}\;3\,\text{l}$
d) $2\,\text{dm}^3\;50\,\text{cm}^3 = 2{,}005\,\text{l}$

12 Die Volumenangaben sind ein wenig durcheinander geraten. Bilde Gruppen von gleichem Volumen und erläutere deine Einteilung.

$205\,000\,\text{cm}^3$ | $2{,}050\,\text{m}^3$ | $0{,}000205\,\text{dm}^3$ | $205\,\text{mm}^3$ | 2050 l | 2005 l

$0{,}2050\,\text{m}^3$ | 20 hl 5000 ml | 205 l | $205\,000\,000\,\text{mm}^3$ | 0,205 ml

13 Tragt in die Kästchen Volumeneinheiten ein, so dass die Rechnungen stimmen. Findet alle Lösungen und begründet, dass es nicht noch weitere gibt.

a) 20359 □ = 20 359 000 □
b) 4509 □ = 4509 □
c) 2050 □ = 2 □ 50 □
d) 8 □ 40 □ = 8 000 040 □
e) 23 □ = 0,023 □
f) 75 □ 17 □ = 7517 □

14 Runde den Rauminhalt auf die angegebene Einheit.

Beispiel: $38\,457\,cm^3$ auf dm^3 $\qquad 38\,457\,cm^3 = 38{,}457\,dm^3 \approx 38\,dm^3$

a) $1567{,}3\,cm^3$ auf dm^3
b) $34\,758\,dm^3$ auf m^3
c) $8\,742\,150\,dm^3$ auf m^3
d) $4\,769\,004\,dm^3$ auf hl
e) $45\,600\,mm^3$ auf l
f) 4837 l auf hl

15 Berechne.

a) $40\,cm^3 + 5000\,mm^3$
b) $55\,000\,mm^3 - 13\,cm^3$
c) $200\,m^3 - 7\,cm^3$
d) $1{,}5\,m^3 + 21\,000\,cm^3$
e) $0{,}490\,dm^3 + 5\,mm^3$
f) $17{,}90\,m^3 - 200\,dm^3$

16 Bestimme das Volumen des Körpers, der von den angegebenen Bausteinen genau ausgefüllt ist.

a) 2 Würfel von 1 m Kantenlänge und 104 Würfel von 1 dm Kantenlänge.
b) $1\frac{1}{2}$ Würfel von 1 cm Kantenlänge und 17 Würfel von 1 mm Kantenlänge.
c) 1 Würfel von 3 dm Kantenlänge und 4 Würfel von 2 dm Kantenlänge.
d) 3 Würfel von 2 m Kantenlänge, bei denen jeweils 1 Würfel von 1 dm Kantenlänge herausgeschnitten ist.
e) 5 Quader, die jeweils 20 cm lang, 10 cm breit und 10 cm hoch sind.

166/167

17 Familie Geister hat einen Balkon, der 4 m lang und 3 m breit ist. In einem Prospekt sieht sie ein Angebot für Blumenkästen. Gib eine Möglichkeit an, wie die Familie die Größen der Kästen für das gesamte Balkongeländer kombinieren kann.
Berechne anschließend, wie viele Säcke Blumenerde Familie Geister kaufen muss.

Noch fit?

I Nenne alle Winkelarten, die entstehen können, wenn du von einem überstumpfen Winkel einen rechten subtrahierst.

II Bestimme mithilfe einer Skizze, welchen Winkel Minuten- und Stundenzeiger einer analogen Uhr zur folgenden Zeit bilden.

a) 3 Uhr
b) 1 Uhr
c) 17:30 Uhr

III Bestimme, wie groß der Winkel ist, um den sich der Stundenzeiger in folgender Zeit dreht.

a) 6 h
b) 30 min
c) 1 min

Trainieren | **Vertiefen** | Herausforderung

18 Die Körper wurden aus Spielwürfeln mit 1 cm^3 Volumen aufgebaut.
a) Bestimme den Rauminhalt der Körper.
b) Die einzelnen Spielwürfel der drei Körper werden zu einem Würfel zusammengesetzt. Bestimme, wie viele zusätzliche Spielwürfel dazu noch gebraucht werden.

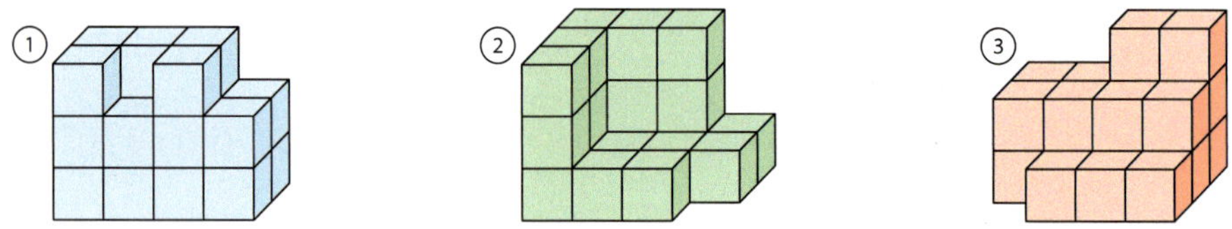

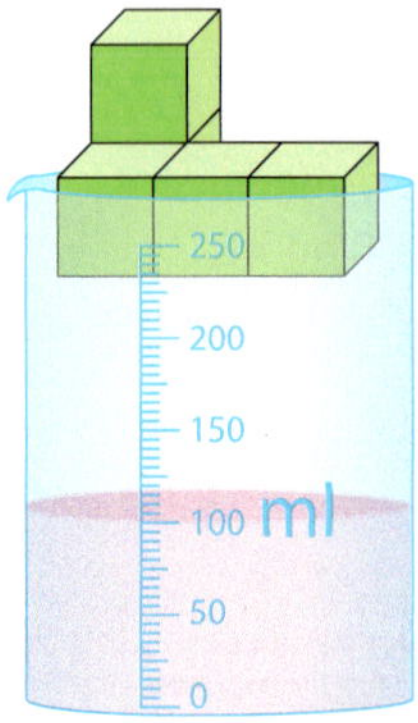

19 In einen Messbecher mit 5-ml-Skala wird $\frac{1}{10}$ Liter Wasser eingefüllt.
Wird ein Körper in das Wasser getaucht, so steigt der Wasserstand entsprechend des Volumens des Körpers an.
Die Körper bestehen aus Würfeln mit einer Kantenlänge von 2 cm.
a) Bestimme, welche Wasserstände nach dem Eintauchen abgelesen werden.

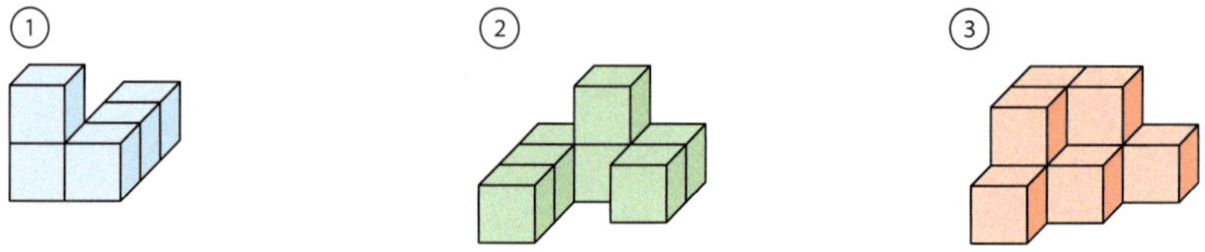

b) Annika hat bei drei weiteren Körpern folgende Wasserstände abgelesen:
135 ml, 205 ml, 220 ml. Erläutere, ob die Werte richtig sein können.

20 Du möchtest zu deinem Geburtstag 9 Kinder einladen und überlegst, wie viele 1-l-Flaschen Limonade du für euch alle kaufen sollst. In ein Glas passen ca. 200 ml. Notiere eine entsprechende Rechnung und erläutere deine Antwort.

21 Berechne und gib ein Beispiel an, das zur Rechnung passt.
a) $1\,m^3 : 25\,dm^3$ b) $2{,}43\,dm^3 : 90$ c) $4{,}5\,l : 0{,}15\,ml$ d) $6{,}73\,m^3 \cdot 12$

166/167

22 Wasserverschwendung
a) Ein Wasserhahn tropft alle 3 Sekunden. Ermittle, wie viel Wasser pro Tag dadurch verschwendet wird. Erläutere deine Annahme für diese Rechnung.
b) Recherchiere im Internet, wie viel Wasser täglich verschwendet wird und notiere mindestens 3 Maßnahmen, die du dagegen ergreifen kannst.

23 Du möchtest Orangensaft kaufen und findest im Supermarkt drei verschiedene Angebote.
Erläutere, für welches Produkt du dich entscheidest.

24 Das Containerschiff kann unter Deck mit fast genauso vielen Containern beladen werden wie über Deck. Ein Container besitzt den Rauminhalt von ca. $70\,m^3$.

a) Schätze mithilfe des Bildes ab, welches Ladevolumen das Schiff transportiert.
b) Recherchiere, mit wie vielen Containern die größten Containerschiffe beladen werden können.

25 Kathleen und Nikolaj bauen aus 24 Würfeln der Kantenlänge 10 cm verschiedene Quader. Sie wundern sich ein wenig über die ersten Ergebnisse.
a) Überprüft, ob die beiden die richtigen Werte notiert haben. Ergänzt dann die Tabelle für alle restlichen Quader, die möglich sind.
b) Vergleicht die Werte miteinander. Beschreibt, was euch dabei auffällt.

l in cm	b in cm	h in cm	O in cm^2	V in dm^3
3	4	2	52	24
2	6	2	56	24

26 Nimm zu den Aussagen begründet Stellung.
a) Ein Würfel aus acht kleinen Würfeln von je $24\,cm^2$ Oberflächeninhalt lässt sich auch aus sieben 3 cm langen, 3 cm breiten und 1 cm hohen Quadern aufbauen.
b) Sechs gleiche Quader, die je 4 cm lang und 5 cm breit sind, füllen einen Würfel mit $150\,cm^2$ Oberfläche nicht aus.

Tipp
zu b) Überlege, wie hoch der Quader sein müsste.

166/167

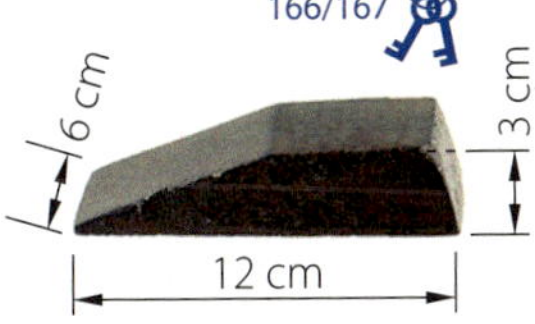

27 In einem Onlineshop wird ein Türstopper aus Stahl verkauft. $1\,dm^3$ Stahl wiegt ungefähr 7,85 kg. Berechne, wie schwer das Paket beim Versand ungefähr ist.

Trainieren | Vertiefen | **Herausforderung**

28 Ein Würfel besteht aus 8 Spielwürfeln. Wenn der Würfel aus zwei gleichen Teilkörpern zusammengesetzt werden soll, gibt es vier verschiedene Möglichkeiten. Celina hat bereits drei Möglichkeiten gefunden.

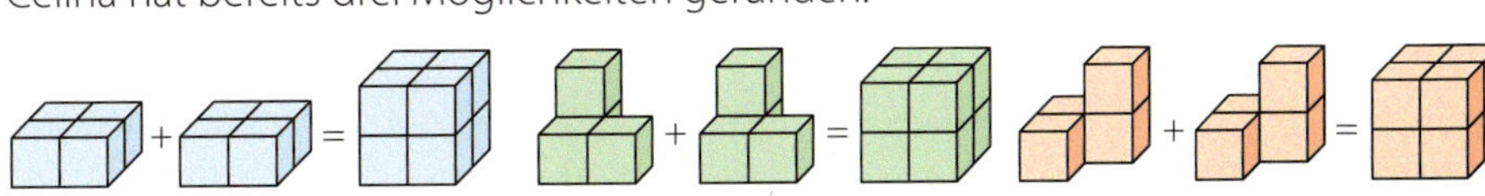

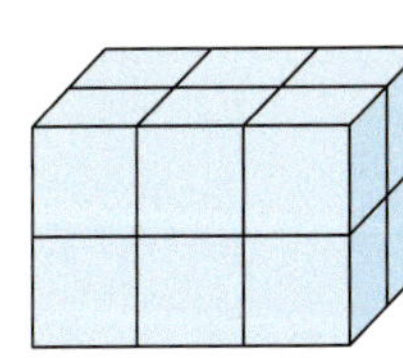

a) Zeichne das Schrägbild des Teilkörpers der vierten Möglichkeit.
b) Der rechts abgebildete Quader lässt sich auch aus zwei gleichen Teilkörpern zusammensetzen. Finde drei verschiedene Lösungen und zeichne die Schrägbilder. Erläutere, wie viele Möglichkeiten es insgesamt gibt.

Methode

Reale Probleme lösen – Modellieren

Im Alltag begegnen dir oft Probleme, die du mithilfe der Mathematik lösen kannst. Wenn die Sachverhalte ein wenig komplizierter sind, musst du beim Lösen strukturiert vorgehen. Um ein Ergebnis ermitteln zu können, musst du das Problem vereinfachen und Annahmen treffen.
Diese Art des Lösens von realen Problemen wird **Modellieren** genannt.

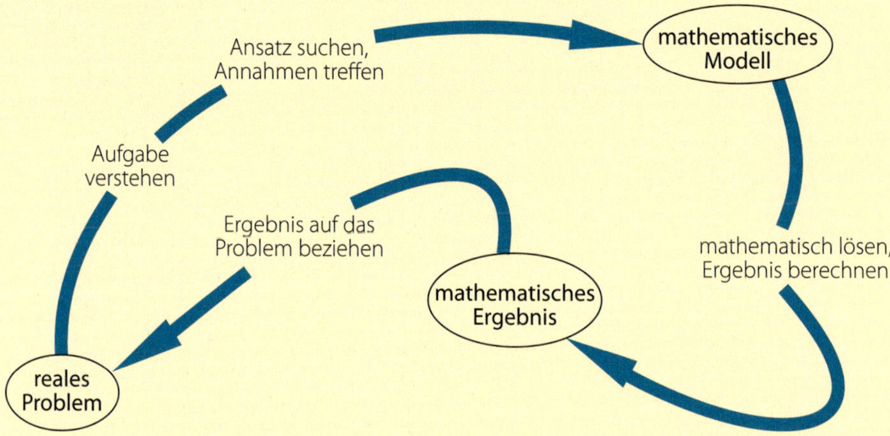

Beispiel 1: Größen abschätzen

Das Timmelsjoch ist eine Stelle, wo Italien und Österreich aneinandergrenzen. Hier können Besucher auf ganz besonderen Stühlen Platz nehmen.
Ermittle, wie groß ein Mensch sein müsste, damit ihm dieser Stuhl passt.

Lösung:

1. Aufgabe verstehen	Du könntest davon ausgehen, dass ein Mensch dann bequem auf dem Stuhl sitzt, wenn seine Füße den Boden erreichen. Er müsste also größer sein.
2. Ansatz suchen und Annahmen treffen	Wenn du den Mann maßstabsgetreu vergrößerst, kannst du die Größe des Menschen berechnen, so dass er den Boden berührt. Der durchschnittliche Mann ist ca. 1,8 m groß und aus dem Bild kannst du folgende Maße abmessen: Stuhlbein 12 mm, Unterschenkel 7 mm
3. mathematisch lösen	Die Körpergröße des Mannes muss also mit dem Faktor $\frac{12}{7}$ vergrößert werden. $1{,}8\,\text{m} \cdot \frac{12}{7} \approx 3{,}09\,\text{m}$
4. Ergebnis auf das Problem beziehen	Ein Mensch müsste für diesen Stuhl ca. 3 m groß sein. Hier solltest du sinnvoll runden, da es aufgrund von Schätz- und Messwerten zu Ungenauigkeiten kommen kann.

Du könntest das Problem auch anders verstehen und davon ausgehen, dass der Mensch auf die Sitzfläche passen müsste. Dann würdest du einen anderen Lösungsweg erhalten.

Da jeder unter bestimmten Annahmen und Vereinfachungen ein anderes Modell finden kann, ist es wichtig, dass die Ergebnisse anschließend interpretiert werden, d. h. in den Sachzusammenhang gesetzt werden.

Zum Beispiel kann folgende Aufgabe ganz unterschiedlich gelöst werden: „Ein tropfender Wasserhahn verschwendet am Tag nahezu 50 Liter Wasser – ist das möglich?".

Ansatz: Würfelvolumen

Annahmen:
Das Wasser tropft jede Sekunde; der kugelförmige Tropfen passt in einen Würfel mit einer Seitenlänge von 8 mm

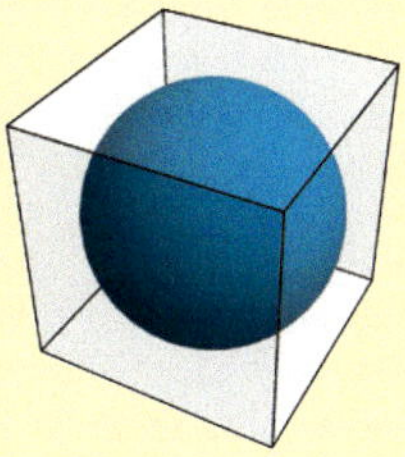

$V = (8\,\text{mm})^3 = 512\,\text{mm}^3$

$512\,\text{mm}^3 \cdot 60 \cdot 60 \cdot 24$

V pro min h Tag

$= 44\,236\,800\,\text{mm}^3 \approx 44\,\text{dm}^3 = 44\,\text{l}$

Die Aussage kann nicht stimmen, denn das Volumen des Würfels ist deutlich größer als das Volumen des Wassertropfens. Somit liegt das Volumen deutlich unter 44 l.

Ansatz: Reales Messen

Annahmen: Das Wasser tropft gleichmäßig, also kann ich das Volumen für 10 min messen und dann für den Tag berechnen.

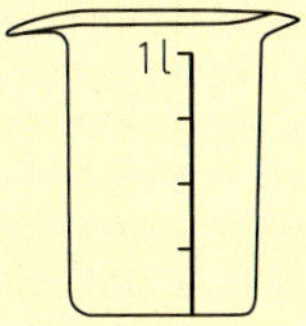

1 Tropfen pro Sekunde:
150 ml pro 10 min
900 ml pro 1 h
21,6 l pro Tag

21,6 l pro Tag ist nicht einmal die Hälfte von 50 l, , somit müssten es mindestens 2 Wassertropfen pro Sekunde sein. Dies wäre aber zu schnell.

Beachte
Es gibt natürlich auch noch weitere Modelle, z. B. könntest du von den 50 l ausgehen und berechnen, wie schnell der Wasserhahn tropfen müsste.

Du siehst, dass beide Lösungswege zum selben Ergebnis führen. Die Erklärungen sind aber unterschiedlich, da es verschiedene Modelle und Annahmen sind. Deshalb musst du zum Schluss immer deine Annahmen prüfen und die Lösung auf die Realsituation beziehen.

Aufgaben

1 Die Größe eines Reiserucksacks wird mithilfe des Volumens in Litern beschrieben. Ermittle das Volumen des Rucksacks.

2 Bei einem 10 km langen Stau sollen die Personen mit Tee versorgt werden. Dafür muss das Hilfswerk wissen, wie viele Menschen es sind.
Ermittle diese Anzahl zusammen mit deinem Nachbarn. Erläutert, welche Annahmen ihr getroffen habt. Vergleicht anschließend eure Lösung untereinander in der Klasse.

7.2 Volumen eines Quaders

Einstieg

Pyramide aus Spielwürfeln

Sophies kleiner Bruder hat aus kleinen Holzwürfeln der Kantenlänge 1 cm eine Pyramide aufgebaut. Sie möchte nun die Holzwürfel wieder ordentlich verstauen. Erkläre, welche Kiste sie benutzen kann.

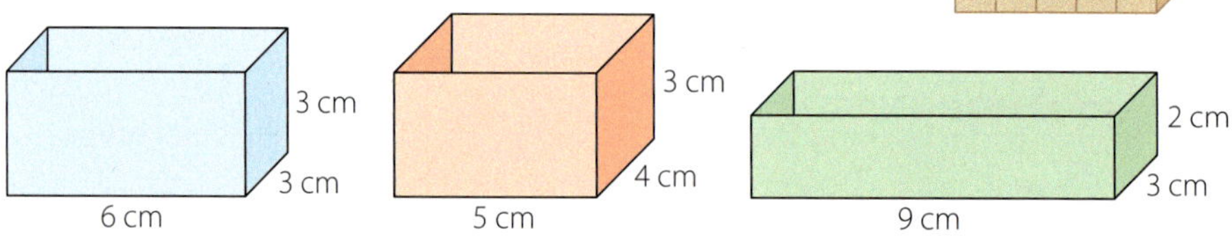

Wissen

Volumenformeln

Du musst nicht immer Einheitswürfel zählen, um das Volumen eines Quaders zu bestimmen. Du kannst es auch berechnen:

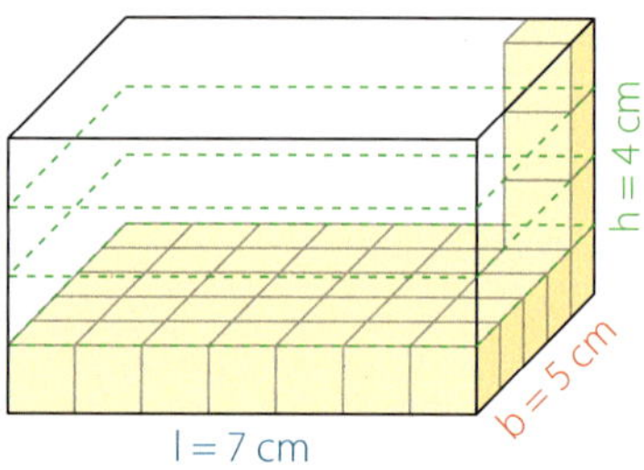

In der Abbildung besteht die unterste Schicht aus $7 \cdot 5 = 35$ Einheitswürfeln von $1\,cm^3$, da 7 Würfel in der Länge nebeneinander passen und insgesamt 5 Reihen hintereinander liegen. Insgesamt passen 4 solcher Schichten in den Würfel: $35 + 35 + 35 + 35 = 4 \cdot 35 = 4 \cdot 7 \cdot 5 = 140$ Einheitswürfel. Damit beträgt das Volumen $140\,cm^3$.

Mit der Vereinbarung $1\,m \cdot 1\,m \cdot 1\,m = 1\,m^3$ und der Anwendung von Rechengesetzen musst du also nur die Kantenlängen multiplizieren:

$4\,cm \cdot 7\,cm \cdot 5\,cm = 140\,cm^3$

Achte darauf, dass alle Faktoren dieselbe Einheit haben. Das Ergebnis erhält dann die dazugehörige Volumeneinheit.

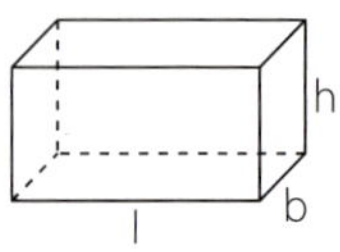

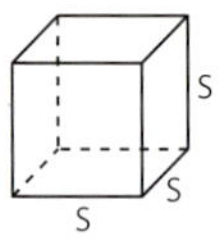

Das Volumen eines Quaders mit den Kantenlängen l, b und h beträgt
$V_{Quader} = l \cdot b \cdot h$

Das Volumen eines Würfels mit der Kantenlänge s beträgt:
$V_{Würfel} = s \cdot s \cdot s = s^3$

Zur Erinnerung
Beim Rechnen müssen alle Größen dieselbe Einheit haben. Wandle daher vor dem Rechnen um.

Beispiel 1: Volumenformel des Quaders anwenden

Bei einem Quader beträgt die Länge 90 mm und die Breite 0,75 dm. Er hat ein Volumen von $540\,cm^3$. Berechne seine Höhe.

Lösung:

Notiere die Volumenformel und	$V_{Quader} = l \cdot b \cdot h$
setze alle bekannten Größen ein.	$540\,cm^3 = 9\,cm \cdot 7{,}5\,cm \cdot h$
Berechne das Produkt.	$540\,cm^3 = 67{,}5\,cm^2 \cdot h$
Berechne h mithilfe der Umkehraufgabe.	$540\,cm^3 : 67{,}5\,cm^2 = 8\,cm$
	$h = 8\,cm$

Beispiel 2: Volumenformel des Würfels anwenden

Die Kanten eines Würfels haben insgesamt eine Länge von 72 cm. Berechne das Volumen des Würfels.

Lösung:

Da du für die Volumenformel die Länge einer Seite benötigst, musst du diese berechnen. Ein Würfel hat 12 Kanten.

$72\,\text{cm} = 12 \cdot s$

$72\,\text{cm} : 12 = 6\,\text{cm}$

$s = 6\,\text{cm}$

Berechne das Volumen des Würfels. $V = s^3 = 6\,\text{cm} \cdot 6\,\text{cm} \cdot 6\,\text{cm} = 216\,\text{cm}^3$

Berechnung des Volumens von zusammengesetzten Körpern

In Kapitel 5 hast du bereits den Oberflächeninhalt von zusammengesetzten Körpern bestimmt. Jetzt lernst du, wie du das Volumen von Körpern, die aus verschiedenen Quadern bestehen, berechnen kannst.
Auch hier gibt es verschiedene Möglichkeiten.

(1) Zerlege den Körper in Teilkörper und addiere danach die Volumen der Teilkörper.

(2) Ergänze den Körper zu einem Quader und berechne dessen Volumen. Subtrahiere davon das Volumen der ergänzten Teilkörper.

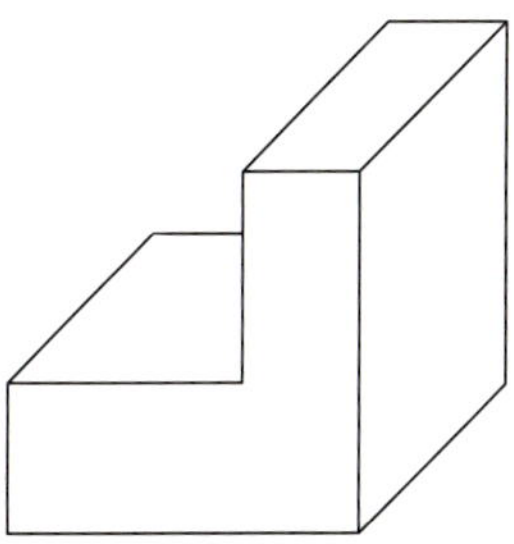

Beispiel 3: zusammengesetzte Körper

Beschreibe, wie das Volumen des links abgebildeten Körpers berechnet werden kann.

Lösung A: Körper zerlegen

Zerlege den Körper in Teilquader.

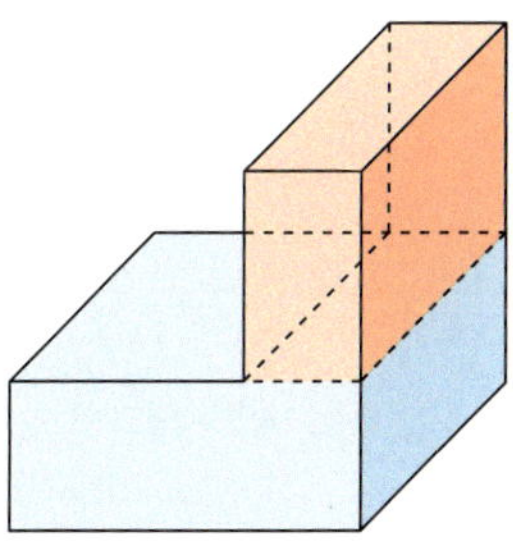

Berechne nun das Volumen des oberen und des unteren Quaders mithilfe der Volumenformel.
Für das Gesamtvolumen musst du das Volumen beider Quader addieren:

$V = V_{oben} + V_{unten}$

Du kannst den Körper natürlich auch anders zerlegen.

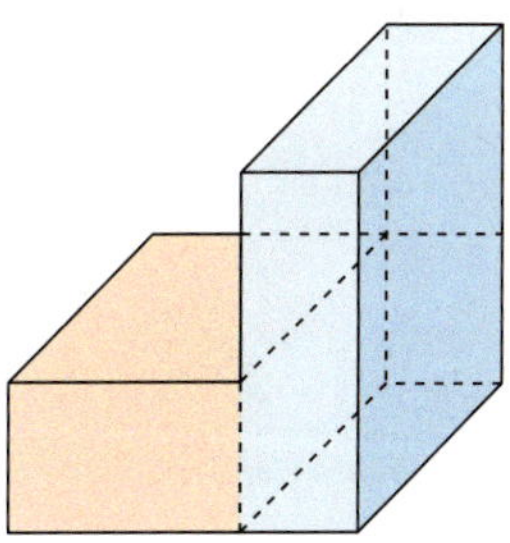

alternative Zerlegung

Lösung B: Körper ergänzen

Ergänze den Körper so, dass ein Quader entsteht.

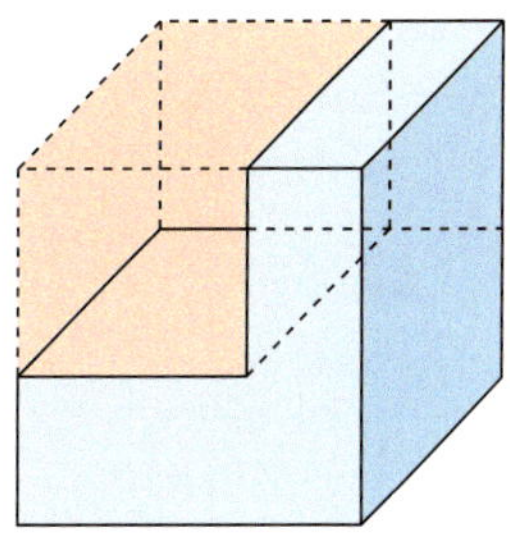

Berechne nun das Volumen des kompletten Quaders und des Quaders, den du ergänzt hast.
Das Volumen des Körpers erhältst du, wenn du das Volumen des ergänzten Quaders subtrahierst.

$V = V_{\text{kompletter Quader}} - V_{\text{ergänzter Quader}}$

Aufgaben

Trainieren | Vertiefen | Herausforderung

Volumenformeln

1 Berechne das Volumen der Quader und gib das Ergebnis auch in l oder ml an.

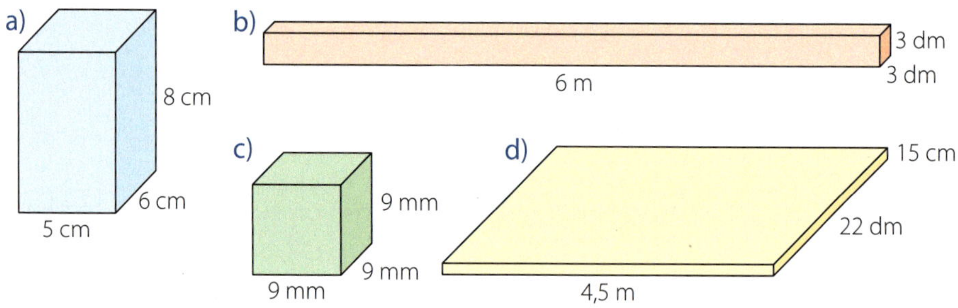

Hinweis
Du kannst auch folgende Bezeichnungen der Kanten finden: Länge mit a, die Breite mit b und die Höhe mit c.

2 Berechne das Volumen des Quaders.

a) l = 12 cm; b = 4 cm; h = 20 cm
b) l = 17 mm; b = 8 mm; h = 5 mm
c) l = 2,4 cm; b = 12 cm; h = 0,45 dm
d) a = 1,3 m; b = 4,5 cm; c = 2,4 cm
e) a = 2,4 m; b = 85 cm; c = 0,7 m
f) $a = \frac{3}{4}$ m; b = 9 dm 2 cm; $c = \frac{1}{5}$ m

3 Berechne das Volumen des Würfels mit den folgenden Angaben.

a) Die Seitenlänge beträgt 11 cm.
b) Seine Kanten haben insgesamt eine Länge von 2,4 dm.
c) Eine Seitenfläche misst 169 mm^2.

4 Berechne jeweils die fehlende Angabe des Quaders.

l	b	h	V
12 cm	0,5 cm	3 cm	
11 cm	4 cm		132 cm^3
3,7 m		1,5 cm	6,66 m^3
	3,8 dm	24 cm	45 600 l

5 Schätzt die Maße der Körper. Bestimmt dann das ungefähre Volumen.

a) Zuckerwürfel
b) Mathematikbuch
c) Streichholzschachtel
d) 100-g-Tafel Schokolade
e) Klassenzimmer
f) Spielkarte

166/167

6 Ein Händler verkauft Deko-Marienkäfer zu je 70 Stück in kleinen Schachteln mit 40 cm^3 Rauminhalt. Mehrere kleine Schachteln befinden sich in einer Großpackung mit den Maßen l = 3,2 dm, b = 2,0 dm und h = 1,6 dm. Berechne, wie viele Schachteln und Marienkäfer in einer Großpackung sind, und erläutere, von welchen Annahmen du bei deiner Rechnung ausgehen musst.

7 Volumen und Oberflächeninhalt

a) Ordne die Quader (Maße in cm) nach der Größe ihres Rauminhalts.

b) Ordne die Quader nach der Größe ihres Oberflächeninhalts.

c) Vergleiche die Ergebnisse und beschreibe, was dir dabei auffällt.

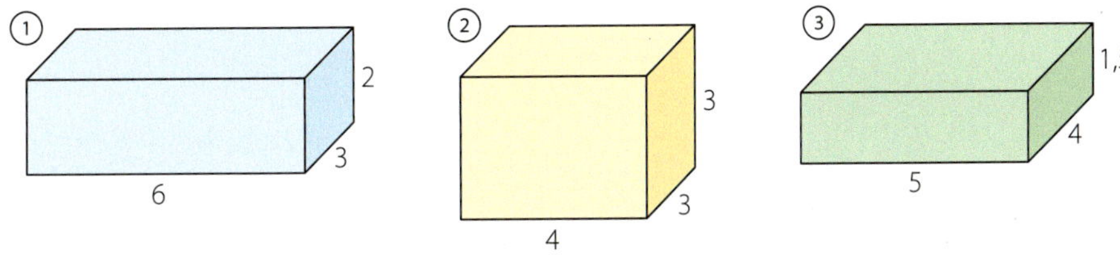

8 Paul berechnet den Oberflächeninhalt und das Volumen eines Würfels mit der Kantenlänge 6 cm. Danach meint er: „Bei einem Würfel ist das total einfach. Man muss entweder das Volumen oder den Oberflächeninhalt berechnen. Die Maßzahl ist immer gleich, nur die Einheit ändert sich." Begründet, ob er Recht hat.

9 Ein Würfel hat den angegebenen Oberflächeninhalt. Berechne sein Volumen.

a) $96\,dm^2$ b) $486\,m^2$ c) $37{,}5\,cm^2$

d) Begründe, weshalb die Aufgabe für einen Quader nicht eindeutig lösbar ist.

10 Erklärt, wie sich der Rauminhalt eines Quaders ändert, wenn ihr ihn wie angegeben verändert.

a) Verdopple die Länge und verdreifache die Höhe.

b) Verdopple jeweils die Länge, die Breite und die Höhe.

c) Verdopple die Grundfläche und verdreifache die Höhe.

166/167

11 Katja und Martin wollen das Schwimmbecken mit Wasser füllen. Leider ist der Gartenschlauch nicht lang genug, so dass sie das Wasser mithilfe von Gießkannen mit einem Fassungsvermögen von 8 l zum Becken bringen müssen.
Ermittle, wie oft die beiden gehen müssen, bis das Becken gefüllt ist.

Hinweis
65 Liter pro Quadratmeter bedeutet, dass der gesamte Regen auf einer Fläche von $1\,m^2$ dieses Volumen besitzt, wenn er nicht abfließen würde.

12 In der Wettervorhersage für Südbayern wird eine Niederschlagsmenge von ca. 65 l pro Quadratmeter für den nächsten Tag angesagt. Aufgrund der anhaltenden Niederschläge hat der Fluss Schwarzer Regen in Viechtach bereits einen Wasserstand von 170 cm erreicht. Ab einer Höhe von 180 cm besteht die erste Überschwemmungsgefahr. Erläutere, ob der Ort Vorsichtsmaßnahmen treffen müsste.

13 Anita hat das Volumen eines Quaders mit den Kantenlängen 3 dm, 20 cm und 15 mm berechnet. Erläutere, welchen Fehler sie dabei gemacht hat und korrigiere ihre Lösung: $V = 3 \cdot 20 \cdot 15\,mm = 900\,mm^3$.

Berechnung des Volumens von zusammengesetzten Körpern

14 Maren und Josef haben beide das Volumen des Körpers berechnet.
Erläutert, wie beide vorgegangen sind.

Maren: $V = 8\,\text{cm} \cdot 4\,\text{cm} \cdot 6\,\text{cm} - 3\,\text{cm} \cdot 4\,\text{cm} \cdot 4\,\text{cm}$
$= 192\,\text{cm}^3 - 48\,\text{cm}^3 = 144\,\text{cm}^3$

Josef: $V = 2 \cdot 2{,}5\,\text{cm} \cdot 4\,\text{cm} \cdot 4\,\text{cm} + 2\,\text{cm} \cdot 4\,\text{cm} \cdot 8\,\text{cm}$
$= 80\,\text{cm}^3 + 64\,\text{cm}^3 = 144\,\text{cm}^3$

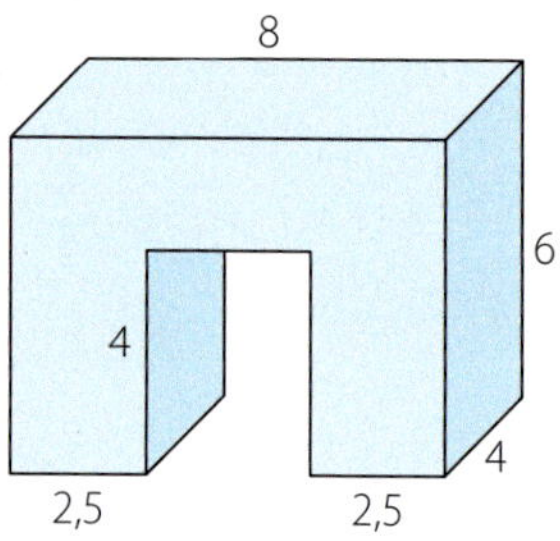

15 Valentin hat das Volumen des Körpers (Maße in cm) berechnet. Sein Ansatz lautet: $V = 5\,\text{cm} \cdot 4\,\text{cm} \cdot 4\,\text{cm} + 3\,\text{cm} \cdot 3\,\text{cm} \cdot 2\,\text{cm} + 3\,\text{cm} \cdot 4\,\text{cm} \cdot 2\,\text{cm}$.

a) Skizziere das Schrägbild so in dein Heft, dass du damit Valentins Ansatz veranschaulichst.

b) Beschreibe eine weitere Möglichkeit für die Berechnung des Volumens, die geschickter ist. Begründe, weshalb sie einfacher ist. Berechne anschließend das Volumen des Körpers.

c) Berechne den Oberflächeninhalt möglichst geschickt.

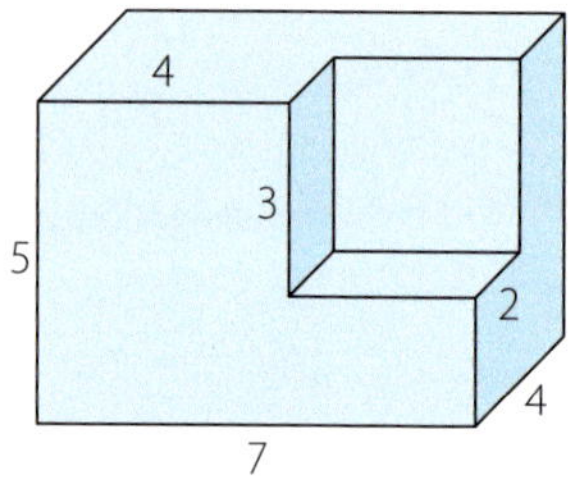

16 Volumen und Oberflächeninhalt

a) Berechne den Rauminhalt (Maße in cm) des Körpers. Wähle hierfür eine Methode und begründe, weshalb du dich für diese entschieden hast.

b) Rick meint: „Der Oberflächeninhalt des Körpers 3 lässt sich leicht berechnen: $O = 6 \cdot 4\,\text{cm} \cdot 4\,\text{cm} - 6 \cdot 2\,\text{cm} \cdot 2\,\text{cm}$." Nimm Stellung zu dieser Aussage.

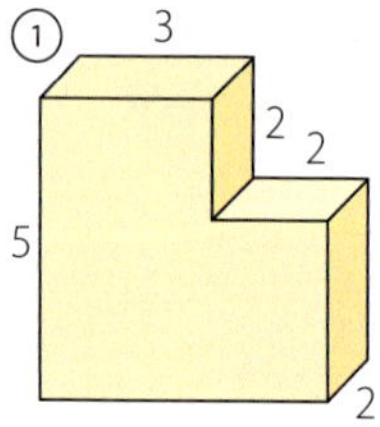

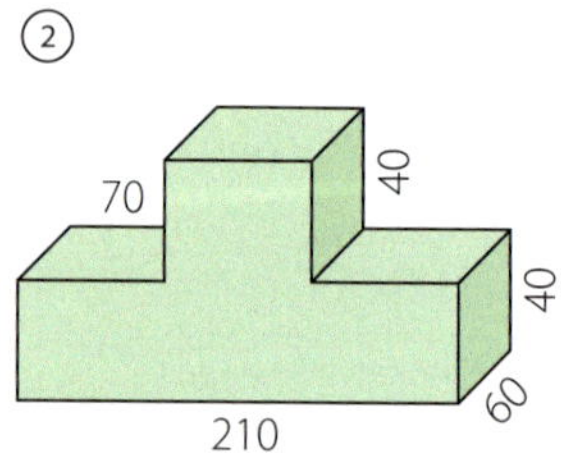

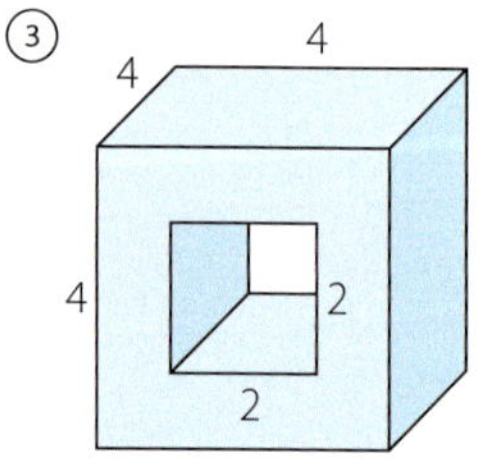

17 Entscheide, ohne das exakte Ergebnis zu berechnen, welcher Körper das größere Volumen besitzt. Erläutere deine Antwort.

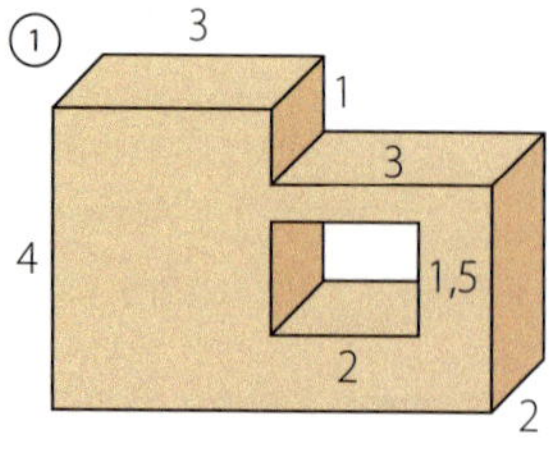

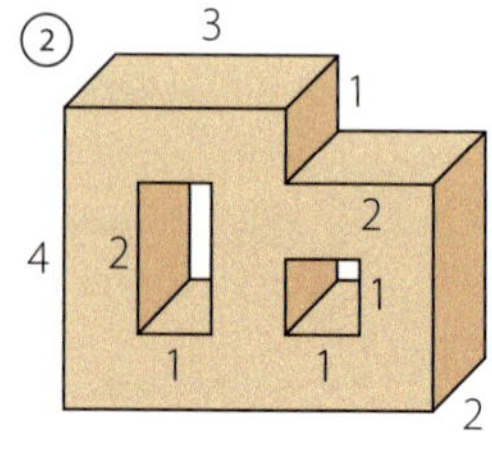

18 Zeichne selbst zusammengesetzte Körper, die folgendes Volumen besitzen. Beschreibe, wie du vorgegangen bist.

a) $59\,\text{cm}^3$ b) $28\,\text{cm}^3$ c) $124\,\text{cm}^3$

Noch fit?

I Berechne im Kopf:

a) Drei Stifte kosten 2,79 €. Wie viel kosten zwei Stifte?

b) Ein Radfahrer fährt mit gleichbleibender Geschwindigkeit und legt in 20 Minuten 8 Kilometer zurück. Wie weit kommt er in 1,5 Stunden?

c) Ein Fußgänger legt durchschnittliche 2,4 Kilometer in einer halben Stunde zurück. Wie lange braucht er für 6 Kilometer?

Trainieren | **Vertiefen** | Herausforderung

19 Vom Schrägbild eines Quaders sind die Eckpunkte A(0|0), B(6|0), C(9|3) und E(0|3,5) gegeben. Trage die Punkte in ein Koordinatensystem ein und ergänze sie durch die Punkte D, F, G und H zu einem vollständigen Schrägbild. Berechne anschließend den Rauminhalt und den Oberflächeninhalt des Quaders.

20 Jenny findet in einer Formelsammlung für die Berechnung des Quadervolumens folgende Formel:
V = G · h = Grundfläche · Höhe
Begründe, warum diese Formel auch richtig ist.

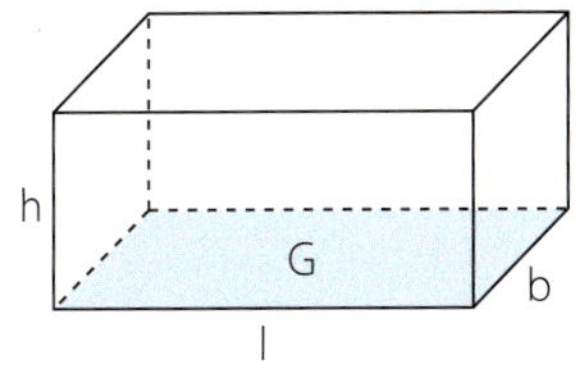

21 Antonia soll in der Hausaufgabe das Volumen der Körper bestimmen. Sie kann aber nur das Volumen von einem Quader bestimmen. Ihr großer Bruder André meint: „Damit kannst du die Aufgabe doch lösen."

a) Beschreibe, wie Antonia beim Rechnen vorgehen muss.

b) Berechne das Volumen der Körper.

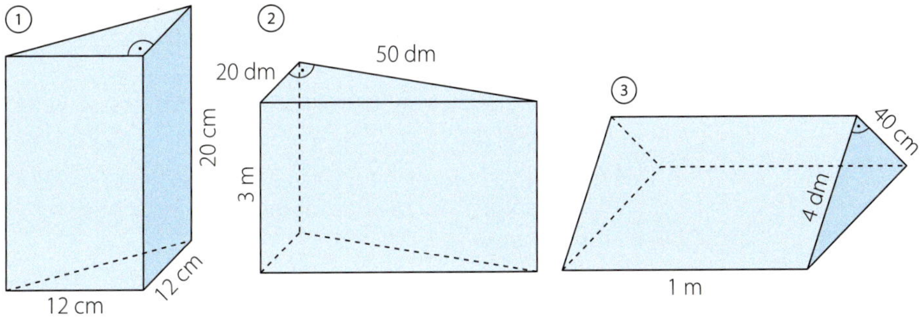

Faustformel Heizleistung
Raumvolumen (in m³) mal 30 = benötigte Heizleistung für den Raum.
Die Heizleistung wird in Watt angegeben.

22 Familie Schmidt möchte den Dachboden ausbauen. Hierfür suchen sie eine passende Heizung. Wichtig ist, dass die Heizung genug Wärme für den Raum produzieren kann. Dies kann mit der Heizleistung einer Heizung beschrieben werden. Je größer dieser Wert ist, desto größer kann der Raum sein.
Die benötigte Heizleistung für einen Raum kann mit einer Faustformel berechnet werden. Beschreibe, welche Heizleistung die neue Heizung haben muss.

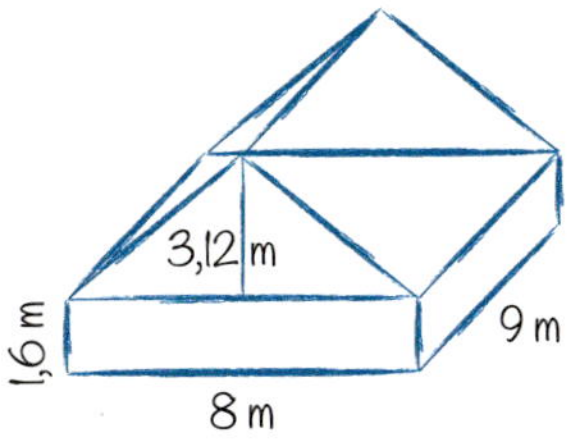

23 Berechne den Rauminhalt.

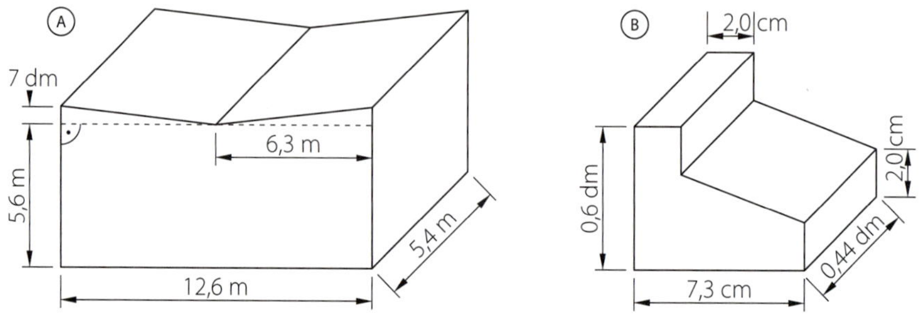

24 Entscheide, welche Aufgabenstellungen sinnvoll sind. Gib zu diesen passende Sachzusammenhänge an. Du musst das Ergebnis nicht berechnen.

a) $3{,}5\,m^2 \cdot 40\,mm$ c) $8{,}48\,m \cdot \frac{1}{12}\,m^3$ e) $1 : 12{,}0\,mm^3$

b) $3{,}5\,m^2 : 40\,mm$ d) $48{,}48\,m : \frac{1}{12}\,m^3$ f) $1\,m^3 : 12{,}0\,mm^2$

166/167

25 Hersteller versuchen manchmal den Kunden zu täuschen, indem sie extra große Verpackungen nutzen. Wenn bei einer Verpackung mehr als 30 Prozent des Volumens Freiraum sind, spricht man von einer Mogelpackung.

a) Prüfe, ob die Pralinenschachtel eine Mogelpackung ist.

b) Nenne Gründe, weshalb es bei Pralinen manchmal mehr Freiraum gibt.

26 Zwei von den drei Aussagen sind falsch. Entscheidet welche und begründet eure Wahl.

(1) Verdoppelst du den Oberflächeninhalt eines Würfels, so verdoppelt sich auch sein Rauminhalt.

(2) Verdoppelst du den Rauminhalt eines Würfels, so verdoppelt sich sein Grundflächeninhalt.

(3) Verdoppelst du die Kantenlänge eines Würfels, so vervierfacht sich sein Oberflächeninhalt und der Rauminhalt verachtfacht sich.

Trainieren | Vertiefen | **Herausforderung**

27 Zur Anfertigung eines Werkstücks wurden aus einem Quader seitliche Stücke und ein durchgängiges Loch herausgeschnitten. Die Schrägbilder zeigen zwei verschiedene Ansichten desselben Werkstücks.
Berechne sein Volumen (Maße in cm).

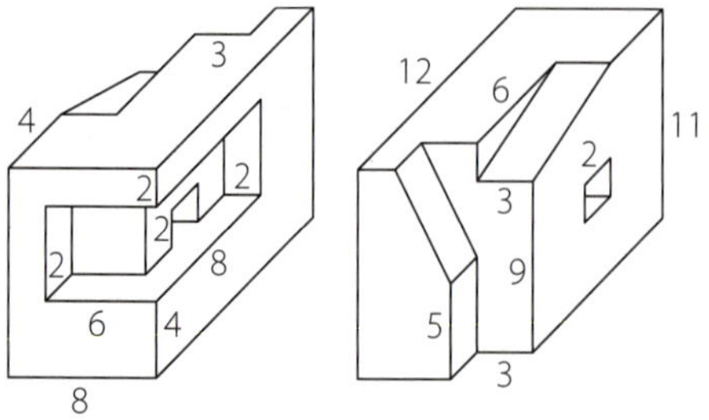

Check up

Was kannst du? Was musst du noch üben?
Mit diesen Aufgaben kannst du deinen Lernfortschritt überprüfen.
Lösungen findest du im Anhang.

1 Ordne die Körper nach ihrem Volumen. Begründe deine Reihenfolge.

a) 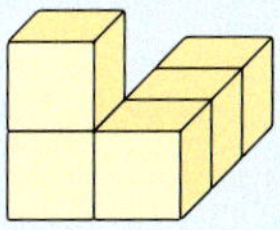

b) 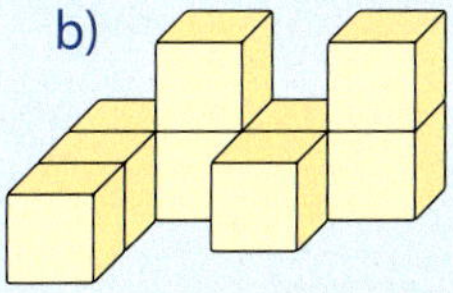

c) 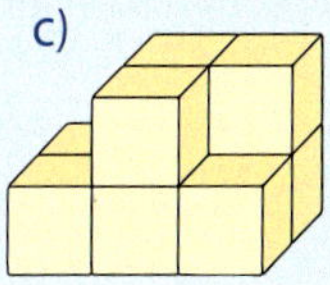

2 Ein Körper wurde aus den folgenden Teilkörpern zusammengesetzt. Bestimme, aus wie vielen Einheitswürfeln mit Kantenlänge 1 cm er besteht.
a) 4 Würfel mit der Kantenlänge 1 dm
b) 2 Quader mit jeweils der Länge 5 cm, der Breite 25 mm und der Höhe 0,2 m

3 Wandle in die in Klammern angegebene Einheit um.
a) $62\,m^3$ (dm^3)
b) $0{,}047\,dm^3$ (mm^3)
c) 120 l (m^3)
d) $3{,}25\,dm^3$ (ml)
e) 9,2 hl (dm^3)
f) $83\,000\,mm^3$ (l)

4 Berechne die gesuchte Größe:
a) das Volumen eines Quaders mit a = 7 dm, b = 40 cm und c = 12 cm.
b) das Volumen eines Würfels mit der Seitenfläche $64\,cm^2$.
c) die Länge eines Quaders mit einem Volumen von $87{,}5\,m^3$ und den Maßen b = 250 cm und h = 70 dm.

5 Entscheide, ob die Aussage richtig ist und begründe.
a) Wenn die Seitenlänge eines Würfels verdreifacht wird, so verdreifacht sich sein Volumen.
b) Wenn bei einem Quader die Höhe halbiert und die Breite verdoppelt werden, so bleibt sein Volumen unverändert.

6 Bei einem Brand in einer Firma entnimmt die Feuerwehr das Löschwasser einem quaderförmigen Becken. Das zwei Meter tiefe Wasserbecken ist zehn Meter breit und 50m lang. Die Feuerwehr nutzt 10 Schläuche. In jeden Schlauch werden pro Minute 400 Liter Wasser gepumpt. Berechne, wie viele Minuten die Feuerwehr mit diesem Wasservorrat löschen kann.

7 Berechne den Rauminhalt des Körpers. Die Maße sind in cm angegeben. Begründe, mit welcher Strategie du das Volumen bestimmst.

a) 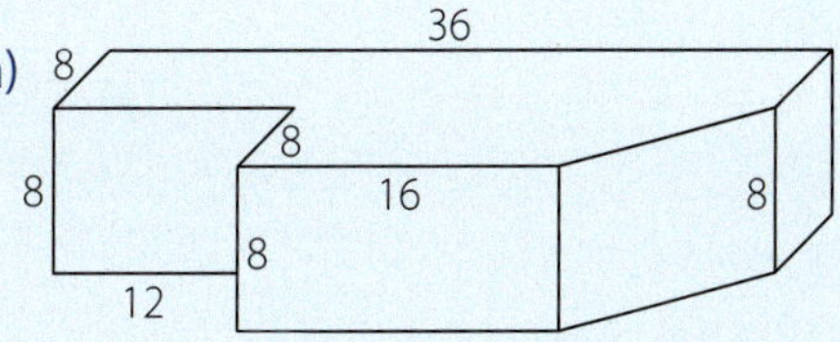

b) 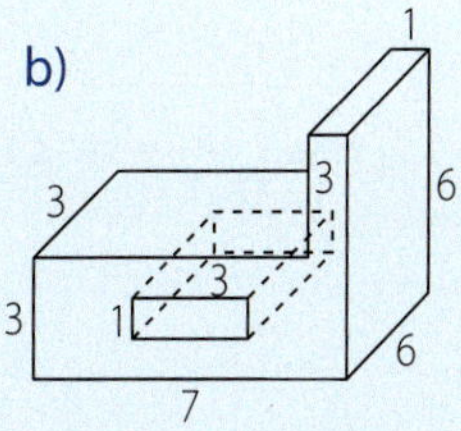

Auf einen Blick

Volumeneinheiten

Um den **Rauminhalt** von Körpern zu bestimmen, kannst du sie mit Einheitswürfeln ausfüllen. Die Einheiten für den Rauminhalt bzw. das Volumen ergeben sich aus der Kantenlänge der Einheitswürfel.
Bei Flüssigkeiten werden oft die Volumeneinheiten Hektoliter (hl), Liter (l) und Milliliter (ml) verwendet.

Die Umrechnungszahl für aufeinanderfolgende Volumeneinheiten ist meistens 1000. Eine Ausnahme gibt es bei der Umrechnung von Hektolitern.

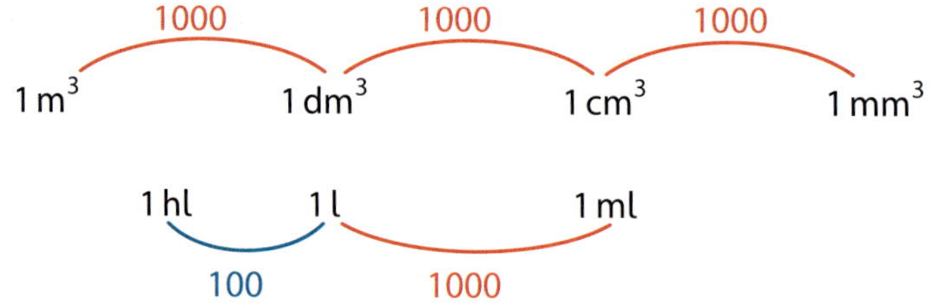

Volumenformeln

Für das Volumen eines Quaders mit Länge l, Breite b und Höhe h gilt:
$V_Q = l \cdot b \cdot h = G \cdot h$

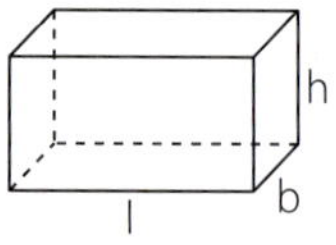

Für das Volumen eines Würfels mit der Kantenlänge s gilt:
$V_W = s \cdot s \cdot s = s^3$

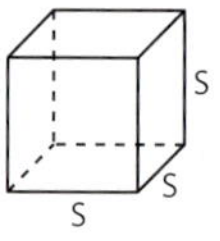

Volumen zusammengesetzter Körper

Das Volumen von Körpern, die aus Quadern zusammengesetzt sind, kannst du auf zwei verschiedene Arten berechnen.

Zerlege den Körper in Teilquader und addiere das Volumen aller Teilquader.

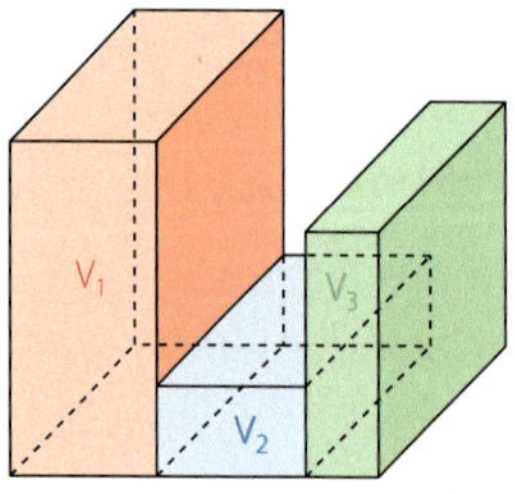

$V_{Körper} = V_1 + V_2 + V_3$

Ergänze den Körper zu einem großen Quader. Berechne das Volumen des großen Quaders und subtrahiere davon das Volumen der Teilquader, die du ergänzt hast.

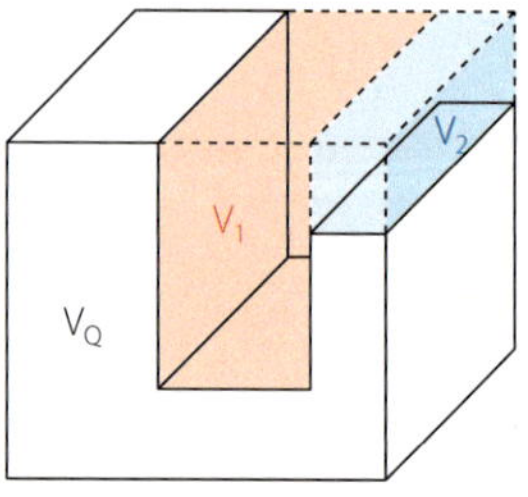

$V_{Körper} = V_Q - V_1 - V_2$

Kapitel 8

Prozentrechnung, Diagramme und Daten

Jeder kennt Prozente – du natürlich auch!
Im Alltag begegnen dir oft Prozente, zum Beispiel bei Preisnachlässen von Produkten oder in Medien. Einige dieser Angaben sind bei oberflächlichem Hinsehen missverständlich. Daher ist es wichtig, Diagramme ganz genau zu lesen und Daten richtig auszuwerten.
In diesem Kapitel lernst du daher, sicher mit Prozenten zu rechnen und Daten richtig auszuwerten und in Diagrammen darzustellen.

Wiederholung

Schlussrechnung

In Jahrgangsstufe 5 hast du gelernt, wie du mithilfe der Schlussrechnung aus drei Angaben den vierten Wert berechnen kannst.
Wenn zum Beispiel 5 Eintrittskarten 30 € kosten, dann kannst du den Preis für 16 Karten ermitteln.

	Anzahl Eintrittskarten	Preis	
: 5	5	30 €	: 5
· 16	1	6 €	· 16
	16	96 €	

Brüche und Prozente

Eine Bruchzahl kannst du in verschiedenen Schreibweisen angeben. Wenn du eine Bruchzahl in eine andere Darstellung umwandeln möchtest, helfen dir verschiedene Verfahren: Kürzen und Erweitern, Dividieren und das Komma verschieben.

Hinweis
Das Rechnen mit Brüchen ist einfacher, wenn du die Umwandlung von Brüchen in Dezimalbrüche und umgekehrt auswendig kannst.

$\frac{1}{3} = 0{,}\overline{3} = 33{,}\overline{3}\,\%$	$\frac{2}{3} = 0{,}\overline{6} = 66{,}\overline{6}\,\%$		
$\frac{1}{4} = 0{,}25 = 25\,\%$	$\frac{1}{2} = 0{,}5 = 50\,\%$	$\frac{3}{4} = 0{,}75 = 75\,\%$	
$\frac{1}{5} = 0{,}2 = 20\,\%$	$\frac{2}{5} = 0{,}4 = 40\,\%$	$\frac{3}{5} = 0{,}6 = 60\,\%$	$\frac{4}{5} = 0{,}8 = 80\,\%$
$\frac{1}{8} = 0{,}125 = 12{,}5\,\%$	$\frac{3}{8} = 0{,}375 = 37{,}5\,\%$	$\frac{5}{8} = 0{,}625 = 62{,}5\,\%$	$\frac{7}{8} = 0{,}875 = 87{,}5\,\%$

Zeichnen von Diagramm

Anteile kannst du als Bruchzahl schreiben oder mithilfe eines Diagramms veranschaulichen. Dafür sind vor allem das **Streifendiagramm** und das **Kreisdiagramm** geeignet. So zeichnest du die Diagramme.

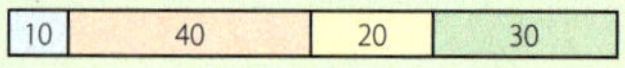

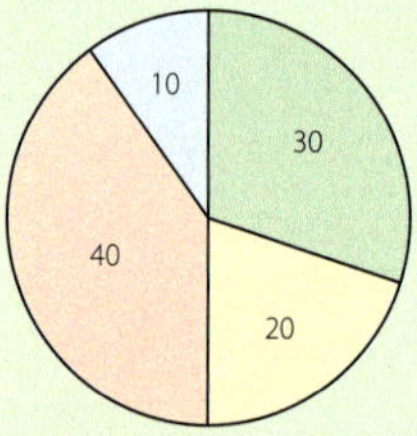

1. Wähle eine geeignete Länge für den Streifen, zum Beispiel 10 cm.
2. Die Gesamtlänge, das Ganze, entspricht 100 %. Berechne nun die Länge für die einzelnen Anteile.
3. Trage die berechneten Längen am Streifen ab.

1. Zeichne einen Kreis mit einem geeigneten Radius.
2. 360°, das Ganze, entsprechen 100 %. Berechne nun die Mittelpunktswinkel für die einzelnen Anteile.
3. Zeichne die berechneten Mittelpunktswinkel ein.

Neben diesen beiden Diagrammtypen kennst du aus der Grundschule bereits das **Säulen- oder Balkendiagramm**.

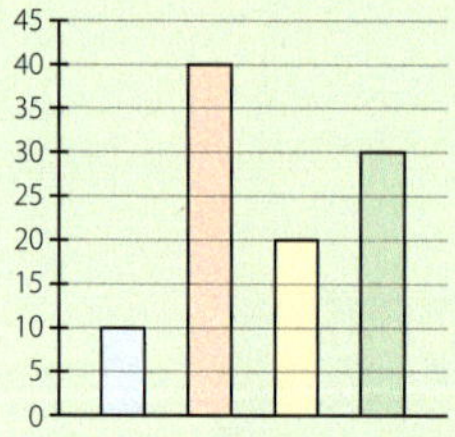

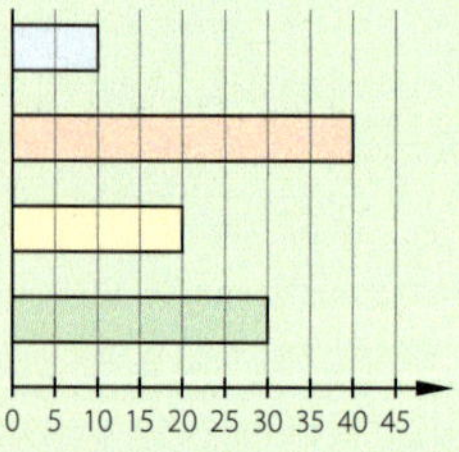

Aufgaben

1 Berechne die Ergebnisse im Kopf.

a) Ein Brötchen kostet 30 Cent. Berechne, wie viel 5 oder 30 Brötchen kosten.

b) Ein Paket mit 500 Blatt Papier ist 5,5 cm hoch. Berechne die Höhe eines Stapels mit 100, 1000, 2500 oder 5000 Blättern.

2 Emil braucht für seinen 6 km langen Schulweg mit dem Fahrrad 18 Minuten. Berechne, in welcher Zeit er die ersten 2 km zurücklegt. Erläutere, welche Annahme du für diese Rechnung machen musst.

3 Du kannst Anteile in Brüchen, Dezimalschreibweise und Prozente angeben. Wandle jeweils in die zwei anderen Schreibweisen um.

a) 68 %, 75 %, 32 %, 18 %

b) $\frac{1}{4}$, $\frac{3}{5}$, $\frac{7}{20}$, $\frac{13}{25}$, $\frac{27}{50}$, $\frac{6}{40}$

c) 0,44; $0,\overline{3}$, $0,\overline{5}$; 0,125

d) 74 %; $\frac{11}{125}$; 0,345; $\frac{4}{11}$

4 Gib jeweils den Anteil der gefärbten Fläche als Bruch und in Prozent an.

a)

b)

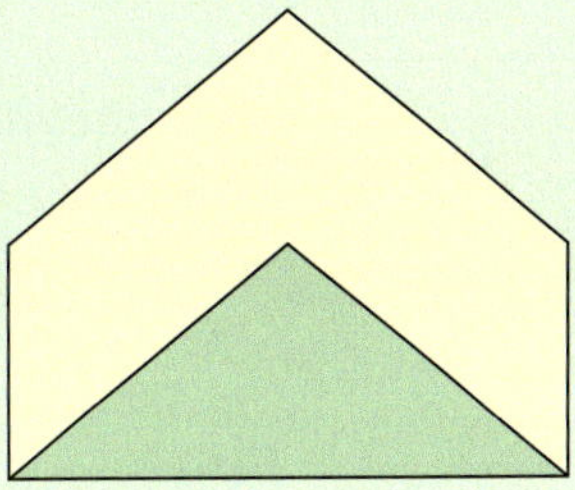

5 Berechne jeweils den Bruchteil oder den Anteil möglichst im Kopf.

a) 25 % von 100 €

b) 25 % von 2,40 m

c) 30 % von 30 kg

d) 75 % von 28 Kindern

e) $\frac{1}{4}$ von 20 l

f) 80 % von 250 Personen

g) 2 von 5 Kindern

h) 17 von 50 Lehrkräften

i) jeder 2. Politiker

j) nur jeder 25. Schüler

k) 3 von 4 Schülerinnen

l) 33 von 60 Mitgliedern

6 In der dritten Schulaufgabe gab es folgende Notenverteilung in der Klasse 6 B.

Note	1	2	3	4	5	6
Anzahl	2	3	9	6	4	1

a) Berechne, wie viel Prozent der Schülerinnen und Schüler die Note 3, eine Note schlechter als 4 bzw. eine 1 oder 2 hatten.

b) Stelle die Notenverteilung in einem Kreisdiagramm und in einem Streifendiagramm dar.

c) Die Notenverteilung der Klasse 6 C mit 25 Schülern ist im Streifendiagramm veranschaulicht. Erstelle hierzu eine Tabelle mit den Ergebnissen.

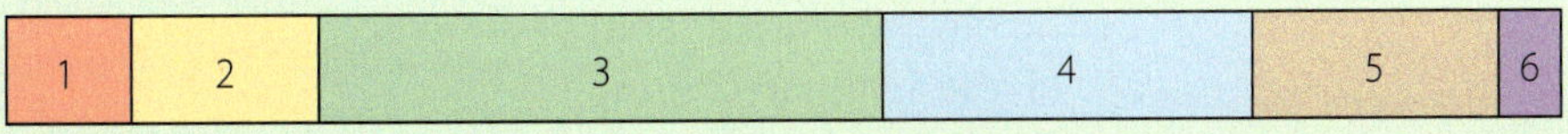

8.1 Grundlagen der Prozentrechnung

Einstieg

Zuckergehalt

Max hat gelesen, dass ein Erwachsener nicht mehr als 25 g industriell hinzugefügten Zucker pro Tag verzehren sollte. Da er gern Cola trinkt, schaut er sich die Nährwertangaben auf der Flasche genauer an. Er hat heute schon 200 ml Cola getrunken. Nach kurzem Überlegen stellt er erstaunt fest, dass er nur noch 35 ml trinken darf.

Berechne, welchen Anteil von der maximalen Zuckermenge er bereits zu sich genommen hat, und überprüfe, ob Max wirklich nur noch 35 ml trinken darf.

Nährwertangaben	pro 100 ml
Brennwert	180 kJ/ 42 kcal
Fett:	0 g
davon ges. Fettsäuren:	0 g
Kohlenhydrate:	10,6 g
davon Zucker:	10,6 g
Eiweiß:	0 g
Salz:	0 g

Wissen

Grundbegriffe der Prozentrechnung

Im Kapitel 1 hast du dich bereits mit Anteilen beschäftigt. Du weißt, dass du Anteile auf drei verschiedene Arten angeben kannst: als gekürzten Bruch, als Dezimalbruch oder in Prozent.

Bei Aufgaben mit Anteilen spielen das Ganze und der Bruchteil noch eine wichtige Rolle:

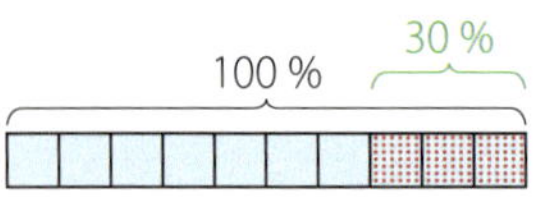

Anteil		Ganze		Bruchteil
$\frac{3}{10}$ oder 0,3 oder 30 %	von	10	sind	3
↓		↓		↓
Prozentsatz PS		Grundwert GW		Prozentwert PW
30 %	von	10	sind	3

Bei der Prozentrechnung rechnest du genauso wie bei der Bruchrechnung. Du verwendest nur neue Begriffe. Gib in Antwortsätzen den Prozentsatz, also den Anteil, immer in Prozent an.

Einfache Aufgaben kannst du bereits lösen. Um schwierige Aufgaben in der Prozentrechnung lösen zu können, helfen dir diese Tipps:
- Veranschauliche den Sachverhalt am **Prozentstreifen.**
- Lies den Text aufmerksam, damit du die Angaben für den **Prozentsatz**, den **Grundwert** bzw. den **Prozentwert** findest.
- Nutze beim Lösen dir bekannte Strategien:
  (1) „Anteil vom Ganzen ergibt Bruchteil",
  (2) die Umkehraufgabe
  (3) die Schlussrechnung.
- Denke daran, dass du für die Rechnung den Prozentsatz in einen Dezimalbruch oder Bruch umwandeln musst.

Berechnung des Prozentwerts

Da der Prozentwert dem Bruchteil entspricht, kannst du wie bei der Berechnung im Kapitel 1.1 vorgehen.

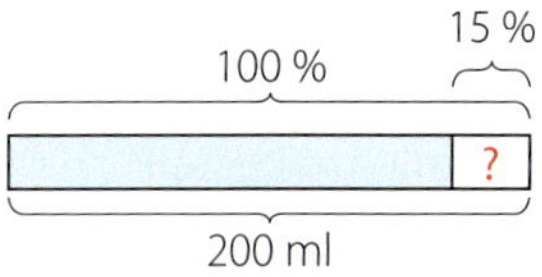

Beispiel 1: Prozentwert berechnen

Ein Getränk hat einen Anteil von 15 % Bananenmark. Berechne, wie viel Bananenmark sich in 200 ml Saft befinden.

Lösung:

1. Bestimme die gegebenen Größen mithilfe eines Prozentstreifens.	Ganze (Grundwert): 200 ml Saft Anteil (Prozentsatz): $15\,\% = \frac{15}{100} = 0{,}15$
2. Berechne den Bruchteil.	0,15 von 200 ml = $0{,}15 \cdot 200\,\text{ml} = 30\,\text{ml}$
3. Gib den Prozentwert an.	PW = 30 ml

Du kannst die Aufgabe auch mit der Schlussrechnung lösen. Der gezeigte Lösungsweg ist meistens günstiger und schneller für dich. Entscheide aber selbst, mit welchem du dich sicherer fühlst.

Hinweis
In der Aufgabe 17 siehst du die verschiedenen Lösungswege.

Du kannst den Prozentwert berechnen, indem du den Prozentsatz mit dem Grundwert multiplizierst. Dies ist die Grundgleichung der Prozentrechnung.
„Prozentsatz“ vom „Grundwert“ ist der „Prozentwert“
PS · GW = PW

Lies die Aufgabe immer sorgfältig, damit du kein Wort, wie zum Beispiel „mehr“, überliest.

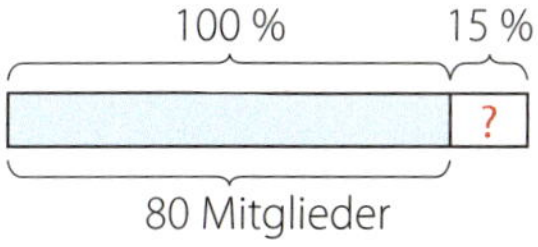

Beispiel 2: Erhöhung von Mitgliederzahlen

Ein Verein hatte im vergangenen Jahr 80 Mitglieder. Jetzt sind es 15 % mehr. Berechne, wie viele Mitglieder der Verein nun hat.

Lösung:

1. Bestimme die gegebenen Angaben.	Grundwert: 80 Mitglieder Prozentsatz: 15 %
2. Berechne den Prozentwert mithilfe der Grundgleichung.	PS · GW = PW $0{,}15 \cdot 80 = 12$
3. Addiere die 12 Mitglieder zur alten Mitgliederzahl, da diese hinzugekommen sind.	$80 + 12 = 92$ Es sind nun 92 Mitglieder.

Alternative: Du kannst auch gleich mit 100 % + 15 % = 115 % rechnen, da zu dem bisherigen Grundwert die 15 % an Mitgliedern dazukommen: $1{,}15 \cdot 80 = 92$

Berechnung des Grundwerts

Wenn du den Prozentwert und den Prozentsatz kennst, kannst du darauf schließen, wie groß 100 % sind. Damit hast du den Grundwert berechnet. Hier kannst du zwei verschiedene, gleichwertige Wege nutzen.

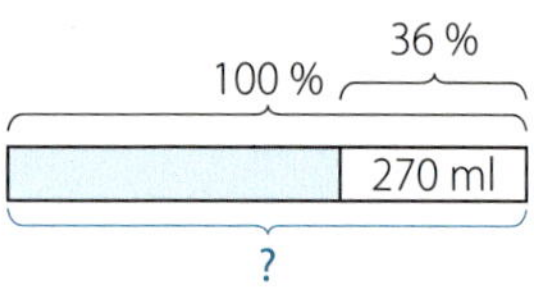

Beispiel 3: Grundwert berechnen

Eine Schorle hat einen Saftanteil von 36 %. Ermittle, wie viel Schorle aus 270 ml Saft hergestellt werden kann.

Lösung A:

1. Bestimme die gegebenen Angaben.
   Prozentwert: 270 ml Saft
   Prozentsatz: $36\,\% = \frac{36}{100} = 0{,}36$
2. Setze die gegebenen Werte in die Grundgleichung ein.
   PS · GW = PW
   0,36 · GW = 270 ml
3. Berechne den Grundwert mithilfe der Umkehraufgabe.
   270 ml : 0,36 = 750 ml
   Es können 750 ml Schorle hergestellt werden.

Lösung B:

1. 36 % sind 270 ml. Berechne, wie viel ml 1 % entsprechen.
2. Du musst nun auf 100 % schließen.

: 36	36 % entsprechen 270 ml	: 36
· 100	1 % entspricht 7,5 ml	· 100
	100 % entsprechen 750 ml	

Du kannst den **Grundwert** auf zwei verschiedenen Wegen berechnen:
- mithilfe der Grundgleichung und einer Umkehraufgabe
- mithilfe der Schlussrechnung

Berechnung des Prozentsatzes

Du weißt aus Kapitel 1.1, dass du den Anteil am Ganzen erhältst, wenn du den Bruchteil durch das Ganze dividierst.

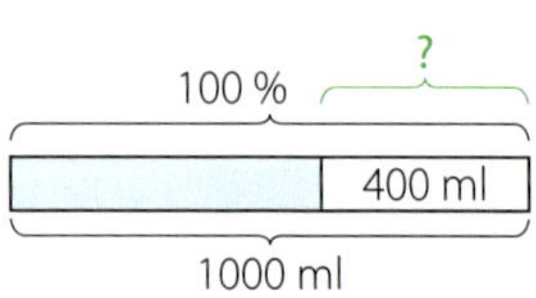

Beispiel 4: Prozentsatz berechnen

1 l Multivitaminsaft enthält 400 ml Orangensaft. Bestimme, wie groß der Anteil an Orangensaft ist.

Lösung:

1. Bestimme die gegebenen Angaben.
   Grundwert: 1000 ml
   Prozentwert: 400 ml
2. Du bestimmst den Anteil, indem du die beiden Größen in derselben Einheit dividierst.
   $\frac{400\text{ ml}}{1000\text{ ml}} = 0{,}4 = 40\,\%$

Wenn du die Aufgabe mit der Umkehraufgabe der Grundgleichung löst, erhältst du dieselbe Rechnung „Prozentwert : Grundwert". Du kannst natürlich auch die Schlussrechnung anwenden. Wähle den Lösungsweg, den du einfacher findest.

Hinweis
In der Aufgabe 17 siehst du die verschiedenen Lösungswege.

Den **Prozentsatz** bestimmst du, indem du den Prozentwert durch den Grundwert dividierst. Denke daran, dass du zuvor die Größen in dieselbe Einheit umwandeln musst.

Aufgaben

Trainieren | Vertiefen | Herausforderung

Grundbegriffe

1 Veranschauliche die Werte an einem Prozentstreifen und gib jeweils den Grundwert, den Prozentwert und den Prozentsatz an.

a) 10 % von 20 Kindern sind 2 Kinder.
b) 25 % von 80 sind 20.
c) 5 kg von 25 kg sind 20 %
d) 20 € sind 2 % von 1000 €

2 Gib, falls möglich, den Grundwert, den Prozentwert und den Prozentsatz an.

a) 56 % der 25 Kinder in der Klasse 6 a sind Mädchen, das sind 14 Kinder.

b) Bei der Wahl zum Schülersprecher erhält Simon 64 % der Stimmen, 48 Schülerinnen und Schüler haben für ihn gestimmt. Wahlberechtigt waren 75 Kinder.

c) Ein Paar Sportschuhe wird im Schlussverkauf für 90,30 € statt 129 € angeboten. Der Preis wurde um 30 % reduziert.

d) In der Bundesliga wurde in einer Saison im Durchschnitt jeder achte Elfmeter verschossen oder gehalten. Das ergibt eine Trefferquote von ungefähr 87 %.

Berechnung des Prozentwerts

Lösungswort (ohne Einheiten): 0,1 (b); 0,16 (i); 0,255 (m); 0,99 (h); 1,44 (c); 3,2 (ä); 6 (b); 14 (r); 21 (g); 59,85 (u); 200 (n); 240 (e); 900 (m); 990 (h)

3 Berechne den Prozentwert wenn möglich im Kopf.

a) 25 % von 800 Personen
b) 70 % von 30 Kindern
c) 30 % von 3000 g
d) 7 % von 200 €
e) 2 % von 8 km
f) 99 % von 1 kg
g) 5 % von 2 h
h) 12 % von 12 hl
i) 20 % von 16 m^2
j) 120 % von 200 €
k) 17 % von 1,5 l
l) 15 % von 399 €

4 Berechne die Prozentwerte im Kopf. Erläutere, wie du vorgehst.

a) 1 %, 2 %, 4 %, 6 % von 700 €
b) 25 %, 50 %, 62,5 %, 112,5 % von 160 m

Hinweis
Schau dir für 5 b) das Beispiel 2 an.

5 Berechne jeweils den Prozentwert und formuliere eine passende Aufgabe.

a)
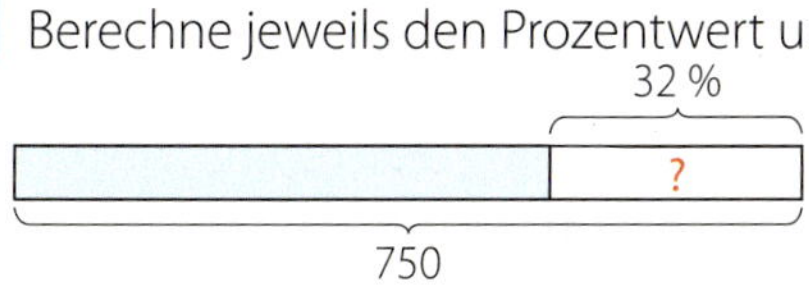

b)
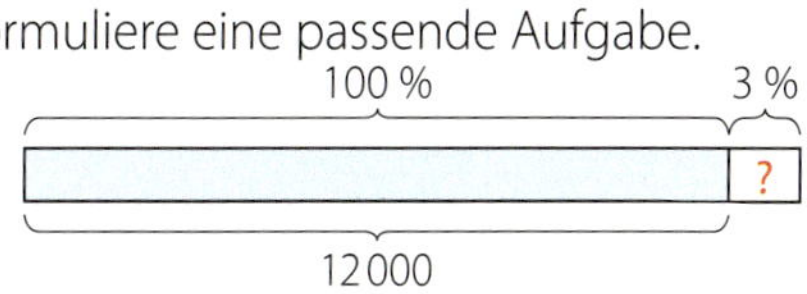

Info
In der Schweiz wird mit Schweizer Franken (SFr) bezahlt.

6 In der Schweiz sind 2,5 % Mehrwertsteuer auf Lebensmitteln zu zahlen. Als Hausaufgabe soll die Steuer berechnet werden, die bei einem Einkauf von Lebensmitteln im Wert von 18,45 SFr anfällt. Vergleicht und bewertet die Lösungswege von Steffi und Maya.

Maya rechnet:
100 % entsprechen 18,45 SFr
1 % entspricht 0,1845 SFr
2,5 % entsprechen 0,1845 SFr · 2,5 = 0,46125 SFr ≈ 0,46 SFr

Steffi rechnet: $2{,}5\,\%$ *von* $18{,}45\text{ SFr} = \frac{25}{1000}$ *von* $18{,}45\text{ SFr} = \frac{1}{40}$ *von* $18{,}45\text{ SFr}$
$= 18{,}45\text{ SFr} : 40 = 0{,}461\,25\text{ SFr} \approx 0{,}46\text{ SFr}$

Berechnung des Grundwerts

7 Berechne den Grundwert wenn möglich im Kopf.

a) 25 % entsprechen 300 g.
b) 10 % entsprechen 27 m.
c) $33\frac{1}{3}$ % entsprechen 45 min.
d) 20 % entsprechen 18 kg.
e) 12,5 % entsprechen 11 m^2.
f) 50 % entsprechen 4,25 €.
g) 7 % entsprechen 14 ct.
h) 75 % entsprechen 3600 km.
i) $66\frac{2}{3}$ % entsprechen 120 l.
j) 90 % entsprechen 18 dm^3.

8 Schätze zunächst den Grundwert und berechne ihn dann.

a) 70 % der Urlaubsstrecke hat Familie Bär bereits geschafft, das sind 210 km.
b) 16 % der Gummibärchen einer Packung sind rot, das entspricht 24 Stück.
c) Ein Müsliriegel kostet 12 ct weniger als regulär, weil er um 6 % reduziert wurde.
d) Max hat 18,41 € als Zinsen erhalten. Der Zinssatz liegt bei 3,5 %.
e) Der Wasserstand ist um 1,35 m gesunken, dies ist ein Rückgang von 15 %.

9 Berechne jeweils den Grundwert und formuliere eine passende Aufgabe.

a)
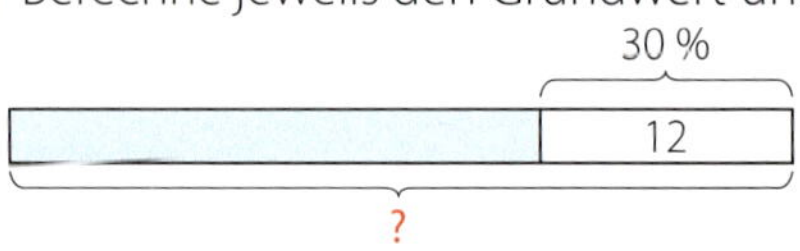

b)
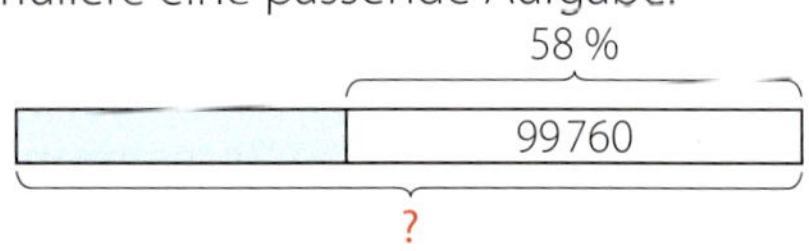

10 Angelique, Elisa und Franka lösen folgende Aufgabe in ihrem Schulbuch:
„Ein neues Auto verliert ungefähr 20 % an Wert pro Jahr. Der Wertverlust nach einem Jahr beträgt 5160 €. Berechne, wie teuer das Auto war."
Kontrolliere jeweils die Lösung und erläutere, wie die Schülerinnen vorgegangen sind. Korrigiere alle Fehler.

Angelique
PS · GW = PW
GW = 5160 € : 20 = 258 €
Der Grundwert beträgt 258 €.

Elisa
20 % = 5160 €
1 % = 258 €
100 % = 25 800 €
Der Grundwert beträgt 25 800 €.

Franka
5160 € · 5 = 25 800 €
Der Grundwert beträgt 25 800 €.

Berechnung des Prozentsatzes

11 Berechne den Prozentsatz.

a) 5 von 25 Kindern einer Schulklasse
b) 128 von 400 Plätzen
c) 34 g von 200 g
d) 48 € von 192 €
e) 1,5 m von 7,5 m
f) 50 ml von 1 l
g) 12 € von 1200 ct
h) 6 min von 1 h

12 Schätze den Prozentsatz. und gib an, ob das exakte Ergebnis größer oder kleiner ist.

a) 125 g von 1010 g
b) 340 ml von 1 l
c) 5200 dm^2 von 238 m^2
d) 130 cm von 2,45 m
e) 249 € von 199 €
f) 23 min von 2 h

13 Berechne jeweils den gesuchten Prozentsatz und formulieren eine passende Aufgabe.

a) 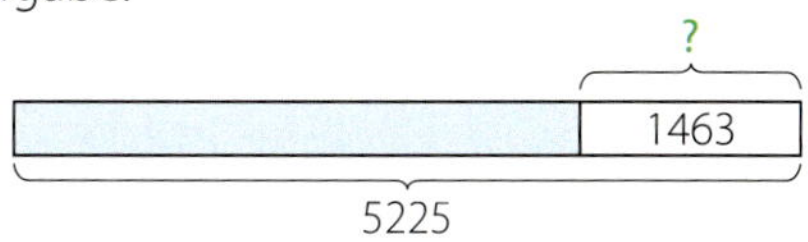

b) 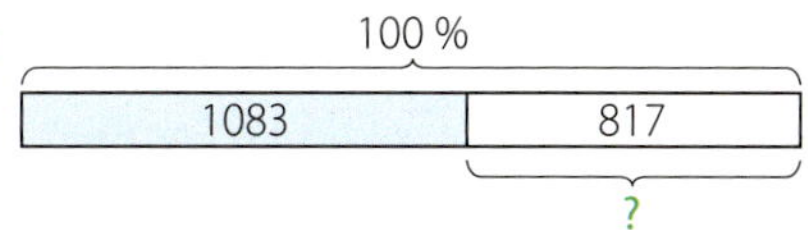

14 Christina kauft Schokoriegel. In der Tüte befinden sich sechs Erdnussriegel, vier Schoko-Karamell-Riegel, fünf Kokosriegel und zehn Milchcremeriegel.
Berechne den Anteil der jeweiligen Sorten am gesamten Einkauf und gib das Ergebnis in verschiedenen Schreibweisen an.

Vermischte Aufgaben

15 Ergänze die Tabelle in deinem Heft.

Prozentsatz	Grundwert	Prozentwert
8 %	25	
	64	24
95 %	20	
12 %		150
125 %	48	
	25	50
38 %		95
150 %		93

16 Veranschauliche den Sachverhalt an einem Prozentstreifen und berechne die fehlende Angabe.

a) 40 % von 480 Schülerinnen und Schülern fahren Bus.
b) 2 % eines Betrages entsprechen 20 €.
c) Ein T-Shirt, das ursprünglich 15 € kostete, gibt es im Ausverkauf für 12 €.
d) 12 % ergeben 360 m^2.
e) Von 60 Minuten sind 51 Minuten vergangen.
f) 12 % des Inhalts einer vollen Kiste wiegen 3 kg.
g) Für 2543 € betragen nach einem Jahr die Zinsen 33,06 €.

17 Finde jeweils zur blauen Karte die zwei richtigen Rechnungen und begründe deine Zuordnung. Formuliere anschließend eine passende Sachaufgabe.

PS gesucht

PW gesucht

GW gesucht

70 % ≙ 280
1 % ≙ 4
100 % ≙ 400

$\frac{28}{40} = 0{,}70$

$0{,}7 \cdot 400 = 280$

400 ≙ 100 %
1 ≙ 0,25 %
280 ≙ 70 %

100 % ≙ 400
1 % ≙ 4
70 % ≙ 280

$280 : 0{,}7 = 400$

18 Bilde aus jeweils drei Kärtchen eine passende Rechnung und schreibe dazu eine Aufgabe. Achte darauf, dass du das Prozentzeichen und Einheiten entsprechend ergänzt. Lass dann die Aufgabe von deinem Nachbarn lösen.

8	25	32	40	80	100	125	500

Noch fit?

I Berechne und gib das Ergebnis in gemischten Einheiten und mithilfe einer Dezimalzahl in der größten vorkommenden Einheit an.

a) 6 € – 2 € 5 Cent
b) 4 m + 17 dm + 135 cm
c) 10 t – (3 t 79 kg + 2468 kg)
d) $7\,m^2 - 530\,cm^2$
e) $2\,m^3$ + 34 hl + 567 l
f) 5 h 18 min – 3 h 42 min

II Berechne und formuliere jeweils eine passende Aufgabe aus dem Alltag.

a) 25 cm · 14
b) 5 · 42 g
c) 2 m : 8
d) 72 a : 12 m
e) $117\,000\,€ : 650\,m^2$
f) 2 t : 8 kg

Trainieren **Vertiefen** Herausforderung

19 In der Bundesliga-Saison 2015/16 konnte Thomas Müller vom FC Bayern München fünf von sechs Elfmetern verwandeln.
Pierre-Emerich Aubameyang verschoss ebenfalls einmal für Borussia Dortmund bei einer Trefferquote von 75 %. Insgesamt gab es in der Saison 77 Elfmeter, dabei wurden 14 Schüsse gehalten oder verschossen. Erläutere, wer der bessere Elfmeterschütze von den beiden ist, und vergleiche die beiden Spieler mit dem Durchschnitt.

20 Sammy geht ins Sportgeschäft. Sie entscheidet sich für Skier, die um 35 % reduziert wurden, Schuhe mit 25 % Ermäßigung und die Bindung, die es 15 % billiger gibt. Da meint die Verkäuferin: „Das macht 35 % + 15 % + 25 % = 75 % und 75 % : 3 = 25 %, dann erhalten Sie auf den Gesamtpreis 25 %." Erläutere, wie Sammy auf die Aussage der Verkäuferin reagieren sollte.

21 Untersuche anhand von selbst gewählten Beispielen, um wie viel Prozent sich jeweils das Volumen und der Oberflächeninhalt eines Würfels ändern, wenn die Kantenlänge um 20 % vergrößert wird. Versuche anschließend eine allgemeine Regel zu formulieren.

22 Nimm begründet Stellung zu den Aussagen und korrigiere falsche.
a) Luisa freut sich über das neue Abonnement ihrer Lieblingszeitschrift. Zusätzlich zu den 26 Ausgaben im Jahr bekommt sie als Prämie drei Sonderhefte gratis, die doppelt so teuer wären wie eine normale Ausgabe. Sie spart also fast 20 % im Vergleich zum Einzelkauf aller Hefte.
b) Max mischt einen Liter Apfelfruchtsaftgetränk (Fruchtgehalt 80 %) mit zwei Litern Orangenfruchtsaftgetränk (50 % Fruchtgehalt). Er überlegt, dass der Fruchtgehalt der Mischung bei 65 % liegt.

Normalsparen
Sie erhalten pro Jahr 3 % Zinsen.

Prämiensparen
Sie erhalten pro Jahr 2,2 % Zinsen. Nach dem 1. Jahr schenken wir Ihnen einmalig 100 €.

23 Karen möchte für ein Jahr 12 500 € anlegen und hat zwei verschiedene Angebote:
a) Erläutere, für welche Möglichkeit sie sich entscheiden sollte, wenn sie das Geld für ein Jahr anlegen möchte.
b) Erläutere, was sich verändert, wenn beim Prämiensparen die einmaligen 100 € gleich zu Beginn des Jahres auf das Sparkonto gezahlt würden.

24 Linas Eltern suchen eine neue Küche. In der Zeitung sehen sie ein Angebot für eine Einbauküche, die von 6000 € auf 4800 € reduziert wurde.
a) Bestimme, um wie viel Prozent die Küche reduziert wurde.
b) Bei sofortiger Barzahlung gewährt das Küchengeschäft nochmals 2 % Rabatt. Berechne, wie viel Linas Eltern dann zahlen müssten.
c) Das Geschäft bietet auch eine Bezahlung in zwölf gleichen Monatsraten an, allerdings gilt dann der Normalpreis und nicht der Werbepreis. Ermittle, um wie viel Prozent die Zahlung in Raten teurer ist als die sofortige Barzahlung.
d) In einem anderen Geschäft bekämen Linas Eltern eine vergleichbare Küche für 5200 € mit 1 % Rabatt bei sofortiger Barzahlung. Außerdem erhalten sie einen Geschirrspülmaschine im Wert von 449 € als Eröffnungsgeschenk dazu. Begründe, für welches Angebot sich die Familie entscheiden sollte.

Tipp
Suche dir ein paar Zahlenbeispiele und prüfe deine Vermutung.

25 In einem Prospekt für einen Spielzeugladen findest du zwei verschiedene Gutscheine. Erläutere, wann du welchen Gutschein einsetzt.

Trainieren | Vertiefen | **Herausforderung**

26 1 kg Trauben haben einen Wassergehalt von 99 %. Nach einer Stunde beträgt der Wassergehalt nur noch 98 %.
a) Schätze, wie viel die Trauben jetzt noch wiegen.
b) Berechne, wie viel sie jetzt noch wiegen.

Thema

Mathematik in den Medien

In den Nachrichten, in der Zeitung, im Internet, beim Sport, beim Einkaufen – überall in deinem Alltag kannst du Mathematik finden. Dabei gibt es viele Zahlen, verschiedene Darstellungen und unterschiedliche Behauptungen. Manchmal wird damit sehr leichtfertig umgegangen. Aber schaue es dir selbst genauer an!

Mathematik und Prozente

2014 hat ein Spieler eines Kreisoberligisten-Vereins mit einer Aussage für Aufmerksamkeit gesorgt: „Wir hatten viele Probleme in der Saison mit Verletzten. Uns fehlen sieben Prozent der elf Stammspieler. Das ist schon ziemlich viel. Das sind sechs Spieler."

Zwei verschiedene Zeitungen haben über eine Studie zur Gewichtsabnahme berichtet:

„Durchschnittlich 40 Prozent ihres Übergewichts verloren die Patienten …"

„… die Teilnehmer konnten ihr Gewicht […] um durchschnittlich 40 Prozent reduzieren"

Diskutiert diese Äußerungen. Erläutert eure Meinung mithilfe einer Rechnung oder einer Zeichnung.

Mathematik und Brüche

Ein Reiseclub hat kurz vor dem Winterurlaub eine Empfehlung zur Verteilung des Reisegepäcks in einer Dachbox gegeben: „Die Hälfte des Gepäcks sollte in der Mitte der Box verstaut werden, jeweils ein Drittel davor und dahinter."

In einer Zeitung stand folgender Text:
„Wir werden nicht nur immer älter und immer weniger, wir werden auch einsamer. Schon jetzt lebt jeder vierte Deutsche allein, in wenigen Jahren gilt das für jeden fünften, wenn die Entwicklung anhält."

Diskutiert diese Äußerungen. Erläutert eure Meinung mithilfe einer Rechnung oder einer Zeichnung.

Mathematik und Diagramme

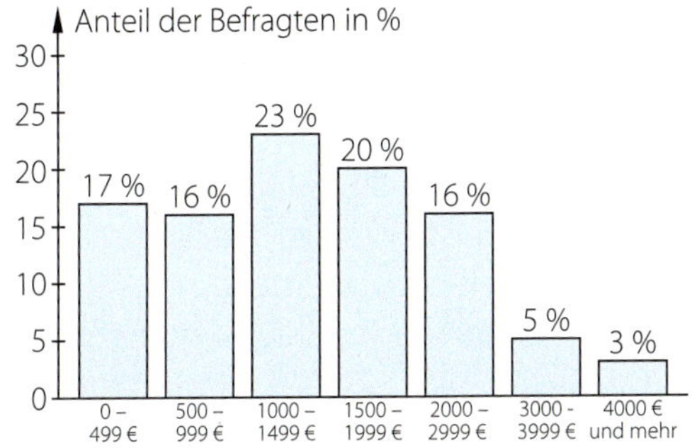

In dem Diagramm wird das Einkommen der Deutschen, die über 18 Jahre alt sind, dargestellt.

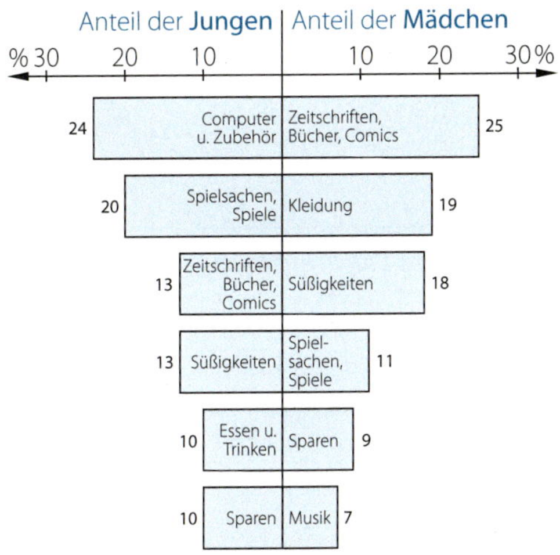

Bei einer Umfrage wurden 9–14jährige Schüler in Hessen zu ihrer Taschengeldnutzung befragt.
Die Ergebnisse sind hier dargestellt.

Diskutiert die Darstellungen und welcher Eindruck damit erweckt wird.
Erläutert eure Meinung.

Ihr könnt diese Aufgaben nacheinander bearbeiten oder aber auch gruppenweise lösen und euch danach austauschen.

1. Phase: Expertengruppen
Bildet ungefähr gleich große Expertengruppen.
Jede Gruppe bearbeitet eine andere Aufgabe. Jeder von euch ist danach „Experte" für das eigene Thema.

2. Phase: Austauschgruppen
Bildet nun aus jeweils drei verschiedenen „Experten" eine neue Gruppe. Stellt euch gegenseitig kurz eure Aufgaben und die Lösungen vor. Achtet darauf, dass eure Präsentation für alle Gruppenmitglieder verständlich ist. Erstellt danach gemeinsam einen Zeitungsartikel, der leichtfertige Mathematikfehler im Alltag beschreibt.
Versucht dabei, eure Erkenntnisse aus den Aufgaben einzubeziehen.

8.2 Anwendung der Prozentrechnung in Diagrammen und Texten

Einstieg

Haustiere

Michael hat in seiner Jahrgangsstufe 120 Schüler befragt, welches Haustier sie besitzen. Er hat die Ergebnisse in einer Tabelle zusammengefasst und später am Computer ein Kreisdiagramm dazu erstellt.
Als Michael sich das Diagramm anschaut, wundert er sich. Erläutere, warum.

Hund	31
Katze	25
Kaninchen	17
Meerschweinchen	25
Pferd	3
Kein Haustier	61

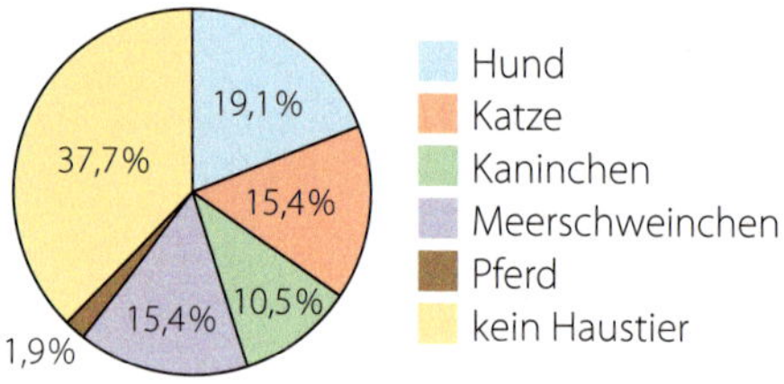

Wissen

Darstellen mithilfe von Diagrammen

Für die Darstellung von Daten kennst du bereits verschiedene Möglichkeiten.

In einer **Tabelle** kannst du Werte gut zusammenfassen und leicht ablesen.

Abstimmung zum Wandertag:

	Museum	Zoo	Radtour
Anzahl	5	13	9

In einem **Säulendiagramm** kannst du die genauen Anzahlen veranschaulichen und gut miteinander vergleichen. Du siehst sofort, dass der Zoobesuch die meisten Stimmen erhalten hat.
Du könntest statt eines Säulendiagrammes auch ein Balkendiagramm zeichnen.

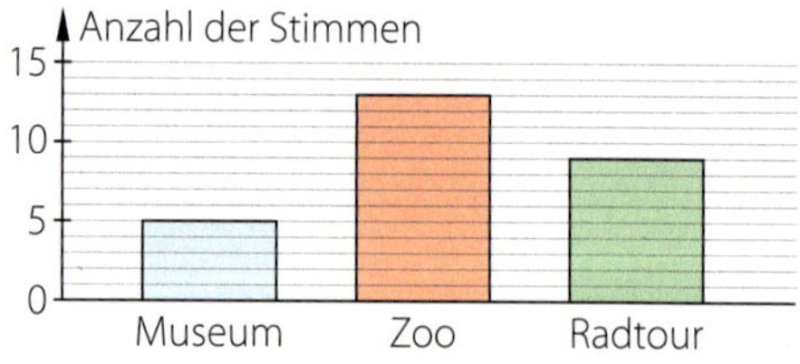

Zur Erinnerung
In Kapitel 1.1 und 1.3 hast du gelernt, wie du ein Kreisdiagramm zeichnest. Du kannst dir dort die Beispiele nochmal anschauen.

Die Anteile, also die Prozentsätze, kannst du dagegen besser in einem **Kreisdiagramm** darstellen. Der Vollkreis (360°) entspricht dabei dem Ganzen (100 %). Du siehst, dass der Zoobesuch fast die Hälfte der Stimmen erhalten hat.

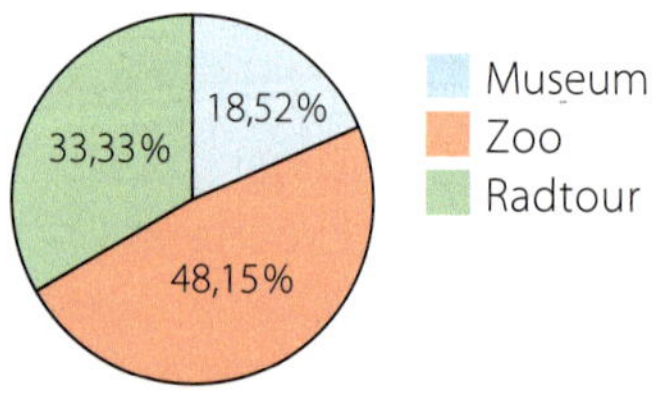

Du kannst die Anteile auch in einem **Streifendiagramm** veranschaulichen. Wähle hierzu eine passende Länge.

Mithilfe von Säulen- und Balkendiagrammen kannst du vor allem Anzahlen gut veranschaulichen. Kreis- und Streifendiagramme eignen sich besonders, wenn du Anteile darstellen möchtest. Die Anteile ergeben zusammen ein Ganzes, also 100 %.

▼ Beispiel 1: Auswahl des Diagrammtyps

Das nebenstehende Diagramm veranschaulicht die Mitgliederzahlen beim FC Bayern München e.V. für die Spielsaisons. Erläutere, weshalb du hier kein Kreisdiagramm verwenden kannst.

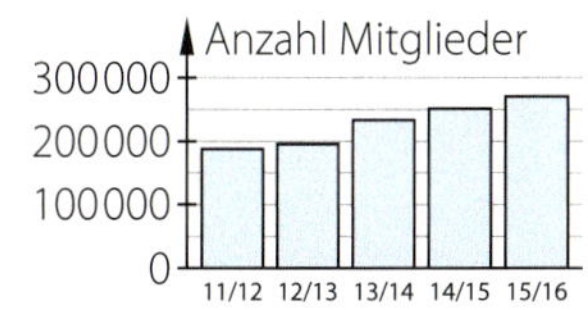

Lösung:

Bei dem Diagramm wird die Entwicklung der Mitgliederzahlen von Saison zu Saison veranschaulicht. Du kennst hier keinen Bezug zum Ganzen, um die 100 % beim Kreisdiagramm entsprechend aufzuteilen. ▲

Interpretieren von Diagrammen

Manchmal erstellst du nicht Diagramme, sondern sollst aus Diagrammen Informationen entnehmen. Dabei musst du besonders kritisch sein.
Zwei Fußballvereine werten ihre Spielergebnisse der Pflicht- und Freundschaftsspiele von zwei Spielzeiten aus. Sie streiten sich, wer von ihnen besser war.

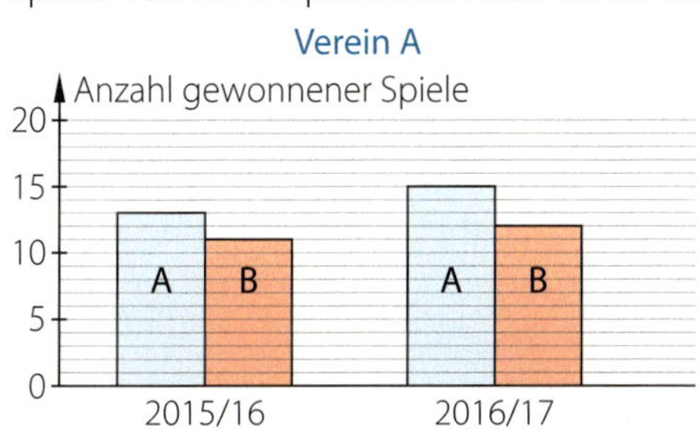

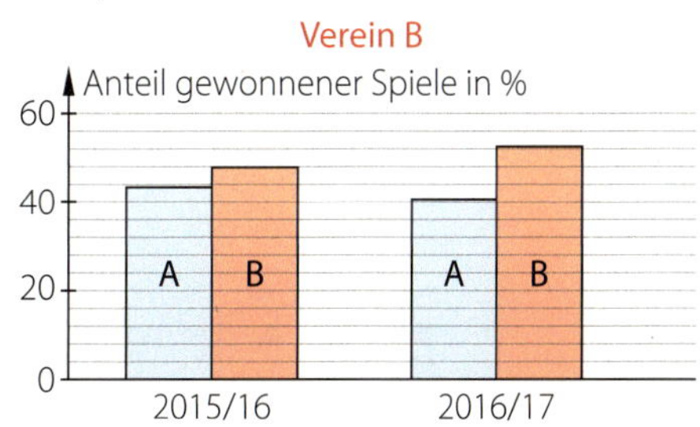

Beide Vereine haben dieselben Zahlen verwendet, sie haben diese aber unterschiedlich ausgewertet.

	2015/16		2016/17	
	Siege	Spiele	Siege	Spiele
Verein A	13	30	15	37
Verein B	11	23	12	23

Verein A hat die genauen Anzahl veranschaulicht, da er im Vergleich zu B mehr Siege hat. Verein B hat dagegen mit Anteilen argumentiert, da diese Werte besser als bei Verein A waren. Dies kannst du auch an der Achsenbeschriftung erkennen. Je nach Sichtweise kann in einem Diagramm etwas Anderes dargestellt werden.

Um Fehlaussagen bei der Interpretation zu vermeiden, kannst du folgende Fragen als Hilfe nutzen.

- Wie sind die Achsen beschriftet? Wie lautet der Titel?
- Welcher Diagrammtyp wurde verwendet? Ist alles korrekt gezeichnet?
- Worauf beziehen sich Prozentsätze?
- Wer hat das Diagramm erstellt? Welche Interessen hatte derjenige?

Beispiel 2: Diagramme und Aussagen

Ein Fußballverein möchte am Ende des Jahres 2017 seine Zahlen vorstellen. Dafür hat der Geschäftsführer ein Diagramm erstellt. Triff passende Aussagen zu dem Diagramm und erläutere, welche Informationen du kritisch hinterfragen musst.

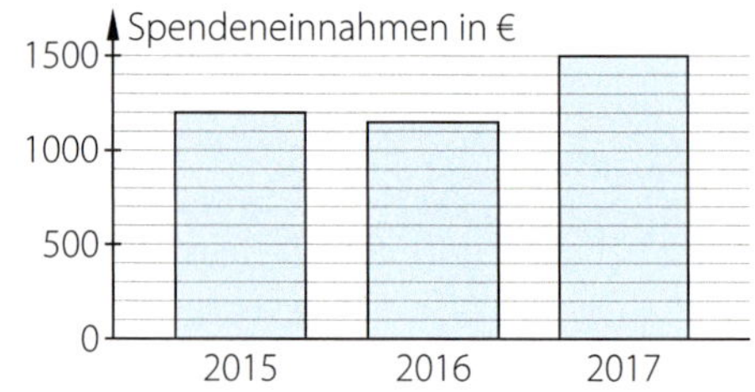

Lösung:
In dem Diagramm wird die Entwicklung der Spendeneinnahmen dargestellt. Dabei wurde ein Säulendiagramm genutzt, um die Entwicklung von Jahr zu Jahr zu veranschaulichen. Du erkennst, dass der Verein 2016 ein bisschen weniger an Spenden als im Jahr 2015 erhalten hat und 2017 seine Spendeneinnahmen deutlich steigern konnte.
Der Geschäftsführer könnte nun zu der Aussage kommen, dass das letzte Jahr für den Verein sehr gut lief. Du weißt aber zum Beispiel nicht, welche Ausgaben der Verein hatte. Vielleicht hat er ein neues Vereinshaus gebaut, weshalb er mehr Spenden erhalten, aber auch viele Schulden gemacht hat. Dies wird durch die Auswahl der Daten nicht gezeigt.

Neben einer bewussten Auswahl von Daten kann auch durch eine manipulative Darstellung ein falscher Eindruck entstehen. Wenn zum Beispiel der Fußballverein A den Spielerfolg besonders betonen möchte, könnte er das folgende Diagramm verwenden.

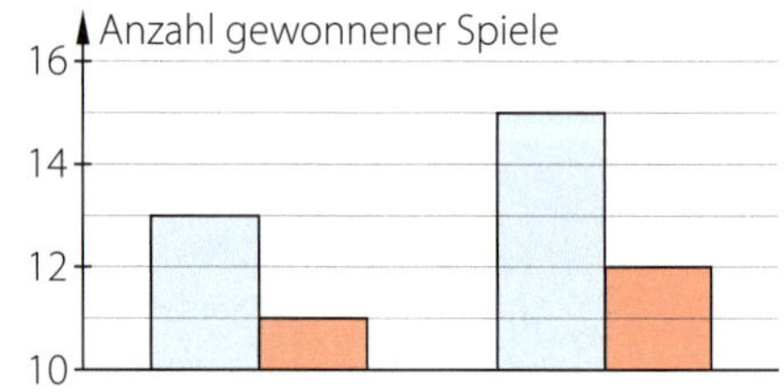

Es scheint, als hätte Verein A die Anzahl der Siege nahezu verdoppelt. Wenn du aber genau hinschaust, siehst du, dass die Achse nicht bei Null beginnt. Du musst aber auch noch auf weitere Dinge achten.

Diagramme können einen falschen Eindruck erwecken, wenn
- die Diagrammachse nicht bei 0 beginnt,
- die Einteilung der Achsen nicht gleichmäßig ist,
- die Größenverhältnisse nicht beachtet werden.

Beispiel 3: manipulative Darstellung

Der Vorstandschef hat außerdem ein Diagramm für die Entwicklung der Mitgliederzahlen vorbereitet. Nimm dazu kritisch Stellung.

Lösung:

2016 hat sich die Mitgliederzahl im Vergleich zu 2013 verdoppelt. Die Figur für 2016 ist aber nicht nur doppelt so groß, sondern auch breiter dargestellt. Damit wirkt der Anstieg größer. Hier wurden also die Größenverhältnisse nicht beachtet. Außerdem ist die Einteilung der Jahre nicht gleichmäßig. Dadurch wird ein falscher Eindruck beim Anstieg der Mitgliederzahlen erweckt. Da das Jahr 2015 fehlt, kannst du keine vernüftige Aussage zur Entwicklung treffen.

Prozentangaben in den Medien

Neben Diagrammen findest du in den Medien oft auch Prozentangaben. Auch hier musst du besonders vorsichtig sein, da die Rechnungen und Darstellungen nicht immer korrekt sind bzw. bewusst einen falschen Eindruck erwecken sollen.

Überprüfe bei den Informationen besonders, auf welchen Grundwert sich eine Prozentangabe bezieht.

Info
Wenn du im Geschäft ein Produkt kaufst, ist im Preis meistens schon die Mehrwertsteuer enthalten.

Beispiel 4: Prüfen von Aussagen in den Medien

Nimm Stellung zu der Werbeanzeige.

a)

Lösung:

Die Aussage ist falsch. Dies kannst du mit einem einfachen Zahlenbeispiel zeigen:
Wenn ein Produkt normal 100 € kostet, kommen noch 19 € Mehrwertsteuer dazu. Also zahlt der Käufer 100 €, wenn die Mehrwertsteuer geschenkt wird und spart damit 19 €. 19 € sind aber bezogen auf den ausgezeichneten Warenpreis von 119 € nur $\frac{19\,€}{119\,€} \approx 16\,\%$ und nicht die versprochenen 19 %.

b)

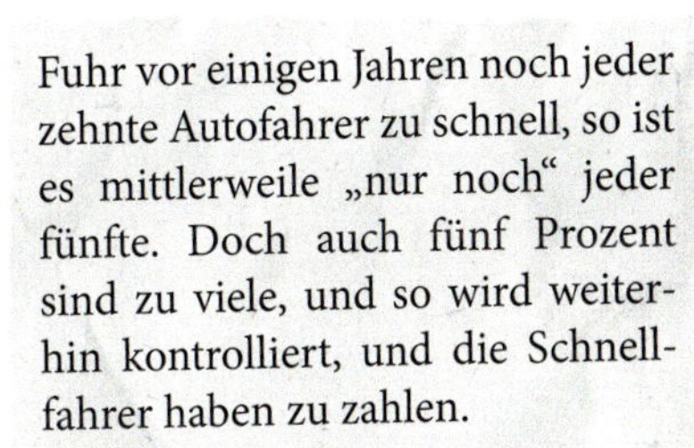
Fuhr vor einigen Jahren noch jeder zehnte Autofahrer zu schnell, so ist es mittlerweile „nur noch“ jeder fünfte. Doch auch fünf Prozent sind zu viele, und so wird weiterhin kontrolliert, und die Schnellfahrer haben zu zahlen.

Die Prozentangaben wurden falsch interpretiert. Jeder zehnte bedeutet: „Einer von Zehn“, also $\frac{1}{10} = 10\,\%$ und jeder fünfte also $\frac{1}{5} = 20\,\%$. Damit ist der Anteil nicht gesunken, sondern gestiegen. Außerdem wurde $\frac{1}{5}$ mit 5 % gleichgesetzt, das ist falsch, es sind 20 %.

In Medien werden oft auch **Veränderungen von Prozentsätzen** thematisiert, z. B. bei Wahlergebnissen. Hier musst du ganz besonders aufmerksam sein, worauf sich die Veränderung bezieht.
Eine Partei hat zum Beispiel bei einer Wahl einen Anteil von 20 % erhalten. Das bedeutet, dass sie von 100 Stimmen 20 erhalten hat. In der nächsten Wahl hat die Partei nur 18 % erreicht. Somit hat sie bei 100 Stimmen nur 18 bekommen, also 2 weniger. Bezogen auf ihr altes Ergebnis von 20 %, also auf die 20 Stimmen, sind das $\frac{2}{20} = \frac{1}{10} = 0{,}1 = 10\,\%$ weniger.

Man kann also die Veränderung auf zwei Arten beschreiben.

(1) Absolute Veränderung
Hier betrachtest du die Differenz der Prozentsätze: $20 - 18 = 2$
Man sagt, dass der Anteil um 2 **Prozentpunkte** gesunken ist.

(2) Relative Veränderung
Hier beschreibst du die Veränderung im Verhältnis zum Ausgangswert. Dabei wird der alte Prozentsatz, also 20 %, als Grundwert angesehen.
$\frac{2}{20} = \frac{1}{10} = 0{,}1 = 10\,\%$
Der Anteil der Stimmen für die Partei ist also um 10 **Prozent** gesunken.

Daher musst du darauf achten, ob du bei Veränderungen von Prozent oder Prozentpunkten sprichst.

Aufgaben

Trainieren | Vertiefen | Herausforderung

Darstellen mithilfe von Diagrammen

Hinweis
Du kannst Diagramme auch mit einem Tabellenkalkulationsprogramm erstellen, mehr dazu erfährst du auf

210/211

1 Bei einer Mathematik-Schulaufgabe gab es folgende Noten.

Note	1	2	3	4	5	6
Anzahl	2	8	8	7	2	2

a) Berechne für die einzelnen Noten die Anteile in Prozent.
b) Zeichne ein Kreisdiagramm und einen Prozentstreifen und begründe, warum diese Diagrammarten geeignet sind.
c) Beschreibe eine Situation bei der Notenauswertung, bei der ein Säulendiagramm geeignet wäre.

2 Das Kreisdiagramm zeigt die Zusammensetzung des Hausmülls in Deutschland. Dabei fallen in jedem Haushalt im Durchschnitt etwa 500 kg Müll pro Jahr an. Stelle in einer Tabelle dar, wie viel kg Papier, Glas usw. durchschnittlich im Müll landen. Erläutere, welche Vorteile die Tabelle bietet.

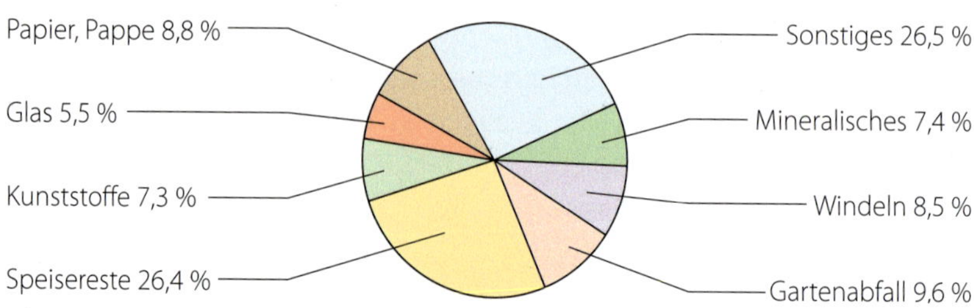

3 In einer Umfrage wurden 750 Schüler befragt, wie sie den Lernstoff im Fach Mathematik üben. In der Tabelle sind die Antworten dargestellt.

a) Berechne die jeweiligen Prozentsätze und zeichne ein Säulendiagramm.

b) Formuliere drei Sätze zu den Ergebnissen.

c) Erkläre, warum du hier kein Kreisdiagramm zeichnen kannst.

Schulheft	540
Schulbuch	345
Internetplattform	207
Übungsbuch	144
Grundwissensheft	135
Nachhilfe	78
Sonstige	153

4 In dem Diagramm ist der Energiebedarf in der Bundesrepublik Deutschland nach den Bereichen Verkehr, Industrie und Privathaushalte aufgeschlüsselt.

a) Gib die Anteile der einzelnen Bereiche am Energiebedarf in Prozent an.

b) Erläutere, weshalb du nicht den direkten Energiebedarf in kWh angeben kannst.

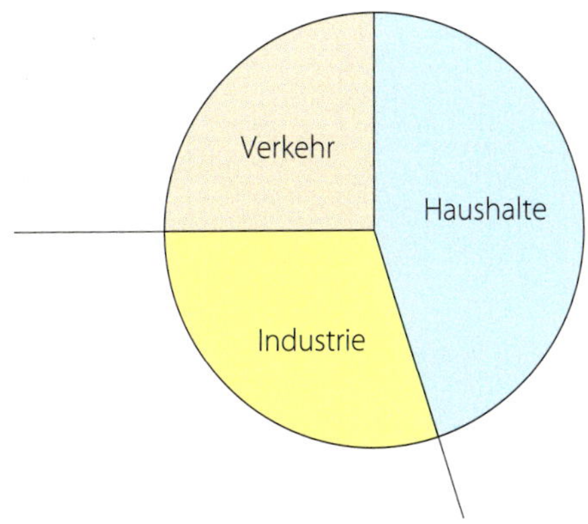

Hinweis
Der Energiebedarf wird in der Einheit Kilowattstunde (kWh) gemessen.

Interpretieren von Diagrammen

5 Ein Vater, ein Vertreter des Radvereins und ein Politiker haben Zahlen zu Fahrradunfällen in Berlin ausgewertet.

a) Ordnet die Aussagen und Diagrammen den Personen zu und begründet eure Entscheidung.

b) Stell dir vor, du bist in der Schülervertretung. Gemeinsam wollt ihr den Bürgermeister überzeugen, dass ein Fahrradweg vor der Schule gebaut werden muss. Erläutere, wie du die Zahlen auswerten würdest.

Anzahl an tödlich verunglückten Radfahrern

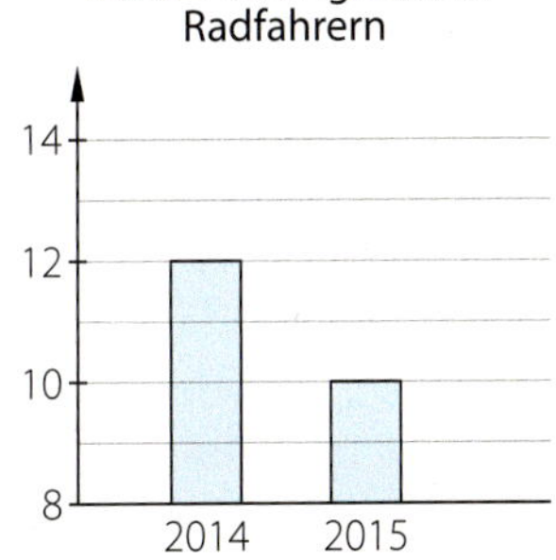

Anteil tödlich verunglückter Radfahrer

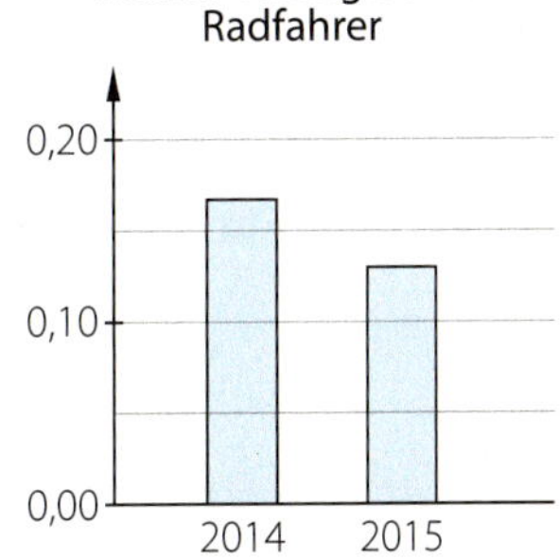

Fahrradunfälle

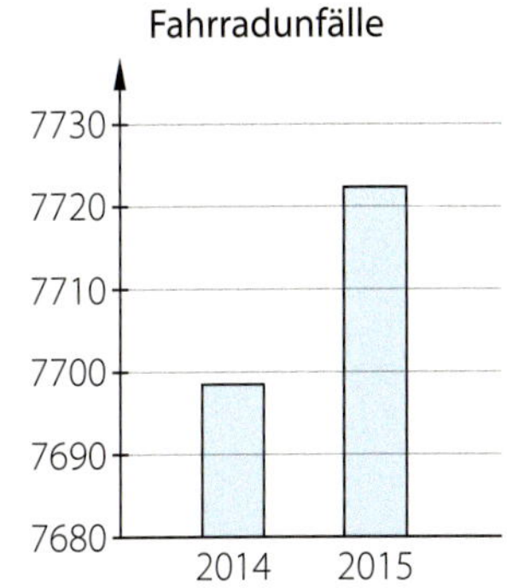

„Die Anzahl der Fahrradunfälle ist deutlich gestiegen, man muss sehr vorsichtig fahren, damit einem nichts passiert."

„Der Anteil verunglückter Radfahrer an der Gesamtanzahl von Fahrradunfällen hat sich kaum verändert. Die Stadt Berlin muss endlich mehr Radwege bauen."

„Die Anzahl der verunglückten Radfahrer ist um 2 gesunken, das sind ca. 17 % weniger als im Vorjahr."

6 Im Durchschnitt verbraucht eine Person in Deutschland am Tag 121 l Trinkwasser. Das nebenstehende Diagramm veranschaulicht die Verwendung des Wassers.

a) Formuliere mindestens fünf passende Fragen zum Diagramm.

b) Tausche dich mit deinem Nachbarn aus und beantwortet eure Fragen. Interpretiert dann das Diagramm vollständig.

c) Recherchiert, wie viel Trinkwasser in anderen Ländern genutzt wird.

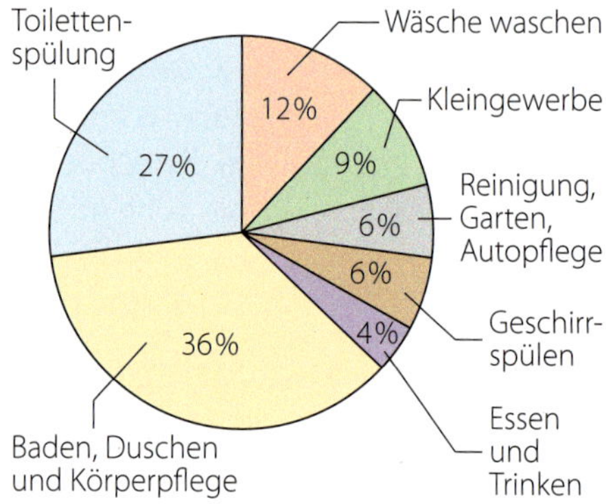

7 Die Firma Mirsangut GmbH stellt die Entwicklung ihres Umsatzes in einem Diagramm dar.

a) Erläutere, welchen falschen Eindruck das Diagramm vermittelt und begründe warum.

b) Zeichne ein Diagramm, das die Entwicklung realistisch darstellt.

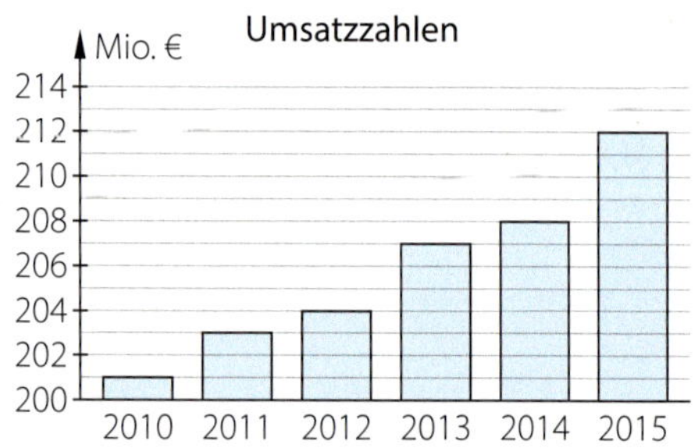

8 Das Diagramm zeigt die Entwicklung der weltweiten CO_2-Emissionen. Erläutere, welchen falschen Eindruck das Diagramm vermittelt, und begründe warum.

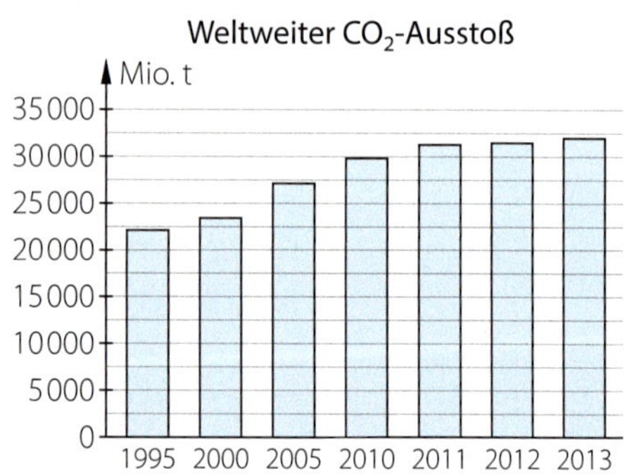

9 Beschreibe in eigenen Worten, worauf du beim Lesen von Diagrammen achten musst. Erläutere, wodurch ein falscher Eindruck entstehen kann.

Prozentangaben in den Medien

10 Entscheide und begründe, welche Zeitungsmeldungen falsch sind.

a) Während im letzten Jahr noch 10 % aller Besucher Dauerkarten kauften, war es dieses Jahr nur noch jeder Achte.

b) 32 % der Männer und 28 % der Frauen, also 60 % aller Besucher, waren über 60 Jahre alt.

c) Die Preise sind in den letzten 10 Jahren um mehr als 150 % gestiegen.

d) In diesem Jahr beteiligten sich 12 % der Einwohner an der Aktion „Saubere Umwelt“. Das ist gegenüber dem Vorjahr eine Steigerung um 20 %.

e) Nachdem der Preis für Rohöl im letzten Jahr um 25 % gestiegen war, fiel er dieses Jahr um 20 % und erreichte damit seinen alten Stand.

f) Schreibe selbst je zwei Zeitungsmeldungen mit Prozentangaben, die stimmen können oder offensichtlich falsch sind.

11 Vergleiche die Textaussagen der folgenden Artikel mit den Überschriften.

Zuwachs um 30 %
Die Zahl der Teilnehmer am Stadtmarathon hat sich von 70 auf 100 erhöht.

8 % mehr Kernobst
In diesem Jahr stieg die Apfelernte im Vergleich zum Vorjahr um 20 %. Allerdings wurden 12 % weniger Birnen geerntet.

12 Nimm zu den Aussagen der folgenden Werbeslogans Stellung.

a) Mit unseren Handytarifen können Sie bis zu 200 % sparen.

b) Sparen Sie 50 % des Eintrittspreises, indem Sie Ihren Partner zum halben Preis mitnehmen.

c) Suche selbst in den Medien nach Werbeslogans und überprüfe sie auf ihre Richtigkeit.

13 In einem Interview meinte ein Forscher: „Wir haben herausgefunden, dass es 24 Prozent der befragten Jungen zwischen drei und sechs Jahren in den Kitas von Dänemark nicht gut geht. Bei den Mädchen waren es nur 10 Prozent. Demnach fühlen sich mehr als ein Drittel der Kinder nicht wohl."
Erläutere, welchen Fehler er dabei gemacht hat.

14 Bei einer Umfrage zum Mittagessen in der Schülermensa waren im Dezember 8 % der Schüler unzufrieden. Sechs Monate später fand zur Kontrolle wieder eine Umfrage statt. Diesmal waren 12 % der Schüler mit dem Mensaangebot unzufrieden.

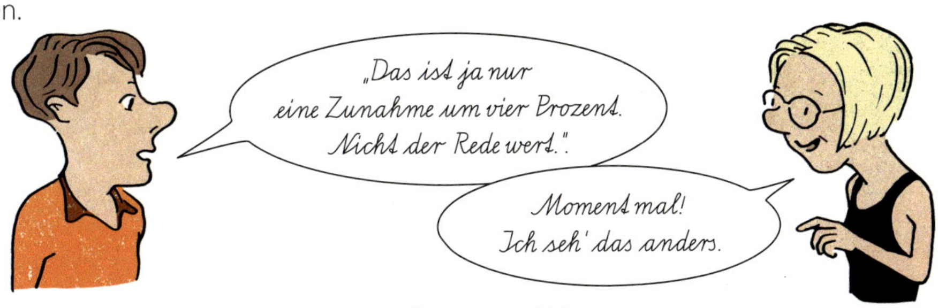

Nimm Stellung zu den Aussagen von Steven und Nora.

15 Eine Veränderung kann in Prozent oder in Prozentpunkten angegeben werden. Erkläre an einem selbstgewählten Beispiel den Unterschied.

16

Vor 10 Jahren hatten noch jeder fünfte bei 20 000 Haushalten keinen Computer. Mittlerweile ist dieser Anteil um 15 Prozentpunkte gesunken. Auch der Prozentsatz der Leute, die noch kein Internet hatten, ist um 15 Prozentpunkte gefallen.

Antonia meint daraufhin: „Die beiden Sachverhalte haben sich ja gleich verändert." Ihre große Schwester meint: „Das kannst du so nicht sagen." Erläutere, was sie meint.

Noch fit?

I Korrigiere die Fehler und gib die Regeln an, die jeweils zu beachten sind.

a) $\frac{1}{2} + \frac{1}{3} = \frac{2}{5}$
c) $\frac{5}{6} - \frac{1}{6} \cdot \frac{1}{4} = \frac{1}{6}$
e) $0{,}3 \cdot 0{,}2 = 0{,}6$

b) $\frac{3}{7} \cdot 2 = \frac{6}{14}$
d) $0{,}98 - 0{,}7 = 0{,}91$
f) $3{,}8 + 1{,}2 : 5 = 1$

II Überprüfe, ob die Rechnungen richtig sind, und korrigiere falls nötig.

a) $660 : 0{,}15 = 0{,}44$
b) $-3 + \square = 5;\ \square = -8$

III Korrigiere die Rechnung und veranschauliche sie durch eine Skizze.

a) *12 Jungen, das sind drei Viertel aller Jungen in der Klasse, tragen Turnschuhe.*
$\frac{3}{4} \cdot 12 = 12 : 4 \cdot 3 = 9$

b) *Marina erhielt bei der Klassensprecherwahl 15 Stimmen, das waren 60 % aller Stimmen.*
60 % von 15 = 0,6 · 15 = 9

Trainieren | **Vertiefen** | Herausforderung

17 Schreibe zu dem folgenden Artikel einen Leserbrief an die Zeitung.

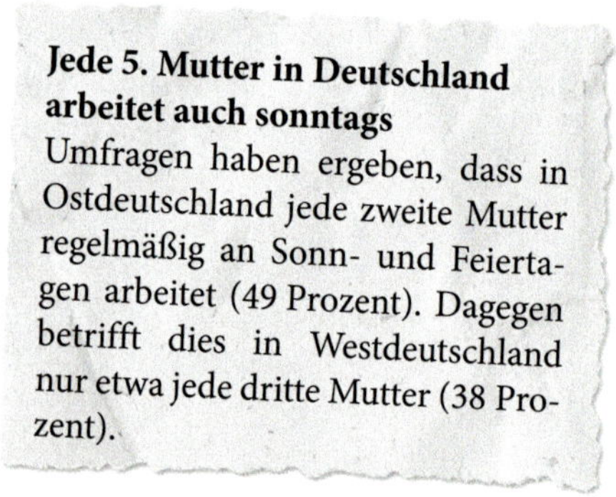
Jede 5. Mutter in Deutschland arbeitet auch sonntags
Umfragen haben ergeben, dass in Ostdeutschland jede zweite Mutter regelmäßig an Sonn- und Feiertagen arbeitet (49 Prozent). Dagegen betrifft dies in Westdeutschland nur etwa jede dritte Mutter (38 Prozent).

18 In einer Werbung heißt es: „Wenn Sie 3 Paar Schuhe kaufen, erhalten Sie das günstigste Paar zum halben Preis." Berechne und erläutere, wie viel Prozent der Käufer maximal sparen kann.

19 In einem Land sind zur Wahl zum Parlament vier Parteien angetreten. Das Ergebnis der Wahl ist im folgenden Diagramm dargestellt.

a) Stelle das Ergebnis der Parlamentswahl in einem Kreisdiagramm dar.

b) Das Parlament umfasst 360 Abgeordnete. Aufgrund des endgültigen Wahlergebnisses erhält die Partei A 19, die Partei B 114, die Partei C 95 und die Partei D 132 Parlamentssitze. Max wundert sich über dieses Ergebnis, da er für die Partei einen anderen Prozentwert berechnet hat. Erläutere, woran dies liegen könnte.

c) Stelle die Sitzverteilung in einem Halbkreisdiagramm dar.

Ergebnisse der Parlamentswahl

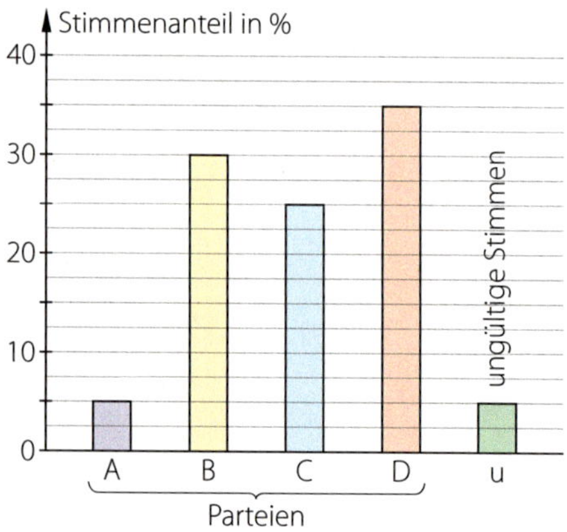

20 Bestimme alle möglichen Angaben mithilfe des Texts und veranschauliche sie in einem Diagramm.

> **Silber, grau und schwarz im Trend**
> Der Anteil dezenter Farbtöne ist so groß wie nie: 2254 PKWs, die im letzten Jahr in unserer Stadt zugelassen wurden, waren silberfarben, grau oder schwarz. Mit 7 von 10 Autos liegt der Anteil dieser dezenten Farben deutlich über dem der früheren Modefarben. Vor 30 Jahren waren 55 % der Fahrzeuge in den kräftigen Farben grün, rot und gelb lackiert. Das entsprach damals 594 Fahrzeugen. Heute beträgt ihr Anteil nur noch knapp ein Zehntel.

21 Die Diagramme zeigen die Ergebnisse der Landtagswahl 2016 in Baden-Württemberg. Nimm Stellung zu den folgenden Aussagen.

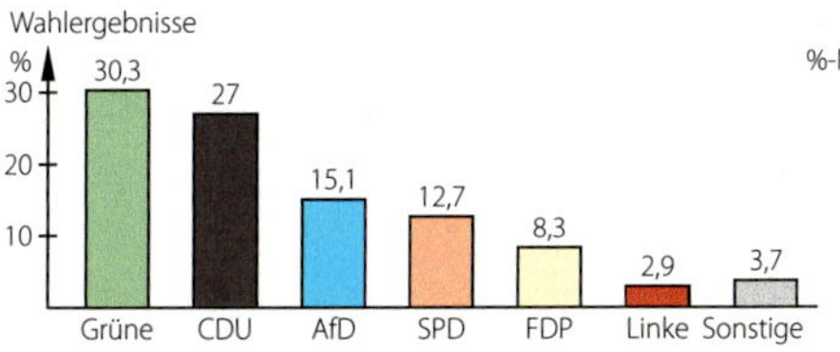

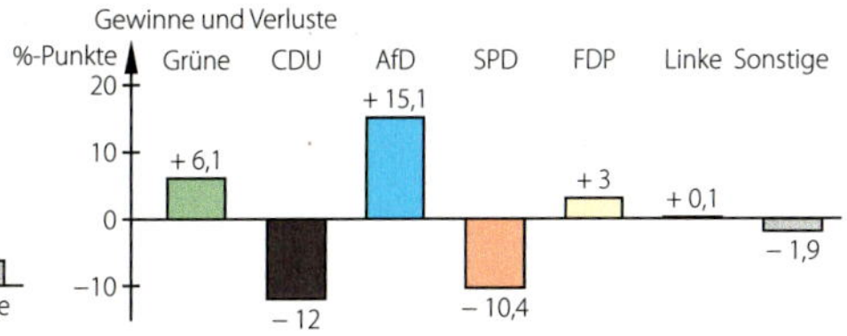

(1) Grüne und CDU haben zusammen fast $\frac{3}{5}$ der Stimmen erhalten.
(2) Die SPD hat 10,4 % der Stimmen verloren. Daher hatte sie bei der letzten Landtagswahl 2011 noch 23,1 %.
(3) Die Grünen hatten bei der Landtagswahl 2011 gut 1,2 Millionen Stimmen erhalten. 2016 konnten sie etwa 732 000 zusätzliche Stimmen gewinnen.
(4) Die FDP hat 3 Prozentpunkte gewonnen. Sie konnte damit rund 57 % mehr Stimmen erhalten als 2011.

Trainieren | Vertiefen | **Herausforderung**

22 Jonas hat Säulendiagramme zu Statistiken erstellt.
a) Ordne die Tabellen den Diagrammen zu. Begründe.
b) Gib auch an, wie die einzelnen Säulen beschriftet werden müssen.

① Tore in der Saison 2013/14

Bayern	Werder	Hannover	Wolfsburg
94	42	46	63

② Einwohner in deutschen Städten

Augsburg	Regensburg	Aschaffenburg	Bamberg
286 300	145 400	69 000	73 300

③ Einwohner von Ländern

Deutschland	USA	Frankreich	Polen
80,62 Millionen	316 Millionen	66,2 Millionen	38,53 Millionen

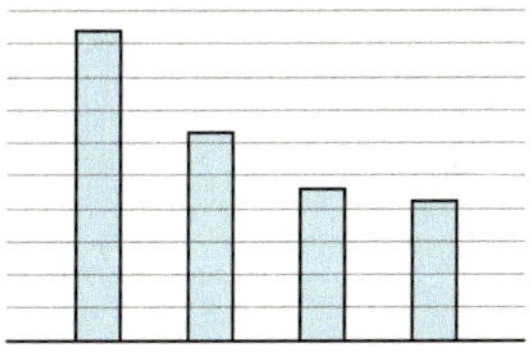

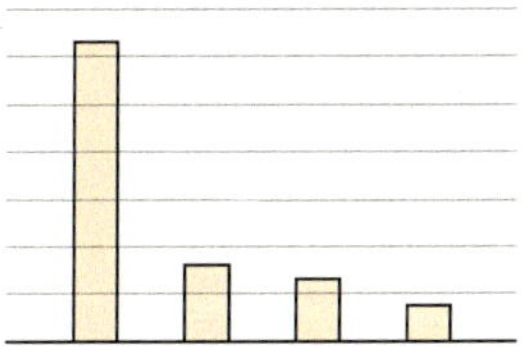

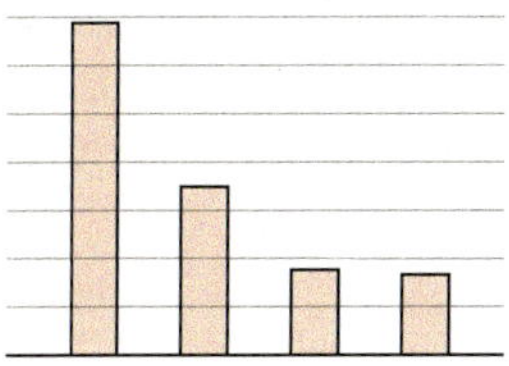

Methode

Mit dem Computer Daten auswerten und darstellen

Um Daten auszuwerten kannst du ein Tabellenkalkulationsprogramm am Computer nutzen, z. B. Excel. Ergebnisse können automatisch und schnell berechnet werden. Hierfür kannst du Formeln nutzen.
Beachte, dass vor jeder Formel ein Gleichheitszeichen „=" steht. Außerdem sind manche Rechenzeichen anders, z. B.
Multiplikation: * Division: /

Prozentsätze berechnen

Die Klasse 6a hat die Urlaubsziele der Schüler in den letzten Sommerferien gesammelt und dazu eine Tabelle erstellt. Das Beispiel zeigt dir, wie du die Prozentsätze in mehreren Schritten bestimmen kannst.

1. Öffne das Programm. Die Spalten sind m … bezeichnet. Ein Feld, z. B. **A3**, wird als Zelle bezeichnet.
   Trage die entsprechenden Daten in die Zellen ein.

▼	× √ fx		
	A	B	C
1	**Urlaubsland**		
2			
3	Spanien	8	
4	Italien	5	
5	Deutschland	3	
6	Schweden	1	
7	anderes	9	
8			

Hinweis
„B3:B7" bedeutet von Zelle B3 bis B7.

2. Als nächstes benötigst du die Gesamtanzahl. Dafür musst du den Wert der Summe der Zellen von B3 bis B7 bilden.
   Klicke dazu in B8 auf das Symbol fx und gib die Formel =SUMME(B3:B7) ein. Bestätige deine Eingabe mit „ok".

B8 ▼	× √ fx	=SUMME(B3:B7)	
	A	B	C
1	**Urlaubsland**		
2			
3	Spanien	8	
4	Italien	5	
5	Deutschland	3	
6	Schweden	1	
7	anderes	9	
8	Gesamt	26	
9			

Hinweis
Wenn du in C3 noch Dollarzeichen B3/$B$8 einfügst, musst du die Formel nicht immer einzeln eingeben. Markiere nun C3 und ziehe den Rahmen an der Ecke unten rechts nach unten. Der Wert für B3 passt sich automatisch an, B8 bleibt erhalten.

B	C
8	0,31
5	
3	
1	
9	
26	

3. Um nun den Prozentsatz zu bestimmen, musst du die Anzahl für ein Urlaubsland durch die Gesamtanzahl teilen.
   Markiere die Zelle C3 und gib die Formel =B3/B8 ein und bestätige mit Enter. Bestimme die anderen Werte genauso.
   Um die Werte auf 2 Dezimalstellen zu runden oder in Prozente umzuwandeln, musst du alle Zellen markieren und mit dem rechten Mausklick „Zellen formatieren" auswählen.
   Wähle nun „Zahl – Dezimalstellen 2" oder „Prozente".

C3 ▼	× √ fx	=B3/$B$8	
	A	B	C
1	**Urlaubsland**		
2			
3	Spanien	8	0,31
4	Italien	5	0,19
5	Deutschland	3	0,12
6	Schweden	1	0,04
7	anderes	9	0,35
8	Gesamt	26	1,00
9			

Wenn du die Prozentsätze selbst im Kopf addierst, erhältst du die Gesamtsumme 1,01, da du die gerundeten Werte in Excel siehst. Die Funktion „Summe" berechnet aber den genauen Wert ohne gerundete Zwischenergebnisse.

Diagramm erstellen

1. Markiere alle entsprechenden Zellen. Klicke hierfür mit der linken Maustaste A3 an und ziehe mit gedrückter Taste das Feld bis A7. Um die Zellen C3:C7 ebenfalls zu markieren, musst du gleichzeitig die STRG-Taste auf der Tastatur gedrückt halten.
2. Wähle in der Symbolleiste unter **EINFÜGEN** das entsprechende Diagramm aus.
3. Du kannst nun noch das Diagramm anpassen und zum Beispiel den Titel ändern.

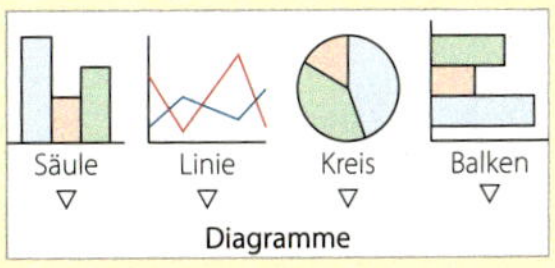

Diagramm 3 ▼ × √ fx

	A	B	C
1	Urlaubsland		
2			
3	Spanien	8	0,31
4	Italien	5	0,19
5	Deutschland	3	0,12
6	Schweden	1	0,04
7	anderes	9	0,35
8	Gesamt	26	1,00

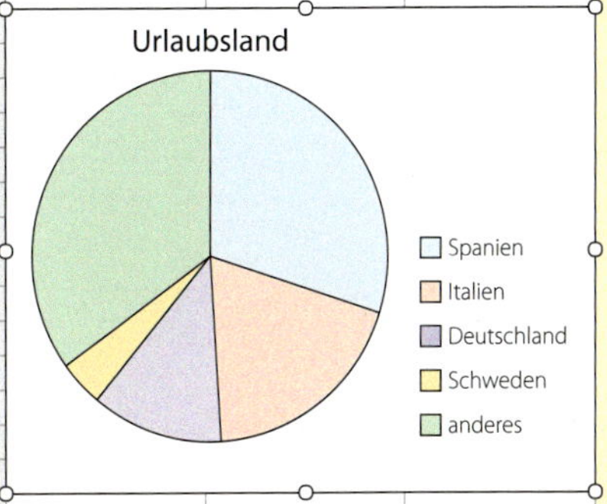

Arithmetisches Mittel bestimmen

7 Schülerinnen und Schüler der 6a haben ihre Körpergröße aufgeschrieben und wollen nun mit dem Computer das arithmetische Mittel bestimmen.

Beachte
Wenn du mit den Zellennamen, z. B. B2, anstatt den konkreten Werten, z. B. 1,22, arbeitest, kannst du die Werte nachträglich ändern und der Computer berechnet dann automatisch alle Werte neu.

Trage hierfür die entsprechenden Daten in die Zellen ein. Mit dem Symbol *fx* kannst du für die Zellen B9 bzw. B10 die Formel „Mittelwert“ auswählen. Du musst dann nur den entsprechenden Zellenbereich markieren, z. B. *fx* =MITTELWERT(B1:B7).

	A	B	C
1	Maria	1,22	
2	Niklas	1,45	
3	Timur	1,38	
4	Hannes	1,41	
5	Leyla	1,36	
6	Larissa	1,31	
7	Ela	1,33	
8			
9	Mittelwert	1,35	
10	Median	1,36	
11	Spannweite	0,14	
12			

Aufgaben

1 Die Klasse 6a hat eine Klassenarbeit geschrieben.
a) Berechne die Prozentsätze.
b) Erstelle ein Kreisdiagramm und ein Säulendiagramm.

Note	1	2	3	4	5	6
Anzahl	2	6	10	4	2	1

2 Führt selbst eine Umfrage zu einem selbst gewählten Thema durch. Berechnet die Prozentsätze und erstellt verschiedene Diagramme.

3 Werte ermitteln und auswerten
a) Wiegt in eurer Klasse die Schulranzen und ermittelt das arithmetische Mittel.
b) Erstellt zu den Werten ein Diagramm. Fasst hierfür zunächst einige Werte sinnvoll zusammen.

8.3 Daten beschreiben und auswerten

Einstieg

Klassendaten

Die Klasse 6C hat für ein Projekt verschiedene Daten zusammengetragen. Sie möchte zunächst wissen, wie sich die Kinder auf die Stadtviertel verteilen. Stelle die Information in einem Diagramm dar. Vergleiche deine Lösung mit deinem Nachbarn und diskutiert, ob es noch weitere Möglichkeiten gibt.

Nr.	Name	Alter	TG*	Stadtviertel
1	Laura	12	7€	Glockenhof
2	Jannis	12	3€	Glockenhof
3	Bilge	13	k. A.**	Dutzendteich
4	Murad	11	10€	Marienvorstadt
5	Paul	11	7€	Gleißhammer
6	Leonie	11	12€	Marienvorstadt
7	Eva	11	10€	Hasenbuck
8	Elena	13	8€	Gleißhammer
9	Sara	11	25€	Marienvorstadt

Nr.	Name	Alter	TG*	Stadtviertel
10	Leon	11	10€	Glockenhof
11	Melanie	10	5€	Marienvorstadt
12	Anne	12	15€	Gleißhammer
13	Nadine	11	11€	Glockenhof
14	Meltem	12	0€	Gleißhammer
15	Peter	11	11€	Glockenhof
16	Tanja	12	5€	Hasenbuck
17	Nina	13	5€	Gleißhammer
18	Anh	12	3€	Glockenhof

*TG = Taschengeld, **k. A. = keine Angabe

Wissen

Absolute und relative Häufigkeit

Daten, wie zum Beispiel aus dem Einstieg, kannst du unterschiedlich darstellen: mithilfe einer Strichliste, einer Tabelle oder eines Diagramms.

Beispiel 1: Auswertung der Altersverteilung

Stelle die Altersverteilung der 6C mithilfe einer Strichliste, eines Balkendiagramms und einer Tabelle mit den jeweiligen Anteilen dar.

Lösung:

Zähle die Anzahl für die Strichliste.

Alter	Anzahl
10	|
11	𝍸 |||
12	𝍸 |
13	|||

Zähle für jedes Alter die Striche und zeichne die Balken entsprechend lang.

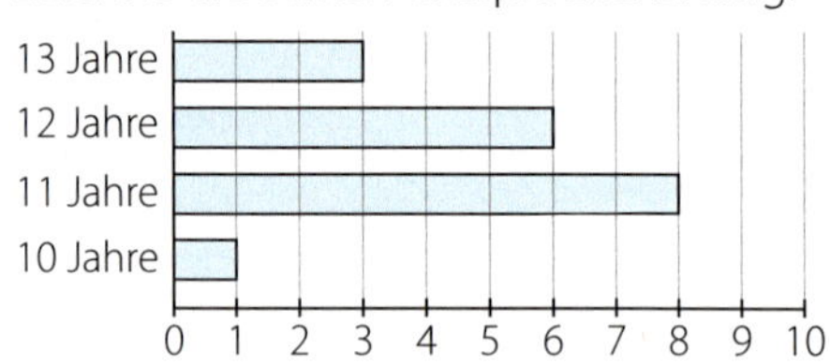

Gib in der Tabelle die Anzahl und die Anteile an.

Alter	10	11	12	13
Anzahl	1	8	6	3
Anteil	$\frac{1}{18}$	$\frac{8}{18} = \frac{4}{9}$	$\frac{6}{18} = \frac{1}{3}$	$\frac{3}{18} = \frac{1}{6}$

Für die Anzahl und den Anteil am Ganzen gibt es weitere Fachbegriffe.

Die Anzahl, mit der ein bestimmter Wert auftritt, wird als **absolute Häufigkeit H** bezeichnet. Wird diese Anzahl H durch die Gesamtanzahl dividiert, wird der Anteil bestimmt. Dieser wird **relative Häufigkeit h** genannt.

Relative Häufigkeit $h = \frac{\text{absolute Häufigkeit H}}{\text{Gesamtanzahl}}$

Beispiel 2: Kreisdiagramm

Stelle die relativen Häufigkeiten der Altersgruppen der Klasse 6c in einem Kreisdiagramm dar.

Lösung:

Bestimme die relative Häufigkeit für eine Altersgruppe, z. B. für 11 Jahre: Da 8 von 18 Kindern 11 Jahre alt sind, gilt: $h = \frac{8}{18} = \frac{4}{9}$.

Damit kannst du den Mittelpunktswinkel berechnen: $\frac{4}{9}$ von $360° = \frac{4}{9} \cdot 360° = 160°$.

Relative Häufigkeiten werden meist in Prozentschreibweise angegeben, hier musst du sinnvoll runden: $\frac{4}{9} = 0,\overline{4} \approx 44\,\%$.

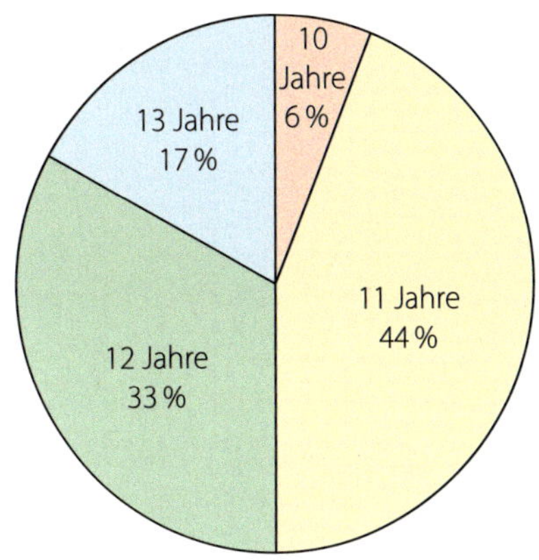

Arithmetisches Mittel

Manchmal möchtest du gar nicht die genaue Verteilung kennen. Um Daten allgemein zu vergleichen, nutzt man oft einen Durchschnittswert.

Beispiel 3: Durchschnittswert berechnen

Bestimme, wie groß das durchschnittliche Alter eines Schülers der 6C ist.

Lösung:

Addiere alle Alterszahlen und dividiere die Summe durch die Anzahl der Schüler.

$$= \frac{1 \cdot 10 + 8 \cdot 11 + 6 \cdot 12 + 3 \cdot 13}{18}$$

$$= \frac{209}{18} \approx 11{,}6$$

Das durchschnittliche Alter beträgt ungefähr 11,6 Jahre.

Für diese Kenngröße gibt es auch einen neuen Fachbegriff.

Das **arithmetische Mittel $\overline{m}$** gibt den Durchschnittswert aller Werte an.

Arithmetisches Mittel $\overline{m} = \frac{\text{Summe aller Werte}}{\text{Gesamtanzahl}}$

Aufgaben

Trainieren Vertiefen Herausforderung

210/211

1 Berechne die relativen Häufigkeiten und stelle sie in einem Streifendiagramm dar. Veranschauliche die absoluten Häufigkeiten in einem Säulendiagramm.

Lieblingstier	Hund	Katze	Vogel	Hase	Pferd	Hamster	anderes
Nennungen	14	17	13	4	2	6	4

2 Die Klassen 6 C und 6 D haben eine Schulaufgabe geschrieben.
a) Erstelle für die Werte der 6 C eine Tabelle mit den absoluten und relativen Häufigkeiten. Gib Vor- und Nachteile der Tabelle gegenüber des Säulendiagramms an.
b) Ermittle die relativen Häufigkeiten der einzelnen Noten der 6 D. Begründe, weshalb du für die absoluten Häufigkeiten nur eine Vermutung äußern kannst.

Notenverteilung 6C

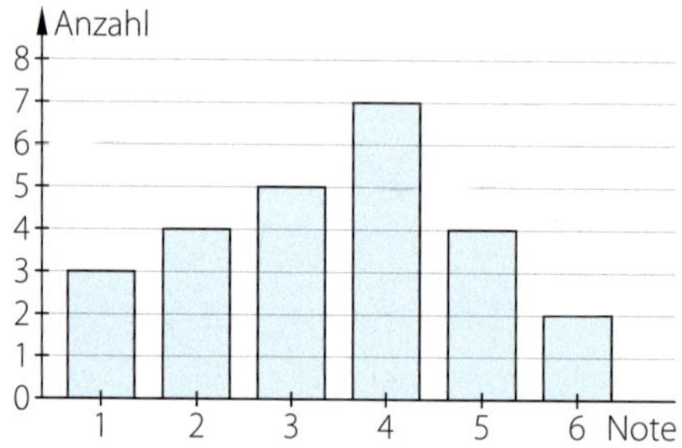

Notenverteilung 6D

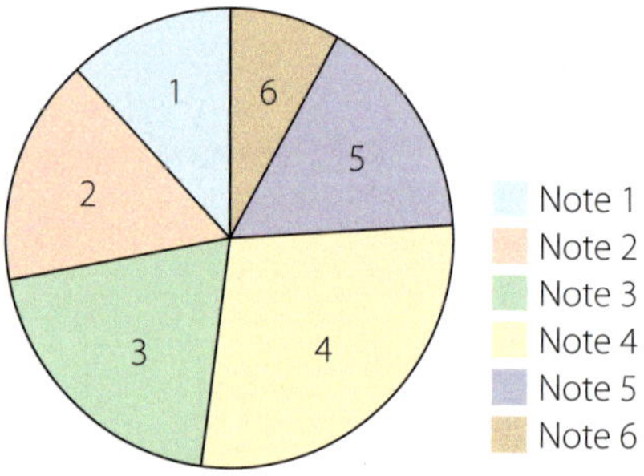

3 Maria hat verschiedene Euromünzen nach ihrem Herkunftsland sortiert und dazu eine Tabelle erstellt. Beschreibe zunächst, wie du vorgehen musst, um die fehlenden Daten zu ergänzen. Ermittle sie anschließend.

Münze aus	D	A	I	F	GR	E
Absolute Häufigkeit	272	12		28		
Relative Häufigkeit	68 %		12 %		4 %	

Arithmetisches Mittel

210/211

4 Ermittle für die folgenden Werte das arithmetische Mittel.
a) 1, 1, 3, 3, 4, 5, 6, 6, 9, 10, 10, 10, 11
b) 0, 2, 10, 5, 6, 5, 8, 13, 14, 7, 2, 14, 15, 1
c) Erläutere ohne Rechnung, wie sich das arithmetische Mittel von a) und b) verändern, wenn jeweils die Zahl 7 oder die Zahl 100 hinzugefügt wird.

5 Bestimmt für jede Zeile das arithmetische Mittel. Vergleicht die Ergebnisse jeweils in einem Kasten. Beschreibt, was euch dabei auffällt, und erklärt dies.

a)
10, 15, 20, 25, 30
16, 18, 20, 22, 24
17, 19, 20, 21, 23
20, 20, 20, 20, 20

b)
3, 7, 15, 37, 49
7, 11, 19, 41, 53
11, 15, 23, 45, 57
15, 19, 27, 49, 61

c)
64, 23, 11, 45, 99
64, 23, 11, 45, 81
73, 23, 45, 11, 81
46, 23, 11, 45, 98

6 Notiere eine Zahlenreihe aus vier Werten mit folgenden Eigenschaften. Vergleiche anschließend mit deinem Nachbarn.

a) $\overline{m} = 13$ b) $\overline{m} = 13$ und ein Wert ist größer als 30

7 Klima in Kairo

Das abgebildete Diagramm veranschaulicht das Klima in Kairo.

a) Erläutere die Daten für März und wie diese ermittelt wurden.

b) Bestimme das arithmetische Mittel für die Jahrestemperatur sowie für den Jahresniederschlag möglichst genau.

c) Der Vater meint: „Wir fliegen nicht im August nach Kairo. Da kann es bis zu 42 °C warm werden". Nimm Stellung zu dieser Aussage.

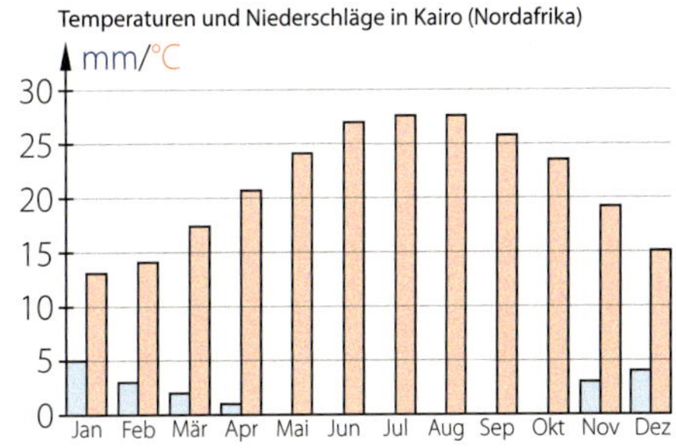

8 Die Diagramme zeigen die Notenverteilung der Klassen 6 A, 6 B und 6 C.

a) Bestimme die arithmetischen Mittel.

b) Beurteile, welche Klasse am besten war, und begründe deine Aussage.

c) Bewerte, ob die Diagramme für den Vergleich der Klassen geeignet sind.

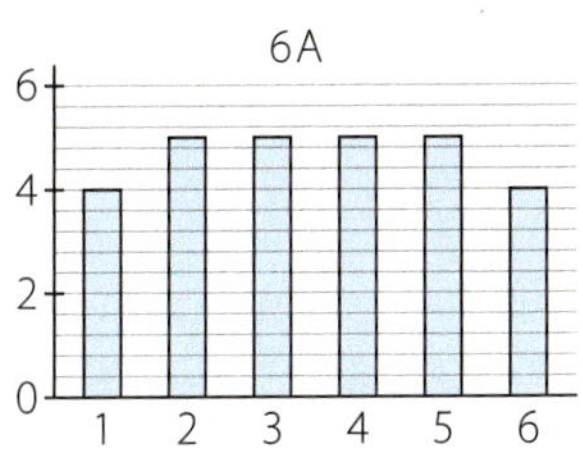

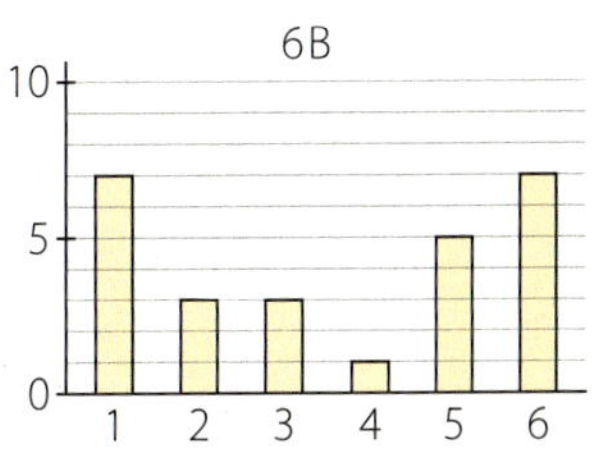

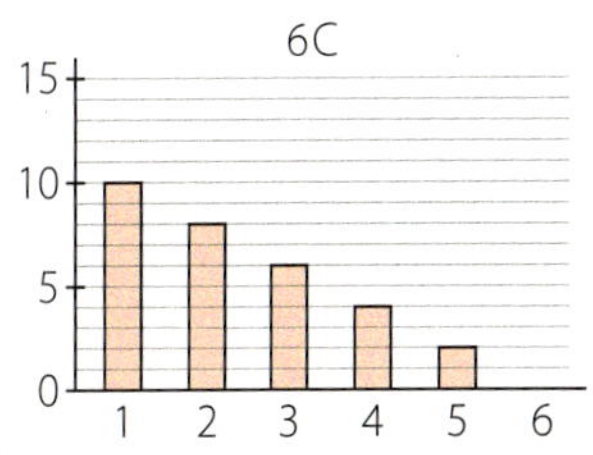

9 Leon behauptet: „Ordnet man vier Zahlen der Größe nach, so liegt das arithmetische Mittel stets zwischen der zweiten und der dritten Zahl."
Nimm Stellung zu der Aussage.

Noch fit?

I Berechne das Volumen und den Oberflächeninhalt des Quaders.

a) l = 24 cm; b = 15 cm; h = 8 cm b) l = b = h = 25 cm

II Berechne, wie groß die Oberfläche eines Würfels mit einem Volumen von 64 l ist.

III Erläutere, warum du den Oberflächeninhalt eines Quaders mit einem Volumen von 64 l nicht eindeutig bestimmen kannst.

Trainieren **Vertiefen** Herausforderung

10 In der Tabelle findest du Angaben zum Niederschlag in Stuttgart im Laufe eines der vergangenen Jahre.

Monat	Jan.	Feb.	Mär.	Apr.	Mai	Jun.	Jul.	Aug.	Sep.	Okt.	Nov.	Dez.
Niederschlag in mm	38	35	39	53	83	92	62	75	52	40	48	49

a) Zeichne zu den Daten ein Säulendiagramm und zeichne das arithmetische Mittel als Gerade nach Augenmaß ein, ohne es vorher berechnet zu haben.
b) Überprüfe deine zeichnerische Lösung mithilfe einer Rechnung.

6–7	7–8	8–9
4004	5678	2056
9–10	**10–11**	**11–12**
1314	759	513
12–13	**13–14**	**14–15**
1166	897	1562
15–16	**16–17**	**17–18**
4278	5201	2301
18–19	**19–20**	**20–21**
1463	507	103

11 Um den Bau einer Umgehungsstraße zu prüfen, wurde in einem Ort eine Verkehrszählung an einem Tag von 6:00–21:00 Uhr durchgeführt.
a) Beschreibe, wie ein Gegner oder ein Befürworter der Umgehungsstraße die Daten auswerten könnten.
b) Erkläre, wie ein Gegner die Daten darstellen kann, ohne sie zu verfälschen.

12 Arithmetische Mittel mit dem Geodreieck
a) Trage die Zahlen auf einer Zahlengeraden ein und bestimme das arithmetische Mittel mithilfe eines Geodreiecks.
① 0,5; 4,5 ② −3,7; 3,7 ③ −2,3; 6,3
b) Timur meint: „So kann man doch auch für vier Zahlen das arithmetische Mittel bestimmen." Hat er Recht? Überprüfe seine Behauptung mit deinem Nachbarn gemeinsam und erläutert ggf., wie man dabei vorgehen muss.

Trainieren Vertiefen **Herausforderung**

13 Max und Moritz streiten sich, wer von den beiden der bessere Schütze ist. Moritz meint: „Ich habe genau einmal das Ziel getroffen." Max entgegnet ihm: „Ja, aber du hast auch ganz schön oft daneben getroffen, ich bin eindeutig zielsicherer." Überlege, wer für dich der bessere Schütze ist, und begründe.

Max

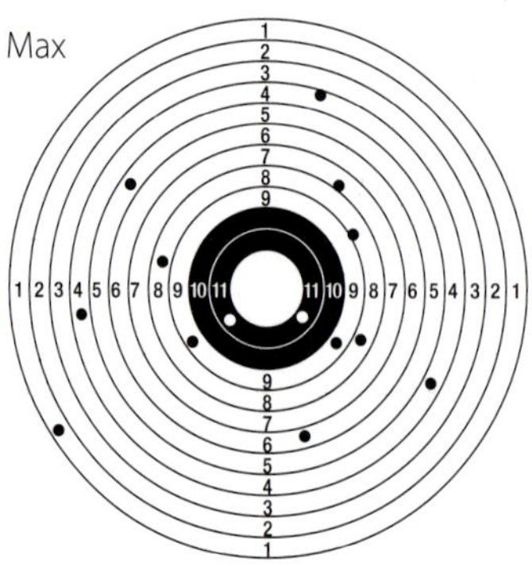

Moritz

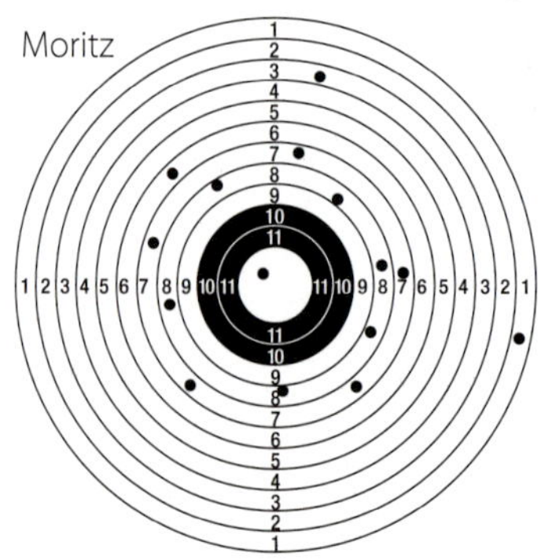

Check up

Was kannst du? Was musst du noch üben?
Mit diesen Aufgaben kannst du deinen Lernfortschritt überprüfen.
Lösungen findest du im Anhang.

1 Formuliere eine passende Frage zu den Situationen und löse sie.
a) Eine Hose kostet 59 € und wird nun um 19 % reduziert.
b) Marvins Akku, der komplett leer war, ist schon zu 75 % geladen, dies hat 159 Minuten gedauert.
c) Der Eintritt ins Schwimmbad kostet einzeln 5,80 €, eine Zehnerkarte für das Schwimmbad kostet 52,20 €.

2 Simons Hausaufgabe lautet: „Der Preis eines Fahrrades wird auf 80 % gesenkt, so dass man 59,20 € spart. Berechne den ursprünglichen Preis des Rades."
Simon rechnet: *80 % entsprechen 59,20 €.*
1 % entspricht 59,20 € : 80 = 0,74 €
100 % entsprechen 0,74 € · 100 = 74 €.
Beschreibe Simons Fehler und berichtige ihn.

Info
Eine Einheit für die Energie ist die Kilowattstunde (kWh).
Energien, die aus Energieträgern stammt, die sich immer wieder erneuern bzw. nachwachsen, z. B. Wind- und Sonnenenergie, bezeichnet man als erneuerbare Energie.

3 Im Jahr 2015 wurde in Deutschland 29 % des gesamten Stroms durch erneuerbare Energien bereitgestellt.
Die Tabelle zeigt, wie sich diese Energie auf die verschiedenen Arten verteilt.

Wasserkraft	19 Mrd. kWh
Photovoltaik	39 Mrd. kWh
Biomasse	50 Mrd. kWh
Windkraft	79 Mrd. kWh

a) Zeichne ein möglichst gut geeignetes Diagramm.
b) Berechne, wie viel Strom 2015 in Deutschland insgesamt bereitgestellt wurde.

4 Nimm zu dem Zeitungsartikel Stellung.

Jeder Neunte nutzt ein Handy
Der Mobilfunkmarkt wächst trotz annähernder Marktsättigung. Im Vorjahr stiegen die Kundenzahlen um über 10 Prozent auf rund 72 Millionen. Damit nutzen statistisch neun von zehn Deutschen Handys.

5 Die Tabelle zeigt die Noten einer Schularbeit der Klasse 6 b.

Note	1	2	3	4	5	6
Anzahl	1	5	3	7	2	2

a) Berechne für die Noten die relativen Häufigkeiten als gekürzte Brüche und als Prozentsätze.
b) Stelle die relativen Häufigkeiten in einem Kreisdiagramm dar.
c) Bestimme die Durchschnittsnote.
d) Vier Schüler haben noch nachgeschrieben, die neue Durchschnittsnote beträgt nun 3,25. Notiere vier mögliche Noten.

Auf einen Blick

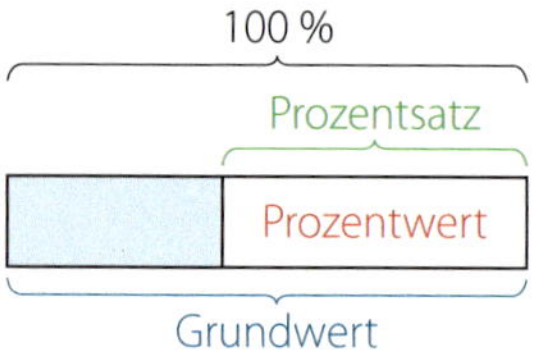

PS · GW = PW

Grundbegriffe und Grundaufgaben der Prozentrechnung

Prozentsatz gesucht

3 kg von 5 kg,

$\frac{3\,\text{kg}}{5\,\text{kg}} = \frac{3}{5} = 0{,}6 = 60\,\%$

Grundwert gesucht

60 % von ? = 4 cm

$0{,}6 \cdot ? = 4\,\text{cm}$

$4\,\text{cm} : 0{,}6 = 6\,\text{cm}$

Prozentwert gesucht

60 % von 6 cm

$0{,}6 \cdot 6\,\text{cm} = 4\,\text{cm}$

Du kannst die Grundaufgaben mithilfe der Grundgleichung „Prozentsatz vom Grundwert ist der Prozentwert", einer Umkehraufgabe oder der Schlussrechnung lösen.

Darstellen mithilfe von Diagrammen

Du kennst verschiedene Darstellungsformen für Daten. Bei der Auswahl musst du darauf achten, ob die Darstellung für deine Zwecke geeignet ist.

Tabelle

	Museum	Zoo	Radtour
Anzahl	5	13	9

Säulendiagramm

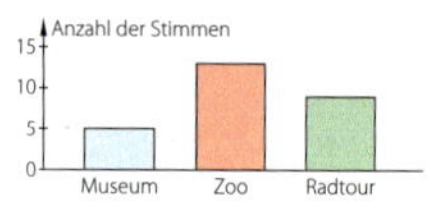

Kreisdiagramm

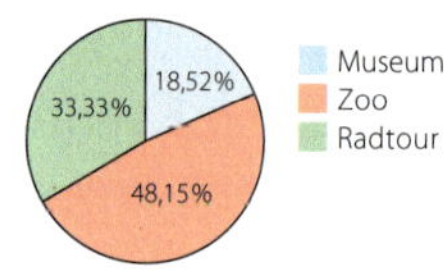

Streifendiagramm

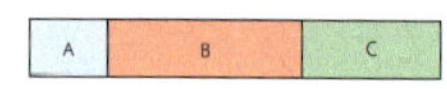

Interpretieren von Diagrammen

Beim Lesen eines Diagramms können dir folgende Fragen helfen:
- Wie sind die Achsen beschriftet? Wie lautet der Titel?
- Welcher Diagrammtyp wurde verwendet? Ist alles korrekt gezeichnet?
- Worauf beziehen sich Prozentsätze?
- Wer hat das Diagramm erstellt? Welche Interessen hatte derjenige?

Diagramme können einen falschen Eindruck erwecken, wenn
- die Diagrammachse nicht bei 0 beginnt,
- die Einteilung der Achsen nicht gleichmäßig ist,
- die Größenverhältnisse nicht beachtet werden.

Prozentangaben in den Medien

Überprüfe bei den Informationen besonders, auf welchen Grundwert sich eine Prozentangabe bezieht. Wenn eine Veränderung beschrieben wird, musst du darauf achten, ob Prozente oder Prozentpunkte gemeint sind.

Absolute und relative Häufigkeiten

Die Anzahl, mit der ein bestimmter Wert auftritt, wird als **absolute Häufigkeit H** bezeichnet. Der Anteil des Wertes an der **Gesamtanzahl** wird **relative Häufigkeit h** genannt.

$h = \frac{H}{\text{Gesamtanzahl}}$

An 11 Tagen wurden die Sonnenstunden pro Tag gemessen:

Sonnenstunden	7	8	9
Anzahl der Tage (absolute Häufigkeit)	3	7	1
Rel. Häufigkeit	$\frac{3}{11}$	$\frac{7}{11}$	$\frac{1}{11}$

Arithmetisches Mittel $\overline{m}$

Es gibt den Durchschnittswert aller Werte an: $\overline{m} = \frac{\text{Summe aller Werte}}{\text{Gesamtanzahl}}$

$\overline{m} = \frac{3 \cdot 7 + 7 \cdot 8 + 1 \cdot 9}{11} = \frac{86}{11} \approx 7{,}8$

d. h. im Durchschnitt schien pro Tag die Sonne 7,8 Stunden.

Anhang

Lösungen zu Kapitel 1

Kapitel 1 · Wiederholung (S. 8/9)

1
a) ∈
b) ∉
c) ℤ
d) ℕ
e) ∉
f) ∉
g) ℤ
h) ∈
i) ℕ oder ℤ

2 a) −189; −178; −165; −139
b) −60; −20; 30; 60; 140

3 a)
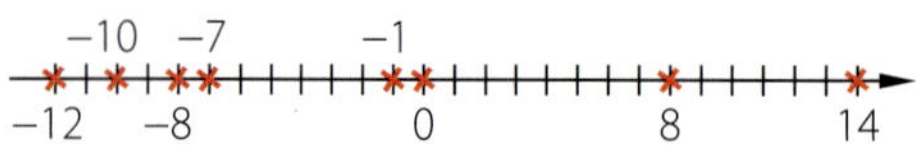

b)
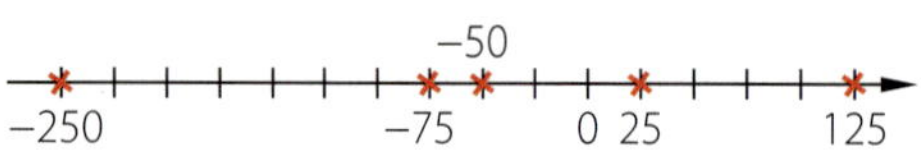

4 a) 88 ist durch 2 teilbar, da die letzte Ziffer gerade ist; nicht durch 5 oder 10 teilbar, da die letzte Ziffer eine 8 ist; nicht durch 3 teilbar, da die Quersumme 16 nicht durch 3 teilbar ist
b) 190 ist durch 2, 5 und 10 teilbar, weil die Einerstelle eine 0 ist; nicht durch 3 teilbar, weil die Quersumme 10 nicht durch 3 teilbar ist
c) 15 480 ist durch alle angegeben Zahlen teilbar, denn wie in b) ist die Einerstelle eine 0 und die Quersumme 18 ist durch 3 teilbar
d) 46 995 ist durch 5 und 3 teilbar, denn die Einerstelle ist eine 5 und die Quersumme 33 ist durch 3 teilbar; nicht durch 2 und 10 teilbar, die die letzte Ziffer eine 5 ist

5

Teilbar …	84	756	423	3456	84 248	96 516
durch 3	x	x	x	x		x
durch 4	x	x		x	x	x
durch 12	x	x		x	x	x

Wenn eine beliebige Zahl durch 3 und 4 teilbar ist, dann ist sie auch durch 12 teilbar, denn $3 \cdot 4 = 12$.

6 Ein Gegenbeispiel ist die Zahl 10, diese ist zwar durch 10 und 2 teilbar, aber nicht durch 20.

7 $48 = 2 \cdot 2 \cdot 3 \cdot 2 \cdot 2$; T(48) = {1; 2; 3; 4; 6; 8; 12; 16; 24; 48}
$252 = 2 \cdot 2 \cdot 3 \cdot 3 \cdot 7$; T(252) = {1; 2; 3; 4; 6; 7; 9; 12; 14; 18; 21; 28; 36; 42; 63; 84; 126; 252}
$770 = 2 \cdot 5 \cdot 7 \cdot 11$; T(770) = {1; 2; 5; 7; 10; 11; 14; 22; 35; 55; 70; 77; 110; 154; 385; 770}

8 a) $98 = 2 \cdot 7 \cdot 7$
b) $56 = 2 \cdot 2 \cdot 2 \cdot 7$
c) $225 = 5 \cdot 5 \cdot 3 \cdot 3$
d) $714 = 2 \cdot 3 \cdot 7 \cdot 17$

Kapitel 1.1 · noch fit (S. 16)

I a) −4; −2; 2; 6
b) −100; −25; 0; 75
c) −4; 0; 4

II a) b) c)
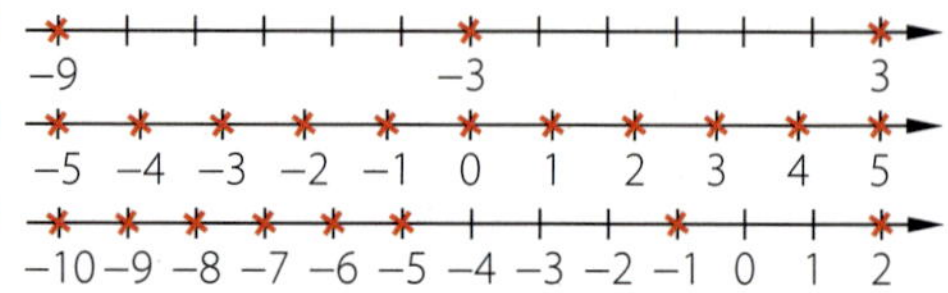

Kapitel 1.2 · noch fit (S. 25)

I

4	9	5	6	9
3	2	2	■	4
1	0	■	8	5
3	■	4	0	7
4	5	6	7	8

II a) 47 002
b) −22 222
c) 403 701
d) −4090

Kapitel 1.3 · noch fit (S. 30)

I a) 40,3 dm
b) 7,039 kg
c) 7,045 ha
d) 8,05 t
e) 0,125 kg
f) 100,07 €

Kapitel 1.4 · noch fit (S. 37)

I a) −34
b) 8
c) −127
d) −26
e) 236
f) 8
g) 240
h) 150
i) 21
j) −45
k) 28
l) 10

Kapitel 1 Check-up (S. 39)

1 a) lila: $\frac{3}{5}$; orange: $\frac{11}{20}$; grün: $\frac{4}{7}$
b) lila: Die beiden haben das große Rechteck einmal in der Breite halbiert, Damit haben sie jeweils zwei gefärbte Rechtecke und Dreiecke und zwei leere Dreiecke erhalten. Damit sind sie auf $\frac{4}{6}$ gekommen. Sie haben aber nicht beachtet, dass ein Rechteck doppelt so groß wie ein Dreieck ist. Richtig wäre daher $\frac{6}{8} = \frac{3}{4}$.
orange: Die Lösung ist richtig.

2 a) $\frac{12}{5} = 2\frac{2}{5}$; 240 %
b) $\frac{3}{4}$; 75 %
c) $\frac{7}{20}$; 35 %

3 a) 12 cm
b) $1\frac{3}{4}$ h = 105 min
c) 120 cm^2
d) 60 €
e) 28 €
f) 87,5 % = $\frac{7}{8}$

4 a) <, da die Zähler gleich sind und dann der Bruch mit dem größeren Nenner kleiner ist

b) >, da positive Zahlen größer als negative

c) =, da $\frac{90}{38} = 2\frac{14}{38} = 2\frac{7}{19}$

d) <, da $\frac{27}{7} = 3\frac{6}{7}$; Vergleich der Anteile: $\frac{1}{2} = \frac{6}{14}$ und somit kleiner als $\frac{6}{7}$

e) >; da die betragsmäßig größere Zahl im Negativen kleiner ist $\left|-\frac{63}{72}\right| < \left|-\frac{64}{72}\right|$

f) <, da 15 g < 16 g

5 Da alle Angaben mit der Sprungweite von Marcus verglichen werden, kann die Weite mit dem Ganzen, also 1, gleichgesetzt werden:

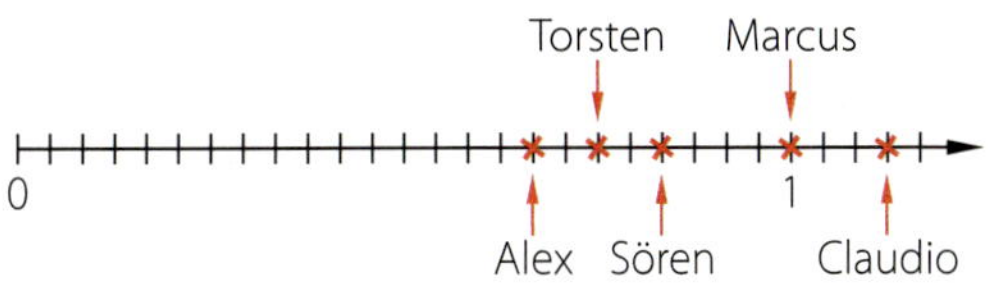

6 a) z.B. $3 = \frac{6}{2} = \frac{300}{100} = \frac{15}{5}$

z.B. $-17 = -\frac{34}{2} = -\frac{68}{4} = -\frac{85}{5}$

Regel: Damit ein Bruch eine ganze Zahl darstellt, muss der Zähler ein Vielfaches des Nenners sein.

b) Die Aussage ist falsch. Das Teilen der Zahl 0 durch eine beliebige Zahl, ergibt immer das Ergebnis 0, z.B. $\frac{0}{3} = 0$.

Lösungen zu Kapitel 2

Kapitel 2 · Wiederholung (S. 42)

1 a) – b)

t	kg			g			mg		
5	0	0	0						
						8	4	2	1
		1	0	5	5	3			
2	3	6							
0	7	0	5	5					
					1	7	4		

c) – d)

km	m			dm	cm	mm
			0	3		
0	0	4				
				0	7	
				1	7	6
4	4	7	7	3	3	
		1	0	0	0	8

e) – f)

a		m^2		dm^2		cm^2		mm^2	
		1	7						
				1	3	1	3		
									3
			8	4	0	4	8		
	0	0	0	5					
					9	0	0	9	

Die Größen in zwei anderen Einheiten können der Einheitentafel entnommen werden, da es mehrere Möglichkeiten gibt.

2 a) 0,35 €
b) 3,898 kg
c) 1,78 dm
d) 87,56 a

3 a) 305 ct
b) 40 m
c) 4060 kg
d) 5340 a

4 Die Einheitentafel bei der Größe Zeit ist ungünstig, weil diese die Umrechnungszahl 60 hat (1 h = 60 min; 1 min = 60 s).

Kapitel 2.1 · noch fit (S. 50)

I a) Es lässt sich das Schrägbild eines Würfels erkennen.

b) $|\overline{TZ}| \approx 6{,}7$ cm; $\sphericalangle$ BTF ≈ 27°; $\sphericalangle$ KRZ ≈ 153°; $|\overline{FA}| \approx 5{,}4$ cm; $\sphericalangle$ ZBF ≈ 210°; $\sphericalangle$ FRA ≈ 243°; $|\overline{KR}| \approx 2{,}2$ cm

Die Längenangaben beziehen auf den Fall, dass bei der Zeichnung 1 cm als Einheit verwendet wurde.

II Tina hat Recht. Dem größeren Winkel (im Teildreieck aus Länge, Breite und Diagonale des Rechtecks) liegt auch immer die größere Seite gegenüber. Da der der Diagonale gegenüberliegende Winkel 90° beträgt und dieser Winkel nach der Winkelsumme im Dreieck von 180° der größte sein muss, ist die Diagonale im Rechteck größer als jede der beiden Seiten. Julian hat nur teilweise Recht. Die Diagonalen halbieren sich aus Symmetriegründen, sie stehen aber nicht in jedem Rechteck, sondern nur im Quadrat senkrecht aufeinander.

Kapitel 2.2 · noch fit (S. 57)

I a) $308 = 2^2 \cdot 7 \cdot 11$
b) $360 = 2^3 \cdot 3^2 \cdot 5$
c) $2205 = 3^2 \cdot 5 \cdot 7^2$
d) $66 = 2 \cdot 17 \cdot 19$

II Eine Zahl ist Quadratzahl, wenn jeder Primfaktor in einer geraden Anzahl in der Primfaktorzerlegung vorkommt. Bei Verwendung der Potenzschreibweise treten nur gerade Exponenten auf.

$1764 = 2^2 \cdot 3^2 \cdot 7^2 = 42^2$ ist eine Quadratzahl.

$2178 = 2 \cdot 9^2 \cdot 11^2$ ist keine Quadratzahl.

Kapitel 2 · Check-up (S. 61)

1 a) $0{,}032 = \frac{32}{1000} = \frac{4}{125}$

b) $18{,}505 = \frac{18\,505}{1000} = 18\,505 \cdot 10^{-3}$

c) $0{,}000\,987 = \frac{987}{1\,000\,000} = 987 \cdot 10^{-6}$

d) $27 \cdot 10^{-5}\,\text{km} = 0{,}00027\,\text{km} = 27\,\text{cm}$

2 $\frac{7}{20}\,\text{kg} = \frac{350}{1000}\,\text{kg} = 350\,\text{g}$ Himbeeren
$\frac{3}{4}\,\text{kg} = \frac{750}{1000}\,\text{kg} = 750\,\text{g}$ Joghurt

3 a) 56,85 c) 1,10
b) 20 d) 17,4966

4 a) $\frac{3}{8} = \frac{375}{1000} = 0{,}375$, Erweiterung des Bruchs, so dass eine Stufenzahl im Nenner steht und dann Umwandlung

b) $\frac{20}{25} = \frac{80}{100} = 0{,}8$; Erweiterung des Bruchs, so dass eine Stufenzahl im Nenner steht und dann Umwandlung

c) $0{,}005 = \frac{5}{1000} = \frac{1}{200}$; als Bruch mit Stufenzahl im Nenner schreiben und dann kürzen

d) $\frac{4}{12} = \frac{1}{3} = 0{,}\overline{33}$; da der Nenner des Bruchs den Primfaktor 3 enthält, ist der Bruch periodisch, kürze ihn und schreibe dann als periodischen Dezimalbruch

e) $0{,}625 = \frac{625}{1000} = \frac{5}{8}$; als Bruch mit Stufenzahl im Nenner schreiben und dann kürzen

f) $\frac{5}{6} = 0{,}8\overline{33}$; da der Nenner des Bruchs den Primfaktor 3 enthält, ist der Bruch periodisch, löse mit schriftlicher Division

g) $0{,}\overline{77} = \frac{7}{9}$; diese Umwandlung solltest du auswendig kennen

h) $\frac{7}{250} = \frac{28}{1000} = 0{,}028$; Erweiterung des Bruchs, so dass eine Stufenzahl im Nenner steht und dann Umwandlung

5 $\frac{17}{51} = \frac{1}{3}$ und $\frac{36}{120} = \frac{6}{20}$; $\frac{17}{20}$ *und* $\frac{17}{32}$ sind bereits gekürzt, die Brüche $\frac{6}{20}$ und $\frac{17}{20}$ enthalten nur die Primfaktoren 2 und 5 im Nenner, somit sind diese endlich, die anderen beiden Brüche sind periodisch.

6 Die Koordinaten liegen ungefähr bei:

A(0,75|−1,75) F(−1,6|2,15)
B(0,4|−0,5) G(−1,15|0,55)
C(2,25|0,35) H(−2,35|−1,1)
D(0,85|0,6) I(−0,75|−0,5)
E(0,65|2,75)

7 $-1{,}2 = -\frac{6}{5} < -1{,}02 < -\frac{5}{6} < -0{,}7 < 0{,}75 < \frac{6}{5} < 2{,}13 < 2\frac{1}{3}$
Negative Zahlen sind immer kleiner als positive. $-\frac{6}{5}$ kannst du leicht in einen Dezimalbruch umwandeln, damit lassen sich die 3 kleinsten Zahlen gut vergleichen. $-\frac{5}{6} = -\frac{25}{30}$ und $-0{,}7 = -\frac{7}{10} = -\frac{21}{30}$; der negative Bruch mit dem kleineren Betrag ist der größere; $\frac{6}{5}$ und $2\frac{1}{3}$ kannst du leicht in einen Dezimalbruch umwandeln und dann alle positiven Dezimalbrüche leicht miteinander vergleichen.

8 $1{,}50 = \frac{3}{2}$; $1{,}05 = 1\frac{1}{20}$; $4{,}\overline{4} = \frac{40}{9}$; $0{,}54 = 54\,\%$

Lösungen zu Kapitel 3

Kapitel 3 · Wiederholung (S. 64/65)

1 a) $(-67) - (-45) = -67 + 45 = -22$; Hier muss die Gegenzahl zu −45 addiert werden.

b) $(241 - 13) + 7 = 241 + (-13) + 7 = 241 + 7 + (-13)$
$= 248 - 13 = 235$
Die Subtraktion muss erst in eine Addition umgewandelt werden, erst dann kann man die Rechengesetze anwenden.

2 a) 38 c) 47
b) 111 d) 74

3 a) 128 b) 520

4 a) −368

b)

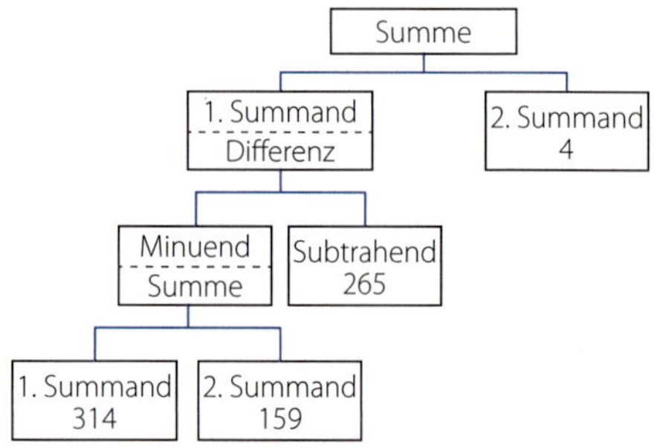

5 A und D haben den gleichen Wert, denn bei A wird zunächst die Summe aus 432 und 76 gebildet und diese dann subtrahiert. Bei D werden die Zahlen einzeln subtrahiert. Der Termwert ist aber derselbe.
B und C haben den gleichen Wert, denn bei C können die Klammern weggelassen werden, da man von links nach rechts rechnet.

6 a) $(-12 + 19) + 21 = 7 + 21 = 28$

b) $[74 - (-33)] + (-25 + 18) = 107 + (-7) = 100$

c) $(-36 + 12) - [34 + (-28)] = -24 - 6 = -30$

7 a) freie Felder: 62, −12; Term: $62 + (-26 - (-12))$

b) freie Felder: −26, 48; Term: $[62 + (-26)] - (-12)$

c) freie Felder; 45, −45, −90; Term: $(-15 + 60) - (-24 + 21)$

8 größtmöglicher Termwert: $987 - (135 + 246) = 606$
kleinstmöglicher Termwert: $123 - (975 + 864) = -1716$

Kapitel 3.1 · noch fit (S. 69)

I Die erste Ziffer darf nicht 0 sein.
a) Es gibt $4 \cdot 4 \cdot 3 = 48$ Möglichkeiten.
b) Es gibt $4 \cdot 5 \cdot 5 = 100$ Möglichkeiten.

II Das Schloss hat $10 \cdot 10 \cdot 10 \cdot 10 = 10\,000$ mögliche Einstellungen. Wenn ein Dieb halbwegs „Glück" hat, ist vielleicht die 5000. Einstellung die richtige. Benötigt er zum Einstellen und Ausprobieren einer Kombination bei systematischem Vorgehen durchschnittlich ca. 2 Sekunden, dauert es insgesamt ca. $5000 \cdot 2\,s = 10\,000\,s \approx 2\frac{3}{4}\,h$, das Schloss zu öffnen. Am Tage und in der Öffentlichkeit ist das Schloss also ziemlich sicher.

Kapitel 3.2 · noch fit (S. 77)

I a) 1 228 228, da der Überschlag $3000 \cdot 400 = 1\,200\,000$ und die Endziffernkontrolle mit $6 \cdot 8 = 48$
b) 20 084, da $800\,000 : 40 = 20\,000$
c) 1 432 809, da $1200^2 = 1\,440\,000$ und Endziffernkontrolle $7^2 = 49$

Kapitel 3.3 · noch fit (S. 83)

I a) Besteht die Tafel z. B. aus 4 Flächen der Größe $1\,m \times 1\,m$ und einer Fläche der Größe $2\,m \times 1\,m$, gilt für die Gesamtfläche: $4 \cdot (1\,m \cdot 1\,m) + 2\,m \cdot 1\,m = 6\,m^2$
b) Stehen z. B. in einem DIN-A4-Heft 48 Seiten zur Verfügung, gilt für die Gesamtfläche: $48 \cdot (297\,mm \cdot 210\,mm) = 48 \cdot 62\,370\,mm^2 = 2\,993\,760\,mm^2 \approx 3\,m^2$
c) Das Buch hat $236 : 2 = 118$ bedruckte Seiten und zwei leere Seiten Papier der Größe $260\,mm \times 195\,mm$: $120 \cdot (260\,mm \cdot 195\,mm) = 6\,084\,000\,mm^2 \approx 6\,m^2$

II Den oberen Teil der Ziffer 1 kannst du auffüllen, so dass ein Rechteck entsteht, also hat die „1" $2 + 6 : 2 = 5$ Kästchen. Die Ziffer 4 kannst du auch auffüllen, also hat die „4" $6 + 3 : 2 = 7{,}5$ Kästchen.
Ein Kästchen ist $5\,mm \cdot 5\,mm = 25\,mm^2$ groß. Also $12 \cdot 25\,mm^2 = 300\,mm^2$ und noch die Häfte des Flächeninhalts eines Kästchens: $300\,mm^2 + 12{,}5\,mm^2 = 312{,}5\,mm^2$.

Kapitel 3 Check-up (S. 85)

1 zu zahlen: 4,42 €; Rückgeld 0,58 €

2 a) 10 c) 0,98
b) 9,9 d) 19,5

3 Die Tortenstücke haben unterschiedliche Größen, daher kann Maria die Brüche nicht so zusammenfassen. Sie müsste die Stücke erst gleich groß schneiden. Es wären bei der ersten Torte noch $\frac{3}{8} = \frac{6}{16}$ Stücken übrig, also insgesamt 6 + 7 Stücke. Auf eine Kuchenplatte passen 16 Stücke, also sind es $\frac{13}{16}$. Dies ist mehr als die Hälfte.

4 Erweitere als erstes so, dass alle Brüche den Nenner 24 haben, dann kannst du die Aufgabe besser lösen.
a) $\frac{12}{24} + \frac{16}{24} = \frac{28}{24}$; die Summe wird am kleinsten, wenn die Summanden die kleinstmöglichen sind
b) $\frac{21}{24} - \frac{12}{24} = \frac{9}{24} = \frac{3}{8}$, da die Differenz wird am größten, wenn der Minuend groß und der Subtrahend klein ist.
c) $\frac{21}{24} + \frac{12}{24} = \frac{33}{24}$ oder $\frac{18}{24} + \frac{16}{24} = \frac{34}{24}$; da die Summe zwischen $\frac{4}{3} = \frac{32}{24}$ und $\frac{3}{2} = \frac{36}{24}$ liegen muss, muss die Summe der Zähler der erweiterten Brüche zwischen 32 und 36 liegen

5 a) $\frac{11}{8}$ b) $\frac{19}{105}$ c) 780 cm

6 Henri:
1. Fehler: falsche Umwandlung von $\frac{17}{32}$, richtig: 0,53125.
2. Fehler: falsche Subtraktion $0{,}875 - 17{,}375$; richtig: $-16{,}5$, er hat vermutlich $17{,}375 - 0{,}875 = 17{,}5$ gerechnet und dem Ergebnis das negative Vorzeichen gegeben.
3. Fehler: falsches Ergebis $0{,}3125 - 0{,}46875$, richtig: $-0{,}15625$, er hat hier aber addiert und nicht subtrahiert.
Malin:
1. Fehler: Subtraktion ungleichnamiger Brüche $\frac{5}{16} - \frac{17}{32}$, richtig: $-\frac{7}{32}$,
2. Fehler: „links nach rechts" nicht beachtet bei $-17\frac{3}{8} + \frac{3}{8}$
3. Fehler: Zerlegung der gemischten Zahl $-17\frac{6}{8}$, richtig: $-17 - \frac{6}{8}$

7 a) $\left(\frac{5}{6} - 0{,}25\right) - \left(-\frac{12}{8} + 2\frac{3}{4}\right) = -\frac{2}{3}$
b) $\frac{39}{104} + (4{,}056 - 2{,}1056) = 2{,}3254$

Lösungen zu Kapitel 4

Kapitel 4 · Wiederholung (S. 88/89)

1 a) 30 e) −56
b) 7 f) 7
c) −6 g) −78
d) 12 h) −19

2 Da du eine positive Zahl durch eine negative Zahl dividierst, erhält das Ergebnis ein negatives Vorzeichen. Danach schaust du, wie oft der Betrag des Divisors in die 31 passt. Schreibe die 5 zum Ergebnis. Multipliziere danach die Zahl mit dem Betrag des Divisors und schreibe es unter die 31. Subtrahiere nun, notiere das Ergebnis und hole die nächste Ziffer herunter. Hier schaust du auch wieder wie oft die 6 in die 13 passt. So machst du immer weiter bis keine Ziffer vom Dividenden mehr übrig ist.

3 a) –4; die Faktoren haben unterschiedliche Vorzeichen
b) –26; die Faktoren haben unterschiedliche Vorzeichen
c) 36, der Wert der Potenz wird positiv und dann haben die Faktoren die gleichen Vorzeichen
d) –1, der Wert der Potenz wird negativ und dann haben beide Zahlen die gleichen Vorzeichen

4 a) –12
b) 68
c) 126
d) –6
e) 54
f) –150
g) 1
h) 1

5 a) 945
b) –449
c) –74 070
d) 747

6 a) $(-39):(-13)=3$
b) $44:(-11)=-4$
c) $(-2)^5\cdot(-8)=256$
d) $111:3=37$, also –37

7 a) $16:(-12)=\frac{16}{-12}=-\frac{4}{3}$, z. B. $-4:3$ als Korrektur möglich
b) die Vorzeichen sind falsch, z. B. –4845 als Korrektur möglich
c) die Vorzeichen sind falsch, z. B. –8 als Korrektur möglich
d) richtiges Ergebnis

8 Nein, denn $(-2)^5=-32$, also kein positives Ergebnis.

9 a) 45
b) –75
c) 1540
d) –1512

10 a) Kommutativgesetz; –270
b) Assoziativgesetz; 140
c) Assoziativgesetz; 7600
d) Kommutativgesetz; 80

Kapitel 4.1 · noch fit (S. 95)

I Zum Beispiel:

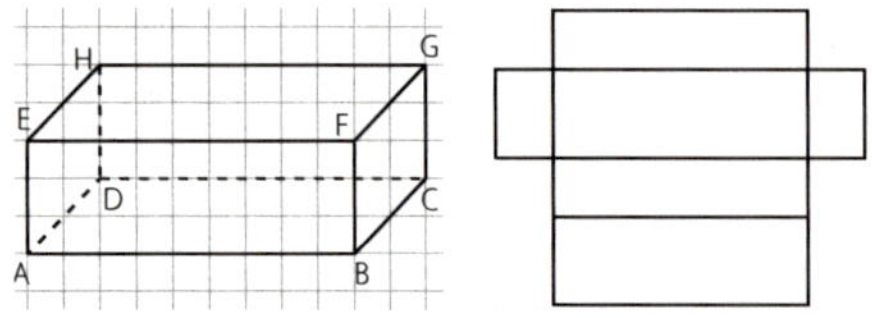

II $O=2\cdot(4{,}5\,\text{cm}\cdot 2\,\text{cm}+4{,}5\,\text{cm}\cdot 1{,}5\,\text{cm}+2\,\text{cm}\cdot 1{,}5\,\text{cm})$
$=37{,}5\,\text{cm}^2$
Gesamtlänge aller Kanten:
$4\cdot(4{,}5\,\text{cm}+2\,\text{cm}+1{,}5\,\text{cm})=32\,\text{cm}$

III Parallel zueinander verlaufen jeweils die Kanten $\overline{AB}$, $\overline{DC}$, $\overline{EF}$ und $\overline{HG}$, die Kanten $\overline{AE}$, $\overline{BF}$, $\overline{DH}$ und $\overline{CG}$ sowie die Kanten $\overline{AD}$, $\overline{BC}$, $\overline{EH}$ und $\overline{FG}$. Senkrecht aufeinander im Punkt F stehen die Kanten $\overline{FE}$, $\overline{FB}$ und $\overline{FG}$.

Kapitel 4.2 · noch fit (S. 105)

I

Maßstab	Länge auf der Karte	wirkliche Entfernung
1:25 000	12 mm	**300 m**
1:400 000	**3,5 cm**	14 km
1:600 000	3,5 cm	21 km

II a) Regensburg und Passau sind auf der Karte 36 cm entfernt.
b) Der Maßstab der Karte beträgt 1:2 000 000.

Kapitel 4.3 · noch fit (S. 111)

I a) <
b) >

II

Tanne	Fichte	Lärche	Rotbuche	Erle	Birke
75 m	60 m	50 m	40 m	30 m	25 m

Kapitel 4 Check-up (S. 113)

1 a) $\frac{3}{4}$
b) $-6\frac{7}{8}$
c) $-7\frac{7}{10}$
d) $-8\frac{3}{4}$
e) 17,238
f) 5,8
g) $\frac{64}{243}$
h) $\frac{256}{625}$

2 a) $\frac{11}{98}$
b) $\frac{3}{32}$
c) $\frac{3}{10}$ cm
d) $\frac{49}{100}$ m

3 $0{,}11^2=0{,}0121$; $1{,}2^2=1{,}44$; $0{,}3^2=0{,}09$; $0{,}9^2=0{,}81$; $0{,}1^2=0{,}01$
Die anderen Zahlen können keine Quadratzahlen sein, da die Nachkommastellen durch das Quadrieren immer eine gerade Anzahl sein müssen.

4 a) $\frac{5}{6}$
b) $5\frac{2}{15}$

5 Ein Stück wiegt $\frac{5}{32}$ kg, also $6\cdot\frac{5}{32}\,\text{kg}=\frac{30}{32}\,\text{kg}$.
Er muss $\frac{30}{32}\cdot 16{,}80\,€=15{,}75\,€$ bezahlen.

6 Annahme: die Tür ist ungefähr 2 m hoch und 1 m breit, somit haben die Fenster vermutlich folgende Werte:
kleine Fenster 40 cm × 20 cm, große Fenster 1 m × 20 cm.
Flächeninhalt für das kleine Fenster: $0{,}4\,\text{m}\cdot 0{,}2\,\text{m}=0{,}08\,\text{m}^2$
Flächeninhalt für das große Fenster: $1\,\text{m}\cdot 0{,}2\,\text{m}=0{,}2\,\text{m}^2$
$2\cdot(0{,}08\,\text{m}^2+0{,}2\,\text{m}^2)=0{,}56\,\text{m}^2$
Daher: $\frac{56}{100}\cdot 49{,}8\,\text{kg}=27{,}888\,\text{kg}$.
Gerundet wiegt das Glas also ungefähr 28 kg.

7 a) $\frac{21}{40}$; es ist leichter mit Brüchen zu rechnen, da du die Potenz von 4^3 noch im Kopf berechnen kannst, außerdem kannst du bei der Rechnung mit Brüchen viel kürzen

b) Der Termwert ist kleiner, da Tom zum Schluss mit $\frac{7}{5}$ anstatt mit $\frac{7}{4}$ multiplizieren muss und $\frac{7}{5} < \frac{7}{4}$

Lösungen zu Kapitel 5

Kapitel 5 · Wiederholung (S. 116/117)

1	Quadrat	Rechteck	Parallelogramm	Trapez
Anzahl gleich langer Seiten	4	je 2	je 2	–
Anzahl paralleler Seiten	je 2	je 2	je 2	2
Anzahl gleich großer Winkel	4	4	je 2	–
Anzahl rechter Winkel	4	4	–	–

2 a) Ja, ein Quadrat ist ein Rechteck mit gleichlangen Seiten.

b) Nein, denn bei einem Parallelogramm müssen die gegenüberliegenden Seiten parallel sein. Beim Trapez muss es nur ein Paar paralleler Seiten geben.

c) Ja, denn bei einem Trapez müssen zwei Seiten parallel sein, bei einem Rechteck sind es sogar zwei Paare paralleler Seiten.

d) Nein, denn ein Trapez muss keine 90°-Winkel besitzen, diese Eigenschaft hat aber ein Rechteck.

3 a) 0,57 m = 57 cm; die Umrechnungszahl ist 100, statt 10

b) 4 a = 0,04 ha; die Umrechnungszahl ist 100, statt 10

c) $79{,}1\,m^2 = 79\,100\,cm^2$, die Umrechnungszahl ist 10 000, statt 1000

d) $346{,}3\,cm^2 = 3\,dm^2\ 46\,cm^2\ 30\,mm^2$; er hat vergessen, die Endnull anzuhängen

4 a) $54\,cm^2$

b) $650\,dm^2 = 6{,}5\,m^2$

c) 2 m = 0,002 km

5 a) $300\,m \cdot 300\,m = 90\,000\,m^2$, also s = 300 m;
$u_{Quadrat} = 4 \cdot 300\,m = 1200\,m$.

b) Beim Umfang handelt es sich um die Summe der Seitenlängen. Er wird in Längeneinheiten gemessen. Der Flächeninhalt gibt an, mit wie vielen Einheitsquadraten die Figur ausgelegt werden kann. Er wird in Flächeneinheiten gemessen.

6 a) Das Grundstück hat einen Flächeninhalt von $473\,m^2$.

b) ungefähr ein Viertel ist bebaut.

7 a)

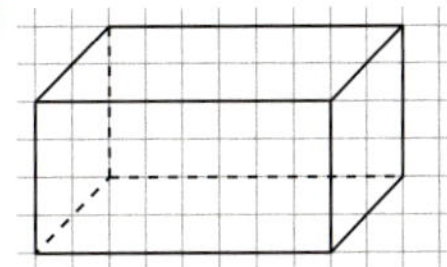

mehrere Netze möglich, z. B.

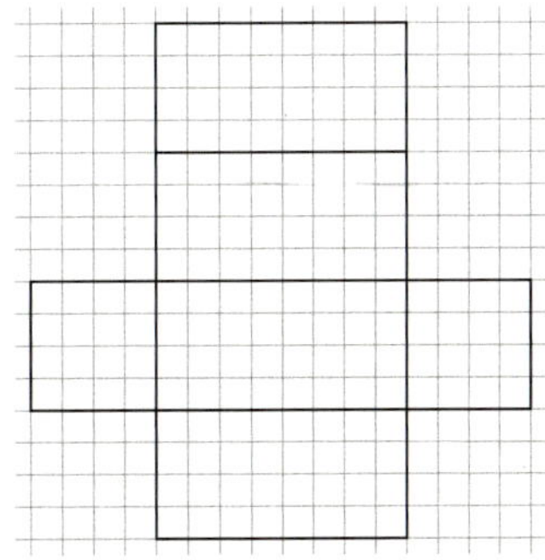

b)

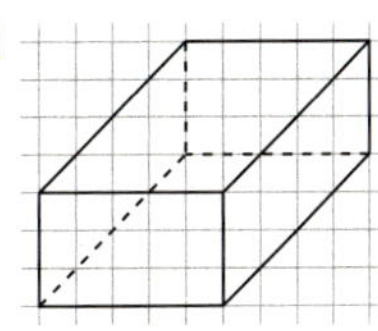

und dann auch wieder: mehrere Netze möglich, z. B.:

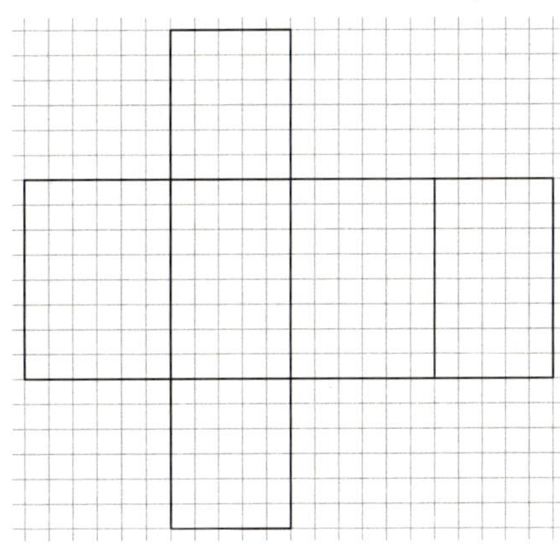

Kapitel 5.1 · noch fit (S. 125)

I a) 20,332
b) 7,6
c) 5,7
d) 1
e) 1
f) 1,625

Kapitel 5.2 · noch fit (S. 133)

I 12 750 000 – 1 284 999, 10 850 000 – 10 949 999, 6 150 000 – 6 249 999, 4 050 000 – 4 149 999, 17 850 000 – 17 949 999, 7 500 000 – 8 499 999

Kapitel 5 Check-up (S. 135)

1 $4\,cm^2$, 8 m; $80\,dm^2 = 0{,}8\,m^2$; 16 dm = 1,6 m

2 Eine Dreiecksseite ist 11 cm lang.
$A_{Dreieck} = \frac{1}{2} \cdot 11\,cm \cdot 9{,}5\,cm = 52{,}25\,cm^2$

3 Wenn die beiden gelben Dreiecke jeweils durch das untere, blaue Dreieck ergänzt werden, erhält man zwei Dreiecke, die dieselbe Grundlinie und Höhe besitzen. Dadurch sind diese beiden ergänzten Dreiecke gleich groß. Da beide Dreiecke durch dieselbe Fläche ergänzt wurden, müssen auch die gelben Dreiecke gleich groß sein.

4 a) Michael hat die falsche Fläche als Grundfläche bzw. Deckfläche genommen. Die Grundfläche des Prismas ist ein Trapez.

b)

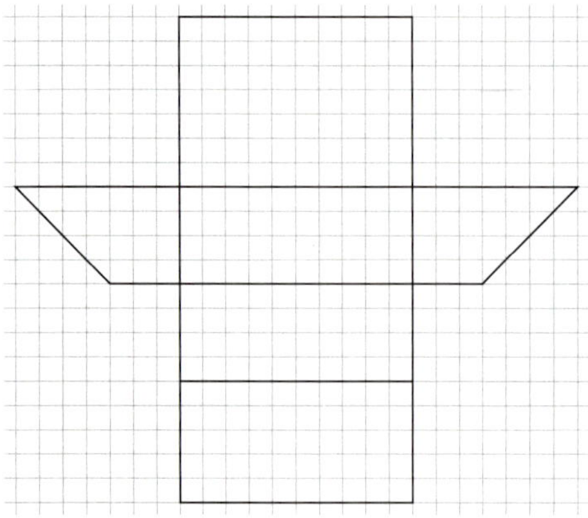

Der abgebildete Körper ist ein Prisma, weil Grund- und Deckfläche deckungsgleiche Vielecke und alle Seitenflächen Rechtecke sind.

5 Das Zelt kann näherungsweise als Prisma betrachtet werden. Die Grundfläche setzt sich aus einem Rechteck und einem Dreieck zusammen. Da die Höhe des Rechtecks ungefähr ein Fünftel von der Höhe des Zeltes ist, kann man folgende Größen annehmen bzw. berechnen:
Rechteck: a = 1,6 m, b = 0,3 m = $0{,}48\,m^2$
Dreieck: g = 1,6 m, h = 1 m; A = $0{,}8\,m^2$
Die Grundfläche besitzt also A = $1{,}28\,m^2$;
also $2 \cdot A = 2{,}56\,m^2$
Dazu muss er noch die Mantelfläche addieren:
$M = (0{,}3\,m + 1{,}6\,m + 0{,}3\,m) \cdot 2{,}4\,m + 2 \cdot A_{Dachschrägen}$
$= 5{,}28\,m^2 + 2 \cdot A_{Dachschrägen}$
Er hat also eine Fläche von
$2{,}56\,m^2 + 5{,}28\,m^2 + 2 \cdot A_{Dachschrägen}$
$= 7{,}84\,m^2 + 2 \cdot A_{Dachschrägen}$ berechnet. Daher sollte er 3 Dosen kaufen, die dann für $15\,m^2$ reichen, da die Dachschrägen vermutlich nicht mehr Fläche einnehmen als die anderen Flächen der Oberfläche.

Lösungen zu Kapitel 6

Kapitel 6 · Wiederholung (S. 138/139)

1 a) Zuerst müssen die Nenner, sofern sie unterschiedlich sind, gleichnamig gemacht werden und dann kannst du die Zähler einfach addieren und den Nenner beibehalten.
b) Multipliziere die Zähler miteinander und die Nenner. Notiere das Ergebnis als Bruch.
c) Hier musst du Divisor und Dividend solange mit 10 erweitern, bis der Divisor eine ganze Zahl ist. Dann kannst du schriftlich dividieren. Notiere das Komma im Ergebnis, sobald du es bei der Rechnung überschreitest.
d) Hier solltest du zuerst die Dezimalzahl in einen Bruch umformen und dann kannst du wie in b) verfahren. Oder multipliziere die Dezimalzahlen „ohne Beachtung des Kommas" und setze es dann so, dass das Ergebnis genauso viele Nachkommastellen hat wie beide Faktoren zusammen.
e) Zuerst musst du alle 3 Brüche gleichnamig machen. Du kannst dann die Zähler von links nach rechts subtrahieren und den Nenner beibehalten.

2 a) $\frac{17}{25}$ f) −2,2
b) $-\frac{4}{35}$ g) −9,74
c) $\frac{1}{21}$ h) −12,72
d) $-\frac{3}{20}$ i) −1,24
e) $-1\frac{3}{7}$ j) 2,03

3 a) $\frac{29}{25}$ e) 0,7
b) $\frac{6}{35}$ f) −6,48
c) $1\frac{1}{2}$ g) 8,6
d) $\frac{5}{7}$ h) 17,3

4 Er zerlegt die 103 in die Summe 100 + 3 und wendet dann das Distributivgesetz an.

5 a) positiv, da die Anzahl der negativen Vorzeichen gerade ist; 3400
b) positiv, denn (12 − 23) = −11 und somit werden 2 negative Zahlen multipliziert; 550
c) negativ, denn 12 · 13 ist größer und wird von 7 · 13 subtrahiert; −65
d) negativ, da man die −25 ausklammern kann und der zweite Faktor (179 − 175) positiv ist; −100
e) negativ, denn es wird eine positive mit einer negativen Zahl multipliziert; −4444
f) negativ, da es wird eine positive mit einer negativen Zahl multipliziert; −12 974

Kapitel 6 · noch fit (S. 150)

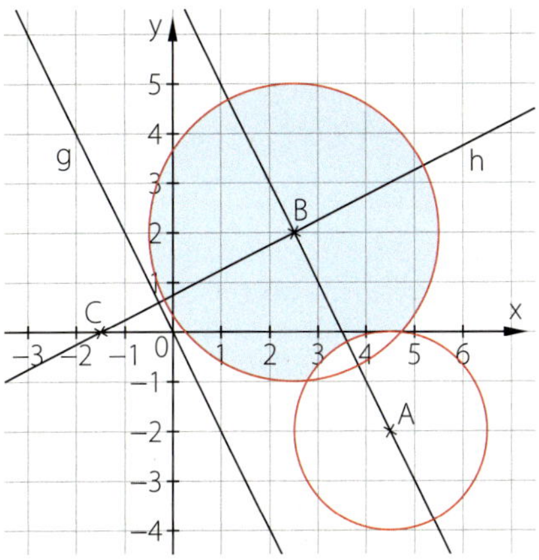

d) $C(-1{,}5|0)$

Kapitel 6 Check-up (S. 153)

1 a) Er hat Punkt vor Strich nicht beachtet, richtig:
$(-0{,}75) + \left(-\frac{1}{4}\right) : \frac{1}{12} \cdot \frac{3}{8} = (-0{,}75) + \left(-\frac{1}{4} \cdot \frac{12}{1}\right) \cdot \frac{3}{8}$
$= (-0{,}75) + (-3) \cdot \frac{3}{8} = (-0{,}75) - \frac{9}{8} = -\frac{6}{8} - \frac{9}{8} = -\frac{15}{8} = -1\frac{7}{8}$

b) Er hat Potenz vor Punktrechnung nicht beachtet, richtig:
$\left(0{,}8 - 1\frac{2}{5}\right) \cdot (-0{,}1)^2 = (0{,}8 - 1{,}4) \cdot (-0{,}1)^2 = -0{,}6 \cdot (-0{,}1)^2$
$= -0{,}6 \cdot 0{,}01 = -0{,}006$

2 a) $\left(\frac{2}{5}\right)^2 + 3{,}4 \cdot 0{,}1 - \frac{1}{8} = \frac{4}{25} + 0{,}34 - \frac{1}{8} = \frac{16}{100} + \frac{34}{100} - \frac{1}{8}$
$= \frac{1}{2} - \frac{1}{8} = \frac{3}{8}$

b) $\frac{5}{6} \cdot 0{,}04 + \frac{3}{4} : \left(\frac{1}{2}\right)^2 = \frac{5}{6} \cdot \frac{4}{100} + \frac{3}{4} \cdot \frac{4}{1} = \frac{2}{60} + \frac{12}{4} = 3\frac{1}{30}$

c) $\left[6 \cdot (-0{,}75) + \left(-\frac{2}{3}\right) : \frac{1}{12}\right] \cdot \frac{3}{8} = \left[-4{,}5 + \left(-\frac{2}{3} \cdot \frac{12}{1}\right)\right] \cdot \frac{3}{8}$
$= [-4{,}5 - 8] \cdot \frac{3}{8} = -12{,}5 \cdot \frac{3}{8} = -12{,}5 \cdot \frac{3}{8} = -\frac{75}{16} = -3\frac{11}{16}$

d) $\left(0{,}8 - 1\frac{3}{8}\right) \cdot (-0{,}1)^2 = (0{,}8 - 1{,}375) \cdot 0{,}01 = -0{,}575 \cdot 0{,}01$
$= -0{,}00575$

3 a) $-\frac{9}{14} \cdot 0{,}375 \cdot (-0{,}\overline{2}) \cdot 8 = -\frac{9}{14} \cdot \frac{3}{8} \cdot \left(-\frac{2}{9}\right) \cdot \frac{8}{1} = +\frac{9 \cdot 2}{14 \cdot 9} \cdot \frac{3 \cdot 8}{8 \cdot 1}$
$= \frac{1}{7} \cdot \frac{3}{1} = \frac{3}{7}$. Hier wurden die Brüche so vertauscht, dass bei der Multiplikation sich Zähler und Nenner weitestgehend kürzen lassen.

b) $-2{,}75 \cdot \frac{3}{7} - \frac{3}{7} \cdot \frac{41}{4} = \frac{3}{7} \cdot (-2{,}75 - \frac{41}{4}) = \frac{3}{7} \cdot (-2{,}75 - 10{,}25)$
$= \frac{3}{7} \cdot (-13) = -\frac{39}{7}$, hier wurde ausgeklammert

4 a) Der Quotient ist negativ, da der Dividend negativ ist, da $1\frac{3}{8}$ größer als 0,8 ist und damit ist die Differenz negativ, und der Divisor positiv ist.

b) Man könnte z. B. $0{,}8 - \left(1\frac{3}{8}\right) : \left(\frac{3}{4} + 3\right)$ schreiben, denn der Kehrbruch zu $\frac{3}{4} + 3 = \frac{15}{4}$ ist deutlich kleiner als 0,5, somit wird $1\frac{3}{8} \cdot \frac{15}{4} < 1{,}5 \cdot 0{,}5 = 0{,}75$; damit wird das Ergebnis positiv sein

5 a) $2 \cdot (-0{,}4) \cdot 1{,}2 = -0{,}8 \cdot 1{,}2 = -0{,}96 > -0{,}98$
(Begründung siehe Rechnung)

b) $-\frac{8}{5} < -\frac{9}{7} \cdot \frac{8}{9} = -\frac{8}{7}$; da die Zähler gleich groß sind, ist $\frac{8}{5} > \frac{8}{7}$. Damit ist es im negativen Zahlenbereich genau umgekehrt.

6

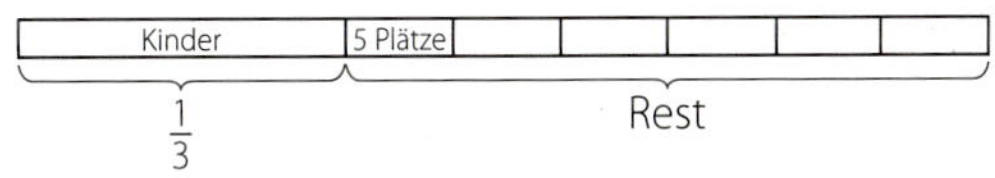

Somit sind der Rest $5 \cdot 6 = 30$ Plätze. Dies entspricht $\frac{2}{3}$ aller Plätze. Also $30 : 2 \cdot 3 = 45$.
Somit sind es 15 Kinder und 25 Erwachsene:
$15 \cdot 15\,€ + 25 \cdot 20\,€ = 225\,€ + 500\,€ = 725\,€$.

Lösungen zu Kapitel 7

Kapitel 7 · Wiederholung (S. 156/157)

1 blau: 9 Kästchen
gelb: 10 Kästchen; Rechenweg: $(5 \cdot 4) : 2$
rot: 12 Kästchen; Rechenweg: $(5 \cdot 4) - (2 \cdot 4)$
grün: 9 Kästchen; Rechenweg: $(7 \cdot 3) - (4 \cdot 3)$
Die blaue und grüne Fläche sind die kleinsten Flächen mit jeweils 9 Kästchen, die gelbe Fläche ist um 1 Kästchen größer mit 10 Kästchen, die rote Fläche ist die größte mit insgesamt 12 Kästchen.

2 a) 6 Vergleichsflächen
b) 12 Vergleichsflächen
c) 8 Vergleichsflächen

3

Länge	Anzahl	Flächeninhalt
1 m	300	$300\,m^2$
1 cm	30 000	$3\,000\,000\,cm^2$
10 m	3	3 a
1 dm	30 000	$30\,000\,dm^2$
100 m	0,03	0,03ha
1 mm	300 000 000	$300\,000\,000\,mm^2$

4 a) $1700\,dm^2$
b) $0{,}51\,cm^2$
c) $25\,000\,m^2$
d) 4,57 a
e) $9600\,m^2$
f) 0,046782 ha
g) $817\,mm^2$
h) $140\,250\,m^2$
i) $2{,}5867\,dm^2$

5 Peter berechnet erst den Oberflächeninhalt des Würfels mit der Seitenlänge a = 1 dm = 10 cm mit $O = 6 \cdot (10\,cm)^2$. Danach addiert er den Oberflächeninhalt des kleinen Würfels $O = 6 \cdot (4\,cm)^2$. Danach subtrahiert er die Berührfläche, die $4\,cm \cdot 4\,cm = 16\,cm^2$ groß ist, zweimal.

Kapitel 7.1 · noch fit (S. 163)

I stumpfer Winkel, gestreckter Winkel, überstumpfer Winkel

II Wählt man den Minutenzeiger als ersten und den Stundenzeiger als zweiten Schenkel und berücksichtigt man den positiven Drehsinn, erhält man die folgenden Winkel.
a) 270° b) 330° c) 15°

III Der Stundenzeiger dreht sich im Uhrzeigersinn um folgende Winkel.
a) 180° b) 15° c) 0,5°

Kapitel 7.2 · noch fit (S. 173)

I a) 1,86 € c) 75 min
b) 36 Kilometer

Kapitel 7 Check-up (S. 175)

1 Da die Würfel gleich groß sind, kannst du deren Anzahl miteinander vergleichen.
Körper a) mit 5 Würfeln ist der kleinste, b) und c) sind mit 9 Würfeln gleich groß

2 a) 4000 Stück b) 500 Stück

3 a) $62\,000\,m^3$ d) 3250 ml
b) $47\,000\,mm^3$ e) $920\,dm^3$
c) $0{,}12\,m^3$ f) 0,083 l

4 a) $33\,600\,cm^3$ c) l = 5 m
b) $512\,cm^3$

5 a) Die Aussage ist falsch, z. B. a = 1 cm, $V = 1\,cm^3$, wenn die Seitenlänge verdreifacht wird, ist a = 3 cm und $V = 27\,cm^2$. Das Volumen ist also 9mal so groß.
b) Wenn von einem Quader die Höhe halbiert wird, wird er somit in zwei gleichgroße Teilquader mit derselben Länge und Breite zerlegt. Du kannst also einen Teilquader hinter den anderen legen und erhältst einen neuen Quader mit der halben Höhe, der gleichen Länge und der doppelten Breite im Vergleich zum Ausgangsquader. Das Volumen hat sich also nicht verändert.

6 $V = 2\,m \cdot 10\,m \cdot 50\,m = 1000\,m^3 = 1\,000\,000\,dm^3 = 1\,000\,000\,l$
Da durch jeden Schlauch 400 l je Minute fließen, fließen durch 10 Schläuche insgesamt 4000 l je Minute.
$\frac{1\,000\,000\,l}{4000\,l} = 250$
Die Feuerwehr kommt also 250 Minuten mit dem Vorrat aus.

7 a) Man kann den Körper in drei Teilkörper zerlegen, da die Maße entsprechend angegeben sind.
$A_1 = (8 \cdot 8 \cdot 36)\,cm^3 = 2304\,cm^3$
$A_2 = (8 \cdot 8 \cdot 16)\,cm^3 = 1024\,cm^3$
$A_3 = (8 \cdot 8 \cdot 8 : 2)\,cm^3 = 256\,cm^3$
Das gesamte Volumen beträgt $3584\,cm^3$.
b) Man kann hier den Körper auffüllen und dann die beiden Teilkörper abziehen. Ansonsten müsste der Körper in mehrere Teilkörper zerlegt werden.
$A_{gesamt} = (8 \cdot 6 \cdot 6)\,cm^3 = 288\,cm^3$
$A_1 = (1 \cdot 3 \cdot 6)\,cm^3 = 18\,cm^3$
$A_2 = (3 \cdot 6 \cdot 3)\,cm^3 = 36\,cm^3$
Das gesamte Volumen beträgt $234\,cm^3$.

Lösungen zu Kapitel 8

Kapitel 8 · Wiederholung (S. 178/179)

1 a) 5 Brötchen 150 ct = 1,50 €, 30 Brötchen: 900 ct = 9 €
b) 100 : 1,1 cm; 1000 : 11 cm; 2500 : 27,5 cm; 5000 : 55 cm

2 Annahme: gleichmäßige Geschwindigkeit,
18 min : 3 = 6 min

3 a) $68\,\% = 0{,}68 = \frac{17}{25}$, $75\,\% = 0{,}75 = \frac{3}{4}$, $32\,\% = 0{,}32 = \frac{8}{25}$,
$18\,\% = 0{,}18 = \frac{9}{50}$
b) $\frac{1}{4} = 0{,}25 = 25\,\%$; $\frac{3}{5} = 0{,}6 = 60\,\%$, $\frac{7}{20} = 0{,}35 = 35\,\%$,
$\frac{13}{25} = 0{,}52 = 52\,\%$; $\frac{27}{50} = 0{,}54 = 54\,\%$, $\frac{6}{40} = 0{,}15 = 15\,\%$
c) $0{,}44 = 44\,\% = \frac{11}{25}$, $0{,}\overline{3} = 33{,}\overline{3}\,\% = \frac{1}{3}$, $0{,}\overline{5} = 55{,}\overline{5}\,\% = \frac{5}{9}$,
$0{,}125 = 12{,}5\,\% = \frac{1}{8}$
d) $74\,\% = 0{,}74 = \frac{37}{50}$, $\frac{11}{125} = 0{,}088 = 8{,}8\,\%$,
$0{,}345 = 34{,}5\,\% = \frac{69}{200}$, $\frac{4}{11} = 0{,}\overline{36} = 36{,}\overline{36}\,\%$

4 a) $\frac{6}{10} = \frac{3}{5}$ b) $\frac{2}{6} = \frac{1}{3}$

5 a) 40 €; 0,6 m; 9 kg; 21 Kinder, 5 l; 200 Personen
b) $\frac{2}{5} = 0{,}4 = 40\,\%$, $\frac{17}{50} = 0{,}34 = 34\,\%$, $\frac{1}{2} = 0{,}5 = 50\,\%$,
$\frac{1}{25} = 0{,}25 = 25\,\%$, $\frac{3}{4} = 0{,}75 = 75\,\%$, $\frac{33}{60} = 0{,}55 = 55\,\%$

6 a) Note 3: $\frac{3}{25} = 0{,}12 = 12\,\%$, schlechter als 4:
$\frac{5}{25} = 0{,}2 = 20\,\%$, Note 1 oder 2: $\frac{5}{25} = 0{,}2 = 20\,\%$
b) Bei einem Streifendiagramm mit einer Länge von 10 cm und einem Kreisdiagramm müssen folgende Angaben genutzt werden, beim Kreisdiagramm können nur gerundete Werte abgetragen werden.

Note	1	2	3	4	5	6
Anteil	8 %	12 %	36 %	24 %	16 %	4 %
Länge bei 10 cm	0,8 cm	1,2 cm	3,6 cm	2,4 cm	1,6 cm	4cm
Winkel	28,8°	43,2°	129,6°	86,4°	57,6°	14,4°

c)

Note	1	2	3	4	5	6
Anzahl	2	3	9	6	4	1
Anteil	$\frac{2}{25}$	$\frac{3}{25}$	$\frac{9}{25}$	$\frac{6}{25}$	$\frac{4}{25}$	$\frac{1}{25}$

Kapitel 8.1 · noch fit (S. 186)

I a) 3 € 95 Cent = 3,95 €
b) 7 m 5 cm = 7,05 m
c) 4 t 453 kg = 4,453 t
d) $6\,m^2\ 94\,dm^2\ 70\,cm^2 = 6{,}947\,m^2$
e) $59\,hl\ 67\,l = 5{,}967\,m^3$
f) 1 h 36 min = 1,6 h

II Beispiele:
a) 14 Parkettstücke zu je 25 cm ergeben eine 3,5 m lange Strecke.
b) 5 Brötchen zu je 42 g wiegen zusammen 210 g.
c) Wenn man eine 2 m lange Bambusstange in 8 gleich lange Teile zerlegt, erhält man Stücke zu je 25 cm.
d) Ein 12 m breiter, rechteckiger Streifen mit 72 a Flächeninhalt ist 600 m lang.
e) Wenn ein $650\,m^2$ großes Grundstück 117 000 € kostet, dann beträgt der Preis 180 € pro m^2.
f) Werden 2 t Sand in Säcke zu je 8 kg gefüllt, erhält man 250 Säcke.

Kapitel 8.2 · noch fit (S. 198)

I a) $\frac{1}{2} + \frac{1}{3} = \frac{3}{6} + \frac{2}{6} = \frac{5}{6}$
Die Brüche werden bei der Addition auf den gleichen Nenner erweitert.
Anschließend werden die Zähler addiert, der Nenner wird beibehalten.
b) $\frac{3}{7} \cdot 2 = \frac{3}{7} \cdot \frac{2}{1} = \frac{6}{7}$
Eine natürliche Zahl wird in einen Bruch umgewandelt. Anschließend wird Zähler mit Zähler und Nenner mit Nenner multipliziert.
c) $\frac{5}{6} - \frac{1}{6} \cdot \frac{1}{4} = \frac{5}{6} - \frac{1}{24} = \frac{19}{24}$
Punktrechnung wird vor Strichrechnung ausgeführt.
d) 0,98 − 0,7 = 0,28
Es werden die Ziffern, die an der gleichen Stelle stehen, subtrahiert.
e) 0,3 · 0,2 = 0, 06
Bei der Multiplikation enthält das Ergebnis so viele Dezimalen wie die Faktoren zusammen.
f) 3,8 + 1,2 : 5 = 3,8 + 0,24 = 4,04
Punktrechnung wird vor Strichrechnung ausgeführt.

II a) falsch; 660 : 0,15 = 66 000 : 15 = 4400
b) falsch; −3 + □ = 5; □ = 8

III a) Jungen insgesamt:
$12 : \frac{3}{4} = 12 : 3 \cdot 4 = 16$

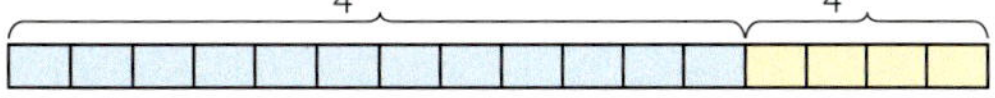

b) alle Stimmen:
15 : 0,6 = 25

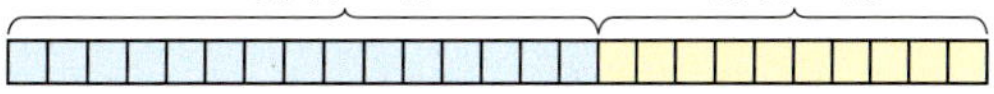

Kapitel 8.3 · noch fit (S. 205)

I a) C (2|3), D (−2|3) oder C (2|−5), D (−2|−5)
b) mehrere Lösungen möglich, für x kann jede Zahl außer 3 und −5 eingesetzt werden C (2|x) und D (−2|x)
c) mehrere Lösungen möglich, C und D dürfen nicht 2 bzw. −2 als y-Koordinate haben, z. B. C (3|0), D (−1|0)
d) mehrere Lösungen möglich, z. B. C (2|1), D (0|1)

Kapitel 8 Check-up (S. 207)

1 a) Wie viel kostet die Hose jetzt? 47,79 €
b) Wie lange muss der Akku noch geladen werden? 53 Minuten
c) Wie viel Prozent spart man? 10 %

2 Die 59,20 € entsprechen 20 %, nicht 80 %.
100 % entsprechen dann 59,20 € · 5 = 296 €.

3 a) 100 € · 0,018 = 1,80 €, somit hat sie nach einem Jahr 100 € + 1,80 € = 101,80 €.
b) Da sie am Anfang des zweiten Jahres 101,80 € auf dem Konto hat, muss sie davon ausgehend 101,8 % berechnen, da 100 % + 1,8 % = 101,8 %.

4 a) mögliche Diagramme wären ein Kreisdiagramm oder ein Streifendiagramm
b) (19 + 39 + 50 + 79) = 151, also entsprechen 151 Mrd. kWh 29 %; 100 % entsprechen dann rund 521 Mrd. kWh.

5 In der Überschrift steht „Jeder Neunte", das bedeutet $\frac{1}{9}$, im Text heißt es neun von zehn, d. h. $\frac{9}{10}$. Dies sind unterschiedliche Anteile.

6 a)

Note	1	2	3	4	5	6
Bruch	$\frac{1}{20}$	$\frac{1}{4}$	$\frac{3}{20}$	$\frac{7}{20}$	$\frac{1}{10}$	$\frac{1}{10}$
Prozent	5 %	25 %	15 %	35 %	10 %	10 %

b)

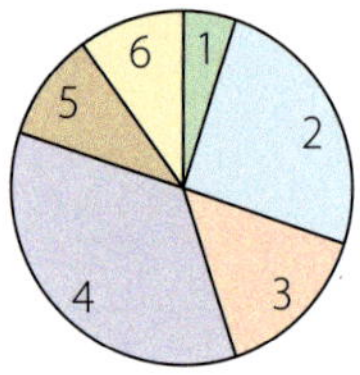

c) 3,5

d) die 4 Noten müssen zusammen 8 ergeben, z. B. 2, 2, 2, 2 oder 1, 2, 2, 3.

Register

Bildverzeichnis

Cover: iStockphoto/pappamart | 7 PantherMedia/James Clarke | 10 li. Fotolia/by-studio | 10 Mi. Colourbox | 10 re. Shutterstock/Africa Studio | 18 re. Fotolia/Wolfgang Mücke | 18 li. Fotolia/euthymia | 18 Mi. Fotolia/emuck | 19 re. Fotolia/Timmary | 19 Mi. Fotolia/Timmary | 21 Mi. Fotolia/Timmary | 21 re. Fotolia/Timmary | 32 ob. Volker Döring, Hohen Neuendorf | 41 ClipDealer/Heike Brauer | 42 re. Fotolia/auremar | 42 li. Fotolia/hydebrink | 42 Mi. Fotolia/spaxiax | 43 ob. Fotolia/Carola Schubbel | 43 Mi. Shutterstock/Ksander | 43 Mi.re. Fotolia/dima pics | 48 Mi.re. picture-alliance/dpa | 63 Fotolia/Croato | 68 Mi. li. Fotolia/monticellllo | 70 ob. li. Colourbox | 70 un. li. Shutterstock/Maks Narodenko | 70 Mi. re. Fotolia/H. Brauer | 70 ob. mi. Fotolia/Tukda | 70 un. re. Fotolia/Jürgen Fälchle | 70 Mi. mi. Fotolia/by-studio | 70 un. mi. Fotolia/gradt | 70 Mi. li. Fotolia/Szasz-Fabian Erika | 70 ob. re. Fotolia/Valeri Schmigel | 78 un. re. Maya Brandl | 79 Mi.re. action press/QKD/Rex Featuresaction press | 87 Fotolia/Christian Müller | 91 Mi.re. Fotolia/UMA | 95 shutterstock/pandaWild | 99 Fotolia | 106 ob. re. Frank Hecker Naturfotografie | 110 un. Fotolia/Thomas Söllner | 113 un. re. Fotolia | 115 Fotolia/animaflora | 123 Mi. re. Fotolia/gegenart | 125 un. re. mauritius images/Alamy/Joerg Mueller Scotland | 126 Mi. re. Fotolia/Kara | 126 un. re. Fotolia/kartoxjm | 127 li. Fotolia/Traumbild | 127 re. Fotolia/laguna35 | 128 Mi. re. Fotolia/Westend61/Tom Hoenig | 131 a Fotolia/Jeanette Dietl | 131 b Fotolia/fotohansel | 131 c Fotolia/cyno-club | 131 d Fotolia/philip kinsey | 131 e Fotolia/WK | 134 Mi. re. Fotolia/contrastwerkstatt | 134 un. re. mauritius images/imageBROKER/White Star/Monica Gumm | 137 Fotolia/PointImages | 148 ob. re. akg-images | 152 ob. re. Fotolia/ExQuisine | 155 KE Colourbox | 160 a Fotolia/michaklootwijk | 160 b Fotolia/schattensteller | 160 c ClipDealer/c-ts | 160 d Shutterstock/Dja65 | 162 ob. a Fotolia/algre | 162 ob. b Fotolia/fefufoto | 162 ob. c Fotolia/stockphoto-graf | 162 ob. d Fotolia | 162 Mi.a Shutterstock/Ttatty | 162 Mi. b Fotolia/Janina Dierks | 162 Mi. c Fotolia/david_franklin | 162 Mi. d Fotolia/eyetronic | 164 un. a Shutterstock/totallyPic.com | 164 un. b Shutterstock/Gts | 164 un. c ClipDealer/c-ts | 165 ob. re. Fotolia/EvrenKalinbacak | 165 Mi. li. Fotolia/Unclesam | 166 Mi. li. Fotolia/Karina Baumgart | 167 b.li. Fotolia/Marina Lohrbach | 167 un. re. Fotolia/Anton Petrus | 168 un. re. Fotolia/fotonaj | 171 Mi. re. Fotolia/karepa | 174 Mi. re. Fotolia/kristina rütten | 177 Shutterstock/Andrei Zarubaika | 186 Mi. re. Shutterstock/Dziurek | 188 ob. re. Fotolia/Cobalt | 188 Mi. li. Shutterstock | 188 un. li. Shutterstock | 188 Mi. re. Fotolia | 209 Shutterstock/biletskiy

Operatorenliste

In den Aufgaben findest du immer einen Arbeitsauftrag. In der Liste kannst du nachlesen, was du jeweils bei den Aufgaben machen musst.

Arbeitsauftrag	Was von dir erwartet wird
Begründe, Zeige	Du unterstützt eine Aussage mithilfe von Argumenten, indem du mathematische Begriffsdefinitionen und Regeln nutzt. Du kannst hier auch Gegenbeispiele zum Widerlegen einer Aussage nutzen.
Berechne	Du ermittelst die Lösung mithilfe einer Rechnung und stellst den Rechenweg dar.
Beschreibe	Du gibst in eigenen Worten unter Verwendung von Fachbegriffen einen Lösungsweg oder andere Informationen wieder. Eine Begründung ist hier nicht notwendig.
Bestimme, Ermittle	Du kannst den Lösungsweg selbst wählen, z. B. mithilfe einer Rechnung oder einer Skizze. Du musst den Lösungsweg und das Ergebnis darstellen.
Beurteile, Bewerte, Nimm Stellung	Du prüfst eine Aussage oder Möglichkeiten, um ein Urteil zu fällen. Dies musst du begründen.
Entscheide	Du wählst eine Möglichkeit aus.
Erkläre	Du stellst in eigenen Worten einen Sachverhalt/Lösungsweg übersichtlich und nachvollziehbar dar und machst Zusammenhänge deutlich.
Erläutere	Du beschreibst einen Sachverhalt/Lösungsweg mithilfe von Informationen, so dass dieser nachvollziehbar ist.
Gib an, Nenne	Du gibst eine Lösung ohne Begründung an.
Prüfe	Du nutzt dein fachliches Wissen, um Sachverhalte/Aussagen zu untersuchen und stellst deine Überlegungen dar.
Skizziere	Du fertigst eine Zeichnung an, die die wesentlichen Eigenschaften eines Sachverhaltes darstellt.
Stelle dar	Du stellst einen Sachverhalt, z. B. einen Term, in einer übersichtlichen und strukturierten Form dar, z. B. in einem Gliederungsbaum.
Stelle grafisch dar, Zeichne	Du fertigst eine exakte, saubere Zeichnung bzw. grafische Darstellung an. Verwende dazu einen Bleistift.
Untersuche	Du kannst den Lösungsweg selbst wählen, z. B. mithilfe einer Rechnung oder einer Skizze. Du musst den Lösungsweg und das Ergebnis darstellen.
Vergleiche	Du stellst Gemeinsamkeiten, Ähnlichkeiten und Unterschiede dar.